论文零被引面面观

潘云涛 梁立明 高继平 武夷山 著

·北京·

图书在版编目（CIP）数据

论文零被引面面观 / 潘云涛等著. —北京：科学技术文献出版社，2018.3（2019.5重印）

ISBN 978-7-5189-4135-3

Ⅰ. ①论… Ⅱ. ①潘… Ⅲ. ①论文—评价—研究 Ⅳ. ①G312

中国版本图书馆 CIP 数据核字（2018）第 064874 号

论文零被引面面观

| 策划编辑：张　丹 | 责任编辑：赵　斌 | 责任校对：文　浩 | 责任出版：张志平 |

出　版　者	科学技术文献出版社
地　　　址	北京市复兴路15号　邮编 100038
编　务　部	（010）58882938，58882087（传真）
发　行　部	（010）58882868，58882870（传真）
邮　购　部	（010）58882873
官 方 网 址	www.stdp.com.cn
发　行　者	科学技术文献出版社发行　全国各地新华书店经销
印　刷　者	北京虎彩文化传播有限公司
版　　　次	2018年3月第1版　2019年5月第2次印刷
开　　　本	787×1092　1/16
字　　　数	445千
印　　　张	19.5
书　　　号	ISBN 978-7-5189-4135-3
定　　　价	139.00元

版权所有　违法必究

购买本社图书，凡字迹不清、缺页、倒页、脱页者，本社发行部负责调换

前　言

25年前，我在《中国情报信息》1993年第2期发表短文《无之为用与情报服务》。我在此文中写道：

不仅在情报服务中，而且在研究领域中，我们也应充分注意"无"的意义。在文献计量学中，人们统计科技人员的论文生产率，但是迄今似乎尚无人研究，有多大比例的研究人员在某一时段里从未发表过任何东西？这一事实对科技人力资源的配置又有什么启示？人们统计文献的被引用状况，但是也很少有人问：未被引用的文献是否就是没有用处的？正如一位国外学者指出的，未被引用并不意味着未被阅读，或者未对科学进步做出贡献。

可以看出，那时我已经在思考与"零被引"相关的问题。

2013年，国家自然科学基金委员会批准了我们研究团队的面上项目申请，于是我们用2014—2017年4年时间开展了"论文零被引的时间演化规律、影响因素及应用研究"。通过研究，我们对零被引现象的认识不断深化。在此，我们对国家自然科学基金委员会管理学部，以及认可我们项目申请书的评审专家们表示诚挚的谢意。

在我们的基金项目接近尾声的2017年12月13日，《自然》杂志发表了题为"The science that's never been cited"（从未被引用的科学文献）的文章。"高大上"的明星刊物《自然》也关注零被引了。

回过头来，再说说我们对零被引的基本认识。

引用分布分析（Citation Distribution Analysis）广泛应用于科学信息的过滤，不同组织科研绩效和期刊影响力的定位、比较和评估，是文献计量学、信息计量学和科学计量学的核心研究主题。国内外学者已经使用很多数学模型，如幂律分布模型（Power-law）、对数正态分布模型（Log-normal）、指数分布模型（Exponential Distributions）等，去拟合、验证和比较不同学科领域、不同国家、不同期刊，甚至细化到不同学者的引用分布规律。不过，这些引用分布研究主要倾向于关注引用分布曲线上那个代表"高被引论文或最受关注论文"（Hits）的头部，而那个代表"低被引论文或暂时无人关注论文"（Misses）的长尾部分却很难获得国内外学者的青睐。

"长尾（Long Tail）"概念最先由美国《连线》杂志主编 Anderson C 在 2004 年提出，将人们的注意力引向各种分布曲线的尾部。长尾理论认为，随着网络科技的兴起，商品的存储和展示空间变得无限大，而存储的成本也变得无限小，消费者可以有无限的选择，传统"二八"定律代表的 80% "冷门商品"也有机会受到消费者关注和购买。在新的环境下，代表"冷门商品"的长尾部分所产生的效益甚至可以与 20% "热门商品"所产生的效益相当。类比一下，这也许预示着，代表"低被引论文或暂时无人关注论文"的长尾部分对科学界的贡献可以与头部所做的贡献相当。

科学界中的"迟滞承认"现象和"睡美人"现象就是指一些重大科学发现和成果在当时未被发现和广泛借鉴（处于低被引或零被引状态），多年后，才被人们重新发现并受到重视和广泛关注。最经典的例子是孟德尔发现的遗传定律，在豌豆实验论文正式发表 34 年后，该发现才首次得到认可。

我们认为，零被引率也许可以作为评估不同单元（如国家、机构、个人、学科、期刊、论文等）的科学交流与传播环境、科技文献质量，甚至科研实力与影响力的一个补充指标。另外，零被引时间演化规律研究对目前科学交流系统推荐功能的设计也有一定的指导作用。众所周知，当前的科学交流平台总是注重向用户推荐高被引、高点击、高下载等影响力较大的文献，这固然重要，但众多零被引文献中的一些潜在精品，如果能够被识别出来，获得传播与利用，则这些文献就获得了新生，将能对科学做出特殊的贡献。通过对零被引时间演化规律的研究，可以清晰地看出哪些国家、机构、个人、学科或期刊等单元论文的传播与利用状况较差。对于那些传播与利用状况不佳的文献，如何将其中的潜在"精品"识别出来，加以推荐，就显得尤为重要。综上所述，零被引的研究具有重要的理论和实践意义。

本书是我们研究团队将相关研究成果重新梳理后的汇总，包括 9 个章节，分别是：国内外零被引研究现状及发展动态；论文零被引的影响因素分析——国际合作、国家、机构、学科和主题的视角；论文零被引的影响因素分析——作者视角；论文零被引的影响因素分析——文献特征视角；论文零被引率的演变规律研究；高被引论文与零被引论文比较分析；特殊的零被引文献——睡美人文献研究；零被引论文的评价应用研究；零被引主题的拓展研究。

参与本书撰写的研究人员有：

第一章：胡泽文、武夷山；

第二章：郭永正、梁立明、钟镇、Rousseau R、高继平、潘云涛、武夷山、翟丽华；

前　言

第三章：胡泽文、武夷山；

第四章：胡泽文、武夷山；

第五章：胡泽文、高晓培、武夷山；

第六章：钟镇、杨奕虹、杨贺、万小影、武夷山；

第七章：贾佳、武夷山、潘云涛、杜建、王海燕、马峥、高继平、翟丽华；

第八章：朱梦皎、武夷山、潘云涛、赵勇、李友轩、李冬；

第九章：王海燕、潘云涛、马峥、武夷山、高继平、翟丽华、梁立明、钟镇、Rousseau R；

参加本书统稿的研究人员有：高继平、武夷山、梁立明、潘云涛。

河南师范大学梁立明教授率领的研究团队与中国科学技术信息研究所的研究团队（早期由我负责，后来由潘云涛研究员负责）从 20 世纪 90 年代初期开始合作，迄今已经共同成功申请了 8 项国家自然科学基金面上项目，本书就是第 8 个项目的成果。在已经结题验收的 7 个项目中，4 项被评为"特优"，3 项被评为"优秀"。我们深刻感受到，正是国家自然科学基金委员会管理学部的持续支持，才使我们双方的科学计量学研究团队一直保持着旺盛的活力，双方的长期精诚合作才能不断结出硕果。

现在，梁立明教授已经退休，我也将于 2018 年 5 月退休，但是我相信，双方科学计量学研究的后起之秀已经接过了接力棒，他们将以坚定的步伐迈向新的目标。

武夷山

2018 年 3 月 8 日

目　录

第一章　国内外零被引研究现状及发展动态 ... 1
1.1　约 200 篇零被引研究文献的研读与归纳总结 ... 1
1.2　零被引研究文献的知识图谱分析 ... 8
1.3　结　论 ... 19
1.4　零被引研究存在的问题 ... 20

第二章　论文零被引的影响因素分析——国际合作、国家、机构、学科和主题的视角 ... 22
2.1　国际合作对论文零被引率的影响 ... 22
2.2　论文作者和选题对论文零被引率的影响——图书情报学案例研究 ... 33
2.3　国家、机构和主题对论文零被引率的影响——以光谱学领域为例 ... 43
2.4　学科属性对论文零被引率的影响——以社会科学中的气候变化研究为例 ... 50

第三章　论文零被引的影响因素分析——作者视角 ... 62
3.1　零被引影响因素调查问卷数据的采集与处理 ... 62
3.2　零被引影响因素研究的实施方法与流程 ... 66
3.3　基于结构方程模型的零被引影响因素分析 ... 75
3.4　本章小结 ... 81

第四章　论文零被引的影响因素分析——文献特征视角 ... 83
4.1　面板数据模型分析方法 ... 83
4.2　样本数据的采集与处理 ... 87
4.3　基于面板数据模型的论文零被引率影响因素分析 ... 90

4.4　论文篇幅与论文零被引之间的相关性 ·················· 96
　　4.5　本章小结 ·· 98

第五章　论文零被引率的演变规律研究 ························ 100

　　5.1　多学科类期刊论文零被引率的演变规律 ················ 101
　　5.2　生物学类期刊论文零被引率的演变规律 ················ 109
　　5.3　电子工程类期刊论文零被引率的演变规律 ·············· 114
　　5.4　数学类期刊论文零被引率的演变规律 ·················· 118
　　5.5　图书情报学类期刊论文零被引率的演变规律 ············ 123
　　5.6　历史学类期刊论文零被引率的演变规律 ················ 128
　　5.7　非英语期刊和非英语国家英语期刊论文零被引率的演变规律 ·· 133
　　5.8　国际高影响力期刊论文零被引率的演变规律 ············ 136
　　5.9　科技期刊论文首次被引的幂律分布规律研究 ············ 139
　　5.10　本章小结 ··· 148

第六章　高被引论文与零被引论文比较分析 ····················· 151

　　6.1　高被引论文与零被引论文选题差异研究 ················ 151
　　6.2　高被引论文与零被引论文的引文结构差异 ·············· 157
　　6.3　高被引论文与零被引论文的关键词比较 ················ 166
　　6.4　高被引论文与零被引论文数据剖析中国博士学位论文学术影响力 · 171

第七章　特殊的零被引文献——睡美人文献研究 ················· 181

　　7.1　王子文献对睡美人文献引用的动机分析——基于邮件访谈调查的
　　　　实证研究 ·· 181
　　7.2　基于被引速率指标识别睡美人文献及其"王子" ········· 186
　　7.3　高被引论文与睡美人论文引用曲线及影响因素研究 ······ 200
　　7.4　睡美人论文与领域主题演变关系研究 ·················· 207

第八章　零被引论文的评价应用研究 ··························· 216

　　8.1　期刊评价视角：以中国科技核心期刊零被引论文为例 ···· 216
　　8.2　学科评价视角：以中国零被引SCI论文为例 ············· 226
　　8.3　高校评价视角：以高校零被引论文为例 ················ 237

8.4 国内外高校比较视角：以中国 C9 高校和美国常青藤高校的零被引
学术论文为例 ·· 244
8.5 本章小结 ··· 252

第九章 零被引主题的拓展研究 ·· 254
9.1 基于科学研究问题成熟度的未来高影响力科技论文预测研究 ·················· 254
9.2 "零被引"专利就没有价值吗？ ··· 266
9.3 错误参考文献传播网络反映出来的科学家引文失范行为 ························· 272
9.4 中文学术期刊与中文引文数据库的错误引文识别方法研究与成因解析 ········ 282

参考文献 ··· 293

第一章　国内外零被引研究现状及发展动态

论文零被引指一个国家、机构、期刊或个人在某年发表的论文集合，在发表后的某个特定时间窗口中未被引用。早在 1955 年，论文零被引现象就受到国外一些学者的关注。如 Garfield E，很早就考虑到了论文零被引现象，这也是他建立 SCI（Science Citation Index）的部分初衷。20 世纪 70 年代，Garfield E 和 Ghosh J S 等发表了一系列关于论文零被引现象的启发性文献，引起学术界的广泛关注和重视。到 20 世纪 90 年代，一系列零被引方面的评述性和实证性文献的发表，更激发了国外学者研究零被引现象的兴趣。

本章采用两种方法对当前国内外的零被引研究进行述评，分别是零被引研究文献的研读与归纳总结，零被引研究文献的知识图谱分析。

1.1　约 200 篇零被引研究文献的研读与归纳总结

零被引现象研究发展至 2013 年，已产生近 200 篇相关论文，然而，国内外关于零被引研究综述的文献非常少。2013 年，朱梦皎和武夷山在《情报理论与实践》上发表了一篇名为《零被引现象：文献综述》的论文。论文介绍了零被引现象研究的两个重要阶段：探讨阶段和建模定量阶段，并简要探讨了零被引及其相关的研究内容，以及零被引研究存在的问题。但作者对零被引研究的内容界定及其分类不是太清晰，对零被引研究意义和进展的分析较少，同时，对各类主题发展动态及存在问题的分析不够系统深入。

因此，我们通过仔细研读国际 155 篇［检索自 Web of Science 四大索引库：科学引文索引库扩展版（Science Citation Index Expanded，SCIE）、社会科学引文索引库（Social Sciences Citation Index，SSCI）、科学技术会议录引文索引库（Conference Proceeding Citation Index-Science，CPCI-S）和社会科学与人文会议录索引库（Conference Proceedings Citation Index-Social Sciences & Humanities，CPCI-SSH）］和国内 38 篇零被引研究文献［检索自中国知网的 5 个学术论文数据库：中国学术期刊网络出版总库（简称 A）、中国博士学位论文全文数据库（简称 B）、中国优秀硕士学位论文全文数据库（简称 C）、中国重要会议论文全文数据库（简称 D）和中国重要报纸全文数据库（简称 E）］的标题、摘要和关键词，以及部分论文的全文，将国内外零被引方面的研究成果划分为如下 4 个主要主题。

1.1.1　零被引率研究

零被引率指零被引论文数量占论文总量的比例。继 1965 年科学计量学之父普赖斯（Price）对所有科学论文零被引率做出评估后：Abt 认为天文学领域（Astronomy）期刊 1961 年出版的论文在出版后 20 年仍有约 6.1% 的零被引论文，Garfield 指出 25 本国际顶级期刊 1978 年出版的研究型和综述型论文在出版后 5 年期间（1978—1982 年）的零被引率是 3.9%，Koenig 测算出药学（Pharmaceut）领域论文在出版后 4 年的零被引率达到 49.9%，Listed N 发现美国科学家所出版论文的零被引率远低于非美国科学家所出版论文的零被引率。此后，Ghosh（1974）、Ghosh（1975）、Kuch、Lawani 和 Peritz 对化学（Chemistry）、交叉学科（Multidisciplinary）、生理学（Physiology）、癌症学（Cancer）和社会学（Sociology）领域论文在发表后 6 年、8 年、7 年、5 年和 9 年时间窗口中的零被引率分别进行估计，其零被引率分别为 0.45%、7.3%、2.1%、5.1% 和 2.7%。从这些比例的差异可以看出，不同学科领域论文在发表后不同时间窗口中的零被引率各不相同。此外，Klaic 认为克罗地亚学者 1980—1996 年发表的人类学（Anthropology）领域论文在发表后 5 年时间窗口中的零被引率达到 65.4%，不过却低于世界人类学领域高达 79.5% 的平均水平。Lee 研究发现新加坡分子与细胞生物学研究所的论文零被引率为 11.6%。

国内论文零被引率研究最早开始于中山大学罗式胜 1992 年和 1995 年关于零被引相关指标的研究。直至 2008 年，中华儿科杂志社关卫屏和中华医学会杂志社游苏宁对《中华儿科杂志》2005 年出版的 353 篇论文在 2005 年至 2007 年 10 月 7 日的被引情况进行统计分析，发现此杂志中 40.5% 的论文从未被引用过，而杂志中诊断标准类文章均被引用过；论著类论文零被引率较低（15.4%）；述评和专论类论文零被引率是 26.7%；病例报告、临床病例讨论和临床经验交流栏目论文零被引率分别为 87.0%、80.0% 和 29.3%；答疑、争鸣、讨论类论文零被引率为 80.0%。这篇文章激发了国内学者研究零被引现象的兴趣，在 2009—2012 年被引用了 13 次（其中，他引 11 次）。此后，吴雨华、梁花侠和李海霞也分别对图书情报学 17 种核心期刊论文、西北农林科技大学 SCIE 论文和馆藏期刊论文的零被引情况进行了计算。

尽管国内外不同学者对一些学科、期刊和机构论文在发表后某个时间窗口中的零被引率进行了计算，不过我们还未发现对不同国家、机构、学科、期刊和个人等主体在不同年代出版的不同类型、内容长度、语种和质量等特征的论文集合，在出版后不同引用时间窗口中的零被引率进行的系统性分析与比较研究。

1.1.2 零被引率的演变规律及模型研究

零被引率的演变规律主要分为两大类：①不同国家、机构、学科、期刊和个人等主体在不同年代出版的论文集合，在出版后不同引用时间窗口中零被引率的时间变化规律研究，以探索不同主体论文在出版后较长引用时间周期内被消化、吸引和利用的规律或模式；②不同国家、机构、学科、期刊和个人等主体在不同年代出版的论文，在出版后某个固定引用时间窗口（当年、2 年、5 年、10 年或更长）中零被引率的年度变化规律，以探索不同主体生产的科学知识的科学发展节律。

国内外学者对零被引率演变规律的研究甚少，通过检索各类期刊数据库和阅读浏览文献，仅发现 5 篇（截至 2013 年 11 月 5 日）相关文献。国外学者侧重对不同引用时间窗口中论文零被引率的变化模式研究。例如，Van Dalen 和 Henkens 考察了人口统计学领域期刊 1990—1992 年的文章在发表后 2 年、5 年和 10 年引用时间窗口中零被引率的变化模式。不过作者选择的时间窗口较短且不连续,对零被引率的演变规律考查较少,并且仅选择一个学科期刊进行分析,不够系统全面,无法代表其他学科情况。

国内学者侧重对固定引用时间窗口中论文零被引率的年度变化规律的研究。例如,浙江大学刘涛统计了国内15所大学1997—2002年所发SCIE论文在出版后4年时间窗口中零被引率的逐年变化;他发现SCIE论文零被引率的年度变化总体呈下降趋势,但不太明显。不过他主要考虑6年的变化情况,时间范围过窄,结论说服力不强,这可能也是年度变化趋势下降不明显的原因之一。董建军测算了2001—2010年国家自然科学基金资助的中文论文在出版后2年时间窗口中零被引率的历年波动情况;结果发现,所选10年较长时间窗口中论文零被引率的历年变化表现出一定的规律,呈现明显的上升趋势,这说明研究论文零被引率历年变化规律时,应选择较长时间窗口。不过作者并未与非基金论文和其他语种论文零被引率的历年变化情况进行比较。同时,两位作者的研究都未考虑论文在出版后不同引用时间窗口中零被引率的变化。此外,上述两项实证结果中,SCIE论文零被引率的年度变化总体呈下降趋势,而中文论文零被引率的年度变化呈上升趋势,这说明尽管国内论文的产出数量逐年上升,然而处于无利用状态的零被引成果也越来越多。

在论文零被引率演变模型研究方面,国外学者Burrell Q L发表的相关研究较多。Burrell(2002)提出一系列健壮性较强的混合分布模型,能够涵盖各种情况,包括未被引、首次被引直至N次被引。早在1985年,Burrell就开始探索和设计一些类似的简单数学函数模型,去模拟和研究文献老化情况下图书文献随时间流逝的未来使用模式(或引用模式)(Burrell,1985,1986,1987,1990,2001)。模型1是Burrell在2001年和2002年提出的λ条件下的泊松分布模型,此模型用于拟合固定文献集合中各类被引频次(包含零被引)文献比例的演变规律。

$$P(X_t = r | \Lambda = \lambda) = e^{-\lambda C(t)}[\lambda C(t)]^r / r!, r = 0, 1, 2, \cdots \quad (1-1)$$

模型1是一个附带平均$\lambda C(t)$的泊松分布模型。公式中$X_t = r$表示从固定文献集合中随机抽取的一篇文献从出版时刻起,直至时间t(包括时间t)的被引频次。$C(t)$是一个文献老化分布函数,它反映了文献被引速度最终会下降的事实,$t \geq 0$。特别地,如果$C(t) = t$,模型1将转换成一个附带常数λ的标准泊松分布模型。它的表达式为:

$$P(X_t = r | \Lambda = \lambda) = e^{-\lambda t}[\lambda t]^r / r!, r = 0, 1, 2, \cdots \quad (1-2)$$

明显地,当$r=0$(意为被引频次为零的论文)时,模型2转换成一个简洁的负指数分布模型,此模型能够用于拟合论文零被引率随时间流逝的变化模式。负指数分布模型的表达式为:

$$P(X_t = 0 | \Lambda = \lambda) = e^{-\lambda t} \quad (1-3)$$

国内作者在零被引率演变规律方面的研究甚少,最早开始于2014年胡泽文等在 *Journal of Informetrics* 上发表的一篇题为《论文零被引率的演变规律——基于6本国际期刊的探索性研究》的论文。论文首先调研了用于模拟文献老化规律或引用时间衰减模式的双参数负指数模型,然后使用标准最小二乘回归分析方法对所选6本期刊1992年论文出版后12个不同引用时间窗口中的零被引率数据进行拟合实验，发现传统的双参数负指数模型未达到期望，即反映模型拟合效果好坏程度的拟合优度（R2）需达到 80% 以上。最终放弃此模型，定义了一个健壮性和适应性更好的三参数负指数模型，用于拟合论文零被引率的演变规律。

1.1.3　零被引影响因素研究

零被引影响因素研究最早开始于 1991 年美国西顿霍尔大学（Seton Hall University）Richard E S 发表的一篇题为 "Uncitedness in the biomedical literature" 的论文，作者通过比较分析 354 篇文章中已被引文章和零被引文章在作者数量、标题词数量、关键词数量、参考文献数量、期刊年龄和期刊价格等特征的平均值之间的差异后发现，参考文献数量对论文能否被引的影响最大，其他特征对其影响较小。不过作者采用的方法过于简单，使用的样本太小，且没有界定被引文章的频次，可能会因被引文章和零被引文章被引频次差异过小而导致结论说服力较弱。此后，Eugene G 认为论文零被引可能因为很多论文尚未被吸引进已存在的知识范式，有些论文的研究内容过于新颖，有些论文可能遭遇延迟承认。另外，参考文献剽窃和其他学术不端行为也会造成论文零被引的出现，不过这些仅是定性的猜测，尚未被实证检验过。Ronald R 发现世界上有很多文献与一个作者的研究工作或多或少有点关系，但作者研究工作中仅能将其中一部分极其相关的文献引用到参考文献列表。Ronald R 在假设作者能够将与自己研究工作或多或少相关的 5% 文献放进参考文献列表的前提下，通过贝叶斯概率模型测算出一个作者仅有 8% 机会被别人引用，而多作者的合作论文有 100% 或 33% 的机会被包含进参考文献列表，这或许是研究未被别人引用的一个简单原因，因此为了增加被别人引用的机会，需要和别人合作写一些质量非常高的论文。

近几年，国内外零被引影响因素方面的研究主要集中在论文零被引率与期刊影响因子之间关系的实证。Van Leeuwen 和 Moed 发现期刊影响因子与期刊论文零被引率之间存在下降的函数关系，两者的皮尔逊相关系数为负 0.63，这与 Grzegorz R 的研究结果相近，其得出的两者相关系数是负 0.68，相差 0.05。Egghe L（2008，2010）根据洛特卡定理，利用中心极限定理发现了影响因子和零被引指标之间存在一种左凹右凸的水平 S 形曲线（Horizontal S-shape）数学函数关系，如图 1-1 所示。我国台湾学者许建文和黄定维用实证的方法，得出了与 Egghe L 相近的结论。

Egghe L 及其合作伙伴在 2011 年通过对 75 位诺贝尔奖和菲尔兹奖得主的论文及其引用数据进行实证分析后发现：即使对于这个科学精英群体，也有 10% 以上的论文从未被引用过。这些科学精英的 H 指数与其未被引文献量之间存在正向的相关关系，这似乎与通常的观念相悖，即一个人的 H 指数越高，则其论文零被引率应该越低。不足在于，作者主要用图表的形式展示这种关系，并未定量化地测算出它们之间关系的大小，并且 H 指数与零被引文献量的测算时间窗口存在不一致性。

国内学者付晓霞等人基于 2000—2009 年 SCI 收录中国科技论文的期刊数据，统计分析了不同影响因子区段期刊文章的零被引数据，发现零被引率并未随期刊影响因子的升高而降低。此结果似乎与国外学者的实证结果并不一致，这可能是由于作者未区分文献类型、零被引时间窗口的界定不清晰或中外差异（如语言风格、文章阅读和引用人群等）因素造成的。

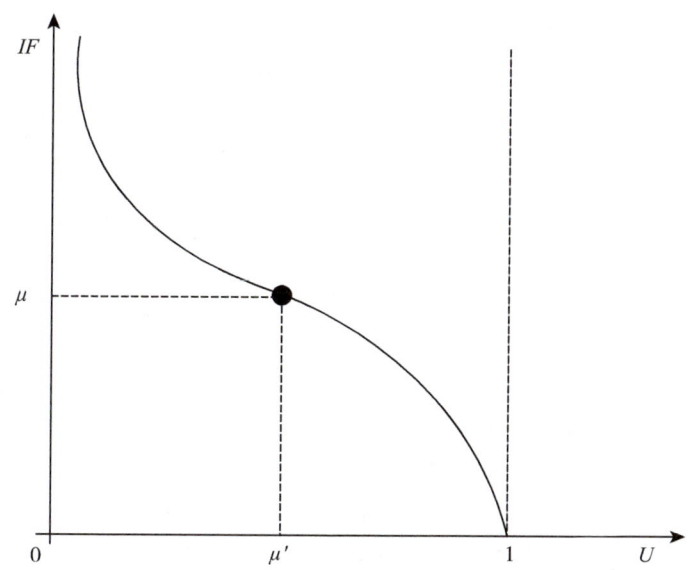

图 1-1 影响因子（*IF*）与零被引指标（*U*）之间的 S 形曲线函数关系

然而，期刊影响因子只是零被引率的影响因素之一，作者 H 指数、论文长度和类型、高校规模与排名、国家和机构科研实力、论文出版语言、学科差异、马太效应、学术交流程度、科研合作强度、文章选题、文章质量和总量等都有可能影响零被引率，国内外学者对这些因素的考察较少，还未发现相关研究文献。

在零被引影响因素分析方法层面，简单统计分析的方法居多，而使用影响因素分析模型量化研究零被引与其他因素之间关系的成果甚少。尽管 Egghe L（2008，2010）根据洛特卡定理，利用中心极限定理发现了影响因子和零被引指标之间存在一种前凸后凹的水平 S 形曲线数学函数关系。但无法同时验证零被引指标与其他多个影响因素之间的关系及其与不同影响因素关联程度的大小。

1.1.4 零被引应用研究

零被引应用研究主要体现在 3 个方面：①将零被引率及其演变规律的拟合参数作为一个补充评价指标，应用于科研评价；②改进学术推荐系统，从大量零被引文献中识别出潜在的"睡美人"向读者推荐，推动具有潜在学术价值的零被引文献推荐方法在科学传播领域中的应用；③对比分析"零被引"文献与"睡美人"文献和"高被引"文献特征之间的差异，研究"睡美人"文献和"高被引"文献从零被引到高被引的过程，识别出"零被引"文献中潜在的"精品"特质和实现被引"零突破"的关键影响因素，为编辑筛选优质稿件和潜在"精品"，为科研人员提高成果未来影响力提供依据和参考。

在第一个应用研究方面，国外学者已经验证了期刊影响因子与期刊论文零被引率之间存在前凸后凹的水平 S 形曲线的反向相关函数关系，相关系数在 –0.6 左右，因此在一定程度上，期刊论文零被引率可以作为评价期刊质量和影响的一个反向指标。国内学者刘雪立等人也利用相关性检验方法验证了科技期刊正向评价指标，如影响因子、5 年影响因子、基金论文比和 H 指数与反向指标——期刊论文零被引率之间的相互关系，发现影响因子、5 年影响因子和 H 指数与零被引率之间存在显著的负相关关系，相关系数基本上都达到了 0.7 以上。而基金论文比与零被引率之间的相关性非常弱，并建议将期刊论文零被引率作为学术期刊评价的一个反向指标。不足的是，这些研究的样本较少，并且没有充分考虑这些指标测算的时间窗口与零被引率指标测算的时间窗口之间存在范围的不一致性。例如，零被引率指标是基于 2000 年各期刊所发表论文测算的，而影响因子、5 年影响因子、基金论文比和 H 指数的数据取自《2009 年版中国期刊引证报告（扩刊版）》（根据作者标注得知），也就是说这些指标基本上是基于各期刊 2006 年和 2007 年发表的论文数据计算的，并且经核实，这些指标的数据与 2009 年引证报告上的数据也存在不一致性。因此，作者的结论不具有说服力。Albarrán 等人将论文零被引率作为一个低影响指标对美国、欧盟和其他国家的 22 个科学领域进行评估，发现评估结果与世界平均被引率和 TOP 5% 高被引论文的评估结果之间存在反向互补关系，并且经济科研实力越强，零被引率越低。然而，国内外学者对论文零被引率及其演变规律在其他科研评价领域，如不同国家科研实力评估、高校和机构排名、个人学术影响力的评价和图书评价等中的应用研究较少。对于零被引第二个和第三个应用研究方面，迄今为止，我们还未发现相关研究文章和实际应用案例。

综上所述，国内外零被引相关研究文献较少，理论基础较薄弱，尚未有学者尝试构建零被引研究的理论体系；论文零被引率及其演变规律的研究缺乏系统性和完整性，采用的样本较小且单一，选择的时间窗口较窄且不连续；适用于零被引率演变规律的模型较少且未得到实证检验；零被引影响因素研究主要聚焦于论文零被引率与期刊影响因子之间相互关系的实证检验，不够系统全面，并且很少能与其在科研评价领域的实际应用结合，同时，两者的测算时间窗口存在不一致性和两者之间的影响路径没有明确清晰的界定；对"如何从零被引文献中识别出潜在'精品'，向读者推荐"，以及"如何识别出'零被引'文献中潜在的'精品'特质和实现被引'零突破'的关键影响因素，为编辑筛选优质稿件和潜在'精品'，为科研人员提高成果未来影响力提供依据和参考"等方面的应用研究问题，截至 2013 年 11 月无人提过，当然也就无人回答。

1.1.5 "睡美人"现象研究

科学文献中的"睡美人"是指论文在发表后的某个时间窗口中未受到引用或受到较少引用，但此后持续受到很多引用的现象。它是低被引或零被引现象与高被引现象的完美结合体，完整体现了论文被引从低或无到高被引的过程，因此受到国内外学者的青睐。另外，"睡美人"文献也不是铁板一块：有些是主题和方法较新，暂时未被人们接受、理解或意识到，但后来逐渐被人们关注并引用的"睡美人"文献；有些是主题和方法不够新颖，自然不被人们关注，但后来由于某些原因该主题或方法成为热点而获得学者关注的"睡美人"文献。前一类文献似乎更值得我们关注。

通过检索 Web of Science 数据库和浏览相关文献，我们发现国外"睡美人"现象研究最早开始于 1961 年美国巴纳德学院 Barber 发表的一篇关于迟滞发现（Resisted Discovery）的文献，引起国内外学者的广泛兴趣，截至 2013 年 5 月 16 日被引 430 多次。此后，Garfield（1980）

和 Glanzel（2004）等提出与迟滞发现术语等同的术语：延迟承认（Delayed Recognition），并将其定义为："科学文献中一些在发表初期未获得欣赏和认可，但后来被认为是重要文献的现象。"此后一段时间，国外学者一直使用这个术语研究"睡美人"现象，直到 2004 年，Van Raan 首次将科学文献中的延迟承认现象称为"睡美人"（Sleeping Beauties）现象，并将其定义为："一个长时间处于未被注意或"睡眠"状态的出版物，然后，几乎是突然地获得很多注意。"这个术语成为国内外学者研究科学文献"睡美人"现象的常用术语。除了提出这个专业术语外，Van Raan 也提出了 4 个指标来测度"睡美人"文献的睡眠深度、睡眠长度和唤醒强度，并进行了一个实证检验，使得"睡美人"也变得可以测度。这 6 个指标分别是：一个具体时期内平均每年获得至多 1 个引用（称为深度睡眠），平均每年至多获得 1 至 2 个引用（称为轻度睡眠），深度睡眠或轻度睡眠持续的时间（用于测量睡眠长度），睡眠周期之后 4 年期间平均每年所获引用的数量（用于测量唤醒强度）。此后，Burrell（2005）建立了一个随机模型将 Van Raan 对"睡美人"的定义和测试指标模型化，通过数学方程的形式解释"睡美人"文献的被引过程和预测"睡美人"文献被唤醒的数量。尽管已经出现很多"睡美人"现象的研究文献，但国外学者对唤醒"睡美人"文献的"王子"文献的研究较少。为解决这个问题，Braun 综合考虑了"睡美人"文献和唤醒"睡美人"文献的"王子"文献，对比分析了两类文献之间的领域分布、被引和共被引情况、参考文献、影响因子和作者性别等方面的相同点和不同点。

到 2013 年 11 月为止，国内"睡美人"现象的研究文献非常少。武夷山在 2008 年以 Romuns 于 1986 年在《物理学快报》发表的一篇被延迟承认的超弦理论"睡美人"论文为例，阐明这样一个观点："尽管'睡美人'现象在科学共同体中是发生概率非常小的事件，但图书文献机构不能因此在文献收藏上持短视态度，否则若干年后发现一篇文献具有较高价值时，可能已经找不到它了。"梁立明 2009 年通过分析这篇超弦理论"睡美人"论文的沉睡与唤醒过程，探索和讨论了此文献能够被唤醒的必然性（如超弦理论的两次革命，使得它尽管沉睡于第一次革命，但在第二次革命中有机会被唤醒）与偶然性因素（如作者发表论文时仍然是学术界的一名新秀，导致论文发表后处于睡眠状态，但由于论文质量较高，且毗邻科学权威，终被一名"王子"在第二次超弦理论革命中发现，并得到持续高被引）。2010 年，武汉大学望俊成和马费成等人从信息生命周期的角度，探讨了造成"睡美人"现象的原因，以及唤醒"睡美人"的策略和管理机制。

尽管国内外学者对"睡美人"的概念、产出原因、测度指标、特征、唤醒策略和管理机制等进行了深入研究和探讨，但美中不足的是，探讨"如何从大量零被引或低被引文献中识别出潜在'睡美人'文献，并向读者推荐"这一重要问题的研究非常少。其中，2012 年和 2014 年，浙江大学李江通过分析《自然杂志百年：改变科学和世界的 21 个发现》一书中所列论文引用的年度分布曲线，以及 1900—2012 年所有诺贝尔科学奖获得者发表并被 Web of Science 收录的 12 862 篇论文引用的年度分布曲线，共发现 6 例特殊曲线的"睡美人"文献。此类"睡美人"文献涵盖科学史上经典的"昙花一现"现象和"睡美人"现象。例如，这类文献在发表初始时期并未沉睡，而是在获得大量关注，成为热点之后的若干年里开始被人遗忘，处于半睡半醒状态（"昙花一现"）；但不久之后，它的美丽与智慧再次被人发现，引发第二波大量关注和引用，再次成为热点（"睡美人"）。2014 年，李江在国际期刊 *Journal of Informetrics* 发表的另一篇论文，定义了"睡美人"文献的"心跳谱"（Heartbeat Spectra）概念，并从 1900—2000 年诺贝尔奖获得者发表的 58 963 论文中发现 758 篇"睡美人"文献，同时，基于基尼系数分析文献"心跳谱"的不均衡性，来观察文献成为"睡美人"的概率或潜力。

1.2 零被引研究文献的知识图谱分析

我们融合 TDA、HistCite、CiteSpace Ⅱ、Ucinet 和 SATI 3.1 等不同文献计量与可视化分析软件，利用引文分析、同被引分析、共现分析和词频分析等文献计量分析方法，选择知识图谱分析视角，以可视化的方式展示国内外零被引研究的历史发展脉络、主要科研团队、主要发文期刊、主要发文国家、主要发文机构及其合作情况，并识别出国内外零被引研究的高频主题词及其之间的相互关系，以及不同主题关注度的时间演化规律。

1.2.1 分析数据

（1）英文文献集

选择 Web of Science 中的 SCIE、SSCI、CPCI-S 数据库，采用英文检索式：TI=("uncited" OR "uncitedness" OR "non-citation" OR "zero-citation" OR "non-cited" OR "noncited" OR "never cited" OR "not cited" OR "not been cited"）。最终获得 1933—2013 年的 59 篇零被引英文文献数据。

（2）中文文献集

在中国知网数据库中，采用中文检索式：（TI="零被引" OR TI="零引用" OR TI="未被引"）OR（KY="零被引" OR KY="零引用" OR KY="未被引"），获得 1995—2013 年发表的 19 篇零被引中文文献数据。

1.2.2 零被引研究的历史发展脉络

基于零被引方面的 59 篇英文文献数据，利用引文分析工具 HistCite 绘制出国际零被引研究的引文编年图，如图 1–2 所示。图上有 59 个圆圈，代表零被引研究领域的 59 篇英文文献。圆圈中间的数字是文献的编号。圆圈的大小表示文献全域被引次数（Global Citation Score，GCS）的多少，即此文献被 Web of Science 数据库中所有文献引用次数的多少，圆圈越大表示文献被引用越多，即被全领域科学家关注较多。不同圆圈之间的箭头表示文献之间的引用关系。如果一个圆圈有很多箭头指向它（也称引用它），说明这篇文献在本领域中处于非常重要的位置，极有可能是本领域的奠基性作品，箭头的多少也表示文献的局域被引频次（Local Citation Score，LCS）。为了更直观地解读图 1–2，我们在表 1–1 中列了图 1–2 所示的 GCS 较多，即圆圈较大的 10 篇文献，并按 GCS 从大到小进行排序。表中序号是文献在图 1–2 中的编号，

LCS 指文献在当前数据集中的被引次数,体现文献被本领域学者关注的程度

结合图 1-2 和表 1-1,我们发现早在 1933 年、1972 年和 1973 年就出现了 3 篇研究文献,它们分别研究零被引专利、未被引学位论文和未被引重要性。尽管 1972 年和 1973 年 2 篇文献得到全领域学者的一些关注(分别为 6 次和 4 次),但并未受到零被引研究领域学者的关注。直至 1974 年一篇关于 *Journal of the American Chemical Society* 期刊未被引论文分析的文献,才开始受到零被引领域学者的关注和引用(GCS 为 9 次,其中 LCS 4 次),并成为推动零被引研究快速发展的基础性和奠基性文献。例如,后续的 2 篇高被引文献 5 和文献 9 就是在参考引用此篇文献的基础上完成的。继而在文献 9 的基础上,产生出高被引文献 22 和文献 38。另外一篇开创性和奠基性的高被引文献是文献 10,被全领域学者引用了 118 次,被零被引研究领域作者引用了 9 次。后续的高被引文献 26、文献 38 和文献 40 都是在参考此篇文献的基础上完成。

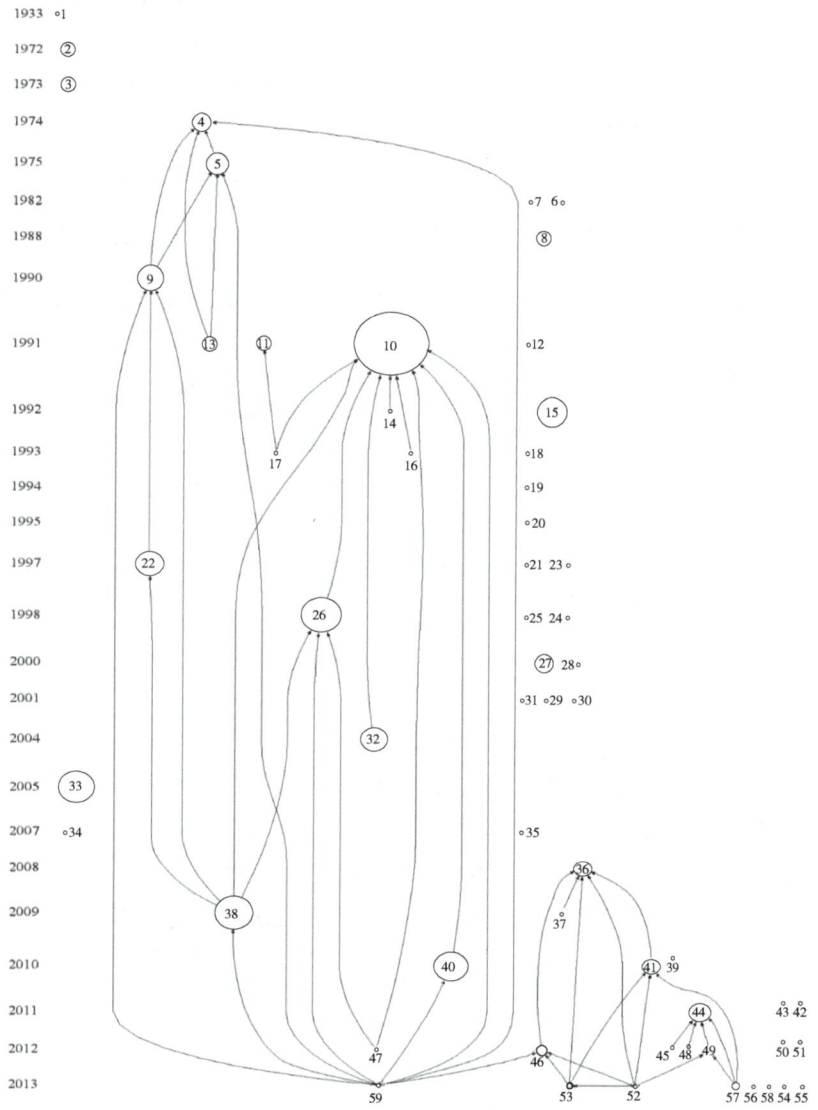

图 1-2 国际零被引研究的引文编年图

表 1-1 按 GCS 排序的 TOP 10 文献能够反映文献受所有领域学者关注的程度，不能反映文献被本领域学者关注的程度。如果一篇文献被所有领域学者关注较多，即 GCS 较高，而被本领域学者关注较少，即 LCS 较少，则对本领域学者来说，此篇文献并不一定极具参考价值。因此，我们在表 1-2 中列出了按 LCS 排序的 TOP 10 高被引文献。

表 1-1 全域被引次数（GCS）较多的 10 篇文献（按 GCS 降序排列）

图中序号	作者/题名/期刊/出版年	GCS	LCS
10	Hamilton D P. Research papers:who's uncited now?.Science. 1991	18	9
26	Garfield E.I had a dream … about uncitedness.Scientist. 1998	6	3
38	Wallace M L, Lariviere V, Gingras Y.Modeling a century of citation distributions.Journal of Informetrics. 2009	2	1
33	Van Leeuwen T N, Moed H F.Characteristics of journal impact factors: the effects of uncitedness and citation distribution on the understanding of journal impact factors. Scientometrics. 2005	0	0
40	MacRoberts M H, MacRoberts B R. Problems of citation analysis: a study of uncited and seldom-cited influences.Journal of the American Society for Information Science and Technology. 2010	5	1
15	Rousseau R. Why am I not cited or why are multiauthored papers more cited than others. Journal of Documentation. 1992	1	0
22	Schwartz C A.The rise and fall of uncitedness.College & Research Libraries. 1997	9	1
9	Stern R E.Uncitedness in the biomedical literature.Journal of the American Society for Information Science.1990	8	3
32	Van Dalen H P, Henkens K.Demographers and their journals: who remains uncited after ten years. Population and Development Review. 2004	6	0
5	Ghosh J S.Uncitedness of articles in nature, a multidisciplinary scientific journal.Information Processing & Management.1975	3	3

从表 1-1 和表 1-2 中能够看出，无论 GCS 还是 LCS，文献 10 都是最高的，说明文献 10 是零被引研究领域极为重要的一篇文献。此外，对比分析表 1-1 和表 1-2 中 TOP 10 文献的年代分布，可以看出，表 1-1 所示 GCS TOP 10 的文献基本上都是老文献，仅有 2 篇 2008 年之后的新文献；而表 1-2 所示 LCS TOP 10 的文献有一半是 2008 年之后出版的新文献。

表 1-2 局域被引次数（LCS）较多的 10 篇献（按 LCS 降序排列）

图中序号	作者 / 题名 / 期刊 / 出版年	LCS	GCS
10	Hamilton D P. Research papers: who's uncited now?.Science. 1991	9	18
36	Egghe L.The mathematical relation between the impact factor and the uncitedness factor. Scientometrics. 2008	5	7
4	Ghosh J S, Neufeld M L. Uncitedness of articles in the Journal of the American Chemical Society. Information Storage and Retrieval.1974	4	9
44	Egghe L, Guns R, Rousseau R. Thoughts on uncitedness: nobel laureates and fields medalists as case studies. Journal of the American Society for Information Science and Technology. 2011	4	1
5	Ghosh J S.Uncitedness of articles in nature, a multidisciplinary scientific journal.Information Processing & Management.1975	3	3
9	Stern R E.Uncitedness in the biomedical literature.Journal of the American Society for Information Science.1990	3	8
26	Garfield E.I had a dream … about uncitedness. Scientist. 1998	3	6
41	Egghe L.The distribution of the uncitedness factor and its functional relation with the impact factor. Scientometrics.2010	3	7
46	Hsu J W, Huang D W. A scaling between impact factor and uncitedness. Physica A: Statistical Mechanics and its Applications. 2012	3	3
49	Burrell Q L.Alternative thoughts on uncitedness. Journal of the American Society for Information Science and Technology. 2012	2	4

1.2.3 国内外零被引研究的主要科研人员及其合作情况

（1）国内零被引研究的主要科研人员及其合作情况

融合文献题录信息统计分析工具 SATI 3.1 和可视化分析软件 Netdraw 绘制出国内零被引领域所有作者的科研合作网络，如图 1-3 所示。图中的圆表示作者节点，节点及其标签的大小代表节点度（Degree）的大小。节点度是指与该节点有直接连线的节点数量，表示与该作者有过直接科研合作的作者数量，它的大小能够揭示出作者的合作偏好及其在合作网络中所处的地位。节点之间连线的粗细表示两个作者之间合作程度的强弱。如果 3 位作者 A、B 和 C 在同一篇论文中出现，则 3 位作者会形成一个 3 人合作网络，其中 A、B 合作 1 次，B、C 合作 1 次，A、C 合作 1 次，如果 C 与 D 合著了另一篇论文，则只能算 C、D 合作 1 次，A 与 D 之间不存在合作关系。

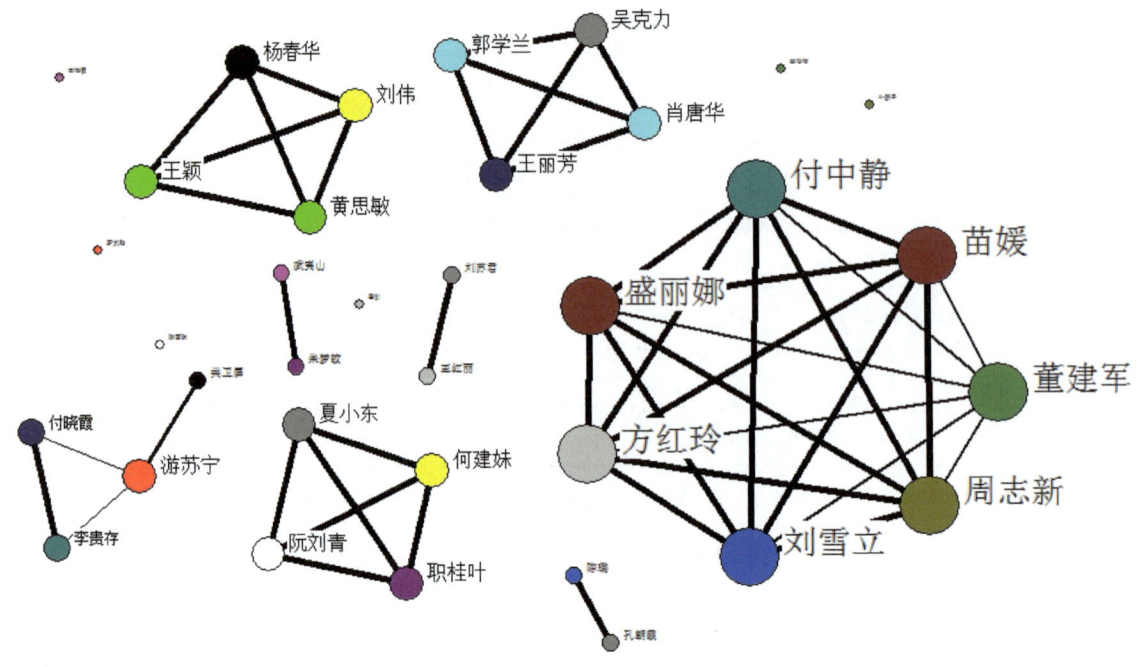

图 1-3 国内零被引研究所有作者的科研合作网络

从图 1-3 可以看出，国内零被引研究领域的所有 36 位科研人员形成了 8 个至少由 2 位作者构成的科研团队，5 个至少由 3 位作者构成的科研团队，其中，至少由 5 人组成的较大科研团队有 1 个。从网络的结构模式来看，此科研团队合作网络是聚集型合作网络模式，即团队各成员的科研实力都非常强（各成员的节点度都较大），因共同科研兴趣或共同科研任务经常互相合作发表文章（各成员之间的连线都较粗）。从此科研团队的研究主题可以看出，他们主要研究零被引率作为期刊反向评价指标的可能性。

（2）国际零被引研究的主要科研人员及其合作情况

利用数据分析工具 DDA（Derwent Data Analyzer）绘制出国际零被引研究领域共计 77 位作者的发文及其科研合作全景图，如图 1-4 所示。图中不同颜色的"网球拍"代表不同的作者，每个作者后面括号中的数字代表作者的发文数量，由两部分组成：一是独立发表论文的数量，如"网球拍"头部椭圆中黄色球的数量；二是与其他作者合作的论文数量，如不同颜色"网球拍"交叉椭圆中黄色球的数量。

从图 1-4 可以看出，国际零被引研究领域的所有 77 位科研人员形成了 21 个至少由 2 位作者构成的科研团队，7 个至少由 3 位作者构成的科研团队和 2 个至少由 5 人组成的较大科研团队。其中，5 人科研团队的合作网络是聚集型合作网络模式，不过到目前为止，他们仅合著了 1 篇零被引方面的文献；而 6 人较大科研团队的合作网络是星形合作模式，即科研团队中有一个核心或枢纽成员，该成员与其他成员都有合作，如科研团队中 Rousseau R 发表的 4 篇论文中，与 Egghe L 和 Guns R 合著了 2 篇，与 Ye F Y，Wang M S 和 Liu J Q 合著了 1 篇。从研究主题看，5 人科研团队主要关注：如何通过文献耦合的途径从专利的引用中过滤掉无关引用，并补充相关的未被引专利，基于此构建专利引用网络；而6人科研团队主要关注影响因子、H指数等指标与未被引因子之间的数学函数关系。

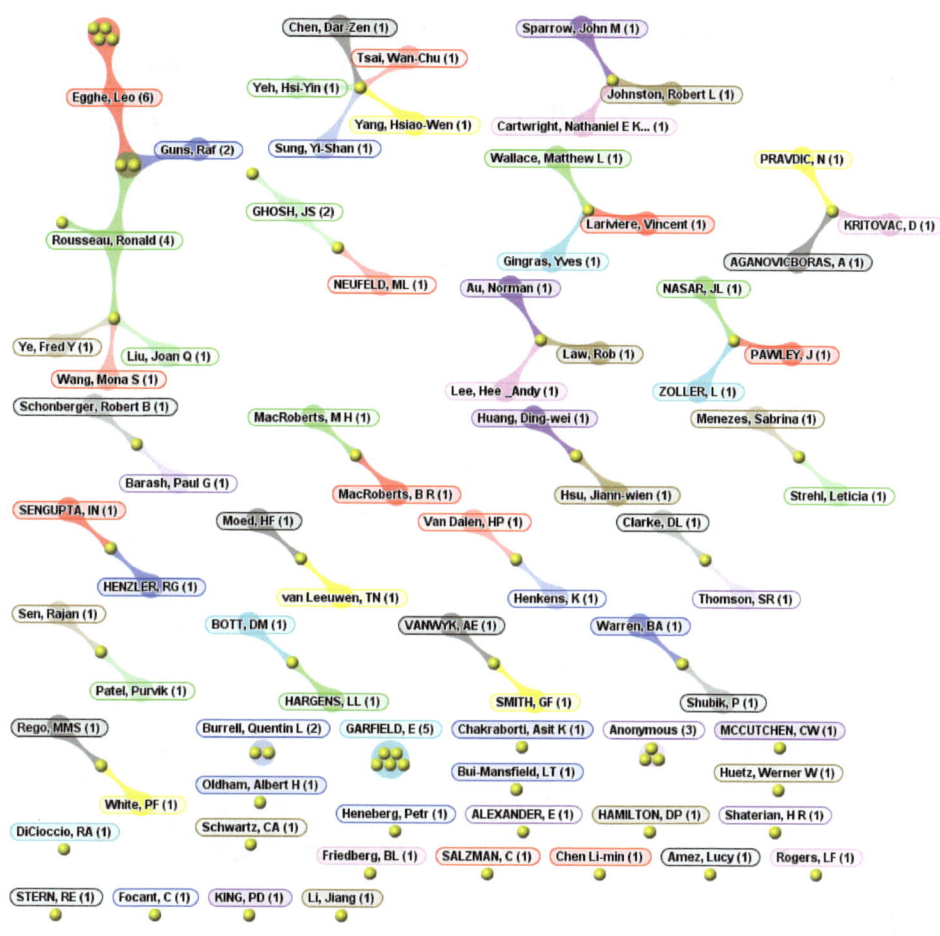

图1-4 国际零被引研究领域共计77位作者的发文及其科研合作全景图

1.2.4 国际零被引研究参考引用的主要期刊及其之间的关系

基于59篇零被引研究文献引用的321本期刊，利用CiteSpace Ⅱ可视化分析工具和期刊共被引聚类分析方法绘制出国际零被引研究领域TOP 100引用期刊的共被引聚类图谱，如图1-5所示。图中节点表示引用期刊，节点大小表示期刊在当前数据集中的被引频次（节点越大，说明期刊受领域学者的关注越多），节点之间的连线表示期刊之间的被引关系（连线粗细表示期刊共被引强度的强弱）。紫色的圈表示期刊在近些年被引有较快增长。

从图1-5可以看出，零被引研究领域学者在写文章时主要参考 *Journal of the American Society for Information Science and Technology*（被引25次）、*Scientometrics*（被引22次）、*Science*（被引18次）、*Journal of Informetrics*（被引11次）、*Information Processing*

& Management（被引 6 次）、Journal of Documentation（被引 6 次）、Library & Information Science Research（被引 6 次）和 Nature（被引 6 次）等期刊的文章。除了世界顶级期刊 Science 和 Nature 外，其他期刊基本都为 SCI 和 SSCI 收录的图书情报领域权威期刊。从这些高被引期刊之间的共被引情况来看，它们经常一起出现在文献的参考文献集合中。另外，很多引用期刊，也是主要的发文期刊，说明零被引研究成果经常发表在这些期刊上，并经常被这些期刊引用。同时，从发文期刊和引用期刊的权威性来看，零被引研究是图书情报学领域一个非常有前景的研究方向。

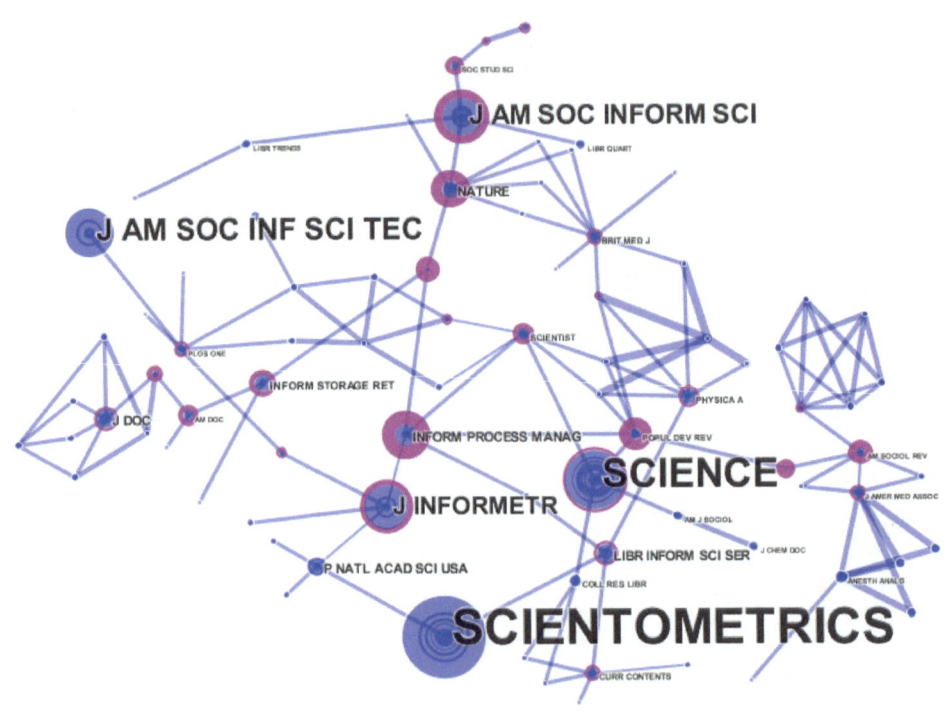

图 1-5　零被引研究领域 TOP 100 引用期刊的共被引聚类图谱

1.2.5　国际零被引研究的主要国家（地区）、科研机构及其之间的合作情况

（1）国际零被引研究的国家（地区）及其之间的合作情况

基于清洗后的 59 篇国际零被引文献的国家（地区）数据，利用数据分析工具 DDA 绘制出国际零被引研究领域共计 13 个国家（地区）的发文及其科研合作情况的全景图，如图 1-6 所示。零被引研究实力最强的是美国（发文 12 篇），其次是比利时（发文 9 篇），第三是中国（发文 3 篇，不包括台湾地区数据），其中 1 篇是与比利时作者合作撰写的论文。除了中国与比利时作者合作过 1 篇论文外，其他国家（地区）作者之间并未出现相互合作的论文。

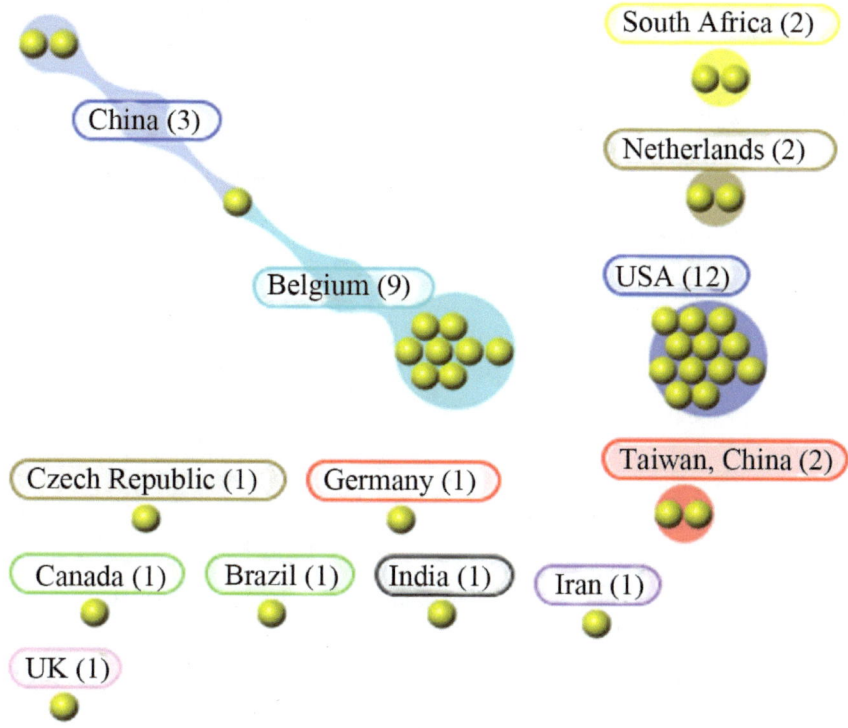

图1-6 零被引研究领域13个国家（地区）的发文及其科研合作全景图

（2）国际零被引研究的机构及其之间合作情况

图1-7显示（图1-7中存在一个问题，即未把同属于比利时哈塞尔特大学的两种写法合并，即Univ Hasselt 和Univ Hasselt UHasselt），国际零被引研究领域发文数量最多的是比利时哈塞尔特大学（发文6篇）、比利时天主教鲁汶大学（发文4篇）、比利时安特卫普大学（发文4篇）和比利时布鲁日-奥斯坦德天主教大学（发文3篇）。图中最大的机构合作网络包括哈塞尔特大学、天主教鲁汶大学、安特卫普大学、布鲁日-奥斯坦德天主教大学、浙江大学（发文2篇）和南京大学（发文1篇）。合作关系比较复杂，其中，哈塞尔特大学、天主教鲁汶大学和布鲁日-奥斯坦德天主教大学合作过1篇；哈塞尔特大学、天主教鲁汶大学、安特卫普大学和布鲁日-奥斯坦德天主教大学合作过1篇；哈塞尔特大学和安特卫普大学合作过2篇；天主教鲁汶大学、安特卫普大学、布鲁日-奥斯坦德天主教大学、浙江大学和南京大学合作过1篇。他们的研究主题主要为：零被引相关指标，不同知名度个人所发论文零被引率的比较，未被引指标与影响因子、H指数等指标之间的相互关系等。

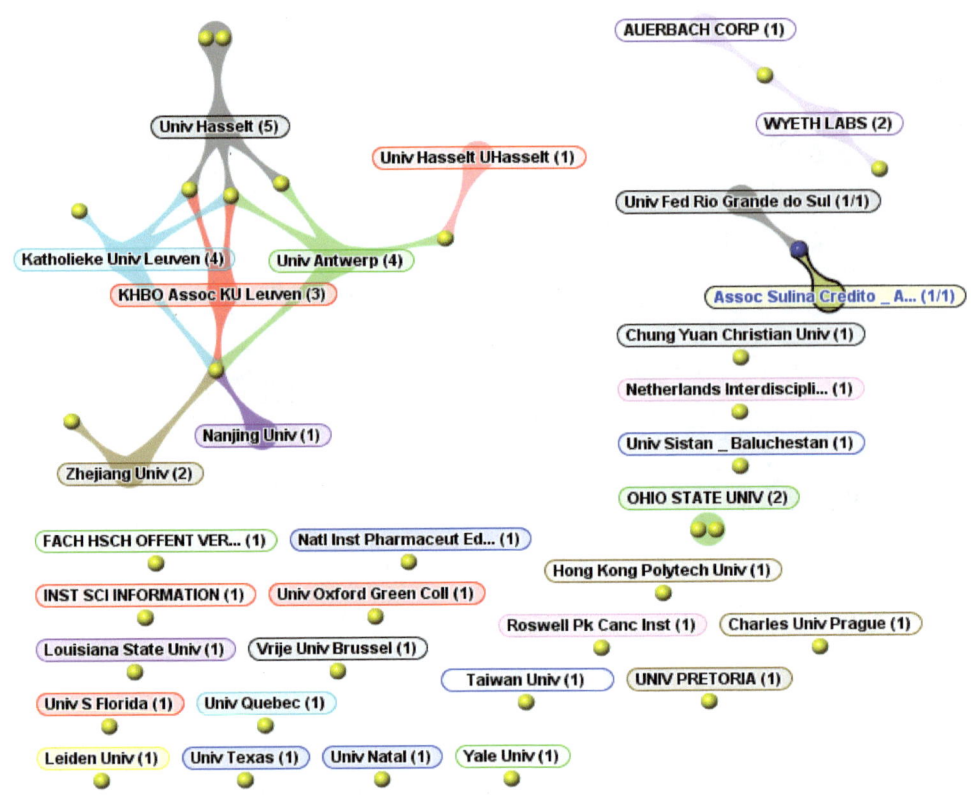

图 1-7 零被引研究领域 32 个科研机构的发文及其科研合作全景图

1.2.6 国内外零被引研究的高频主题

（1）国内零被引研究的高频主题

利用文献题录信息统计分析工具 SATI 3.1 和可视化分析工具 UCINET 6，绘制出关键词的共现网络，识别出国内零被引研究的高频关键词及其之间的关系。

从图 1-8 可以看出，零被引研究领域出现的高频关键词主要有零被引（出现 4 次）、影响因子（出现 3 次）、被引频次（出现 3 次）、引文分析（出现 3 次）、未被引文章（出现 3 次）。通过研读零被引领域的文献和观察这些高频关键词的共现关系，发现国内零被引研究主要聚焦于：影响因子、被引频次与零被引率之间数量关系的探讨，基于引文分析法的文献被引频次—比例分布研究（包括未被引文献比例研究）。由于国内文献基本上都是 2008—2013 年发表的，因此这些高频关键词也是近期零被引研究关注比较多的主题。不过影响因子、被引频次与零被引率之间数量关系的探讨仅是简单的统计分析，并未深入到零被引率与其他各类评价指标之间相互关系的数学模型机制层面的研究，文献被引频次—比例分布研究也未深入到不同类型论文被引频次分布的系统性比较层面。另外，对不同期刊、国家、语种和学科等单元论文零被引率演变规律的研究基本上是空白。

第一章 国内外零被引研究现状及发展动态

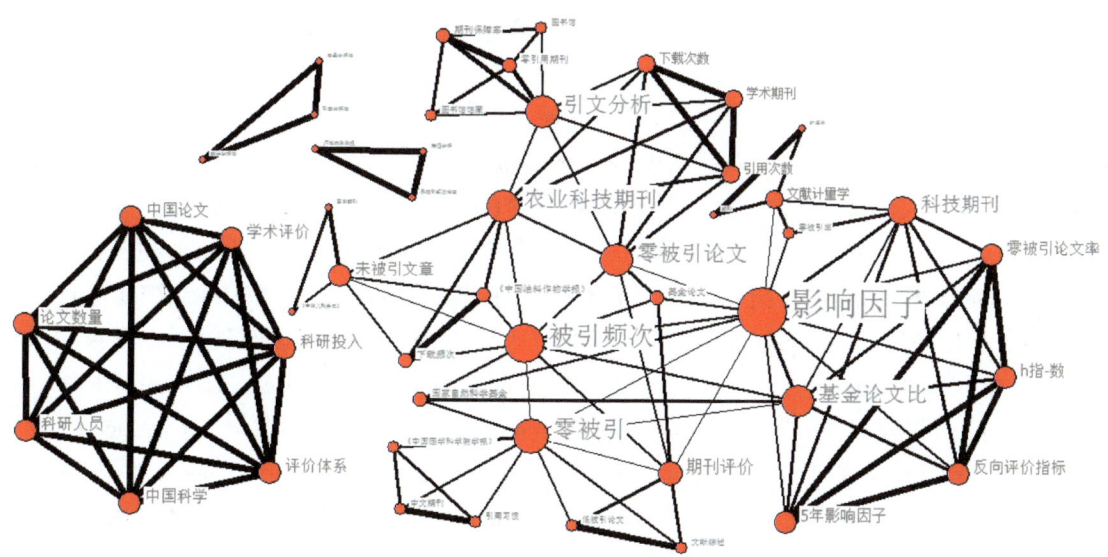

图 1-8 国内零被引研究领域所有 58 个关键词的共现网络

（2）国际零被引研究的高频主题

零被引研究领域的 59 篇英文文献共包含 189 个关键词，包括文献作者标注的关键词、系统标注的关键词和文献标题分词所得的关键词。首先对这些关键词进行清洗和同类合并，得到 18 个高频主题，其中，同类合并的 TOP 5 高频主题及其包含的主要关键词如表 1-3 所示，其他 13 个高频主题是未进行过同类合并的独立关键词，包括 apparent non-cited overlap、seldom-cited influences、certain features、citation time lag、global patterns、great uncited、impact factor、informetrics、lower bound、quality、success-breeds-success、research evaluation 和 uncitedness factor。

表 1-3 TOP 5 高频主题类别及其包含的主要关键词

主题类别	关键词	主题类别	关键词
bibliometric indicators	citation rates、h tail、h-core、h-index、h-ratio、non-citation index indicator、uncitedness rate	bibliometric methods	bibliographic coupling approach、bibliographic references、citation measures、comparative analysis
uncited sources	award-winning asce papers、biomedical literature、cancer articles、fields medalists、history of science、institute、medical journals、tourism journals、multiauthored papers、multidisciplinary scientific journal、nobel laureates、uncited patents、uncited pringle、uncited scientist、uncited ssci publications	mathematical models	mathematical models、universal informetric law、central limit theorem、distribution dependent law、library circulation model、power laws、shifted lotka distribution、gamma-poisson process、s-shape
citation analysis	citation distributions、patent citation analysis、rank-order distribution		

然后利用 DDA 绘制不同类别主题年度—数量分布的气泡图，如图 1-9 所示。从中可以看出，近两年（2012—2013 年）国际零被引研究领域关注比较多的主题有：文献计量学指标（bibliometric indicators）、引用分析（citation analysis）、影响因子（impact factor）、数学模型（mathematical models）、未被引源或对象（uncited sources）、未被引因子（uncitedness factor）。从表 1-3 可以看出，文献计量学指标（bibliometric indicators）研究涵盖：被引率（citation rates）、未被引指数（non-citation index indicator）或未被引率（uncitedness rate）、科学论文和技术专利数据集中 H 尾（h tail）、H 核（h-core）、未被引源之间的 H 比率（h-ratio）、H 指数（h-index），等等。引用分析（citation analysis）研究包括：零被引的引用分布（citation distributions）和专利引用分析（patent citation analysis）、影响因子和零被引因子的大小—等级排序分布（rank-order distribution），等等。影响因子（impact factor）研究主要探讨影响因子与零被引率之间的相互关系。数学模型（mathematical models）研究主要涉及：影响因子和 H 指数等指标与未被引因子（uncitedness factor）之间 S 型函数关系的数学模型（mathematical models），如信息计量通用定律（universal informetric law）模型、中心极限定理（central limit theorem）模型、独立分布定律（distribution dependent law）模型、文献流通模型（library circulation model）和幂律（power laws）函数模型等。未被引源或对象涉及：不同类型论文，如美国土木工程师学会获奖论文（award-winning asce papers）、生物医学文献（biomedical literature）、多作者论文（multiauthored papers）和专利（patents）的未被引分析；不同类型出版物，如 SSCI 出版物（SSCI publications）、医学期刊（medical journals）、旅游期刊（tourism journals）、跨学科科学期刊（multidisciplinary scientific journal）零被引论文的计量分析研究；不同知名度学者，如菲尔兹奖获得者（fields medalists）、诺贝尔奖奖金获得者（Nobel Laureates）等所发表论文的零被引情况分析，以及"王子"文献未被引情况分析、未被引科学家的分析；不同机构（institute）和不同学科（history of science）零被引论文的计量分析。

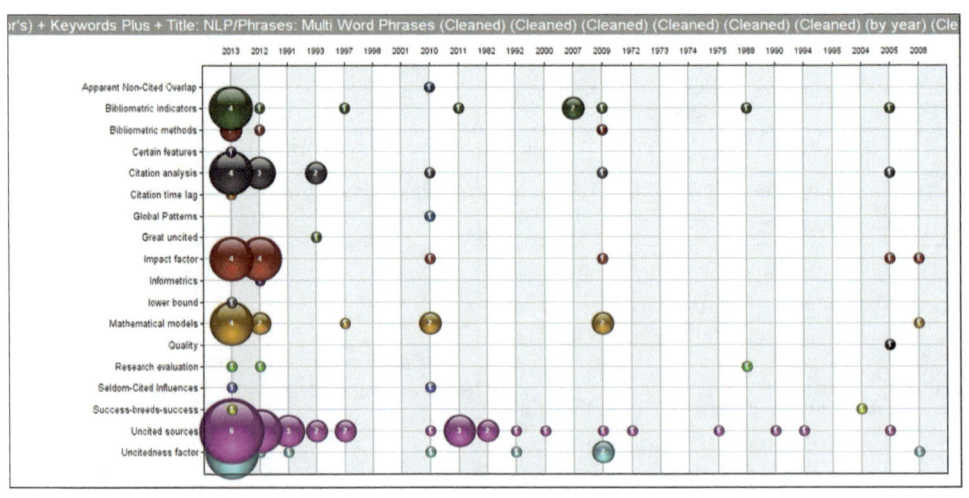

图 1-9　不同类别主题年度—数量分布

1.2.7 结论与讨论

基于国内外零被引方面的文献数据，融合不同文献计量与可视化分析工具对零被引研究领域的历史发展脉络、研究主体及其合作情况、高频主题进行科学知识图谱分析，分析结果显示：①零被引研究历史发展脉络的真正起点为：1974 年一篇关于期刊论文零被引分析的文献，此后，零被引研究得到较多的发展，并产生众多高被引的核心知识基础性和奠基性文献。②国内有 1 个至少 5 人组成的较大科研团队，而国外有 2 个至少 5 人组成的科研团队，科研团队的合作网络模式基本上为聚集型合作网络模式和星型合作模式。③国际零被引研究领域学者在写文章时主要参考 *Journal of the American Society for Information Science and Technology*（被引 25 次）、*Scientometrics*（被引 22 次）、*Science*（被引 18 次）、*Journal of Informetrics*（被引 11 次）等期刊的文献。④国际零被引研究实力较强的是美国和比利时，中国位列第三。⑤国际零被引研究领域发文数量较多的机构有：比利时的哈塞尔特大学、天主教鲁汶大学、安特卫普大学和布鲁日–奥斯坦德天主教大学，这几个高校的学者经常相互合作。⑥国内零被引研究主要聚焦于：影响因子、被引频次与零被引率之间数量关系的探讨，以及基于引文分析法的文献被引频次—比例分布研究，而对目前国际上零被引研究的主要主题，如揭示文献计量指标与零被引指标之间相互关系的数学函数模型等的研究非常少，此外，国内外学者对零被引率时间演化规律的研究甚少。另外，国内外学者主要将期刊文献集合中的零被引论文作为一个整体进行研究，极少涉及目前国际零被引研究的难点——"单篇论文的被引或未被引概率及其影响因素"。

1.3 结 论

鉴于国内学者对"零被引现象"的了解较少，我们全面梳理了零被引相关文献，阐述了零被引研究的意义，从文献时间演化的视角评述了零被引的 4 个重要研究主题的现状、发展动态和存在的问题，并针对存在的问题，提出未来的研究展望：

①零被引研究是引用分布研究领域的延伸和拓展，非常有必要了解引用分布的理论框架，以便为零被引研究所用。当前零被引研究方面的文献较少，理论基础薄弱。因此，我们需要对它们的定义、产生原因、理论模型、知识基础、研究主体、研究方法与工具、研究热点与前沿等进行深入的分析和研究，构建融合引用分布理论的零被引理论框架。

②零被引比例及其时间演化规律研究缺乏系统性和完整性，采用的样本较小且单一，选择的时间窗口较窄且不连续，提出的时间演化模型未经实证检验。为此，我们应该选择更大的、涉及不同单元（如不同国家和机构等）不同时期出版的文献在一个较长的连续时间窗口中零被引比例的时间变化规律，并借鉴或改进传统的引用分布模型或构建新的时间演化模型，对它们进行拟合实验。以此在统一的框架中系统性分析不同单元零被引比例的时间演化规律及模型拟合实验的性能。

③零被引影响因素研究迄今主要聚集于零被引率与期刊影响因子之间的关系，而对零被

引率与其他影响因素，如个人 H 指数、论文类型、文章质量和理论性强弱、大学排名、国家和机构科研实力、论文出版语言、学术交流程度、科研合作强度、参考文献数量等之间相互关系的考察较少，并且很少有学者将零被引研究与其在科研评价领域和学术交流系统中的应用结合起来。因此，未来除了重视零被引率与期刊影响因子之间相互关系的系统性检验之外，也应该注重考察零被引率与其他影响因素之间的相互关系，并基于零被引率与科研评价类指标之间的相互关系，构建新的评价指标，推动其在科研评价领域和学术交流系统中的应用。

④零被引文献中不乏精品，这是一个公认的事实，"长尾"现象和"睡美人"现象可以佐证。如何从零被引文献中识别出这些精品文献，并向读者推荐，是一个值得深入研究的课题，然而当前学术界对这方面的研究几乎没有。因此，我们需要比较"睡美人"文献、"高被引"文献与"零被引"文献之间的差异，研究如何从零被引文献中识别出潜在的"睡美人"文献，并向读者推荐，以防止过多的文献处于"睡眠"状态。

1.4 零被引研究存在的问题

截至 2013 年 11 月，零被引问题相关研究还存在一些问题值得关注，这些问题也提示我们今后着力研究的几个方向。

（1）明确定义零被引

零被引比例相关研究所得出的结果数据都不尽相同，除了数据来源和处理方式的不同之外，对零被引的定义各异也是造成结果不同的原因之一。从以往研究来看，大多数学者对零被引文章的定义是：发表后 2 年未被引或是发表后 5 年未被引。一般而言，文章发表后 2～3 年是被引的高峰期，将发表后 2 年未被引视作零被引可能是出于被引高峰期的考虑，而定义发表后 5 年未被引则可能是基于大量经验数值而确定的。Larivière V 等人（2009）和杨思洛等人（2010）都使用了类似的计算方式，但前者用的是 2 年时间窗口，后者用的是 1 年、3 年及 6 年时间窗口，即前者反映的是发表后 2 年的情况，后者则不同。他们在文中都分析了医药学科的情况，而从 1979—2008 年的数据曲线来看，还是相当不同的。

另外，零被引定义还与所选择的数据库有关，如 Web of Knowledge 中"所有数据库"的"引文概要"列表显示的是某篇项目（Item）被 Web of Science、BIOSIS Citation Index、中国科学引文数据库、Data Citation Index 这 4 种引文索引或引用索引收录的其他项目所引用的次数。可是，并非每一个引文数据库都能包含这么全面的引用信息，多数引文数据库只能显示某个项目在本库中的被引情况，如一篇文章在中国知网数据库中显示未被引，但可能在万方数据库中被引用过。因此，在具体研究中要明确定义是在怎样的范围之内没有被引就算是零被引文章了。

（2）清楚界定数据范围

Hamilton D P 于 1990 年 12 月发表了"Publishing by-and for?-the numbers"，于 1991 年 1 月发表了"Research Papers: who's uncited now?"，这 2 篇关于零被引的评述性文章。Garfield E 在 1991 年 3 月发表的"To be a uncited scientist is no cause for shame"中谈及这 2 篇文章披露

的零被引比例数据。他认为，人们可能在一定程度上曲解了这个数据的含义，因为该零被引比例没有按照学科领域、语言、文献类型等进行区分，所以这个零被引比例恐怕是偏高了。同时，在这篇文章中，Garfield E 又提出了 2 个数据，表明 1984 年发表的文章在 1985—1989 年未被引的比例，美国的情况和其他国家的情况是不同的。

由此我们可以看到，在计算零被引比例的时候，一定要清楚规定数据的范围，如学科类型、文献类型、使用的语言等，以避免引起误读。

（3）恰当处理自引问题

关于被引统计中是否应该排除自引，并没有什么定论。事实上，自引在一些情况下是必需的，一个学者的研究如果是有延续性的，那他（她）便很有必要引用自己之前的文章；或者这个学者的文章在本领域有着相当重要的地位或者代表着前沿，那么，进行自引也很正常。但是，不能排除有些作者只是为了帮助自己获得更多的被引次数而勉强自引。

2008 年，Larivière V 等人发表的"The fall of uncitednes"显示科技文献零被引率（SCIE、SSCI、AHCI 中 1981—2006 年的文献数据）是下降的。文中说明，计算时排除了自引。而更多的作者在给出研究结果时，并没有说明是否排除了自引，这恐怕是不够完善的。Hendrik P 和 Kène H 在 2004 年对 17 种人口学期刊进行研究时，对比了包括自引和去除自引后计算出的发表后 10 年未被引比例及总被引频次等指标。也许在我们不知该如何处理自引时，应分别考察去除和不去除自引这两种情况下所得出的结果，以便于后续进行对比及更深入的研究。因此，他们二人的做法是值得赞赏的。

今后，也可以从首次被引的角度来研究自引。更多的他引还是更多的自引成为"伯乐"；是他引还是自引引起了更多的后续关注和引用——这些问题都值得研究。同时，这也有助于探索"睡美人"的唤醒原因，即扮演"王子"角色的论文到底是他人撰写的还是"睡美人"文献作者本人撰写的。

（4）力求完善数学模型

尽管 Rousseau R 的双指数模型具有非常重要的意义，掀起了零被引数学机制面纱的一角，但是我们仍不免去思考相关的验证问题。在 1994 年的文章里，Rousseau R 采集了 1975 年的 *Journal of the American Chemical Society* 数据集，用来验证双指数的拟合情况。包括 Egghe L 后续的研究也都是选取了几本期刊或是某个学科的数据来做验证和一些完善。这些数据样本都是比较小的。如果我们想要进一步推动用数学模型来研究零被引，恐怕需要更大样本的数据进行验证，才有信心将模型推广应用到更大范围。显然，目前还没有进展到这一步。

前面提到杨思洛对 Egghe L 使用基于洛特卡定理的模型来描述零被引问题提出了质疑。实际上，Quentin L B 在 Egghe L 和 Rousseau R 的"Theory and practice of the shifted lotka function"网络版发布以前，也发现了这一点。只是当时他提及此问题的那篇文章还在审稿阶段而已。因此，我们对于这种尚不成熟的方法需要更多的探讨，要做更多的工作去加以完善。

第二章 论文零被引的影响因素分析
——国际合作、国家、机构、学科和主题的视角

以往，国内外论文零被引影响因素方面的研究主要集中在论文零被引率与期刊影响因子之间关系的实证。Van Leeuwen 和 Moed 发现期刊影响因子与期刊论文零被引率之间存在下降的函数关系。Egghe（2008，2010）根据洛特卡定理，利用中心极限定理发现了影响因子和零被引指标之间的数学函数关系，2011 年他和合作伙伴通过对 75 位诺贝尔奖和菲尔兹奖得主的论文被引数据进行实证研究，发现即使对于这个科学精英群体，也有 10% 以上的论文从未被引用过，这些科学精英的 H 指数与其未被引文献量是高度相关的。我国台湾学者许建文和黄定维用实证的方法，得出了与 Egghe 相近的结论。中华医学会付晓霞等人基于 2000—2009 年 SCI 收录中国科技论文的期刊数据，统计分析了不同影响因子区段期刊文章的零被引数据，发现零被引率并未随期刊影响因子的升高而降低。此结果似乎与国外学者的实证结果并不一致，这可能是由于作者未区分文献类型、零被引时间窗口的界定不清晰或中外差异（如语言风格、文章阅读和引用人群等）因素造成的。

然而，期刊影响因子只是零被引率的影响因素之一，作者 H 指数、论文长度和类型、高校规模与排名、国家和机构科研实力、论文出版语言、学科差异、马太效应、学术交流程度、科研合作强度、文章选题、文章质量和总量、参考文献数量等都有可能影响零被引率，以往国内外学者对这些因素的考察较少。为此，下文分别从国际合作，论文作者和选题，国家、机构和主题，学科属性等视角，探析这些因素对论文零被引率的影响。

2.1 国际合作对论文零被引率的影响

2.1.1 国际合作论文零被引率的中印比较

（1）分析数据

由于香港和澳门的回归，1997 年后的中国论文包括了香港论文和澳门论文。然而，中国内地与香港和澳门并不属于一个科技系统，而且香港的论文产出并不是一个小数目，因此，不剥离中国香港论文而进行中印比较，会遮蔽中国的许多特征。再者，由于中国大陆和中国台湾的特殊关系，不剥离台湾地区论文也会影响对中国大陆国际科学合作的准确评价。所以，我们这里区分中国大陆（内地）与中国台湾、香港和澳门的论文，暂时略去中国台湾、香港、澳门与中国大陆（内地）和印度的论文合作关系，只进行中国大陆（内地）与印度的国际合作论文比较研究。

在 SCIE 论文中剔除港澳台地区论文时，遇到了一些问题。有些作者地址的最后字段虽

然是 Peoples R. China，但其机构及城市却明显属于台湾地区，对这样的问题我们逐一作了处理。由于检索结果没有发现中国大陆（内地）在 1977 年之前产出国际合作论文，所以我们把本节的研究时间跨度定为 1978—2004 年。在对数据的进一步核查中，我们还发现，尽管所下载的数据记录都是 Article（研究型论文）文献类型，但其出版形式却有 3 种：期刊论文、图书论文和系列图书论文。

中国和印度的国际合作论文的获取步骤如下：

第一步，提取作者地址中的国家信息。依照科睿唯安公司（原汤森路透知识产权与科技事业部）的国家列表，除中国外，我们依据作者地址的最后一个字段，确定作者所属的国家。

还需要说明的是，我们把英格兰、苏格兰、威尔士和北爱尔兰统一归为英国；保留了德国的历史原貌。根据说明，科睿唯安 1991 年删去 Fed Rep Ger 和 Ger Dem Rep，增加了 Germany，而在我们的数据库中，1989 年出现了 Germany、Fed Rep Ger 和 Ger Dem Rep 3 种形式，1990 年就只有 Germany 了。科睿唯安 1993 年删去 USSR（Union of Soviet Socialist Republics，苏联），增加了 Armenia、Azerbaijan、Byelarus、Estonia、Rep of Georgia、Kazakhstan、Kyrgyzstan、Latvia、Lithuania、Moldova、Tajikistan、Turkmenistan、Russia、Ukraine、Uzbekistan。而实际上，1991 年就有了苏联加盟共和国的名称，1993 年仍有 1 次 USSR 出现。鉴于苏联于 1991 年 12 月 25 日解体，我们仍将 1991 年出现的加盟共和国名称视为 USSR，1993 年出现的 USSR 归为相应的国家。印度和锡金于 1981 年曾有一篇合作论文，我们把它视为印度的非国际合作论文。

第二步，国家和地区名称除重。在许多论文的作者地址中，一个国家会有多个单位参与。这样，经过第一步后，一个国家和地区就会在作者地址栏中多次出现。为了方便统计国家和地区间的合作频次，我们除去了重复出现的国家和地区名称。

第三步，抽取国际合作论文。由两个或两个以上国家署名的论文为国际合作论文；只有中国或印度署名的论文为非国际合作论文。

第四步，学科分类。根据 ESI（Essential Science Indicator）数据库的学科分类方法，我们分别把中国和印度论文及其国际合作论文分为 22 类。

第五步，我们共获得中国国际合作论文 73 295 篇，其中 37 篇不能确定学科归属；印度国际合作论文 42 366 篇，其中 67 篇不能确定学科归属。

（2）不同出版年度的零被引率比较

我们首先进行不同年度的中国和印度国际合作论文零被引率的比较。对于同一年份发表的国际合作论文不再进行细分，就是比较两国不同年份国际合作论文零被引率的大小。为什么要在同一年份内比较？就是为了保证论文引用时间窗口的相同。

在图 2-1 中，横坐标的年份表示国际合作论文发表的时间，括号中的数字是对应引用时间窗口的年数。从图 2-1 可以看出，在中国国际合作论文产出在 100 篇以内的最开始 3 年，中国国际合作论文的零被引率变化较大，两国的零被引率相差较大，不必做进一步比较；1982—1999 年，大多数年份中国国际合作论文的零被引率明显高于印度，少数年份二者基本相等，只有 1989 年是个例外；2000—2004 年，两国的国际合作论文零被引率基本上无明显差别。这说明中国国际合作论文的影响力在不断加强。但中国国际合作论文的零被引率为

22.85%，高于印度的 19.64%。该数值小于普赖斯等人的测量，可能的原因是国际合作论文往往有更多人参与，提升了它的显示度。

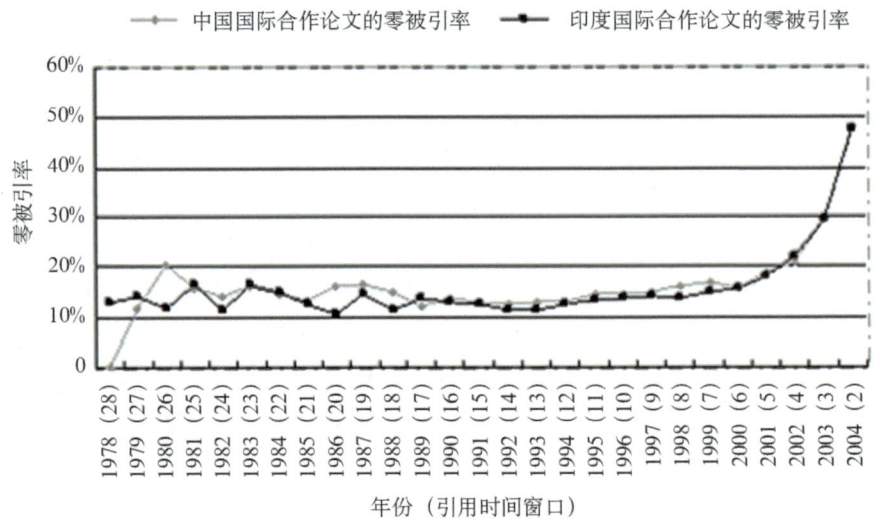

图 2-1　1978—2004 年中印国际合作论文零被引率比较

最具代表性的是 1990—1999 年，两国的国际合作论文零被引率都变化不大，且差异也不大，具有很强的可比性。因此，在下文中我们着重比较中印两国这段时间的国际合作论文零被引率。

（3）不同学科的零被引率比较

论文的引用因学科不同而呈现明显的差异，因此，我们需要对国际合作论文进行细分。该项研究的学科分类至少有 6 种。这些分类的不足之处是，要么对学科划分过粗，要么对学科划分过细，从而影响学科的特征。本部分采用了 ESI 的学科分类方法，该方法把科学分成 11 个生命学科、8 个自然学科、2 个社会学科和 1 个综合交叉学科。由于本部分采用的论文来自 SCIE，社会学科论文较少，所以，我们不考虑 2 个社会学科的情况。

1990—1994 年，中国国际合作论文的零被引率为 13.06%，印度为 12.18%；1995—1999 年，中国国际合作论文的零被引率为 15.70%，印度为 14.15%。显然，二者存在差异。为了详细地描述两国国际合作论文零被引率的学科差异，我们以两国各自的国际合作论文零被引率的差值为临界差。同一学科内部，两国国际合作论文零被引率之差大于临界差，即认为中印两国存在显著差异；低于临界差，则认为两国存在不显著差异。

分段统计及比较结果如表 2-1 所示。

第二章 论文零被引的影响因素分析——国际合作、国家、机构、学科和主题的视角

表 2-1 不同学科领域中印国际合作论文零被引率比较

学科分类	1990—1994 年		1995—1999 年		比较结果		
	中国	印度	中国	印度	优胜者	显著性	差距变化
农业科学	10.00%	10.83%	9.52%	12.32%	中国，中国	否，是	扩大
生物与生物化学	7.14%	6.96%	13.08%	10.72%	印度，印度	否，是	扩大
化学	12.34%	7.85%	14.07%	12.31%	印度，印度	是，是	缩小
临床医学	7.50%	6.63%	8.38%	8.90%	印度，中国	否，否	缩小
计算机科学	28.13%	30.88%	27.17%	31.30%	中国，中国	是，是	扩大
工程学	19.03%	21.37%	24.11%	23.15%	印度，中国	是，否	缩小
环境/生态学	4.40%	8.13%	5.65%	10.58%	中国，中国	是，是	扩大
地球科学	6.08%	8.16%	11.29%	7.82%	中国，印度	是，是	扩大
免疫学	3.17%	2.56%	6.31%	2.48%	印度，印度	否，是	扩大
材料科学	14.77%	15.25%	20.05%	17.43%	中国，印度	否，是	扩大
数学	19.12%	29.54%	22.80%	26.45%	中国，中国	是，是	缩小
微生物学	2.65%	5.76%	6.40%	9.77%	中国，中国	是，是	扩大
分子生物与遗传学	6.45%	3.42%	9.06%	5.70%	印度，印度	是，是	扩大
综合交叉学科	7.87%	16.67%	20.39%	25.63%	中国，中国	是，是	缩小
神经与行为学	4.26%	3.45%	1.30%	4.94%	印度，中国	否，是	扩大
药物与药理学	7.14%	2.63%	7.76%	7.14%	印度，印度	是，否	缩小
物理学	16.95%	11.18%	17.29%	12.76%	印度，印度	是，是	缩小
植物与动物学	7.43%	10.05%	12.53%	14.87%	中国，中国	是，是	缩小
生理与心理学	8.33%	9.09%	16.67%	2.78%	印度，印度	否，是	扩大
空间科学	12.62%	15.75%	13.51%	15.48%	中国，中国	是，是	缩小

这样，1990—1994 年，中印国际合作论文零被引率存在显著差异的学科是化学、计算机科学、工程学、环境/生态学、地球科学、数学、微生物学、分子生物与遗传学、综合交叉学科、药物与药理学、物理学、植物与动物学、空间科学等 13 个学科；1995—1999 年，中印国际合作论文零被引率存在显著差异的学科增加到了 17 个，在前一阶段的基础上，增加了农业科学、生物与生物化学、免疫学、材料科学、神经与行为学、生理与心理学；去掉了工程学、药物与药理学。

从表 2-1 可以看出，中国有一半左右学科的国际合作论文的零被引率低于印度，其中有

7个学科的差距在扩大。与之相比，印度有一半左右学科的国际合作论文的零被引率低于中国，且在3个学科里，二者的差距在缩小。只在生物与生物化学、免疫学、分子生物与遗传学领域，印度国际合作论文的零被引率低于中国，且二者的差距在扩大。从零被引率指标来看，这是我国值得关注的学科领域。因为，这些学科领域，不仅印度的表现好于中国，而且二者的差距还在扩大。

（4）不同国际合作关系的零被引率比较

国际合作论文少则有两个国家或地区合作完成，多则由几十个国家或地区完成。合作国家或地区的数目不同，参与主体之间的合作关系就会不同。根据一篇国际合作论文中参与主体的多少，我们把国际合作论文进一步分为双边合作论文、多边合作论文和超多边合作论文。

对于一篇公开发表的论文而言，参与主体越多，获得引用的可能性就越大。

表2-2是不同国际合作关系论文零被引率的中印比较。可以看出，除两国都有两个年份外，国际合作论文的零被引率都随着合作主体的增多而减少。10年作为一个整体也符合这样的规律。

表2-2 中印不同国际合作关系论文零被引率比较

年份	中国			印度		
	双边合作论文	多边合作论文	超多边合作论文	双边合作论文	多边合作论文	超多边合作论文
1990	14.68%	9.49%	2.22%	13.84%	10.23%	0.00%
1991	13.50%	8.51%	10.71%	13.41%	7.91%	6.25%
1992	13.77%	7.08%	6.45%	12.29%	4.43%	13.89%
1993	13.75%	9.65%	6.06%	11.91%	10.70%	2.78%
1994	13.36%	10.21%	15.25%	13.04%	8.84%	11.43%
1995	15.64%	9.64%	7.69%	14.17%	11.06%	8.47%
1996	15.90%	9.30%	2.15%	14.93%	8.46%	1.79%
1997	15.84%	11.24%	2.56%	16.09%	6.80%	1.33%
1998	17.20%	11.37%	3.57%	15.04%	9.66%	4.40%
1999	18.09%	10.28%	4.88%	16.40%	12.10%	2.68%
合计	15.74%	9.97%	5.36%	14.44%	9.25%	4.66%

中国和印度相比，10个年份中，中国有9个年份的双边合作论文零被引率都高于印度，6个年份的多边合作论文零被引率高于印度，7个年份的超多边合作论文零被引率高于印度。

将 10 年作为一个整体来看，无论是双边合作论文、多边合作论文，还是超多边合作论文，中国的零被引率都高于印度。

（5）小结

中印两国的国际合作论文零被引率具有相同的规律：在论文发表后的最初几年内，零被引率较高，且随着引用时间窗口的扩大急剧下降至稳定状态，保持在 15% 左右。当然，本部分采用的样本是变化的，但都是国际合作论文。

无论是各年度国际合作论文零被引率的总体比较，还是不同国际合作关系论文零被引率的比较，都显示中国的零被引率略高于印度。在学科层面的比较结果却是中印两国各有一半左右的学科论文零被引率低于对方。

零被引率指标较好地反映了中印两国国际合作论文的差别，尤其是在学科层面和合作关系方面。如果该指标是论文质量和影响力的表征的话，那么，我们还需要进一步改善在基础研究领域的国际合作，特别是在生物与生物化学、免疫学、分子生物与遗传学等学科领域。在我国国力不断增强的背景下，我们更应该这样。

2.1.2 非国际合作论文零被引率的中印比较

国内外有关零被引率的研究虽然并不少见，但都没有对研究样本进行细致的分类，仅以某一时间段、某一学科领域、某些期刊或某一国的论文为样本，笼统地研究论文零被引率。随着科学研究的国际化发展，国际合作论文日益增多。而国际合作论文和非国际合作论文具有明显不同的文献特征。若不做零被引率的细分研究，难以避免科研政策的笼统性，缺乏针对性。因此，将非国际合作论文与国际合作论文区分开来研究，是一件很有意义的工作。本部分就以中国和印度的非国际合作论文为样本，并将其细分到学科层面，比较研究中国和印度的论文零被引率，尝试为我国科技政策的制定提供依据。

（1）分析数据

我们选取的数据跨度为 1985—2004 年。原因有两个：一是 1985 年为我国科技发展的新阶段，从此，我国的科技发展步入正常阶段；二是我们采用的是先前研究的数据，便于和之前的分析结果进行比较。数据下载时间与数据产生的对应关系是，2005 年 11 月 27 日—12 月 2 日对应 1995—2004 年出版的论文，2006 年 1 月 12—20 日对应 1985—1994 年出版的论文，检索条件是作者地址"国家/地区"字段为 Peoples R. China 的 Article 文献类型和作者地址"国家/地区"字段为 India 的 Article 文献类型。我们之所以选择 Article 文献类型，是因为该文献类型反映了实质的研究内容，是文献计量学研究中常被选用的文献类型。

（2）1985—2004 年中印两国非国际合作论文分布

我们共获得中国的非国际合作论文 245 429 篇，其中 52 篇不能确定学科归属；印度的非国际合作论文 244 986 篇，其中 117 篇不能确定学科归属。具体数据如表 2-3 所示。

表 2-3　1985—2004 年中印两国的非国际合作论文分布

单位：篇

年份	中国	印度	年份	中国	印度	年份	中国	印度	年份	中国	印度
1985	2330	9458	1990	5275	10376	1995	8998	10803	2000	18672	13620
1986	2961	9958	1991	5360	10675	1996	10911	13426	2001	22054	14066
1987	3720	10191	1992	5957	10567	1997	12105	13508	2002	24966	15006
1988	4396	10122	1993	6389	10621	1998	13599	13531	2003	30826	16506
1989	4876	10337	1994	6983	10743	1999	16393	13884	2004	38658	17588

论文零被引率的研究可以分为两类：一类是限定论文引用的起点，不限定论文引用的止点，研究不同引用时间窗口的零被引率，这类研究往往不需要改变样本就可以观察到论文零被引率随着引用时间窗口变化的规律；另一类是不限定论文引用的起点，限定论文引用的止点，这类研究的样本往往需要改变，否则无法观察到论文零被引率随着引用时间窗口变化的特征。本部分属于第二类情况。由于数据库的改变，往往使得数据的提取变得困难。例如，1997 年之前区分中国内地和中国香港的论文是十分容易的，之后就变得相当困难。所以，我们选择了第二类研究样本，因为这类样本更适合中印比较研究。我们在这类样本中花费了较大的精力抽取出中国内地的论文。显然，根据我们下载论文的时间可以知道，1978—1994 年论文的引用时间窗口是 2006 减去出版年份，1995—2004 年论文的时间引用窗口也可看作是 2006 减去出版年份。因为，前者的下载时间是 2006 年 1 月中旬，后者的下载时间是 2005 年 11 月底，二者相差不足 2 个月。时间引用窗口被标在相应出版年份的括号内。

（3）非国际合作论文零被引率的总体比较

从总体上比较不同年度中印两国非国际合作论文的零被引率，以考察两国的科学研究影响力。由于不同年份发表论文的引用时间窗口不同会影响论文的引用，为了保证论文的引用时间窗口相同，只能进行年对年的比较。分析这些数据的一个基本前提是：如果没有重大事情的发生，一个国家在一定时期内的科学影响力不会发生较大的变化。

图 2-2 是 1985—2004 年中印非国际合作论文零被引率的比较，横坐标的年份表示论文发表的时间，括号中的数字是对应的引用时间窗口年数，纵坐标是零被引率。从图 2-2 可以看出，在中国非国际合作论文产出较少的年份，中国论文的零被引率较高，在 40% 上下；1992—2002 年中国的论文零被引率均在 30% 左右；2003—2004 年的论文由于引用时间窗口较短，导致其零被引率较高。印度论文的零被引率在低于 30% 的水平上维持了 4～5 年的平稳发展，然后逐渐降低，之后又缓慢升至 30% 左右，2002—2004 年的论文由于引用时间窗口变短，导致其零被引率上升。这些数值和普赖斯等人的测量大体相当。

第二章 论文零被引的影响因素分析——国际合作、国家、机构、学科和主题的视角

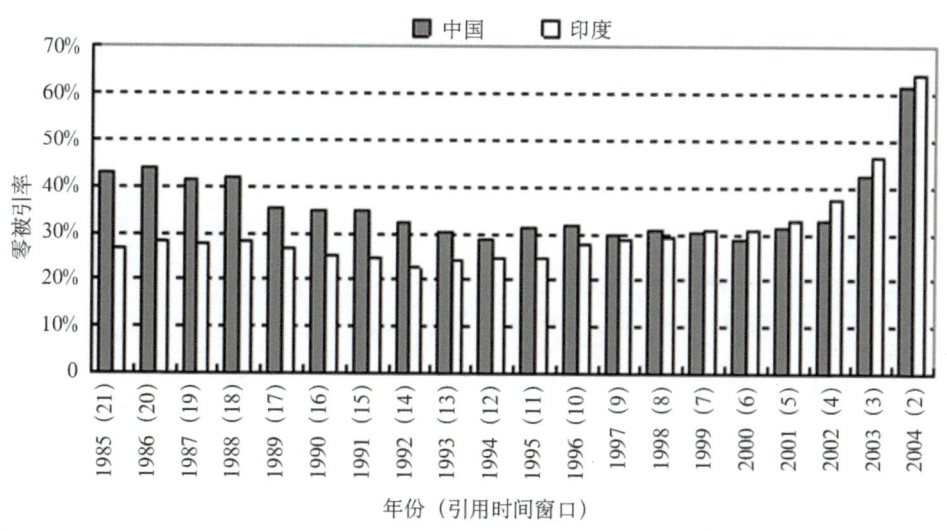

图 2-2 1985—2004 年中印非国际合作论文零被引率比较

中印两国的非国际合作论文零被引率的演变可以简单地归结为 U 型。只不过在下降的过程中乃至最初上升的过程中，中国论文的零被引率高于印度，只是从 1999 年开始中国论文的零被引率才低于印度。1985—1998 年，虽然中国的非国际合作论文零被引率一直高于印度，但两者的差距一直在缩小；1999—2004 年，中国的非国际合作论文零被引率一直低于印度，且差距日益明显。这说明，我国科学研究的质量在提升，或中国科学研究的影响力在加强，并且从 1999 年开始超过印度。当然，2002—2004 年的论文零被引率低于印度是中国科学研究的即时影响力提升？还是中国科学研究质量的提高？还有待于排除本国自引后做进一步研究。

（4）非国际合作论文零被引率的学科比较

论文的引用因学科不同而存在显著的差异，因此，我们还需要对样本进行学科分类，以便做进一步的考察。这里采用了 ESI 的学科分类法，依据载文期刊名称将论文分为 22 个学科。"经济学及商学"和"社会科学总论"属于社会科学的论文，此处不作考虑。

学科比较分两种：一种是对各学科进行一一比较，比较不同年度出版论文的零被引率；另一种是以某年度出版的论文为样本，比较全部学科的零被引率。这里，我们只选择部分学科和某些出版年度进行比较。我们选择学科的标准：要么该学科的论文产出较多，如物理学、化学、临床医学、工程学、材料科学、植物与动物学；要么该学科具有两国的国家特色，如农业科学、数学。图 2-3 是数学领域各年度论文零被引率及 1999 年所选学科论文零被引率的中印比较。

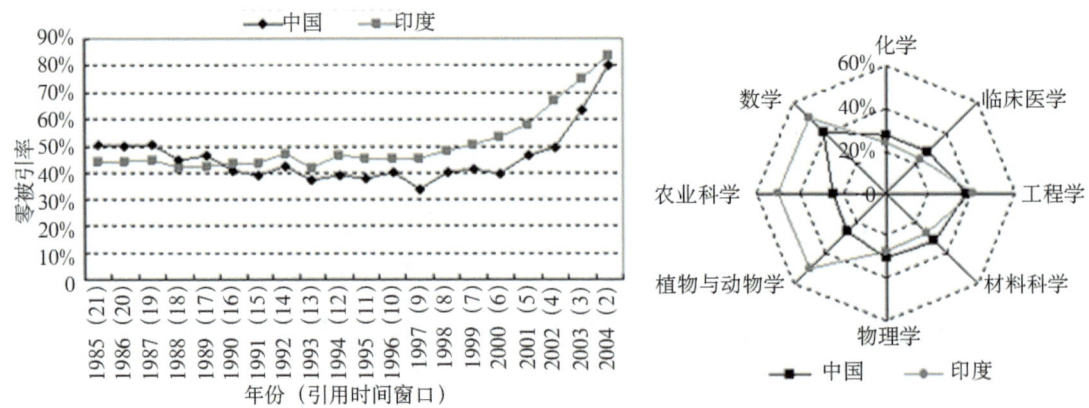

图 2-3　中印数学领域论文零被引率及 1999 年各学科领域论文零被引率比较

基于上述 8 个学科零被引率的统计，我们发现中国和印度在学科层面上的比较结果具有"X"的形状特征：在前一时期，一个国家的零被引率高于另一个国家且差距不断变小至某一年份后，两国具有相同的零被引率，随后该国家的零被引率低于另一个国家。在 1999 年，中国的非国际合作论文零被引率开始低于印度时，并不是各个学科的论文零被引率都低于印度：在我们所选的 8 个学科中，数学、农业科学和植物与动物学的论文零被引率低于印度，而化学、临床医学、材料科学和物理学的论文零被引率仍然高于印度。

在我们所选的 8 个学科中，数学、物理学、化学、临床医学和农业科学为一类。前一时期，中国的学科零被引率高于印度，后一时期中国的学科零被引率低于印度。数学的交叉点在 1989 年与 1990 年之间，物理学和临床医学的交叉点在 2001 年与 2002 年之间，化学的交叉点在 2000 年与 2001 年之间，植物与动物学的交叉点在 1988 年与 1989 年之间。中国和印度在工程学领域的零被引率基本没有差别。在材料科学领域，前一时期是中国论文零被引率低于印度，后一时期是中国论文零被引率高于印度，交叉点在 1994 年与 1995 年之间。

（5）非国际合作论文零被引率的影响因素分析——篇均被引频次视角

回归分析是对具有相关关系的两个变量进行统计分析的一种方法。一个国家的非国际合作论文集合的零被引率和该集合论文篇均被引频次是反映该国科研影响力的两个变量，前者为负变量，后者为正变量，这两个变量之间应该存在负相关关系。表 2-4 是中国和印度的非国际合作论文零被引率与篇均被引频次的回归分析结果。

表 2-4　1985—2004 年中印非国际合作论文的篇均被引频次与零被引率相关指数

R^2		农业科学	数学	化学	临床医学	工程学	材料科学	物理学	植物与动物学
直线回归	中国	0.3965	0.6243	0.6452	0.0584	0.8393	0.8262	0.3352	0.7255
	印度	0.8323	0.7309	0.9154	0.7687	0.8176	0.7504	0.8796	0.9423
指数回归	中国	0.4152	0.7934	0.837	0.2129	0.9394	0.9304	0.4563	0.8073
	印度	0.9302	0.9366	0.995	0.9496	0.9581	0.9207	0.9828	0.9768

从表2-4可以看出，中国的相关数据除了农业科学、物理学和临床医学外，都具有较高的相关指数；印度的相关数据无一例外都具有较高的相关指数；无论是中国还是印度，从相关指数来看，指数拟合优于直线拟合，这说明两国的非国际合作论文零被引率与篇均被引频次符合指数关系；就指数回归分析来看，印度的相关指数高于中国，这说明印度科研影响力对其论文零被引率的解释力要优于中国。

（6）非国际合作论文零被引率的影响因素分析——篇均作者数视角

作者是科学知识传播的一个重要起源。较早研究作者数量对论文被引情况影响的是Richard E S。尽管他采用的方法简单，但还是发现作者的数量是论文是否被引的一个因素，只不过影响较小而已。鲁索早就发现，单作者的论文仅有8%机会被别人引用，而多作者的合作论文有更多的机会被别人引用。在中国和印度的非国际合作论文中，作者数量的多少与零被引率之间是什么关系？图2-4是中印非国际合作论文在对应的引用时间窗口内各个学科的零被引率与篇均作者数之间的相关系数变化。

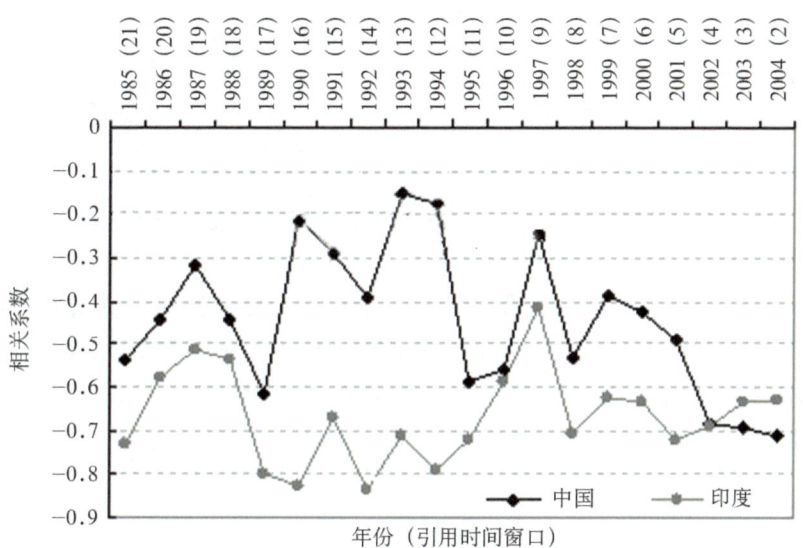

图2-4 中印非国际合作论文零被引率与篇均作者数的相关系数比较

从图2-4可以看出，两国不同学科的论文零被引率与篇均作者数均呈负相关关系，且在论文出版后2～4年，相关系数的绝对值都达到了（0.6，0.89）；中国的相关系数有随着引用时间窗口变小而减小再增大的趋势，虽然有较大的跳跃性；印度的数据随着引用时间窗口变小而起伏变化。这说明中国的非国际合作论文在出版2～4年，一个学科的论文作者数与该学科的论文零被引率呈高度负相关关系，之后该相关关系先起伏减弱而后振荡增强；印度的非国际合作论文在论文出版2～8年，学科的论文作者数与论文零被引率呈高度负相关关系，之后虽变为中度相关关系，但马上又恢复至高度负相关关系。

（7）非国际合作论文零被引率的影响因素分析——篇均参考文献视角

参考文献是新知识的产生基础，所以参考文献很可能会影响论文的引用。我们以某一学科论文的篇均参考文献数为变量，分析该学科领域论文零被引率与它的关系。通过相关分析，我们得到了中印非国际合作论文的零被引率与篇均参考文献数的相关系数，如图2-5所示。

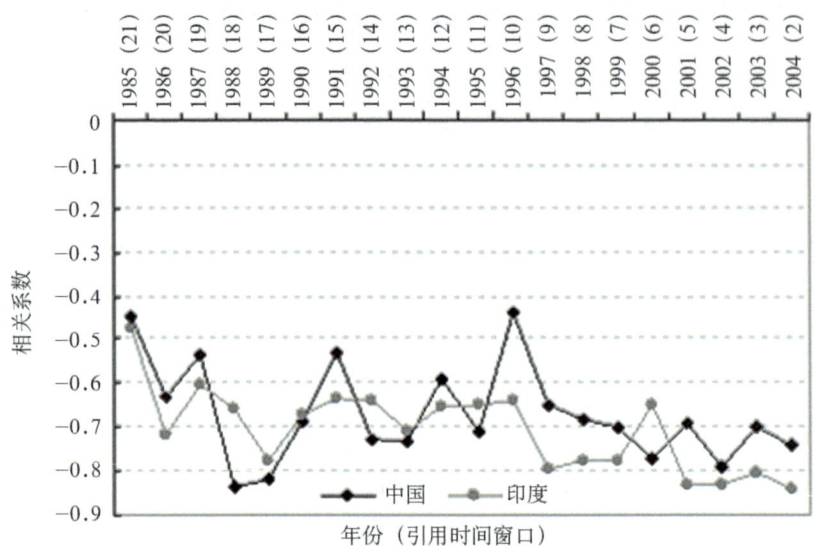

图2-5 中印非国际合作论文零被引率与篇均参考文献数的相关系数比较

从图2-5可以看出，两国论文的零被引率与篇均参考文献数都呈负相关关系，相关系数的绝对值基本上都大于0.5，中国的最高值超过0.8，印度的最高值为0.8396。这说明中国和印度的非国际合作论文的零被引率与篇均参考文献数是高度相关的，印度的相关性略高于中国，且相关性均随着引文时间窗口的变小而增强。

（8）小结

虽然从总体来看，中国的非国际合作论文零被引率相对于印度而言，经历了一个赶超的过程，1999年是分界点，但是并不意味着在学科层面上，中国与印度相比也是同样的模式。在学科层面上，中国和印度之间存在三种模式：第一种是中国赶超模式，这种模式较常见；第二种是印度赶超模式；第三种是两国比肩发展模式。后两种模式不常见但确实存在，表现在工程学和材料科学领域。

在我们所考察的因素中，对于印度而言，篇均被引频次是其论文零被引率的主要因素，其次是篇均参考文献数，最后是篇均作者数。且随着引文时间窗口的变小，篇均参考文献数的影响增强，篇均作者数的影响减弱。对于中国而言，篇均被引频次对其论文零被引率的影响因学科而异，有的学科较强，有的学科较弱；篇均参考文献数对其论文零被引率的影响较大，其次是篇均作者数，且两因素的影响都随着引文时间窗口的变小而增强。这样的变化是由于引文时间窗口的缩短导致的？还是由于论文本身的原因造成的？还需进一步研究。

鉴于以上分析结果，我们推测中国科学研究的影响力不仅来自科学内部，也来自科学外部。中国要想降低其论文的零被引率，有必要进一步扩大科学合作的作者规模，规范作者的引用行为。

2.2 论文作者和选题对论文零被引率的影响——图书情报学案例研究

2.2.1 数据来源

包括论文和引文条目的期刊元数据是我们研究零被引现象的基础。我们选择了4种图书情报学期刊：*Information Processing & Management*（简称 IPM）、*Journal of the American Society for Information Science and Technology*（简称 JASIST）、*Journal of Documentation*（简称 JDOC）与 *Scientometrics*（简称 SCIENTO）。文献的类型限定为"研究型论文"（即 SCIE 所定义的"Article"）。数据检索自 Web of Science（简称 WoS）数据库，检索时间是 2014 年 2 月。选择 4 种期刊 1991—2010 年所发表的论文作为被引文献集合，这 4 种期刊 20 年间共计发表了 5966 篇论文。被引频次的统计从论文发表之日至 2014 年 2 月检索之时。这样，即使是最靠近当前的论文，如 2010 年年底发表的论文，也拥有超过 3 年的引用时间窗口。关键词的范围既包括论文中作者提供的关键词或短语，又包括 WoS 依据文末参考文献生成的附加关键词（Keyword-Plus）。期刊 JASIST 不要求作者提供关键词，因而所有涉及 JASIST 的关键词统计分析均基于 WoS 附加关键词展开。

2.2.2 研究方法

在精准定义的语境下进行统计分析是至关重要的，我们的工作就从本项研究所涉及指标的精准定义开始。引文数据库限定为 WoS。

①被引用论文：被引用至少 1 次的论文。如果该论文发表在期刊 A 上，则属于 A 的被引用论文集合。对于被引用论文，施引文献均来自所选定的引文数据库，文献类型不做限定。

②零被引论文：在引文数据库没有任何被引用记录的论文。如果该论文发表在期刊 A 上，则称为 A 的零被引论文。

③被引用作者：在期刊 A 上发表了至少 1 篇被引用论文的作者称为期刊 A 的被引用作者。

④零被引作者：一位作者在期刊 A 上发表了 1 篇或多篇论文，但没有一篇被引用，该作者被称为期刊 A 的零被引作者。注意，零被引作者基于期刊而定义，期刊 A 的零被引用作者可以是期刊 B 的被引用作者。

⑤发表了零被引论文的被引用作者：在期刊 A 既发表过被引用论文又发表过零被引论文的作者，称为期刊 A 的发表了零被引论文的被引用作者。

⑥被引用关键词：所有曾在期刊 A 被引用论文中出现的关键词称为期刊 A 的被引用关键词。

⑦零被引关键词：未出现在期刊 A 任何一篇被引用论文中的关键词称为期刊 A 的零被引关键词。

⑧选题：一篇论文中出现的所有关键词的集合定义为一个选题。

⑨部分零被引选题：如果一个选题同时包含了被引用关键词与零被引关键词，则该选题称为部分零被引选题。

⑩零被引选题：如果一个选题所包含的关键词均为零被引关键词，则该选题称为零被引选题。

我们从以下5个方面来比较和分析4种期刊中的零被引现象：

①零被引论文比例的时间序列；

②"被引用"与"零被引"两组论文在篇均页数、篇均参考文献数、篇均作者数及独著比例上的差异；

③零被引作者的特征；

④发表过零被引论文的高产与高被引作者；

⑤通过关键词分析识别"零被引选题"与"部分零被引选题"。

由于工作量过大，本项研究未排除作者自引的情况。此外，在关键词的统计过程中，我们依据精确匹配的原则。一些相近的关键词，如"similarity measures"与"similarity relations"，是作为两个不同的关键词进行处理的。

2.2.3 分析与结果

（1）论文零被引率的时间序列

在1991—2010年的20年间，IPM、JASIST、JDOC与SCIENTO分别被WoS收录了1171篇、2229篇、522篇和2044篇论文。表2-5和图2-6列出了4种期刊年度论文零被引率，引用时间窗口截至2014年2月。

表2-5 4种期刊的论文零被引率（1991—2010年）

年份	IPM			JASIST			JDOC			SCIENTO		
	论文总数（篇）	零被引论文数（篇）	比例	论文总数（篇）	零被引论文数（篇）	比例	论文总数（篇）	零被引论文数（篇）	比例	论文总数（篇）	零被引论文数（篇）	比例
1991	44	6	14%	74	7	9%	13	1	8%	78	12	15%
1992	53	1	2%	64	7	11%	16	0	0	75	2	3%
1993	53	4	8%	47	0	0	11	1	9%	57	5	9%
1994	58	4	7%	71	4	6%	13	0	0	58	3	5%
1995	49	4	8%	61	4	7%	17	1	6%	70	5	7%
1991—1995	257	19	7%	317	22	7%	70	3	4%	338	27	8%
1996	49	2	4%	79	5	6%	15	1	7%	87	6	7%
1997	48	2	4%	91	7	8%	25	0	0	74	1	1%
1998	45	3	7%	95	1	1%	27	1	4%	82	2	2%

续表

年份	IPM 论文总数（篇）	IPM 零被引论文数（篇）	IPM 比例	JASIST 论文总数（篇）	JASIST 零被引论文数（篇）	JASIST 比例	JDOC 论文总数（篇）	JDOC 零被引论文数（篇）	JDOC 比例	SCIENTO 论文总数（篇）	SCIENTO 零被引论文数（篇）	SCIENTO 比例
1999	42	1	2%	124	4	3%	24	2	8%	126	36	29%
2000	37	2	5%	105	4	4%	31	3	10%	82	2	2%
1996—2000	221	10	5%	494	21	4%	122	7	6%	451	47	10%
2001	40	1	3%	99	2	2%	28	0	0	89	10	11%
2002	43	2	5%	105	2	2%	25	2	8%	84	1	1%
2003	43	2	5%	103	1	1%	28	1	4%	81	0	0
2004	54	2	4%	100	1	1%	28	1	4%	86	1	1%
2005	86	4	5%	121	4	3%	32	1	3%	99	4	4%
2001—2005	266	11	4%	528	10	2%	141	5	4%	439	16	4%
2006	101	3	3%	163	7	4%	32	3	9%	149	13	9%
2007	107	1	1%	179	8	4%	39	2	5%	129	5	4%
2008	112	6	5%	177	12	7%	39	3	8%	128	8	6%
2009	51	2	4%	195	16	8%	40	4	10%	187	13	7%
2010	56	4	7%	176	18	10%	39	4	10%	223	12	5%
2006—2010	427	16	4%	890	61	7%	189	16	8%	816	51	6%
总计	1171	56	5%	2229	114	5%	522	31	6%	2044	141	7%

为避免年度数据波动的影响，20年总区间被分为4个时间段：1991—1995年、1996—2000年、2001—2005年和2006—2010年。结果显示，JASIST、JDOC和SCIENTO，各时段零被引论文比例是波动的，只有IPM的零被引论文比例呈下降趋势。

对比表2-5和图2-6的数据可以看到，除SCIENTO外，其他3种期刊各年度零被引论文比例变化较为平稳，多保持在0～0.1。SCIENTO数据的异常波动出现在1999年，零被引论文达到了29%。通过检索原始文献，我们发现有35篇会议论文（Proceeding Papers）作为Article类型文献发表在该刊45卷第3期，其中只有两篇被引用过。这些会议论文均来自在维也纳举办的会议"Science and the Academic System in Transition: An International Expert Meeting on Evaluation"。显然，这次会议的内容并没有引起科学计量学领域学者的过多关注。此外，这些会议论文既没有提供摘要又没有著录关键词，论文的平均篇幅也只有4.1页。

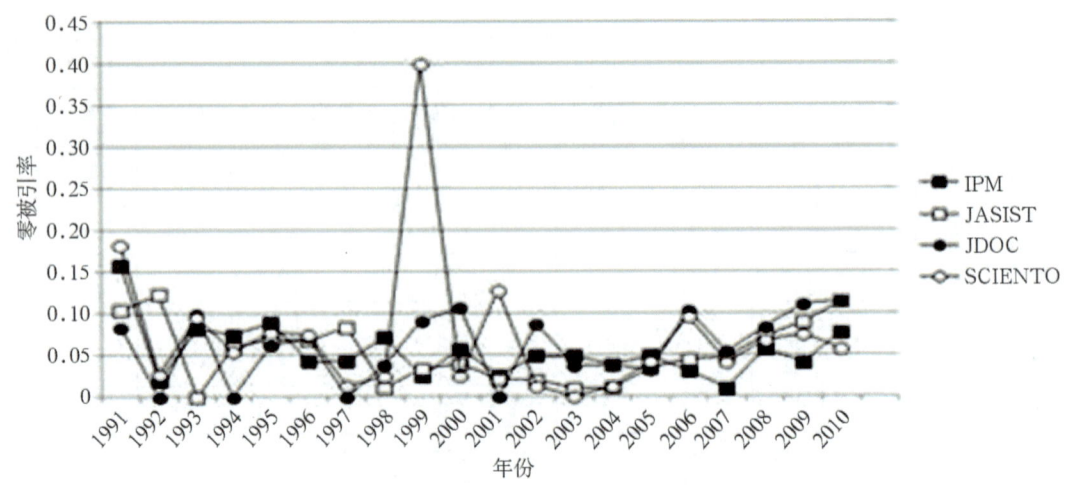

图 2-6　4 种期刊各年度论文零被引率（1991—2010 年）

（2）被引用论文与零被引论文的文献计量指标比较

表 2-6 展示了 4 种期刊被引用与零被引两组论文的 4 项文献计量指标：篇均页数、篇均参考文献数、篇均作者数与独著论文比例。无论哪种期刊，零被引论文在前 3 项指标上均显著低于被引用论文。尤其是 SCIENTO，零被引论文的篇均参考文献数甚至不到被引用论文篇均参考文献数的一半。但是在第 4 个指标——独著论文比例上，4 种期刊的零被引论文均高于被引用论文。这些结果与人们对于论文获得引用条件的认知是吻合的。

表 2-6　4 种期刊被引用论文与零被引论文 4 项文献计量指标比较（1991—2010 年）

期刊	篇均页数（页）		篇均参考文献数（篇）		篇均作者数（个）		独著论文比例	
	被引用论文	零被引论文	被引用论文	零被引论文	被引用论文	零被引论文	被引用论文	零被引论文
IPM	16.13	12.95	30.75	20.16	2.37	2.18	27.89%	35.71%
JASIST	11.52	9.4	35.27	25.98	2.15	2.03	37.83%	47.37%
JDOC	19.46	16.84	36.44	34.52	1.84	1.48	49.69%	61.29%
SCIENTO	16.18	10.37	22.91	11.01	2.18	1.65	35.52%	63.12%

（3）发表了零被引论文的被引作者与零被引作者

本项研究将著有零被引论文的作者分为两类：①在一种期刊上既发表过被引用论文又发表过零被引论文的作者，称为该刊发表了零被引论文的被用引作者；②在一种期刊上从未发表过被引用论文的作者，称为该期刊的零被引作者。4 种期刊的相关数据如表 2-7 所示。

表 2-7 零被引论文的作者与零被引作者

期刊	作者总数（个）	零被引论文的作者		发表了零被引论文的被引用作者		零被引作者	
		作者数(个)	百分比	作者数(个)	百分比	作者数(个)	百分比
IPM	1912	117	6.12%	40	2.09%	77	4.03%
JASIST	3043	222	7.30%	81	2.66%	141	4.63%
JDOC	639	46	7.20%	14	2.19%	32	5.01%
SCIENTO	2395	219	9.14%	85	3.55%	134	5.59%

有趣的是，经过检索和统计，发现除 JASIST 外，其余 3 种期刊的零被引作者 1991—2010 年的 20 年间在对应期刊上都只发表过 1 篇论文，即那篇零被引论文。而在 JASIST 的 141 位零被引作者中，140 位在 JASIST（1991—2010 年）上仅发表了 1 篇论文，就是那篇零被引论文，而剩下的 1 位作者竟然发表了 2 篇零被引论文。

这些统计结果清楚地表明，4 种图书情报学期刊的零被引作者是这些期刊的最低产作者。那么，这些作者是否也是 WoS 收录期刊的最低产作者？为了回答这个问题，我们以 IPM 为例，检索了该刊 77 位零被引作者发表 WoS 收录论文的情况，包括：①IPM 零被引作者在 1991—2010 年发表 WoS 论文的数量；②这些 WoS 论文在同一时期的被引用情况；③这些引用中是否存在自引的情况。检索结果显示：①77 位 IPM 零被引作者同一时期合计发表了 538 篇 WoS，人均 6.99 篇，其中，有 13 位作者发文超过 10 篇，但也有 24 位作者只发表了 1 篇（即 IPM 零被引论文）；②538 篇 IPM 零被引作者发表的论文合计被引用了 3514 次，篇均被引频次为 6.53 次；③在 3514 次引用中，只有 195 次为自引。由此可知，IPM 零被引作者实际上是一个混合型群体。在 1991—2010 年，有些人只发表了 1 篇论文，而有些人则是非常活跃的研究者，并且这些作者的自引率相对较低。

（4）高产与高被引作者也发表零被引论文

依据总被引频次，高产作者成为高被引作者的概率是很高的。那么高产作者与高被引作者也会发表零被引论文吗？从表 2-8 可以找到答案。我们将 4 种期刊发表了零被引论文的最高产的作者列于表 2-8，他们的引文频次也很高。从中我们发现了一些非常著名的信息科学家和科学计量学家，包括 6 名普赖斯奖获得者（黑体标注）。

表 2-8 4 种期刊高产与高被引作者的零被引论文

期刊	作者	论文总篇数（篇）	总被引频次（次）	零被引论文篇数（篇）	论文零被引率
IPM	Spink A	24	1284	1	4.17%
	Egghe L	20	217	2	10.00%
	Aoe J	17	119	2	11.76%

续表

期刊	作者	论文总篇数（篇）	总被引频次（次）	零被引论文篇数（篇）	论文零被引率
IPM	**Rousseau R**	12	107	1	8.33%
	Fuketa M	11	94	2	18.18%
	Morita K	10	86	2	20.00%
JASIST	Chen H C	29	781	1	3.45%
	Rousseau R	27	569	1	3.70%
	Spink A	21	1049	1	4.76%
	Yang C C	17	183	1	5.88%
	Wolfram D	14	430	1	7.14%
	Jansen B J	13	511	1	7.69%
	Zhang J	12	106	1	8.33%
	Kantor P	11	194	1	9.09%
JDOC	Oppenheim C	13	251	1	7.69%
	Vakkari P	7	235	1	14.28%
	Davenport E	5	34	1	20.00%
	Morris A	5	38	1	20.00%
	Sturges P	5	10	1	20.00%
SCIENTO	**Schubert A**	41	1220	1	2.44%
	Rousseau R	40	655	1	2.50%
	Egghe L	37	828	5	13.51%
	Braun T	29	773	1	3.45%
	Gupta B M	26	179	1	3.85%
	Courtial J P	16	286	2	12.50%
	Persson O	16	634	1	6.25%
	Small H	13	284	1	7.69%
	Pouris A	10	58	1	10.00%

（5）基于关键词的零被引选题与部分零被引选题分析

一篇被引用论文所有的关键词均被认定为被引用关键词，但并非一篇零被引论文的所有关键词都是零被引关键词。实际上，一篇零被引论文关键词的属性可能有三种情况：第一种情况，该零被引论文所有的关键词已经出现在该期刊其他被引论文中成为被引关键词。此时，该零被引论文没有零被引关键词。第二种情况，该零被引论文的部分关键词，但非全部关键词，已经出现在该期刊其他被引论文中成为被引关键词。此时，该零被引论文至少有一个零被引关键词，该篇零被引论文的选题属于部分零被引选题。第三种情况，一篇零被引论文的所有关键词均未在同一期刊的被引用论文中出现，则该零被引论文中所有关键词均为零被引关键词，该零被引论文所研究的选题为零被引选题。

表 2-9 展示了零被引关键词占比大于等于 50%、小于 100% 的部分零被引选题，以及 18 个零被引关键词占比 100% 的零被引选题（黑体标注）。

表 2-9 零被引关键词占比至少 50% 的选题与零被引选题

期刊	论文编号	发表年份	K1	K2	K2/K1	零被引关键词
SCIENTO	P1	1991	1	1	100.00%	antebellum
	P2	1996	1	1	100.00%	unnecessary journals
	P3	2000	2	2	100.00%	centrosymmetric space groups、phase determination
	P4	2009	1	1	100.00%	memristor
	P5	2009	2	2	100.00%	international geographical congress、united-kingdom
	P6	1993	2	1	50.00%	oncology
	P7	2010	2	1	50.00%	deliberation
JASIST	P1	1991	2	2	100.00%	relational databases、similarity relations
	P2	1992	4	4	100.00%	full-text retrieval、ranking algorithms、applicability、improve
	P3	1996	1	1	100.00%	quotations
	P4	2003	1	1	100.00%	era
	P5	2007	1	1	100.00%	climate
	P6	2001	3	2	66.67%	optimal weight assignment、partial-match retrieval
	P7	2008	6	4	66.67%	business archives、corporate archives、managerial tool、cobwebs
	P8	2010	10	6	60.00%	information-services function、key informants、measurement error、public-sector、unobservable variables、user-satisfaction
	P9	2007	4	2	50.00%	incomplete information-systems、rough set approach
	P10	2007	10	5	50.00%	intraorganizational power、organizational power、strategic contingencies theory、structural conditions、systems librarian
	P11	2009	4	2	50.00%	adler、nancy、management education
	P12	2010	2	1	50.00%	sentence selection
	P13	2010	2	1	50.00%	intervals

续表

期刊	论文编号	发表年份	K1	K2	K2/K1	零被引关键词
IPM	P1	1991	3	3	100.00%	analogy、language-comprehension、memory
	P2	1994	1	1	100.00%	alphabetical codes
	P3	1994	3	3	100.00%	cosinetransform、diagnostic-accuracy、standard
	P4	1995	3	3	100.00%	averages、inequality measures、sensitivity to transfers
	P5	1998	1	1	100.00%	decision trees
	P6	2003	3	3	100.00%	archives of soft maps、change detection、time-based retrieval
	P7	2006	5	5	100.00%	distributional property、event term、multilingual space、space density、story link detection
	P8	2010	3	3	100.00%	blog06、inter-rater agreement、opinion detection
	P9	1993	7	6	85.71%	access control、information protection system、mechanism、newton interpolating polynomial、single-key-lock、single-key-lock system（skl）
	P10	2006	5	4	80.00%	distribution of impact factors、gamma distribution、india、life sciences research
	P11	2008	5	4	80.00%	arabic text、document auto-indexing、stem words、word spread
	P12	2008	5	4	80.00%	composite kernel、convolution tree kernel、relation extraction、syntactic structured features
	P13	2007	7	5	71.43%	bibliometric mapping、cartography、collaboration networks、prion disease、scientific production
	P14	1992	6	4	66.67%	adaptive pattern-classification、neural network、video processing、vlsi
	P15	2004	3	2	66.67%	fuzzy ir、vector ir
	P16	2010	9	6	66.67%	efficient implementation、matrix and list forms、minimal prefix double array、ternary search tree、trie、tries
	P17	2005	5	3	60.00%	computer vision library、results visualization、turning function difference
	P18	2009	11	6	54.55%	bilingual retrieval、clir、non-normalized index、s-gramming、utaclir、word form generation
	P19	1993	2	1	50.00%	b-tree
	P20	2001	2	1	50.00%	display
	P21	2002	4	2	50.00%	dialogic model、universal pragmatics
	P22	2003	8	4	50.00%	coding、evidence-based、medical、prospective-payment system
	P23	2008	4	2	50.00%	generalizabilty theory、test theory
	P24	2009	6	3	50.00%	momentum、prediction from textual documents、quantitative funds
	P25	2010	2	1	50.00%	bayesian inference

第二章 论文零被引的影响因素分析——国际合作、国家、机构、学科和主题的视角

续表

期刊	论文编号	发表年份	K1	K2	K2/K1	零被引关键词
JDOC	P1	2010	5	3	60.00%	entertainment industry、freedom of information、humour
	P2	2006	7	4	57.14%	character recognition equipment、character user interfaces、lotka law、word processing
	P3	2006	2	1	50.00%	retrieval languages

K1：关键词数量；K2：零被引关键词数量。

实际上，表2-9中许多零被引关键词是众所周知的，有些在图书情报学领域之外已获得深入研究。例如，antebellum（一个历史学专用名词，专指美国南北战争前的阶段）、cosine transform（工程与计算机科学领域专用词汇：余弦转换）、decision trees（控制与管理学科常用名词：决策树）等。但在图书情报学领域，这些零被引关键词相对来说是陌生的，陌生关键词集总在一起会形成一个陌生的选题。图书情报学领域没有人能真正懂得这样一个选题，而别的领域的科学家又鲜有机会阅读到发表在图书情报学领域期刊上的论文，这可能是陌生选题论文零被引的主要原因。

为了验证一些零被引关键词与零被引选题确实属于图书情报学之外的领域，我们在1991—2010年的时间范围进行了检索。首先，从表2-9中选取8个零被引关键词/关键词组合（零被引关键词占比100%）；然后，逐一检索包含8个关键词/关键词组合的WoS论文；其次，依据发文期刊的JCR（Journal Citation Reports）学科分类对论文进行学科标注；最后，筛选出包含8个关键词/关键词组合的WoS论文占比最高的学科，同时计算其在图书情报学领域所占的比例，进行比较。检索和计算结果列入表2-10，完全支持了我们关于一些零被引关键词与零被引选题确实属于图书情报学之外领域的猜测。

表2-10 包含8个零被引关键词/关键词组合的WoS论文的JCR学科分布（1991—2010年）

零被引关键词/关键词组合（来自表2-9）	WoS论文篇数（篇）	所占比例最高的学科（比例）	图情论文数量（比例）
Memristor（keyword of P4 of SCIENTO）	117	Engineering Electrical Electronic（30.80%）、Physics Applied（29.06%）	1（0.85%）
centrosymmetric space group（keyword of P3 of SCIENTO）	608	Crystallography（47.70%）、Chemistry Inorganic Nuclear（24.34%）	1（0.16%）
phase determination（keyword of P3 of SCIENTO）	679	Crystallography（32.11%）、Biochemistry Molecular Biology（19.15%）	1（0.15%）
analogy AND memory（keywords combination of P1 of IPM）	589	Psychology Experimental（17.83%）、Neurosciences（13.75%）	2（0.34%）
"language-comprehension" AND memory（keywords combination of P1 of IPM）	725	Psychology Experimental（43.86%）、Neurosciences（38.07%）	1（0.14%）

续表

零被引关键词/关键词组合（来自表2-9）	WoS论文篇数（篇）	所占比例最高的学科（比例）	图情论文数量（比例）
"cosine transform*" AND "diagnostic accuracy"（keywords combination of P3 of IPM）	13	Radiology Nuclear Medicine Medical Imaging（69.23%）	1（7.69%）
"cosine transform*" AND standard*（keywords combination of P3 of IPM）	338	Engineering Electrical Electronic（66.57%）	1（0.30%）
"diagnostic accuracy" AND standard*（keywords combination of P3 of IPM）	3227	Radiology Nuclear Medicine Medical Imaging（28.42%）	3（0.09%）

2.2.4 结论与讨论

本项研究提出了测度零被引论文、零被引作者与零被引选题的10项指标，并给出精准定义。这10项指标是：被引用论文、零被引论文、被引用作者、零被引作者、发表了零被引论文的被引用作者、被引用关键词、零被引关键词、选题、部分零被引选题、零被引选题。基于这10项指标，本项研究对IPM、JASIST、JDOC和SCIENTO 4种图书情报学期刊1991—2010年的零被引论文、零被引作者和零被引选题进行了计量，并尝试解析成因，得出了一些有启发的结论。

在1991—2010年，4种图书情报学期刊各年度零被引论文比例不高，且相对稳定，大体保持在0～0.1的区间范围。

对于4种期刊而言，被引用论文的篇均页数、篇均参考文献数、篇均作者数均高于零被引论文，而零被引论文的独著率高于被引用论文。理论上，相对较低的篇均页数与篇均参考文献数表明论文提供给读者的信息相对较少，这可以部分解释为何篇幅较短与参考文献较少的论文容易成为零被引论文。此外，较低的篇均作者数与较高的独著率也导致论文难以获得更多被引用的机会。

几乎所有的零被引作者在相应的期刊上都仅发表了1篇论文，说明零被引作者是这些期刊的最低产的作者。当然，高产与高被引作者同样也会发表零被引论文。

至于为什么某些选题成为零被引选题，我们做了一个假设：对于一个领域来说，陌生关键词组合起来形成的是该领域不熟悉的陌生选题。该陌生选题落在了该零被引论文发表期刊所属学科之外。由8个零被引关键词/关键词组合构成的样本证实了我们的假设。因此，如果一篇论文的大多数关键词落在了某一期刊所属学科之外，这样的论文即使得以发表，其后受关注的程度也很低，作者应该选投其他学科的期刊，而期刊编辑人员及同行评审专家亦应建议作者改投他刊。

出于简化部分零被引选题与零被引选题研究复杂度的目的，我们假定一篇论文只覆盖一个研究选题。但是，一个选题未必与一篇论文的关键词集合是唯一对应的关系。确定一篇论文覆盖一个还是多个选题，需要借助语义学分析方法。这个问题留待以后研究。

2.3 国家、机构和主题对论文零被引率的影响——以光谱学领域为例

本节从国家、机构和主题3个维度出发，探讨光谱学领域的零被引论文分布情况，进而对其可能的影响因素进行了研究。

2.3.1 数据及基本分析

在JCR中，光谱学（Spectroscopy）属于其60个分类中的一类，在2013年的JCR中包含43种期刊，这里以光谱学领域2003—2012年的74 590篇论文为例，检索时间为2014年5月11日。

（1）论文年度分布

如图2-7所示，光谱学领域的74 590篇论文，2011年最多，为8925篇，紧随其后的是2012年的7978篇，之后是2009年的7708篇，2003年论文最少，为6471篇。

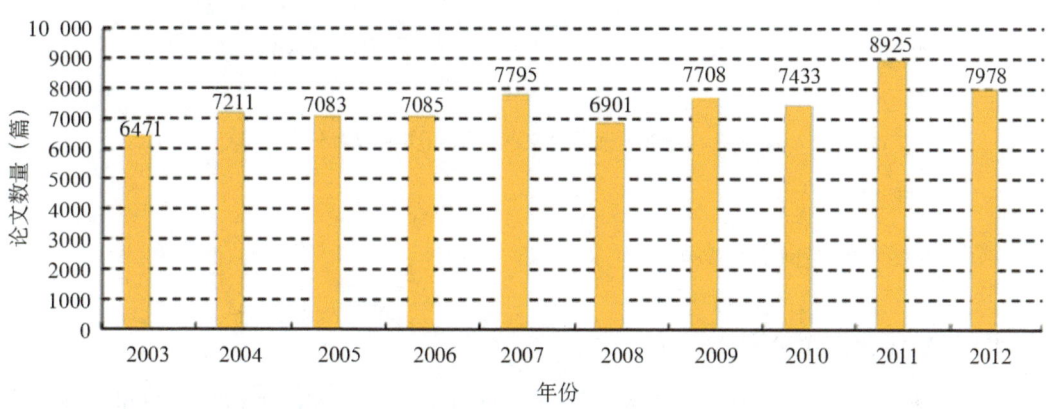

图2-7　2003—2012年光谱学期刊论文的年度分布

相对而言，光谱学领域的论文年度分布差距不大，最少的2003年占比8.7%，而最多的2011年占比12.0%。这也是本节选择光谱学领域进行分析的一个重要原因，即从论文年度分布的视角来看，光谱学领域发展较为成熟，年度发文量差距不大，不会因发文量激增带来参考文献引用突变，从而对论文的零被引率带来根本的影响。另一个原因则是光谱学属于较为冷僻的研究领域，研究人员分布较为集中，不同于一些跨学科热点领域。因此，便于我们从另一个侧面了解零被引的影响因素。

（2）论文的引用分布

如图2-8所示，光谱学领域被引频次为0次的论文数量为12 462篇，占总论文量的16.7%，被引频次为1次的论文数量为9588次，占总论文量的12.9%，之后则是被引频次为2次的论文，其数量为7504篇，占总量的10.1%。在光谱学领域，被引频次最高的论文

是"GEANT4：a simulation toolkit"，其总被引频次为 4429 次，之后则是"The HITRAN 2004 molecular spectroscopic database"，其总被引频次为 1759 次。

光谱学领域 74 590 篇论文共被引用了 645 985 次，篇均被引频次为 8.66 次，共有 53 158 篇文献被引低于平均值，H 指数为 143。

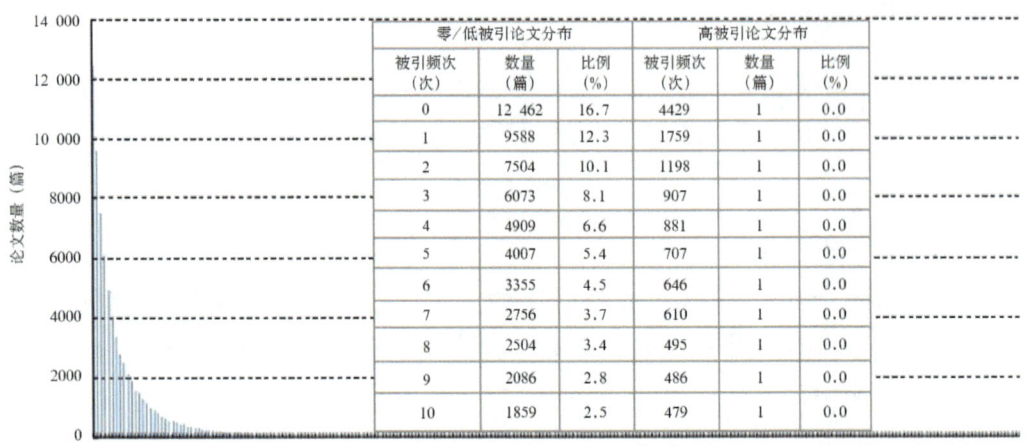

图 2-8　光谱学领域论文的被引频次—数量分布

2.3.2　不同维度下的零被引论文分布

（1）国家（地区）分布

在国家（地区）和机构的统计方面，本部分是以论文的全部作者进行统计的，不过同一国家（地区）或机构在一篇论文中出现多次，仅被统计 1 次。如表 2-11 所示，在发文量大于 100 篇的国家（地区）中，零被引率最高的是白俄罗斯，较高的国家还有乌克兰、中国、俄罗斯、韩国等。这 12 个国家（地区）都属于非英语国家（地区），其中，只有印度官方语言包括英语，其零被引率为 18.70%，位列第 9 位。

表 2-11　基于论文零被引率的国家（地区）排序（发文总量＞100 篇，论文零被引率＞18.00%）

序号	国家（地区）	零被引论文量（篇）	发文总量（篇）	论文零被引率	官方语言
1	白俄罗斯	357	707	50.50%	白俄罗斯语、俄语
2	乌克兰	222	692	32.08%	乌克兰语
3	中国	3749	12 216	30.69%	汉语
4	俄罗斯	1349	4598	29.34%	俄语

续表

序号	国家（地区）	零被引论文量（篇）	发文总量（篇）	论文零被引率	官方语言
5	韩国	187	879	21.27%	韩语
6	埃及	119	602	19.77%	阿拉伯语
7	伊朗	128	656	19.51%	波斯语
8	意大利	830	4417	18.79%	意大利语
9	印度	616	3289	18.73%	印度语、英语
10	土耳其	180	968	18.60%	土耳其语
11	中国台湾	111	613	18.11%	汉语
12	瑞士	327	1817	18.00%	德语、法语

（2）机构分布

如表2-12所示，在发文量大于80篇的研究机构中，论文零被引率最高的机构是白俄罗斯国家科学院，其零被引论文量为187篇，占总发文量的52.38%，也是唯一一个论文零被引率高于50%的机构。

表2-12 论文零被引率排名前15位的机构分布（发文总量＞80篇）

序号	机构	所属国家	零被引论文量（篇）	发文总量（篇）	论文零被引率
1	白俄罗斯国家科学院	白俄罗斯	187	357	52.38%
2	中国农业大学	中国	149	362	41.16%
3	圣彼得堡州立大学	俄罗斯	162	463	34.99%
4	乌克兰国家科学院	乌克兰	81	236	34.32%
5	四川大学	中国	85	262	32.44%
6	中国科学院	中国	570	1812	31.46%
7	吉林大学	中国	80	262	30.53%
8	俄罗斯科学院	俄罗斯	431	1499	28.75%
9	清华大学	中国	118	417	28.30%
10	北京大学	中国	117	423	27.66%
11	浙江大学	中国	106	387	27.39%
12	莫斯科大学	俄罗斯	92	359	25.63%
13	欧洲核子研究组织	瑞士	131	559	23.43%
14	中国科技大学	中国	84	360	23.33%
15	日本国立原子物理学研究所	日本	252	1101	22.89%

在论文零被引率最高的前 15 所机构中，中国的机构数量最多，有 8 个，包括中国农业大学、四川大学、中国科学院、吉林大学、清华大学、北京大学、浙江大学和中国科技大学。此外，俄罗斯有 3 家机构、白俄罗斯、乌克兰、瑞士和日本分别有 1 家。

从国家分布来看，零被引论文主要集中在白俄罗斯、乌克兰、中国、俄罗斯、韩国等国家；从机构分布来看，零被引论文则主要分布在白俄罗斯国家科学院、中国农业大学、圣彼得堡州立大学等，它们分别属于白俄罗斯、中国、俄罗斯等非英语国家。

（3）发表时段分布

相对而言，论文发表得越晚，其在检索时间内成为零被引论文的比率越高。光谱学领域 2012 年发表的论文零被引率最高，为 41.4%，紧随其后的是 2011 年发表的论文和 2010 年发表的论文。2009 年以前发表的论文，其论文零被引率保持在 10% 左右，其中 2003—2006 年发表的论文零被引率低于 10%（表 2-13）。

表 2-13 不同发表时间的零被引论文分布

序号	年份	零被引论文量（篇）	论文零被引率	序号	年份	零被引论文量（篇）	论文零被引率
1	2003	619	9.6%	6	2008	882	12.8%
2	2004	631	8.8%	7	2009	1150	14.9%
3	2005	578	8.2%	8	2010	1462	19.7%
4	2006	669	9.4%	9	2011	2291	25.7%
5	2007	877	11.3%	10	2012	3303	41.4%

2.3.3 零被引论文的研究主题分析

（1）叠加图（Overlay Map）分析

叠加图是当前知识图谱研究中的前沿研究方向，主要步骤如下：①基于分析目的，创建一个全景科学知识图谱作为基础图；②针对叠加的对象，创建一个局部或者部分的科学知识图谱作为被叠加图；③根据基础图中节点的分布，将被叠加图中的节点、连线置于对应位置，即得到最终的叠加图。

叠加图在如下方面表现出了很好的实用性，如对知识领域跨学科性的历时变化情况进行研究，追踪科学研究的知识扩散等。Ismael R、Alan P 和 Loet L 以叠加图的方法研究了若干涉及跨学科研究的问题；陈超美教授提出的双图叠加图（Dual-Map Overlays）颠覆了此前对学科关系的知识图谱可视化方法，主要思想是在同一幅图中放两张图谱，左边为施引图，右边为被引图。施引图和被引图以不同颜色的点表示不同学科的位置分布，之后以施引图与被引图之间的引用连线展示学科之间的引用轨迹。许海云等人以 Web of Science 数据库收录的 2001—2010 年情报学期刊论文为数据源，采用叠加图的方法研究了情报学在这 10 年间的学科交叉情况。

（2）光谱学领域零被引论文的叠加图制作

本部分以光谱学领域的所有论文作为基础，抽取论文中的关键词，进行共词分析，以生成的共词网络图谱作为基础图；进而以光谱学领域中的零被引论文为样本，进行共词分析，以生成的零被引论文共词网络图谱作为被叠加图。之后将被叠加图覆盖到基础图上，就可以分析零被引论文的研究主题在光谱学领域中的分布及其结构。

这里采用陈超美教授开发的 CiteSpace Ⅱ 软件制作叠加图，并结合 CiteSpace Ⅱ 中的时区视图展示零被引论文的历时变化，进而凸显零被引论文的研究主题分布及其变迁情况。

具体实现流程如下：①以 2003—2012 年的光谱学论文作为样本，每 4 年一个阶段，将其划分为 3 个时间阶段：2003—2006 年、2007—2010 年和 2011—2012 年；②选择每个阶段出现次数最高的前 1.0% 的关键词作为节点，计算这些高频关键词之间的关联度作为连线，形成光谱学领域的共词知识图谱，保存为一个网络层（Network Layer），即基础图；③以 2003—2012 年的光谱学零被引论文作为样本，每 4 年一个阶段，将其划分为 3 个时间阶段：2003—2006 年、2007—2010 年和 2011—2012 年；④同流程②，选择每个阶段出现次数最高的前 1.0% 的关键词作为节点，计算这些高频关键词之间的关联度作为连线，形成光谱学零被引论文的共词知识图谱，保存为一个新的网络层，即被叠加图；⑤在流程②生成的基础图上，覆盖流程④中形成的网络层，就形成了最终的光谱学领域零被引论文叠加图（图 2-9）。它包括 490 个关键词和它们之间的 40 条连线。

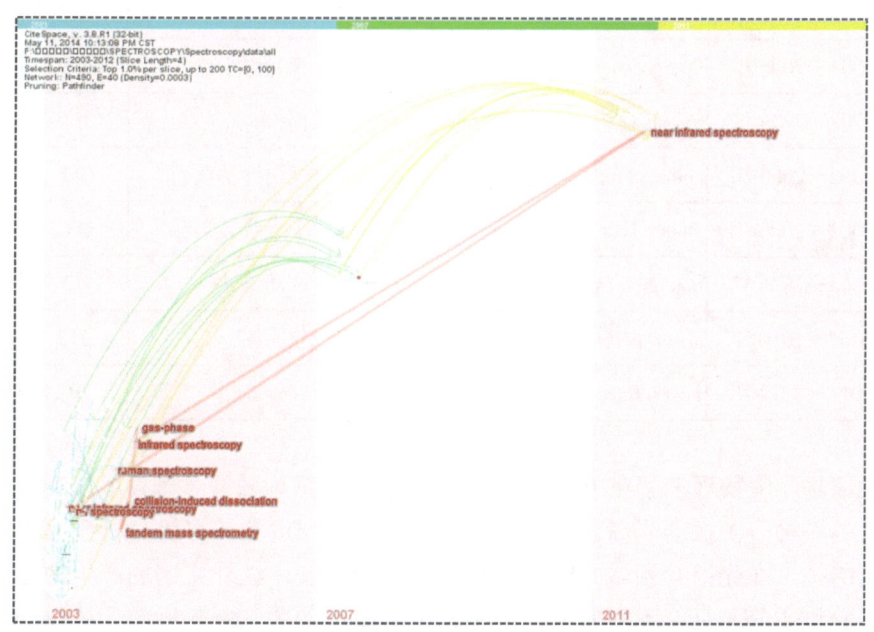

图 2-9　光谱学领域零被引论文的叠加图

（3）光谱学领域零被引论文的叠加图分析

在图 2-9 中，光谱学领域关键词表征的研究主题是由白色节点表示，它们之间的共现关系由蓝色、绿色和黄色表示，分别表示共现关系发生的时间阶段是 2003—2006 年、2007—2010 年和 2011—2012 年。其中，出现次数较多的关键词有核磁共振（1953 次）、拉曼光谱学（1226 次）、晶体结构（1005 次）、质谱法（778 次）、傅里叶变换光谱法（572 次）、离散傅里叶变换（556 次）、荧光（535 次）等。

其中，光谱学零被引论文中关键词表征的研究主题是由红色节点表示，它们之间的共现关系是由红色连线体现的。此外，本节采用频次和激增系数两个指标用以展示不同研究主题的研究状况。相对于关键词出现的频次指标，激增系数是由 Kleinberg 提出的，用于判定关键词在某时段内的突发增长率，依据其数值的波动变化，体现研究主题的受关注程度。

光谱学领域零被引论文的研究主题主要集中在拉曼光谱、红外光谱、质谱法、荧光光谱学、气相、碰撞诱导解离、原子吸收光谱法、串联质谱法、吸收光谱、近红外光谱等方面（表 2-14）。其中，拉曼光谱、红外光谱和质谱法的研究最多，位列前 3 位，这些方面的研究论文多发表于 2003—2006 年，同时，红外光谱的激增系数最高，为 58.56。

表 2-14　零被引论文主要研究主题的时段分布

序号	时间阶段	英文关键词	译意	频次	激增系数
1	2003—2006 年	raman spectrum	拉曼光谱	516	—
2	2003—2006 年	infrared spectrum	红外光谱	494	58.56
3	2003—2006 年	mass spectrometry	质谱法	359	—
4	2003—2006 年	fluorescence spectroscopy	荧光光谱学	239	—
5	2003—2006 年	gas phase	气相	160	—
6	2003—2006 年	collision induced dissociation	碰撞诱导解离	90	—
7	2003—2006 年	atomic absorption spectrometry	原子吸收光谱法	81	30.06
8	2003—2006 年	tandem mass spectrometry	串联质谱法	77	2.97
9	2007—2010 年	absorption spectrum	吸收光谱	215	8.93
10	2011—2012 年	near infrared spectroscopy	近红外光谱	201	—

拉曼光谱是印度物理学家在 1928 年发现光的非弹性散射效应（即拉曼散射效应）的基础上发展起来的一种分子振动光谱，之后随着激光光源的问世和计算机分析数据处理技术的应用，拉曼光谱技术在光谱学领域的应用得到了长足的发展。红外光谱的产生源于物质分子的振动，不同的物质分子具有不同的振动频率，可形成不同的红外光谱图，故红外光谱又被称为物质分子的"指纹图谱"，被广泛地应用于物理、化学、药学、电子学领域。质谱法是用电场和磁场将运动的离子（带电荷的原子、分子或分子碎片，分子离子、同位素离子、碎片离子、重排离子、多电荷离子、亚稳离子、负离子和离子–分子相互作用产生的离子）按它们的质荷比分离后进行检测的方法，在化学、药学、医学、生物学等领域有深入的应用。

此外，原子吸收光谱法的激增系数也较高，为30.06。原子吸收光谱法是一种测量特定气态原子对光辐射的吸收的方法，是在20世纪50年代中期出现并逐渐发展起来的一种新型的仪器分析方法。串联质谱法的频次为77次，激增系数为2.97。串联质谱法是一种质量分离的质谱检测技术，在单极质谱给出化合物相对分子量的信息后，对准分子离子进行多极裂解，进而获得丰富的化合物碎片信息，实现目标化合物的确认，其检测水平可以达到pg级，故采用串联质谱法可解决药学中的许多问题，尤其是药物代谢方面。

吸收光谱是指光子与基本粒子作用后，粒子从基态跃迁至激发态，选择性吸收某些频率的能量后所给出的光谱，其在纳米材料方面的应用研究是当前的研究热点。在2007年—2010年的零被引论文中，关键词"吸收光谱"出现了215次，激增系数为8.93。在2011年—2012年近红外光谱的研究开始大量出现。近红外光谱是指用于有机物质定性和定量分析的一种分析技术，它的最大特点是对样品无破坏性、操作简便、分析迅速、测量信号可以远距离传输和分析，特别是与计算机技术和光导纤维技术相结合，采用近红外透射、散射、漫反射法可直接对样品进行分析。该方法得益于20世纪末期计算机技术、现代仪器分析及其数字化技术、化学计量学的飞速发展，才成功解决了近红外光谱信息的提取和背景干扰问题，使得近红外光谱迅速成为一门广泛应用的分析技术，并在工业、农业、环境、生命科学等领域取得极大进展。

相对而言，零被引论文的高频次研究主题与光谱学领域所有论文的高频次研究主题既有相同的部分，又有不同的部分。例如，拉曼光谱、质谱法和红外光谱既属于零被引论文的主要研究主题，又也属于所有论文的主要研究主题；而核磁共振、晶体结构、傅里叶变换光谱法、离散傅里叶变换等，则是光谱学领域所有论文的主要研究主题；而荧光光谱学、气相、碰撞诱导解离、原子吸收光谱法、串联质谱法等，则属于光谱学领域零被引论文的主要研究主题。

2.3.4 结论与讨论

零被引作为学术论文中的一种典型现象，近年来备受关注，为此本节选取JCR中的光谱学领域论文，从零被引论文的国家分布、机构分布、发表时段发布、主题分布等角度进行了剖析。

相对而言，光谱学领域的零被引论文主要集中在白俄罗斯、乌克兰、中国、俄罗斯、韩国等母语为非英语的国家，同样，在机构方面也主要分布在白俄罗斯国家科学院、中国农业大学、圣彼得堡州立大学、乌克兰国家科学院、四川大学等母语为非英语国家的研究机构。

在研究主题方面，以拉曼光谱、红外光谱、质谱法、荧光光谱学等为主题的论文较易出现零被引。不过，从光谱学领域零被引论文的叠加图来看，尤其是借助CiteSpace Ⅱ的时区视图而言，这些零被引研究主题是有较大差异的。分布于较早时段（2003—2006年）的零被引研究主题，如拉曼光谱、红外光谱、质谱法等，是属于光谱学领域的成熟研究方法，故而它们零被引的主要原因在于：①偏向于应用研究，拓展到地质学、金属学及金属工艺、外科学等方面；②仅作为一种对比方法，用于凸显其他研究方法的优良效果；③已经得到光谱学领域研究人员的广泛认可，由其衍生而来的新方法才是关注的焦点，如拉曼光谱基础上的傅里叶变换拉曼光谱、激光拉曼光谱等，质谱法基础上的等离子体质谱法、同位素质谱法、气相质谱法、串联质谱法等。至于较晚时段（2011—2012年）的零被引研究主题近红外谱，是属于光谱学领域较新的研究方法，之所以零被引论文较多，主要因为相关论文发表时间较晚，距离论文被引统计时间较近，而这一点也可以从（2003—2006年）红外光谱的激增系数为58.56得以体现。

总之，学术论文之所以未被引用，是多方面因素造成的，未必是因为论文的学术水平低。而就零被引论文在国家层面和机构层面的分布来看，数据统计源绝对是一个很重要的影响因素。例如，北京林业大学何诚等人的论文在SCIE中属于零被引论文，而在中国知网中被引用了8次，却属于期刊《光谱学与光谱分析》2012年发表的846篇论文中的前3.5%高被引论文（检索时间2014年12月16日）。此外，时间也是一个极为重要的影响因素，毕竟论文自发表到被引用需要一定的时间，才能得到领域研究人员的认识、关注。最后，研究主题与零被引论文的形成也息息相关，正如表2-14中2003—2006年的红外光谱和2011—2012年的近红外光谱就形成了鲜明的对比，一个属于成熟的研究方法，而另一个则属于较新、较前沿的研究方法。自然，伴随着时间的推移，近红外光谱的研究会越来越多，零被引论文就会随之减少，而针对红外光谱这一较成熟的研究领域，随着时间的推移，其论文零被引率的变化不会太大。

2.4 学科属性对论文零被引率的影响——以社会科学中的气候变化研究为例

当前，气候变化问题已成为全球关注的热点，随着社会的发展，越来越多的国家开始联合起来共同应对这一重大挑战。《联合国气候变化框架公约》《京都议定书》《巴厘岛行动》《哥本哈根协议》及2015年的《巴黎协定》，作为气候变化领域的主要国际协议，体现了各个国家应对气候变化的决心。

气候变化问题是科学问题，应对气候变化更是一个较为复杂的社会问题。当前的研究大多是关注自然科学领域中的气候变化问题，对于社会科学方面的研究和两者交叉部分的研究则较少涉及。零被引论文是指发表之后从未被引用的论文，当前以自然科学领域作为对象的研究较多，而单纯以社会科学领域作为样本进行分析的较少，以社会科学和自然科学的交叉学科作为研究对象的则更少。

因此，本节采用文献计量学方法，对气候变化领域的社会科学研究论文及其与自然科学交叉部分进行较为全面的定量统计分析，重点对其零被引论文的发展趋势与分布情况进行探讨。

2.4.1 数据来源

本节的论文数据来源于Web of Science中的SSCI数据库。采用主题检索，检索式为"climate change" OR "climate changes" OR "climatic change" OR "climatic changes"，时间跨度为1931—2014年，共获得16 924篇论文数据，文献类型选择Article和Review两种。

SSCI数据库是反映社会科学研究成果的大型综合检索系统，其覆盖的领域包括人类学、社会学、教育、经济学、心理学、图书情报学、语言学、法学、城市研究、管理、国际关系、健康等 55 个学科类别。因此，通过对 SSCI 论文进行统计与分析，可以了解气候变化领域的社会科学研究成果的国际影响。

2.4.2 统计与分析

（1）论文总体分析

根据统计结果，气候变化领域的第一篇社会科学论文于 1931 年出现，之后一直到 1989 年，在将近 60 年的时间内，只有 16 年是有 SSCI 论文产出的，并且年产出论文数均在 10 篇以下。因此，可以将气候变化领域的 SSCI 论文的年度变化情况大致分为两个阶段：1931—1989 年和 1990—2014 年。其中，第一阶段（1931—1989 年）的 SSCI 论文情况如表 2-15 所示，第二阶段（1990—2014 年）年的 SSCI 论文变化趋势如图 2-10 所示。

表 2-15　1931—1989 年气候变化领域 SSCI 论文分布

单位：篇

年份	1931	1941	1942	1957	1959	1971	1976	1978	1980	1981	1982	1984	1985	1987	1988	1989
SSCI 论文	1	1	1	1	1	1	1	2	3	1	3	1	2	3	1	10

从表 2-15 可以看出，从 1931 年开始的有 SSCI 论文出现的 16 年中，大多数年份的年产出论文仅为 1 篇，直到 1989 年，年产出论文达到最高的 10 篇。因为气候变化问题在研究初期只是一些科学问题研究，因此，在社会科学领域或在自然科学与社会科学的交叉领域的研究人员对此主题没有较多的关注。

1990—2014 年的气候变化领域 SSCI 论文数为 16 891 篇，其变化趋势及每年的论文零被引率如图 2-10 所示。可以看出，气候变化领域的 SSCI 论文虽然整体呈现逐年递增的趋势，但论文数量在开始的一段时间内仍然没有较大增长。1990—2005 年，气候变化领域的论文数量与之前相比有了一定的增长，年产出论文数量从 1990 年的 17 篇增长为 2005 年的 251 篇，增长了 10 倍多。而 2005 年之后，气候变化领域的 SSCI 论文数量则出现了显著上升，特别是 2014 年，达到了 3433 篇。

随着社会的发展，气候变化问题也越来越严重，已经不仅仅是科学研究所能提供解决方案的了，因为它涉及每个国家的政治经济发展，对于各国的政治经济生活都具有重要的影响作用。随着各国对气候变化问题的重视，超出自然科学领域的相关研究也逐渐增加。

1992 年，气候变化大会通过《联合国气候变化框架公约》，该公约于 1994 年开始生效，也标志着气候变化的国际活动进入一个较为活跃的阶段。1997 年，在日本京都举办的《联合国气候变化框架公约》参加国三次会议制定了《京都议定书》，作为《联合国气候变化框架公约》的补充条款，并于 2005 年开始生效。2005 年之后，气候变化领域的 SSCI 论文数量显著上升，特别是 2014 年，SSCI 论文数达 3433 篇。

1990—2014 年的 16 891 篇 SSCI 论文中，零被引论文共有 4232 篇，占论文总数的

25.05%。根据图 2-10，SSCI 论文的零被引率随时间有所变化，其中，1990—1998 年，论文零被引率呈波动之势，最高时为 1993 年的 20.83%，最低时是 1995 年的 3.03%；之后，1998—2011 年的十几年间，论文零被引率则相对较为稳定，并均低于 10%，最低为 2003 年的 1.18%。从 2012 年开始，SSCI 论文的零被引率呈现逐年上升的趋势，并且上升速度较快，2012 年为 15.90%，2013 年增加到 32.92%，而到 2014 年，又达到了 67.93%。在 2012—2014 年的 3 年时间内，论文零被引率以逐年翻倍的速度上升，这与 SSCI 论文的快速增长有关；同时，论文的发表时间相对较短，尚未来得及被大家消化和引用，也应是原因之一。总体而言，在 1990—2014 年的 25 年间，除开始几年有较大波动和最后几年增长较快外，气候变化领域的论文零被引率还是较为稳定的，特别是在 2005 年之后，即使 SSCI 论文数量开始呈现较快的增长趋势，但论文零被引率大多低于 10%。

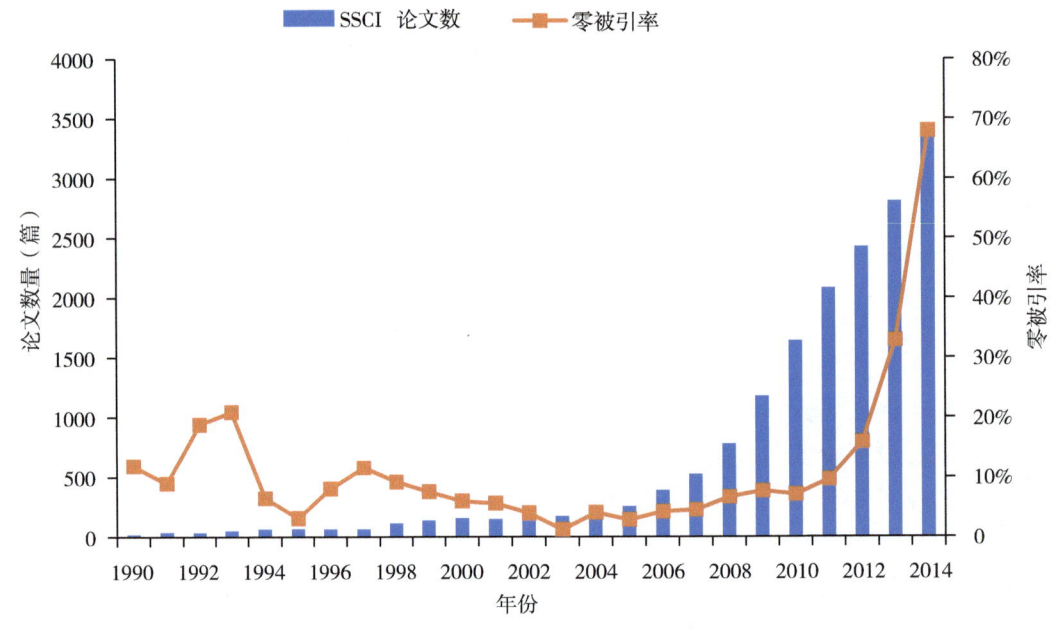

图 2-10　1990—2014 年气候变化领域 SSCI 论文年度变化趋势与零被引情况

如上所述，气候变化领域社会科学方面的研究始于 1931 年，但之后十几年并不活跃。从 1990 年开始，随着大家对气候变化问题的关注，其 SSCI 论文数量有了一定增长。到 2005 年《京都议定书》生效后，由于气候变化与各个国家的政治经济发展有着较为紧密的联系，关于气候变化的社会科学类研究开始显著增加。同时，也是由于各国对于气候变化领域的关注度较高，该领域 SSCI 论文的零被引率不算高。1990—2014 年，气候变化领域的 SSCI 论文的年度零被引率平均为 25.05%，很多年份的零被引率低于 10%。

（2）气候变化社会科学论文的国别分析

1990—2014 年，气候变化领域的 16 891 篇 SSCI 论文分布于 112 个国家，论文数 TOP 10 国家的 SSCI 论文及其论文零被引情况如表 2-16 所示。

从表 2-16 可以看出，气候变化的社会科学研究中，美国处于领先地位，共产出 5380 篇论文；排在第 2 位的英国是 2951 篇；论文数超过千篇的国家还有澳大利亚、加拿大和德国。整体而言，TOP 10 国家中，欧洲国家有 6 个，占一半以上，说明气候变化问题的社会科学研究在欧洲的关注度普遍较高。而中国作为 TOP 10 中唯一的亚洲国家和唯一的发展中国家，在此方面的研究也较为突出，论文数位列第 7 位。

表 2-16 气候变化领域 SSCI 论文数 TOP 10 国家

排序	国家	SSCI 论文数（篇）	论文零被引率	SSCI 与 SCI 共同收录论文数（篇）	共同收录论文零被引率
1	美国	5380	22.14%	2771	18.98%
2	英国	2951	20.23%	1385	17.04%
3	澳大利亚	1649	25.83%	907	21.94%
4	加拿大	1115	24.13%	606	21.62%
5	德国	1098	25.68%	658	20.67%
6	荷兰	881	20.20%	538	16.91%
7	中国	637	30.93%	476	30.25%
8	瑞典	590	22.88%	326	23.31%
9	西班牙	437	30.43%	258	27.13%
10	瑞士	432	22.45%	271	19.19%

气候变化领域社会科学论文数 TOP 10 国家的论文时间分布情况见表 2-17 和图 2-11。可以看出，美国不但在所有国家中 SSCI 论文数最多，而且论文出现的时间也最早，并且每年的产出论文数均高于其他国家。1971 年，美国在气候变化领域产出第一篇 SSCI 论文，从 20 世纪 90 年代开始，论文数有所增加，2006 年，SSCI 论文数超过百篇，之后增长速度加快，到 2014 年，美国在气候变化领域的 SSCI 论文数达到 823 篇。SSCI 论文数排在第 2 位的是英国，并且每年的论文数也高于除美国以外的其他国家。英国在气候变化领域的第一篇 SSCI 论文出现在 1992 年，从 2008 年开始，论文数超过百篇，之后增长速度加快，到 2014 年，英国在气候变化领域的 SSCI 论文数达到 490 篇。

澳大利亚的 SSCI 论文数排名第 3 位，但与其他国家相比，其年度论文产出数量并未一直保持在第 3 位。在 20 世纪 90 年代到 2007 年的几年间，加拿大、德国和荷兰等国家的年度 SSCI 论文数均有超过澳大利亚的记录。中国作为唯一一个进入 SSCI 论文数前 10 位的亚洲国家，在这方面的研究起步较晚，但后期的增速较快。2000 年，中国在气候变化领域开始产出 SSCI 论文，之后的 10 年间，SSCI 论文数均低于其他国家，从 2010 年开始，中国的 SSCI 论文数开始高于瑞典、西班牙和瑞士，并且保持了较高的增长速度，在之后的几年间与排在第 6 位的荷兰的年度 SSCI 论文产出数量相差不大。

表 2-17　气候变化领域 SSCI 论文数 TOP 10 国家各年度论文数

年份	美国	英国	澳大利亚	加拿大	德国	荷兰	中国	瑞典	西班牙	瑞士
1971	1									
1980	1									
1981	1									
1985	1									
1987	2									
1989	3				1					
1990	1				4					
1991	8		1							
1992	10	2			2		1			
1993	10	3					1		1	
1994	12	7					1	1		
1995	11	3	1		5		1			2
1996	17	6		1			1	1		
1997	14	7	2	3	1	2			1	
1998	50	14	6	10	4	9		3		2
1999	67	24	6	9	3	10		2	1	4
2000	78	24	5	13	4	9	2	3	2	4
2001	59	31	5	14	10	12	2			
2002	57	24	2	11	15	10		3	7	1
2003	68	32	8	18	18	6	3	2	6	6
2004	76	25	8	9	8	12	1	2	2	4
2005	97	65	11	19	31	20	4	7	3	8
2006	159	76	15	32	27	30	10	9	7	10
2007	195	90	34	40	34	37	16	13	10	14
2008	271	151	57	33	43	46	12	30	14	22
2009	399	220	102	62	76	71	29	40	27	25
2010	517	300	171	128	93	80	48	46	42	39
2011	626	380	230	148	138	77	82	77	75	53
2012	735	419	270	167	152	115	97	104	60	70
2013	852	461	324	184	194	137	139	108	84	82
2014	823	490	315	174	203	171	164	124	77	72

第二章 论文零被引的影响因素分析——国际合作、国家、机构、学科和主题的视角

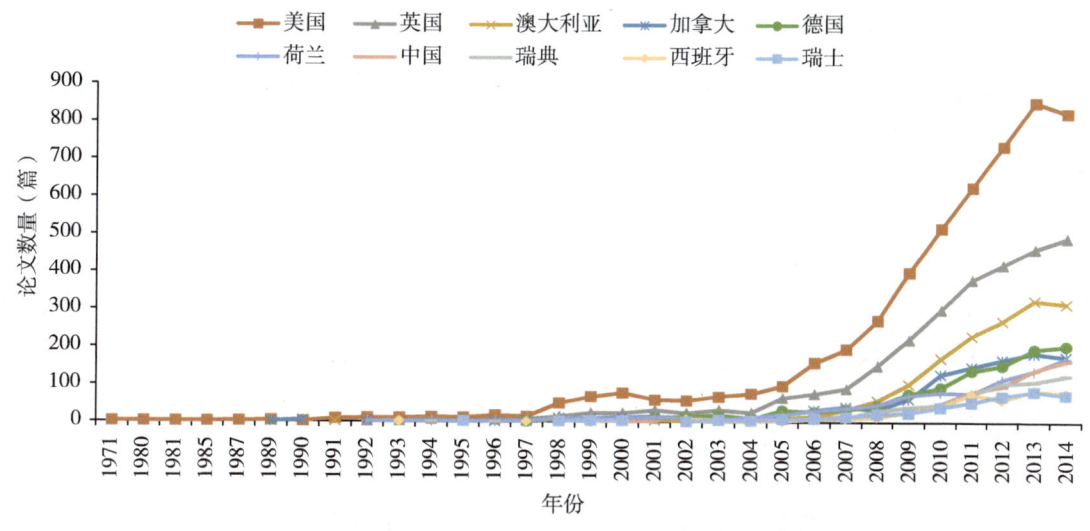

图 2-11 气候变化领域 SSCI 论文数 TOP 10 国家年度变化趋势

1990—2014 年，气候变化领域的社会科学论文为 16 891 篇，其中，从未被引用过的论文有 4232 篇，这些零被引论文分布于 88 个国家，占气候变化领域 SSCI 涉及国家数量的 78.6%。有 24 个国家没有零被引论文，但这些国家的 SSCI 论文总量均较少，最多的也只有 5 篇，为斯洛文尼亚和卢森堡，大多数国家的论文仅为 1 篇。论文的引用在一定程度上可以反映论文的影响力，虽然这些国家在气候变化领域社会科学方面的研究较少，但其研究成果还是有一定的影响力的。

SSCI 论文数 TOP 10 国家的论文零被引率见表 2-16，这 10 个国家的零被引论文数的对比情况如图 2-12 所示。根据图 2-12，从数量上来看，论文数 TOP 10 国家的零被引论文的数量也呈现出相应的变化，即 SSCI 论文总数越多的国家，其零被引论文数也较多。而从零被引率情况来看，则稍有不同。气候变化领域 SSCI 论文的平均零被引率为 25.05%，论文数 TOP 10 国家中，有 4 个国家的零被引率高于平均水平，分别是澳大利亚、德国、中国和西班牙，而其余 6 个国家论文的零被引率低于平均水平。可以看出，TOP 10 国家的论文数量与其零被引论文数量呈现较为明显的正相关关系，但论文零被引率情况则有所不同，论文数 TOP 10 国家中，有 6 个国家的零被引率是较低的。

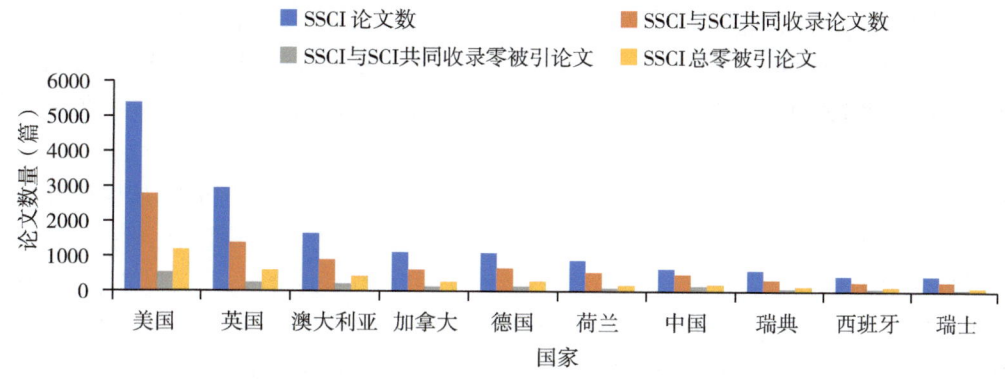

图 2-12 论文数 TOP 10 国家的 SSCI 论文数及其零被引论文对比

(3)气候变化领域 SSCI 论文的机构分析

研究机构在科学研究的过程中具有重要作用,因此,我们将对气候变化领域 SSCI 论文的参与机构进行考察。1990—2014 年,16 891 篇论文分布于全球的 5413 个研究机构,论文数 TOP 10 机构的所属国别和 SSCI 论文数及论文零被引情况如表 2-18 所示。可以看出,在气候变化领域的社会科学研究中,英国牛津大学的 SSCI 论文数最多,共发表论文 280 篇;另一所英国高校东英吉利大学以 278 篇 SSCI 论文紧随其后;排在第 3 位的是荷兰的阿姆斯特丹自由大学,其 SSCI 论文数为 236 篇。高校在气候变化领域的社会科学研究中表现最为突出,论文数 TOP 10 机构均为高校。而对于中国来说,研究所的表现则更为突出,中国科学院以 148 篇 SSCI 论文位列第 13 位。从归属国家来看,论文数 TOP 10 机构中,来自英国的机构最多,共有 4 所高校;其次是美国,有 3 所高校;其余 3 所高校分别来自荷兰、澳大利亚和加拿大。

表 2-18 气候变化领域 SSCI 论文数 TOP 10 机构

排序	机构名称	国家	SSCI 论文数(篇)	论文零被引率	SSCI 与 SCI 共同收录论文(篇)	共同收录论文零被引率
1	牛津大学	英国	280	16.43%	144	10.42%
2	东英吉利大学	英国	278	8.27%	157	7.64%
3	阿姆斯特丹自由大学	荷兰	236	15.25%	145	11.03%
4	澳大利亚国立大学	澳大利亚	215	21.86%	125	18.40%
5	加州大学伯克利分校	美国	197	18.27%	107	12.15%
6	哈佛大学	美国	195	13.85%	98	11.22%
7	斯坦福大学	美国	164	15.24%	118	15.25%
8	不列颠哥伦比亚大学	加拿大	158	12.03%	100	10.00%
9	伦敦大学学院	英国	155	24.52%	80	12.50%
10	利兹大学	英国	154	24.03%	89	19.10%

1990—2014 年,气候变化领域的零被引社会科学论文为 4232 篇,分布于 2266 个研究机构,占机构总数的 41.9%。另外,有 3147 个机构没有零被引论文,占比 58.1%。也就是说,在气候变化的社会科学研究中,有一半以上机构的研究成果被引用过,这些机构发表论文数为 1~30 篇。

SSCI 论文数 TOP 10 机构的论文零被引率见表 2-18,这 10 个机构的零被引论文数的对比情况如图 2-13 所示。根据图 2-13,从数量上来看,论文数 TOP 10 机构的零被引论文的数量并未呈现明显的单调变化趋势,并非是 SSCI 论文总数越多的机构,其零被引论文数也越多。总体而言,气候变化领域社会科学论文数 TOP 10 机构的零被引论文的差异性不大。而从零被引率情况来看,与气候变化领域 SSCI 论文的平均零被引率 25.05% 相比,论文数 TOP 10

机构的零被引率均低于平均水平，零被引率最低的机构是东英吉利大学，其零被引率仅为 8.27%。

综上所述，论文数 TOP 10 机构的论文数量与其零被引论文数量之间并未表现出明显的正相关关系，从论文零被引率来看，论文数 TOP 10 机构的零被引率均低于平均水平，说明发表论文数较多的机构，其论文受到的关注度也较高，从而被引用的论文也相应增加。

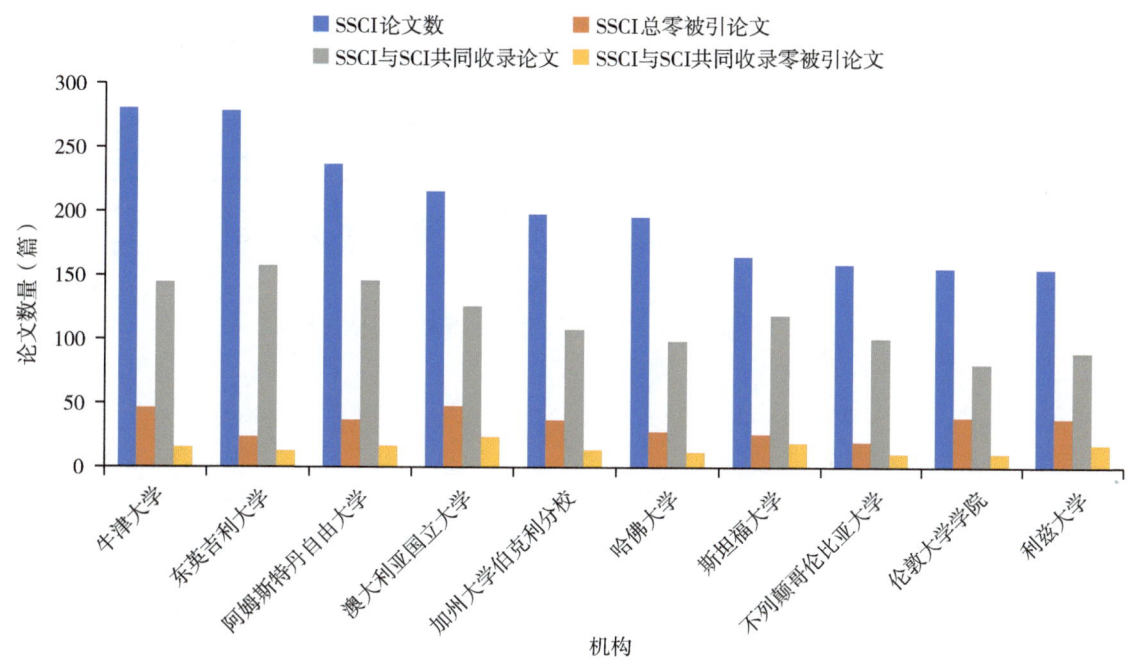

图 2-13　论文数 TOP 10 机构的 SSCI 论文数及其零被引论文对比

（4）气候变化领域 SSCI 论文中与 SCI 共同收录论文的零被引分析

SSCI 和 SCI 共同收录的论文（以下简称共同收录论文）是跨社会科学领域和自然科学领域的研究论文，共同收录论文代表了自然科学与社会科学研究的交叉研究部分。1990—2014 年，气候变化领域 SSCI 论文 16 891 篇，其中，8890 篇为共同收录论文，占总数的一半以上，这些论文分布于 107 个国家，占所有国家数的 95%。共同收录论文占比分布如图 2-14 所示。可以看出，虽然 SSCI 论文数呈现逐年递增趋势，尤其是 2007 年之后，增速加快，但共同收录论文的占比却没有明显的上升或下降趋势，基本上在 35%～65% 波动。

共同收录的 8872 篇论文中，有 1918 篇论文是零被引论文，占比为 21.60%，低于总体论文的零被引率 25.05%，这些论文分布于 82 个国家。SSCI 论文中的共同收录论文及其论文零被引率随时间变化情况如图 2-15 所示。

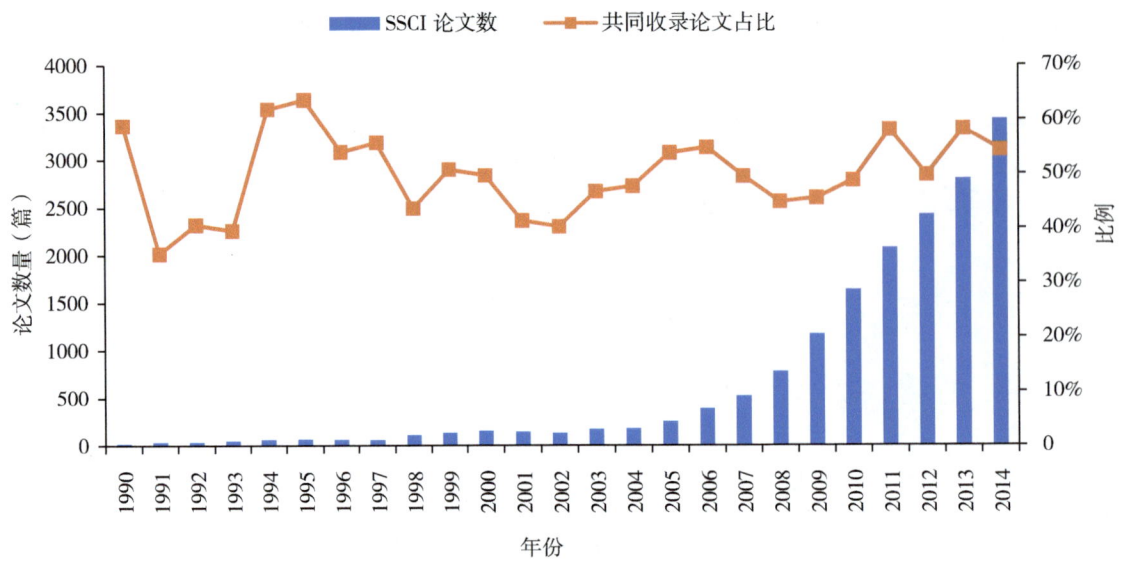

图 2-14　1990—2014 年 SSCI 论文与共同收录论文占比

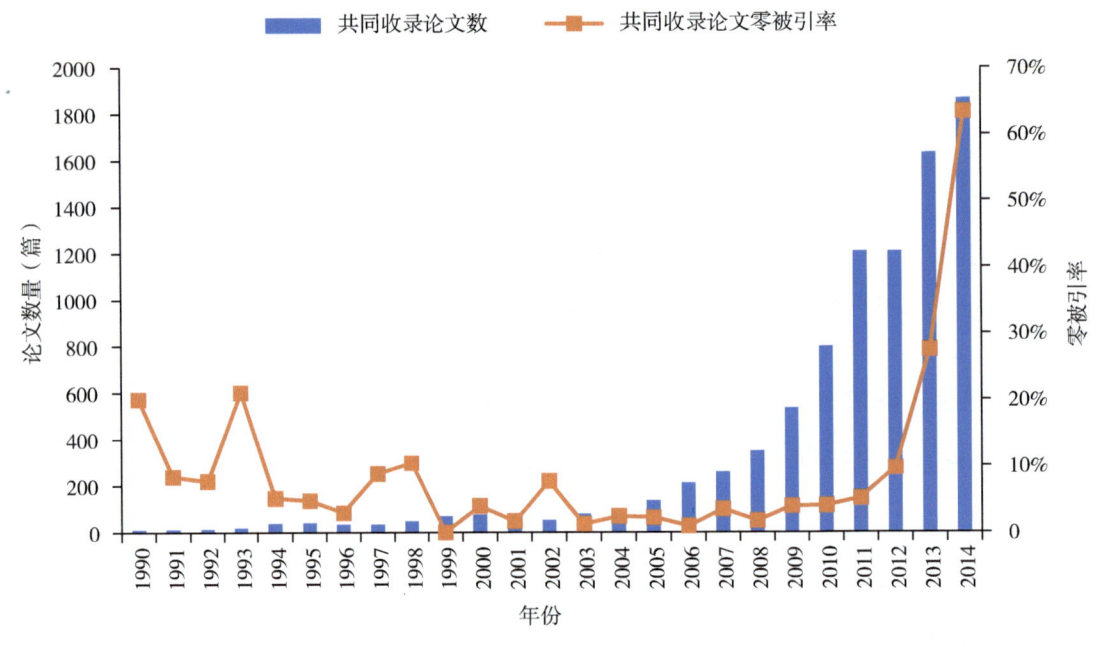

图 2-15　1990—2014 年共同收录论文与其零被引率变化情况

1990—1998 年的共同收录论文中，论文零被引率在 3%～22% 波动，最高时为 1993 年的 21.05%，最低时是 1996 年的 2.94%；1999—2012 年的十几年间，论文零被引率均低于 10.00%，最低为 1999 年的 0。2013 年开始，共同收录论文的论文零被引率呈现逐年上升的趋势，并且上升速度较快，2013 年的论文零被引率为 27.50%，2014 年就增加到了 63.36%。这与共同收录论文的快速增长有关；同时，论文的发表时间相对较短，来不及被引用，也应是原因之一。总体而言，在 1990—2014 年的 25 年间，共同收录论文零被引率变化情况与

SSCI 论文的整体变化相似（图 2-10）。在最初的一段时间，共同收录论文零被引率呈现较大波动；之后有 14 年的时间（1999—2012 年），共同收录论文零被引率还是比较稳定的，均低于 10%；而最近的几年则由于论文发表时间距统计时间较短，零被引率呈现快速增长趋势。

SSCI 论文数 TOP 10 国家的共同收录论文及其论文零被引率如表 2-16 所示。可以看出，SSCI 论文数 TOP 10 国家，其共同收录论文大多也较多，共同收录论文中的被引论文同样较多。论文数 TOP 10 国家中，有 8 个国家的共同收录论文零被引率均低于 SSCI 论文的平均水平，而中国和西班牙的共同收录论文零被引率则分别为 30.25% 和 27.13%，要高于平均水平。

可以看出，TOP 10 国家的论文数量与其共同收录零被引论文数量呈现较为明显的正相关关系，而共同收录论文零被引率大多低于平均水平，并且，共同收录论文零被引率也普遍低于 SSCI 论文的零被引率。说明自然科学与社会科学的交叉领域研究受到更多的关注。发表论文数较多的国家中，中国和西班牙的共同收录论文零被引率相对较高，说明这两个国家在气候变化的领域社会科学研究虽然论文较多，但其自然科学和社会学科交叉领域论文的影响力有待进一步提高。

为进一步探讨零被引论文的国家分布情况，我们将 SSCI 论文数超过 10 篇的 59 个国家（地区）的共同收录论文零被引率与 SSCI 总论文零被引率进行对比，如图 2-16 所示。SSCI 论文数较多的国家（地区）中，超过 90% 国家（地区）的共同收录论文零被引率低于该国 SSCI 总论文零被引率。也就是说，与单纯的社会科学研究相比，社会科学与自然科学的交叉领域研究受到的关注更多。

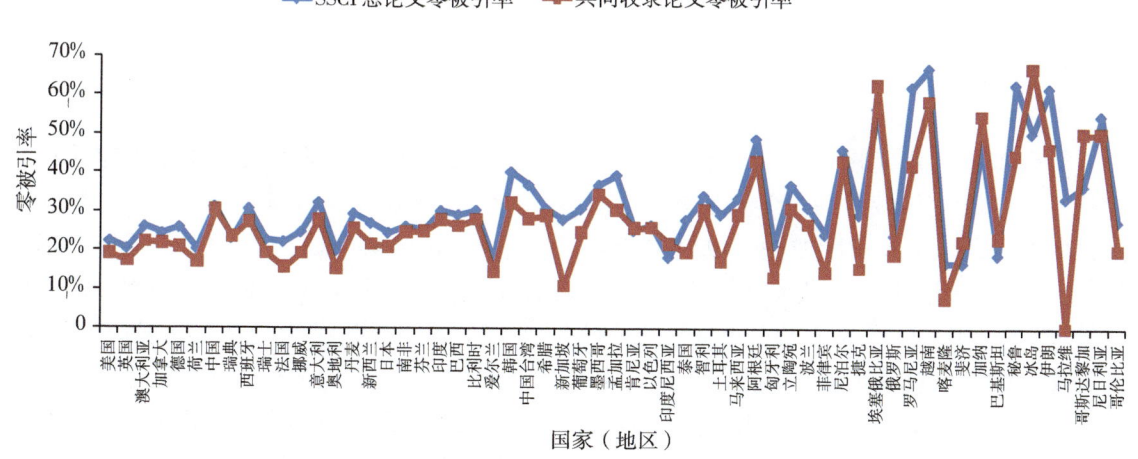

图 2-16　气候变化领域社会科学研究主要国家（地区）SSCI 总论文与共同收录论文零被引率对比

SSCI 论文数 TOP 10 机构共同收录论文及共同收录论文零被引率如表 2-18 所示。对于 TOP 10 机构，并不是 SSCI 论文越多，其共同收录论文也越多。同样的，共同收录的零被引论文与其 SSCI 总论文数也没有明显的正相关关系。但 TOP 10 机构共同收录论文零被引率普遍较低，大多在 10%～15%。并且，发表论文数较多机构的共同收录论文零被引率也普遍低于其总体 SSCI 论文零被引率，其中共同收录论文零被引率相对较高的有英国的利兹大学和澳大利亚国立大学，但也只有为 19.10% 和 18.40%。机构数据再次表明，自然科学与社会科学的交叉领域研究受到更多的关注。

我们将 SSCI 论文数超过 100 篇的 37 个机构的共同收录论文零被引率与 SSCI 总论文零被引率进行对比，如图 2-17 所示。有将近 70% 的机构其共同收录论文零被引率低于其 SSCI 总体论文的零被引率。

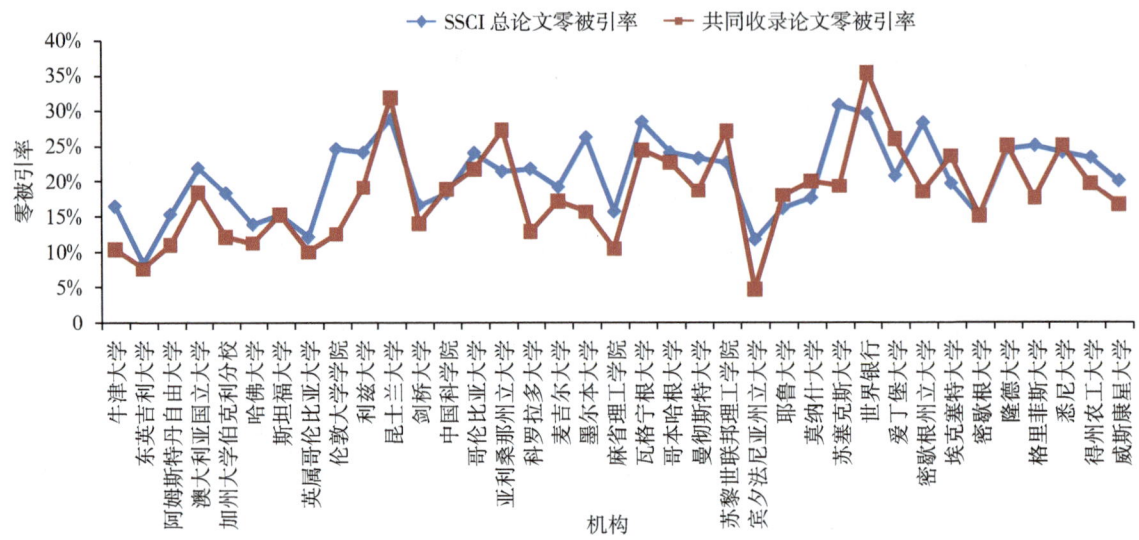

图 2-17　气候变化领域社会科学研究主要机构 SSCI 总论文与共同收录论文零被引率对比

2.4.3　结论与讨论

①气候变化领域的研究发展与全球的关注与行动密切相关。随着气候变化问题的日益严峻，气候变化领域社会科学研究论文呈现逐年递增趋势，特别是在 2005 年《京都议定书》生效以后，增长速度加快。1990—2014 年，气候变化领域 SSCI 论文的平均零被引率为 25.05%，除去开始几年的波动与最后几年由于发表时间较短的影响而导致零被引率较高外，在较长一段时间内，论文零被引率是稳定并且低于 10% 的，说明这些论文受到了较高的关注。

②气候变化领域社会科学研究中，美国不仅论文数最多，其论文出现的时间也最早，并且每年的产出论文数也高于其他国家；欧洲国家在此领域的研究较为突出；中国作为论文数 TOP 10 国家中唯一发展中国家，虽然起步较晚，但凭借后期论文发表量的高速增长，排名论文数 TOP 10 国家的第 7 位。SSCI 论文总量越多的国家，其零被引论文数也较多，但其零被引率的变化与论文总量之间未呈现明显的相关关系。

③高校是气候变化领域社会科学研究中表现最为突出的机构，论文数 TOP 10 机构全部为高校，并且大多来自英国和美国。而对于中国来说，研究所的表现则更为突出，中国科学

院以 148 篇 SSCI 论文位列第 13 位。论文数 TOP 10 机构的零被引论文数与机构本身的 SSCI 论文总量并未呈现明显的单调联动变化趋势，即并非是 SSCI 论文总量越多的国家，其零被引论文数也越多。这些机构的论文零被引率均低于平均水平，说明发表论文数较多的机构，其论文受到的关注度一般也较高，从而被引用的论文也相应增加。

④共同收录论文是处于自然科学与社会科学交叉领域研究的论文。本节对气候变化领域社会科学研究共同收录论文的零被引情况进行了考察。结果表明，从平均水平来看，共同收录论文零被引率低于 SSCI 总论文零被引率；共同收录论文零被引率年度变化趋势与 SSCI 总论文相似，即除去开始几年的波动与最后几年由于发表时间较短的影响而导致零被引率较高外，在较长一段时间内，论文零被引率稳定并且较低。

通过对论文数 TOP 10 的国家与机构、发文超过 10 篇的国家和发文超过 100 篇的机构进行深入分析，结果表明，这些国家和机构共同收录论文零被引率均低于其本身 SSCI 总论文零被引率。其可能原因：一是由于气候变化的解决方案必然要求自然科学与社会科学的结合，因此，共同收录论文会比纯社会科学论文受到更多的关注。二是由于自然科学论文的被引次数一般要高于社会科学论文，并且，在引用时间分布上，自然科学论文的被引高峰也要早于社会科学论文。共同收录论文由于具有自然科学属性，就会受到众多自然科学工作者的较多关注和引用，因此，其论文零被引率也相对较低。

第三章 论文零被引的影响因素分析
——作者视角

我们基于前期的文献调研和网络调查等定性分析方法，首先梳理出零被引现象的各种可能影响因素，采用调查问卷和统计分析的方法获得零被引影响因素的数据；然后以调查问卷数据得到的定量数据为样本，对零被引主观和客观影响因素进行计量分析；最后采用社会科学研究中的结构方程模型，对零被引现象与其影响因素之间的相互关系及其相关程度进行实证检验。

3.1 零被引影响因素调查问卷数据的采集与处理

3.1.1 零被引影响因素调查问卷的设计

我们通过阅读零被引及其相关研究的各类文献资料，同时通过咨询专家和科研人员，总结出零被引的各种可能相关因素，并设计成具体的问题和答案选项，形成零被引影响因素的调查问卷。调查问卷的设计主要分为两部分：第一部分是零被引主观影响因素的调查，如表 3-1 所示；第二部分是零被引客观影响因素的调查，如表 3-2 所示。

表 3-1 论文零被引主观影响因素涉及的主要问题

序号	问题
Q1	您了解自己论文是否被引用过吗？您发表过的学术论文中，有没有迄今被引次数为零的？
Q2	如果您有零被引论文，您认为它们未被引的主要原因是什么？
Q3	如果您的所有论文都被引用了，您认为什么原因使您的成果都能得到引用？
Q4	如果您有论文迄今未被引用，那您为什么不通过自引来实现"引用零突破"呢？
Q5	您认为，相对说来，以下哪类论文不易获得他人引用（即容易成为零被引的论文）？
Q6	假定您认为篇幅是影响被引的一个因素，那么您觉得多长篇幅的论文较容易获得引用？
Q7	您有没有碰到这样的情况：自认为写得比较好的论文没有被引或被引较少，而自认为水平一般的论文反而被引较多？
Q8	您是否认为，发表 10 年后仍未被引的论文肯定没什么价值了？
Q9	您是否会由于以下原因、动机、目的或标准而引用他人文献？

表 3-2　论文零被引客观影响因素及其影响程度

一级因素	二级因素	1	2	3	4	5
期刊学术地位	期刊在业内的口碑好					
	期刊影响因子较高					
	期刊被著名数据库收录（如 EI 或 SCI）					
	期刊主办单位的学术声誉较好					
	期刊历史较长					
论文内容主题	选题新颖					
	文章质量高					
	内容具有跨学科性，能带来较多启迪					
论文个体特征	受到重要基金组织资助					
	作者数量					
	第一作者或通讯作者的知名度较高					
	文章的字数较多					
	英语国家作者撰写的论文					
	论文参考文献数量较多					
宣传推荐力度	通过自引起到推荐作用					
	主动向同行推荐，如 E-mail 推送					
	通过个人博客或论坛等社交媒体介绍自己的论文					
	开放免费获取					

3.1.2　零被引影响因素调查问卷数据的采集

（1）采集说明

采集起止时间：2013 年 11 月 8 日—2014 年 2 月 8 日。

采集方式：通过问卷星网络发布问卷，然后在相关博客（科学网）、QQ 群（各专业科研群）、论坛和会场进行宣传。

（2）采集结果

共计 277 人查看了问卷，有 3 人看过之后未填问卷，有效填写 274 人次，问卷回收率为 98.92%。

（3）采集数据的处理

1）问卷中"其他"信息的重新归类和重复数据删除

首先将问卷填写人不知道自己专业、职称等如何归类，而将其归到"其他"类别的信息，通过人工和咨询专家的方式将其归到正确的类别中。然后根据问卷填写的时间长短、IP 地址、人名和联系方式信息，在被一个人重复填写的问卷数据中，保留填写时间较长的问卷，删除其他重复问卷数据。最后得到 240 份有效的问卷数据。问卷有效率是 87.59%。

2）Q1 问题答案的统计

通过对表 3-1 中 Q1 问题答案的统计，发现：在 240 份正确有效的问卷数据中，有 198 人（82.5%）了解自己论文的被引情况，而有 42 人（17.5%）不了解自己论文的被引情况。了解自己论文是否被引用情况的 198 份问卷是本章零被引影响因素分析的有效样本数据。

3）198 名和 42 名问卷填写人员的基本概况

下面以图表的形式简单直观地描述上述 198 名和 42 名问卷填写人员的基本概况，如专业类别分布、学历（经历）分布、职称分布、工作单位类型分布、科研工作时间（从发表第一篇论文算起）分布、发表期刊论文（包含中文和英文论文）的总篇数分布。

专业类别分布如表 3-3 所示。

表 3-3　198 名和 42 名问卷填写人员的专业类别分布

专业类别名称	198 人的专业类别分布		42 人的专业类别分布	
	数量（人）	比例	数量（人）	比例
数学	3	1.52%	2	4.76%
物理学	6	3.03%	2	4.76%
化学	11	5.56%	1	2.38%
地学（含天文学）	6	3.03%	0	0
农学	6	3.03%	2	4.76%
生物学	12	6.06%	1	2.38%
医学	11	5.56%	3	7.14%
工程技术	22	11.11%	5	11.90%
管理学	114	57.58%	18	42.86%
其他	7	3.54%	8	19.05%

学历（经历）分布如表 3-4 所示。

表 3-4　198 名和 42 名问卷填写人员的学历分布

学历名称	198 人的学历分布		42 人的学历分布	
	数量（人）	比例	数量（人）	比例
本科	12	6.06%	12	28.57%

续表

学历名称	198人的学历分布		42人的学历分布	
	数量（人）	比例	数量（人）	比例
硕士	85	42.93%	22	52.38%
博士	85	42.93%	7	16.67%
博士后	14	7.07%	0	0
其他	2	1.01%	1	2.38%

职称分布如表 3-5 所示。

表 3-5　198 名和 41[①] 名问卷填写人员的职称分布

职称名称	198人的职称分布		41人的职称分布	
	数量（人）	比例	数量（人）	比例
初级职称	23	11.62%	3	7.32%
中级职称	71	35.86%	13	31.71%
高级职称	58	29.29%	7	17.07%
暂无职称	46	23.23%	15	36.59%
其他	0	0	3	7.32%

工作单位类型分布如表 3-6 所示。

表 3-6　198 名和 42 名问卷填写人员的工作单位类型分布

工作单位类型名称	198人的工作单位类型分布		42人的工作单位类型分布	
	数量（人）	比例	数量（人）	比例
高等院校	138	69.70%	25	59.52%
科研院所	39	19.70%	5	11.90%
医疗机构	5	2.53%	1	2.38%
企业	4	2.02%	4	9.52%
事业单位	5	2.53%	1	2.38%
其他	7	3.54%	6	14.29%

科研工作时间分布如表 3-7 所示。

---

① 部分问题仅 41 人回答，后文同。

表 3-7 197 名和 42 名问卷填写人员的科研工作时间分布

科研工作时间	197 人的科研工作时间分布		42 人的科研工作时间分布	
	数量（人）	比例	数量（人）	比例
≤5 年	74	37.56%	28	66.67%
6～10 年	77	39.09%	6	14.29%
11～15 年	24	12.18%	6	14.29%
≥16 年	22	11.17%	2	4.76%

发表期刊论文总篇数分布如表 3-8 所示。

表 3-8 197 名和 42 名问卷填写人员的发表期刊论文总篇数分布

发表期刊论文总篇数	197 人的发表期刊论文总篇数分布		42 人的发表期刊论文总篇数分布	
	数量（人）	比例	数量（人）	比例
≤5 篇	66	33.50%	29	69.05%
6～10 篇	38	19.29%	5	11.90%
11～15 篇	41	20.81%	5	11.90%
≥16 篇	52	26.40%	3	7.14%

3.2 零被引影响因素研究的实施方法与流程

3.2.1 构建零被引的影响因素概念模型

根据前述表 3-2 所示的论文零被引影响因素，引入分类思想，并参考相关文献，设计出期刊论文零被引影响因素的概念模型，如图 3-1 所示。

从图 3-1 可以看出，期刊论文零被引影响因素包括四大类：期刊学术地位、论文内容主题、论文个体特征和宣传推荐力度。上述影响因素对论文被引的影响都是正向的，由于期刊论文越容易被引，则期刊论文零被引率越低，因此，上述影响因素对降低期刊论文零被引率的影响也是正向的。基于表 3-2 所示的论文零被引影响因素和图 3-1 所示的期刊论文零被引影响因素概念模型，根据马太效应，即强者越强、弱者越弱的现象，我们给出如下 4 个假设：

假设 1（H1）：期刊学术地位对降低期刊论文零被引率有正向影响。

能够奠定期刊学术地位的影响因素包括：收录期刊数据库的知名度、期刊主办单位的学术声誉、期刊影响因子、期刊口碑和期刊历史。如果收录期刊的数据库知名度较高，被著名数据库（SCI、EI、CSSCI 等）收录，期刊主办单位的学术声誉较好，期刊影响因子较高，期刊在业内的口碑好，并且期刊历史悠久，则我们认为期刊在业内的学术地位较高。众所周知，根据马太效应，在业内学术地位较高的期刊上发表的论文，更容易受到业内研究人员的关注、阅读和引用，因此，期刊论文零被引率可能越低。

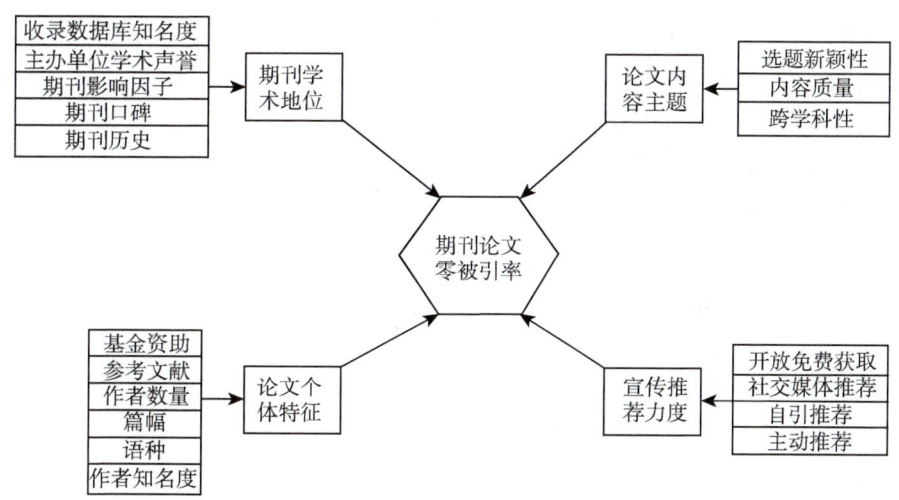

图 3-1　期刊论文零被引影响因素的概念模型

假设 2（H2）：论文内容主题对降低期刊论文零被引率有正向影响。

反映论文内容主题的因素有：选题新颖性、内容质量和跨学科性。如果一本期刊的论文选题比较新颖，内容质量较高，并且具有跨学科性，能带来较多启迪，这样的论文更容易受到大量关注和引用，并且引用的持续时间较长，此类期刊论文的零被引率也越低。

假设 3（H3）：论文个体特征对降低期刊论文零被引率有正向影响。

论文个体特征包含论文篇幅、参考文献数量、作者数量和知名度、语种和基金资助等因素。一项关于被引论文和零被引论文个体特征差异的研究显示，论文作者数量、标题词数量、关键词数量、参考文献数量等特征对论文能否被引有一定影响，其中，参考文献数量对论文能否被引的影响较大，其他特征对其影响较小。美国佛罗里达大学心理学家格雷戈里·韦伯斯特（Gregory Webster）基于《科学》期刊 5 万多篇研究论文和综述论文数据的一项实证研究发现：参考文献多的论文，能够获得较多引用，这意味着篇均参考文献量多的期刊，论文零被引率会变低。美国俄亥俄州立大学的天文学家 Krzysztof S 分析了 2000—2004 年在顶级天文学杂志上发表的 30 027 篇同行评审论文，结果发现：随着论文长度的增长，论文平均被引用数也在增加，即长论文能够获得较多引用。反过来可以理解：论文平均篇幅长的期刊，论文零被引率较低。此外，论文如果能够得到基金资助，说明论文与基金主题密切相关，即论文主题至少属于当前的热点与前沿领域。既然能够得到基金资助，论文的质量总体上应该会好于其他未获资助的论文，因此，基金资助的论文更容易被引。一项研究显示：基金资助论文的被引率显著高于无基金资助论文。

因此我们假设：参考文献和作者数量多、第一作者或通讯作者知名度较高、篇幅较长、语言偏本土和有基金资助的论文，被引机会较多，零被引率较低。

假设 4（H4）：宣传推荐力度对降低期刊论文零被引率有正向影响。

论文宣传推荐力度包括开放免费获取、社交媒体推荐、自引推荐和主动推荐。自引肯定能够使零被引论文变为被引论文，但社交媒体推荐和主动推荐能否增加论文被引机会，降低论文零被引率，尚未发现此方面的研究。开放免费获取能够极大地扩大期刊论文的传播与利用范围，意味着更多读者和研究人员能够更容易下载、阅读和引用此期刊的论文，从而降低期刊论文零被引率。不过关于"论文开放免费获取是否增加论文被引用机会,降低论文零被引率"这一问题,目前有两派观点。美国芝加哥大学 James E 和 Jacob R 的一项研究显示:将科学研究论文放在互联网上免费供人阅读,可增加文章的被引频次,尤其来自发展中国家作者的引用。一篇文章若可以免费阅读,则能使该文章被引用的次数增加 8 个百分点。然而,美国康奈尔大学传播系研究人员 Philip D 的一项实证研究发现:开放免费获取能够显著增加论文下载频次,但不能显著增加论文被引用次数。

因此我们假设:如果期刊论文编辑和作者能够向读者免费开放自己的论文,更多地通过个人博客或论坛等社交媒体介绍自己的论文,通过自引起到论文推荐作用和主动向同行推荐自己的论文,如 E-mail 推送,论文获得引用的机会就越大,则期刊论文零被引率就会变低。

3.2.2 零被引客观影响因素的结构方程模型分析

首先,利用社会科学统计软件包 SPSS（Statistical Package for the Social Science）构建论文零被引影响因素及其影响程度数据（表 3-2 影响因素的问卷数据）,并对这些数据进行前期的信度和效度检验。其次,利用结构方程模型分析工具 AMOS（Analyse of Moment Structures）构建一个反映论文零被引与其影响因素之间相互关系的概念模型。最后,基于论文零被引影响因素及其影响程度数据,对模型各变量之间的关系及其相关程度（或称路径及路径系数）进行拟合、估计、修正和解释。

（1）论文零被引影响因素及其影响程度数据的构建

首先将 198 份有效问卷数据中有关图 3-1 所示四大类共计 18 个影响因素的数据导入统计分析工具 SPSS 中,形成论文零被引影响因素及其影响程度结构方程分析所需格式的样本数据集,如图 3-2 所示。样本数据中定义的论文零被引影响因素各个变量名称及其对应的标签如图 3-3 所示。

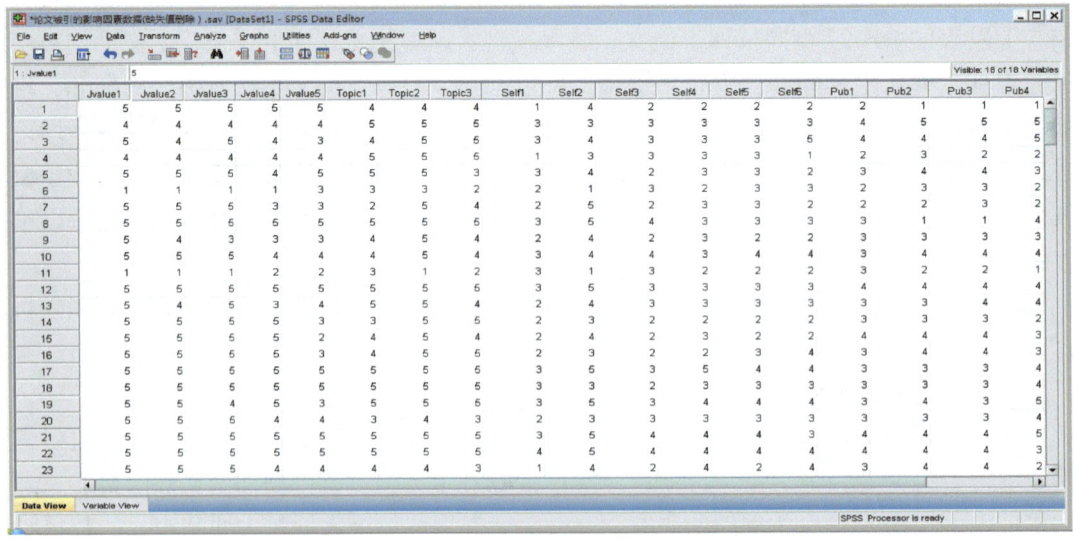

图 3-2　论文零被引影响因素及其影响程度数据

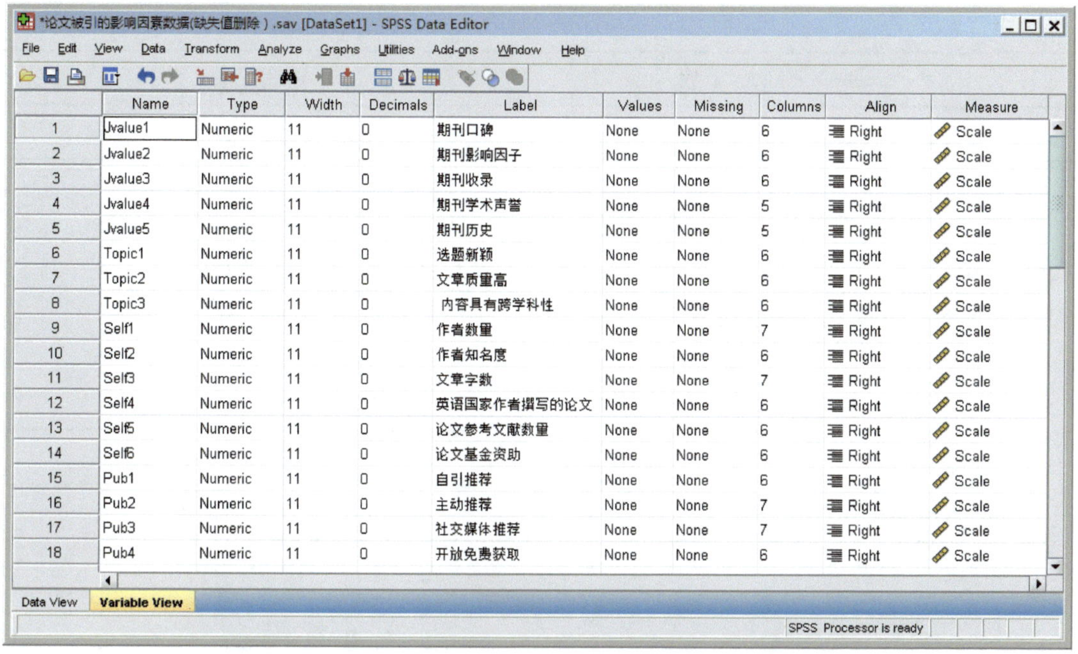

	Name	Type	Width	Decimals	Label	Values	Missing	Columns	Align	Measure
1	Jvalue1	Numeric	11	0	期刊口碑	None	None	6	Right	Scale
2	Jvalue2	Numeric	11	0	期刊影响因子	None	None	6	Right	Scale
3	Jvalue3	Numeric	11	0	期刊收录	None	None	6	Right	Scale
4	Jvalue4	Numeric	11	0	期刊学术声誉	None	None	5	Right	Scale
5	Jvalue5	Numeric	11	0	期刊历史	None	None	5	Right	Scale
6	Topic1	Numeric	11	0	选题新颖	None	None	6	Right	Scale
7	Topic2	Numeric	11	0	文章质量高	None	None	6	Right	Scale
8	Topic3	Numeric	11	0	内容具有跨学科性	None	None	6	Right	Scale
9	Self1	Numeric	11	0	作者数量	None	None	7	Right	Scale
10	Self2	Numeric	11	0	作者知名度	None	None	6	Right	Scale
11	Self3	Numeric	11	0	文章字数	None	None	7	Right	Scale
12	Self4	Numeric	11	0	英语国家作者撰写的论文	None	None	6	Right	Scale
13	Self5	Numeric	11	0	论文参考文献数量	None	None	6	Right	Scale
14	Self6	Numeric	11	0	论文基金资助	None	None	6	Right	Scale
15	Pub1	Numeric	11	0	自引推荐	None	None	6	Right	Scale
16	Pub2	Numeric	11	0	主动推荐	None	None	7	Right	Scale
17	Pub3	Numeric	11	0	社交媒体推荐	None	None	7	Right	Scale
18	Pub4	Numeric	11	0	开放免费获取	None	None	6	Right	Scale

图 3-3　论文零被引影响因素各个变量的名称及其对应标签

图 3-2 中的序号 1 ～ 198 表示 198 份问卷数据，序号对应的各行数据表示每位问卷填写人员对论文零被引的 18 个影响因素及其影响程度的认识，分 1 ～ 5 种不同程度，数字越大，说明各因素对论文零被引的影响越大。图 3-3 定义出四大类共计 18 个影响因素变量，包括期刊学术地位（Jvalue）的 5 个变量：期刊在业内的口碑好（Jvalue1）、期刊影响因子较高（Jvalue2）、期刊被著名数据库收录（Jvalue3）、期刊主办单位的学术声誉较好（Jvalue4）、期刊历史较长（Jvalue5）；论文内容主题（Topic）的 3 个变量：选题新颖（Topic1），文章质量高（Topic2），内容具有跨学科性，能带来较多启迪（Topic3）；论文个体特征（Self）的 6 个变量：作者数量较多（Self1）、第一作者或通讯作者的知名度较高（Self2）、文章的字数较多（Self3）、英语国家作者撰写的论文（Self4）、参考文献数量较多（Self5）和受到重要基金组织资助（Self6）；宣传推荐力度（Pub）的 4 个变量：通过自引起到推荐作用（Pub1），主动向同行推荐，如 E-mail 推送（Pub2），通过个人博客或论坛等社交媒体介绍自己的论文（Pub3），开放免费获取（Pub4）。

（2）样本数据缺失值的处理

缺失值的处理是数据信度和效度检验及结构方程模型分析之前的重要环节，如果处理不当，会导致分析结果偏颇。本章主要采用目前比较可靠有效的表列删除法处理缺失值，即在一条记录中，只要存在一项缺失，则删除该记录。最终得到 182 条无缺失的数据。

（3）调查问卷数据的信度检验

基于 SPSS 16.0 统计分析工具，使用 Cronbach's Alph 模型对图 3-3 所示问卷的 18 个影响因素变量（也称可观测变量）数据的内部一致性进行信度分析。分析结果如表 3-9 所示，显示问卷总量表的 Cronbach's Alpha 系数为 0.871，说明问卷数据具有较好的信度。

表 3-9 问卷总量表信度分析的结果

Cronbach's Alpha 系数	可测变量（个）
0.871	18

另外，对图 3-2 所示问卷的每类观测变量数据的内部一致性分别进行信度检验，检验结果如表 3-10 所示。可以看出，每类观测变量的 Cronbach's Alpha 系数均在 0.7 以上，且总量表的 Cronbach's Alpha 系数达到了 0.871，表明问卷量表数据的可靠性较高。

表 3-10 问卷量表数据信度分析的结果

类别	可测变量（个）	Cronbach's Alpha 系数
期刊学术地位	5	0.849
论文内容主题	3	0.855
论文个体特征	6	0.773
宣传推荐力度	4	0.827

（4）期刊零被引影响因素结构方程分析模型的构建

基于图 3-1 所示期刊论文零被引影响因素的概念模型，利用结构方程模型分析工具 AMOS 绘制出期刊论文零被引影响因素的结构方程模型，如图 3-4 所示。

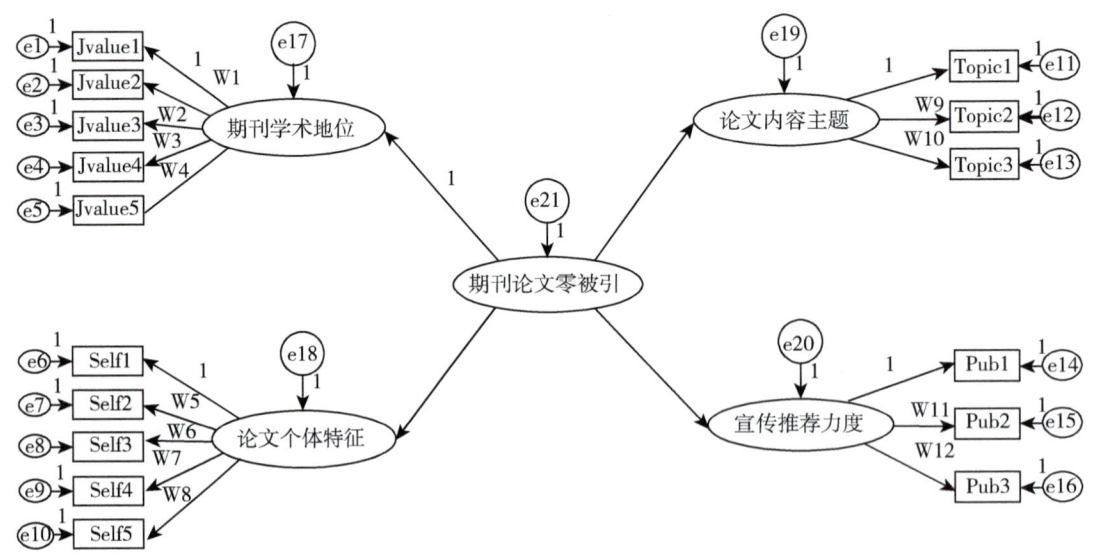

图 3-4 期刊论文零被引影响因素的结构方程模型①

---

① Self 6 和 Pub 4 两个变量与论文自身特征和宣传推荐力度不是太相关，并且加入进去，会使模型拟合不是太好，因此未用。后文同。

图 3-4 包含 5 个潜变量。居中的椭圆是一个没有观测变量的期刊论文零被引潜变量，也称因变量。它指向的 4 个椭圆，是 4 个有观测变量的潜变量，也是期刊论文零被引的 4 类影响因素变量。Jvalue1～Jvalue5 是期刊学术地位潜变量的 5 个观测变量，Self1～Self6 是论文个体特征潜变量的 6 个观测变量，Topic1～Topic3 是论文内容主题潜变量的 3 个观测变量，Pub1～Pub3 是宣传推荐力度潜变量的 3 个观测变量。观测变量的具体含义见图 3-3。e1～e21 是 5 个潜变量和 16 个观测变量的误差项。图中潜变量之间、潜变量与观测变量之间路径上的 1 表示对其中一条路径预设的回归权重（Regression Weight），而 W1～W12 表示其他路径的权重。

3.2.3 零被引影响因素的计量分析

基于 198 份有效的问卷数据，以图表的形式简单直观地展示出 198 位被调查者对表 3-1 所示论文零被引影响因素各个问题的主观看法和观点。其中，问题 1（Q1）、问题 2（Q2）、问题 3（Q3）、问题 7（Q7）和问题 8（Q8）的计量分析结果是从科研人员的视角展示他们对零被引相关因素的看法和观点，而问题 4（Q4）、问题 5（Q5）、问题 6（Q6）和问题 9（Q9）的计量分析结果是从使用者或引用者的角度展示他们对零被引相关因素的看法和观点。

问题 1：您发表过的学术论文中，有没有迄今被引次数为零的？

统计分析结果显示，在 197 位受调查者中，有 156 位（79.19%）受调查者表示：迄今为止（截至 2014 年 1 月 16 日）有被引次数为零的论文，而 41 位（20.81%）受调查者表示：迄今为止（截至 2014 年 1 月 16 日）没有被引次数为零的论文。

问题 2：如果您有零被引论文，您认为它们未被引的主要原因是什么？

上述统计结果显示，有 156 位受调查者有零被引论文。他们对其论文零被引原因的看法和观点如表 3-11 所示。

表 3-11 论文零被引原因看法和观点的调查结果

看法和观点	赞同人数（个）	所占比例
论文发表时间短（发表迄今还不到 2 年）	86	55.13%
论文质量不太高	77	49.36%
论文主题偏冷门或不够新颖	72	46.15%
所发期刊的影响力（或质量）较低	63	40.38%
论文作者的学界知名度较低	60	38.46%
没有主动对论文进行宣传和推荐	41	26.28%
成果较多，总会有一些成果被忽视	20	12.82%
论文观点过于新颖和前卫，当时无法被人理解	14	8.97%
中国人写的英文论文，总是不被重视的	11	7.05%
其他	9	5.77%

其他（5.77%的受调查人员）认为其论文零被引的原因有：研究针对某一种专用车辆，同行没有对同一种车辆做过类似研究（属于论文主题偏冷门）；文章篇名和关键词有待优化，即如何更易被检索到（属于论文宣传推荐）；没有形成较好的学术圈，圈内人士较少（属于作者知名度）；编辑部没有进行大力推广；综述性文章，跳过我的论文直接引用源论文了；主题偏冷但是并非不够新颖；学术界基本放弃了应用基础研究；国内很多作者缺乏相关学术素养；论文应用指向性很明确；等等。

问题3：如果您的所有论文都被引用了，您认为什么原因使您的成果都能得到引用？

迄今为止没有零被引论文的41位受调查者对自己成果都能得到引用原因的看法和观点如表3-12所示。

表3-12　成果都能得到引用的看法和观点

看法和观点	赞同人数（人）	所占比例
选题属于研究热点，易于被引	29	70.73%
论文质量较高	16	39.02%
进行了合理的自引	16	39.02%
注意向同行推荐自己的文章	9	21.95%
合著者（如导师）是名人，易于被引	5	12.20%
其他	4	9.76%
我是导师，学生总得引用我的论文吧	1	2.44%

其他（9.76%的受调查人员）认为成果都能得到引用的原因有：可能别人感觉还行；部分成果内容首创，比较热门，另一部分成果内容质量一般，但仍然有用。

问题4：如果您有论文迄今未被引用，那您为什么不通过自引来实现"引用零突破"呢？

197位受调查者对未通过自引实现"引用零突破"原因的看法和观点如表3-13所示。

表3-13　未通过自引来实现"引用零突破"的看法和观点

看法和观点	赞同人数	所占比例
现在的研究方向与原来有很大不同，无法引用原来发表的文章	93	47.21%
自引会被别人看成是"王婆卖瓜自卖自夸"	56	28.43%
那篇文章实在是水平不高，不值得引用	48	24.37%
压根儿就没有想到引用自己的文章	44	22.34%
其他	22	11.17%
那篇文章是攻读学位期间写的，现在不再从事科研了	21	10.66%

其他（11.17%的受调查人员）认为未通过自引来实现"引用零突破"的原因有：如果研究的主题相关，会引用自己的文章；希望创新而非总是重复过去；不应为引用而引用；准备自引中；有自引；引用是一个自发过程，合适则引用，对别人和自己的论文都应该这样；现在还没有写新的论文；论文较多，无暇顾及；如果以后还进行这方面的研究，确实用了会引用；目前的研究不需要自引；没有后续的相关工作；没来得及写；后续研究尚未发表；根据内容选择是否引用，而不是一定自引；发表的论文中暂未有零引用的；自己文章论点已形成自身知识或思维，没有想到引用。

问题5：您认为，相对来说，以下哪类论文不易获得他人引用（即容易成为零被引的论文）？

198位受调查者对此问题的看法和观点如表3-14所示。

表3-14 不易获得他人引用的论文类型

看法和观点	赞同人数	所占比例
其他（如Notes、Comments、Letter）类	81	40.91%
实证分析类	76	38.38%
理论探索类	47	23.74%
综述类	31	15.66%

问题6：假定您认为篇幅是影响被引的一个因素，那么您觉得多长篇幅的论文较容易获得引用？

198位受调查者对此问题的看法和观点如表3-15所示。

表3-15 多长篇幅的论文较容易获得引用

看法和观点	赞同人数	所占比例
4000～8000字	126	63.64%
8000～15 000字	67	33.84%
2000～4000字	38	19.19%
15 000字以上	28	14.14%
1000～2000字	8	4.04%

问题7：您有没有碰到这样的情况：自认为写得比较好的论文没有被引或被引较少，而自认为水平一般的论文反而被引较多？

统计结果显示，在198位受调查者中，有129位（65.15%）碰到过这种情况，即自认为写得比较好的论文没有被引或被引较少，而自认为水平一般的论文却反而被引较多；而有69位（34.85%）没有碰到这样的情况。

问题8：您是否认为，发表10年后仍未被引的论文肯定没什么价值了？

统计结果显示，在198位受调查者中，有148位（74.75%）不认可这一观点，而有50位（25.25%）认可这一观点。

问题9：您是否会由于以下原因、动机、目的或标准而引用他人文献？

198位受调查者的看法和观点如表3-16所示。

表3-16 引用他人文献的原因、动机、目的或标准

看法和观点	赞同人数	所占比例
论文总体质量较高，值得引用	161	81.31%
被引论文主题与本人文章主题相近，在写综述时总要提一下	158	79.80%
被引论文题目能够抓住我的眼球，不由自主要阅读和引用此文	119	60.10%
被引论文主题比较新颖	118	59.60%
与被引论文作者学术兴趣相投	112	56.57%
论文作者知名度较高	91	45.96%
拟投稿的那个期刊上的论文总得引用几篇，否则编辑部不高兴	64	32.32%
论文所发期刊的影响因子较高，引这样的文章不丢人	62	31.31%
与被引论文作者相互比较熟，属于同一个学术圈，总要相互捧场	51	25.76%
该论文存在不足，想对之提出批评	46	23.23%
只读了该论文的摘要，就判断该文可以引用	45	22.73%
从别人的参考文献清单上抄了几篇过来，并未读过被引文章	22	11.11%
我知道，被引论文作者是拟投稿期刊的评审人，不敢不引用	19	9.60%
其他	5	2.53%

从表3-16可以看出，引用他人文献的主要原因或标准有：论文总体质量较高，值得引用；被引论主题与本人文章主题相近，在写综述时总要提一下；被引论文题目能够抓住我的眼球，不由自主要阅读和引用此文；被引论文主题比较新颖；与被引论文作者学术兴趣相投。出于这些原因或标准引用他人文献的人员比例都达到56%以上，其中绝大部分科研人员因论文总体质量较高（81.31%）和被引论文主题相近（79.80%），才去引用一篇文章。而出于某些动机或目的去引用他人文献的科研人员相对较少，这些引用动机或目的包括：论文作者知名度较高；拟投稿的那个期刊上的论文总得引用几篇，否则编辑部不高兴；论文所发期刊的影响因子较高，引这样的文章不丢人；与被引论文作者相互比较熟，属于同一个学术圈，总要相互捧场；该论文存在不足，想对之提出批评。这些选项所占比例在23%～46%。未被大多数受调查者认同的引用标准或动机有：从别人的参考文献清单上抄了几篇过来，我并未读过被引文章（属于引用标准）；我知道，被引论文作者是拟投稿期刊的评审人，不敢不引用（属于引用动机）。所占比例分别为11.11%和9.60%。受调查者对引用原因、动机、目的或标准的观点和看法能够帮助科研人员了解如何做才能使自己的文章更容易获得引用，同时也能够

3.3 基于结构方程模型的零被引影响因素分析

基于 182 条无缺失值的论文零被引影响因素及其影响程度问卷数据,首先利用社会科学统计软件包 SPSS 对表 3-2 和图 3-1 所示论文零被引的各类影响因素及其影响程度进行描述性统计分析;然后,利用结构方程模型分析工具 AMOS 对图 3-4 所示期刊论文零被引影响因素的结构方程模型中各变量之间的关系及其相关程度(或称路径及路径系数)进行拟合、估计、修正和解释。

3.3.1 零被引各类影响因素的描述性统计分析

论文零被引各类影响因素的影响程度(1~5)数据的标准偏差及平均值如表 3-17 所示。论文零被引各类影响因素的影响程度及其比例如表 3-18 所示。表 3-18 中 1~5 表示各因素对论文零被引率的影响程度,即影响因素的数值越大,论文越容易被引,论文零被引率则越低。

表 3-17 论文零被引各类影响因素影响程度数据的标准偏差及平均值

影响因素类别	影响因素	样本的标准偏差及平均值	
		标准偏差(Std. Deviation)	平均值(Mean)
期刊学术地位	期刊在业内的口碑好(Jvalue1)	1.00	4.57
	期刊影响因子较高(Jvalue2)	1.01	4.39
	期刊被著名数据库收录(如 EI 或 SCI)(Jvalue3)	1.10	4.27
	期刊主办单位的学术声誉较好(Jvalue4)	1.09	3.97
	期刊历史较长(Jvalue5)	1.16	3.55
论文内容主题	选题新颖(Topic1)	1.10	4.18
	文章质量高(Topic2)	0.93	4.55
	内容具有跨学科性,能带来较多启迪(Topic3)	1.02	4.19
论文个体特征	作者数量较多(Self1)	1.13	2.46
	第一作者或通讯作者的知名度较高(Self2)	1.18	3.88
	文章字数较多(Self3)	0.97	2.71
	英语国家作者撰写的论文(Self4)	1.01	3.02
	参考文献数量多(Self5)	1.01	2.85
	受到重要基金组织资助(Self6)	1.10	3.07

影响因素类别	影响因素	样本的标准偏差及平均值	
		标准偏差（Std. Deviation）	平均值（Mean）
宣传推荐力度	通过自引起到推荐作用（Pub1）	0.97	2.75
	主动向同行推荐，如 E-mail 推送（Pub2）	1.03	3.1
	通过个人博客或论坛等社交媒体介绍自己的论文（Pub3）	1.06	3.2
	开放免费获取（Pub4）	1.19	3.48

从表 3-17 可以看出，论文零被引各影响因素的影响程度数据的标准偏差在 0.93～1.19 波动，数值较小，说明各因素影响程度数据偏离算术平均值的程度较小。其中，开放免费获取影响程度数据的偏离程度最大，为 1.19，表明受调查者对"开放免费获取"因素影响论文零被引程度看法的波动较大，而文章质量影响程度数据的偏离程度最小，为 0.93，表明受调查者对文章质量因素影响论文零被引程度的看法相对一致。各影响因素的影响程度数据的平均值在 2.46～4.57 波动，其中"作者数量"因素影响论文零被引程度的总体平均值最低，为 2.46，而期刊业内口碑因素影响论文零被引程度的总体平均值最高，为 4.57。

表 3-18 论文零被引各类影响因素的影响程度及其比例

影响因素类别	影响因素	影响程度及其比例				
		1	2	3	4	5
期刊学术地位	期刊在业内的口碑好	4.40%	2.20%	4.40%	9.90%	79.10%
	期刊影响因子较高	4.40%	1.60%	7.10%	24.20%	62.60%
	期刊被著名数据库收录（如 EI 或 SCI）	5.50%	2.70%	9.30%	23.60%	58.80%
	期刊主办单位的学术声誉较好	4.40%	4.90%	19.80%	31.30%	39.60%
	期刊历史较长	4.90%	13.70%	28.60%	26.40%	26.40%
论文内容主题	选题新颖	4.40%	6.00%	8.80%	29.10%	51.60%
	文章质量高	3.30%	2.20%	3.80%	17.00%	73.60%
	内容具有跨学科性，能带来较多启迪	3.30%	4.40%	11.00%	32.40%	48.90%
论文个体特征	作者数量较多	21.40%	33.50%	29.70%	8.20%	7.10%
	第一作者或通讯作者的知名度较高	6.00%	8.20%	14.30%	34.10%	37.40%
	文章字数较多	9.90%	32.40%	37.90%	16.50%	3.30%
	英语国家作者撰写的论文	8.20%	17.60%	45.10%	22.00%	7.10%
	参考文献数量多	8.20%	17.60%	45.10%	22.00%	7.10%

续表

影响因素类别	影响因素	影响程度及其比例				
		1	2	3	4	5
论文个体特征	受到重要基金组织资助	8.20%	22.00%	35.20%	24.20%	10.40%
宣传推荐力度	通过自引起到推荐作用	11.50%	24.70%	44.00%	16.50%	3.30%
	主动向同行推荐，如 E-mail 推送	6.60%	21.40%	33.50%	31.90%	6.60%
	通过个人博客或论坛等社交媒体介绍自己的论文	7.10%	17.60%	32.40%	34.10%	8.80%
	开放免费获取	6.60%	13.70%	29.10%	26.40%	24.20%

从表 3-18 可以看出：① 对论文零被引影响程度较低（影响程度数值为 1 和 2）的因素中，认同"通过自引起到推荐作用""文章字数较多"和"作者数量较多" 3 个因素的人数最多，选择数值 1 和 2 的累积人员比例分别为 36.20%、42.30% 和 54.90%，即人们认为这 3 个因素无法有效增加论文的被引率，降低论文零被引率。② 对论文零被引影响程度较高（影响程度数值为 4 和 5）的因素中，认同"期刊主办单位的学术声誉较好""第一作者或通讯作者的知名度较高""选题新颖""内容具有跨学科性，能带来较多启迪""期刊被著名数据库收录（如 EI 或 SCI）""期刊影响因子较高""期刊在业内的口碑好"和"文章质量高" 8 个因素的人数最多，累积人员比例分别为 70.90%、71.50%、80.70%、81.30%、82.40%、86.80%、89.00% 和 90.60%，即绝大部分受调查者认为这 8 个因素能够极大地增加论文的被引机会，降低论文零被引率。③ 在期刊学术地位类别的 5 个影响因素中，认为"期刊业内的口碑好"因素对论文零被引影响程度最大（影响程度数值为 5）的人员数量最多，比例为 79.10%。在论文内容主题类别的 3 个影响因素中，认为"文章质量高"因素对论文零被引影响程度最大的人员数量最多，比例为 73.60%。在论文个体特征类别的 6 个影响因素中，认为"第一作者或通讯作者的知名度较高"因素对论文零被引影响程度最大的人员数量最多，比例为 37.40%。从这个比例的数值可以看出，论文个体特征类别的 6 个因素对论文零被引的影响普遍较小。在宣传推荐力度类别的 4 个影响因素中，认为"开放免费获取"因素对论文零被引影响程度最大的人员数量最多，比例为 24.20%。从这个比例的数值也可以看出，宣传推荐力度类别的 4 个因素对论文零被引的影响普遍较小。

3.3.2 零被引影响因素的结构方程模型分析

本部分主要借助结构方程模型分析工具 AMOS，利用最大似然估计（Maximum Likelihood）和标准化路径系数（或载荷系数）进行模型运算。模型的运算结果如图 3-5 所示。

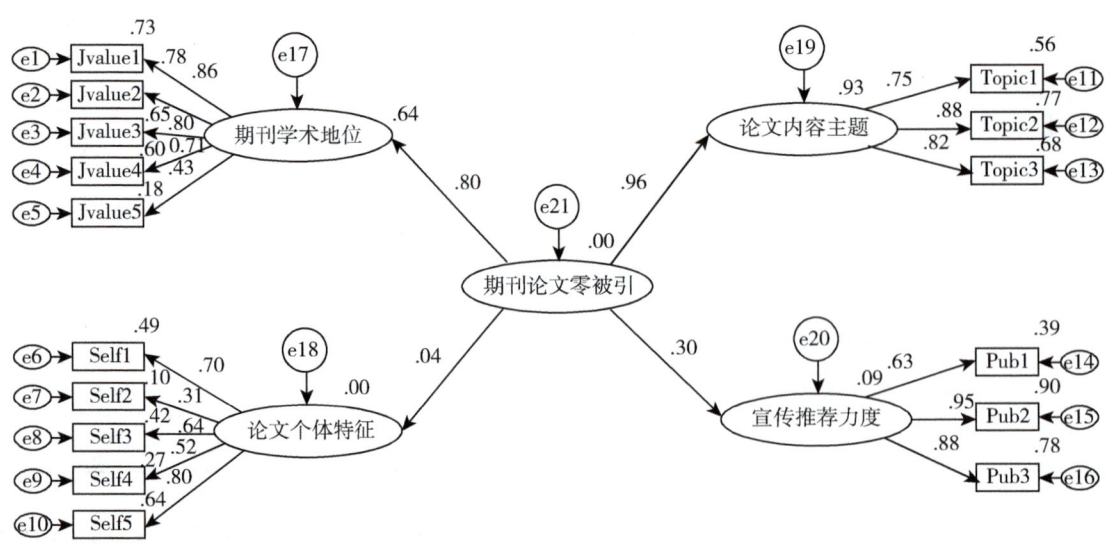

图 3-5 论文零被引影响因素结构方程模型的拟合结果

（1）模型各因素之间路径系数（或载荷系数）的显著性分析

路径系数分为标准化路径系数和非标准化路径系数。非标准化路径系数依赖于因素变量的尺度单位，因此无法直接使用非标准化路径系数（或载荷系数）去比较因素之间路径系数（也称影响程度）的大小，需要对路径系数（或载荷系数）进行标准化处理。标准化路径系数是将各因素变量原始分数转换为 Z 分数后得到的估计结果，用以度量变量间的相对变化水平。因此，不同因素变量间的标准化路径系数（或标准化载荷系数）可以直接比较。模型评价首先要检验估计出的模型参数是否具有统计意义，需要对路径系数或载荷系数进行统计显著性检验，这类似于回归分析中的参数显著性检验。路径系数（或载荷系数）显著性检验的主要判断标准是 CR（Critical Ratio）及其统计检验的相伴概率 p。其中，CR 值是一个 Z 统计量，由参数估计值与其标准差之比构成。p 值表示路径系数（或载荷系数）是否显著，如果 p 值小于 0.01，说明因素变量之间的路径系数（或载荷系数）存在显著性差异。模型各因素变量之间的标准化路径系数、CR 参数及其相伴概率 p 如表 3-19 所示。

表 3-19 模型标准化路径系数、CR 参数及其相伴概率 P 的估计结果

因素变量	路径关系	因素变量	标准化路径系数	C.R.	P
Jvalue	←	Uncitedness	0.80	3.761	***
Self	←	Uncitedness	0.05	0.50	0.62
Topic	←	Uncitedness	0.96	3.76	***
Pub	←	Uncitedness	0.30	3.28	0.00
Jvalue3	←	Jvalue	0.81	12.91	***

续表

因素变量	路径关系	因素变量	标准化路径系数	C.R.	P
Jvalue2	←	Jvalue	0.85	14.09	***
Jvalue1	←	Jvalue	0.86	14.085	***
Jvalue4	←	Jvalue	0.71	10.77	***
Jvalue5	←	Jvalue	0.43	5.79	***
Self3	←	Self	0.64	7.16	***
Self2	←	Self	0.32	3.71	***
Self1	←	Self	0.70	3.714	***
Self4	←	Self	0.52	5.92	***
Self5	←	Self	0.80	7.86	***
Topic2	←	Topic	0.88	11.37	***
Topic1	←	Topic	0.75	11.367	***
Topic3	←	Topic	0.82	10.83	***
Pub2	←	Pub	0.95	9.31	***
Pub1	←	Pub	0.63	9.307	***
Pub3	←	Pub	0.88	9.45	***

*** 表示 0.01 水平上显著。

从表 3-19 可以看出：① 理论模型与数据拟合得非常好，除 Self ← Uncitedness 这个路径 CR 值的相伴概率 p 大于 0.05 外，其他路径 CR 值的相伴概率 p 都小于 0.01，表示绝大部分路径系数（或载荷系数）估计结果差异极显著，同时也说明模型的结构效度较好。② 论文零被引（Uncitedness）的 4 类影响因素中，"论文内容主题（Topic）"和"期刊学术地位（Jvalue）"因素对其影响最大，标准化路径系数分别为 0.96 和 0.80。这说明当其他条件不变时，"论文内容主题（Topic）"和"期刊学术地位（Jvalue）"潜变量每提升 1 个单位，"论文零被引（Uncitedness）"潜变量将直接提升 0.96 和 0.80 个单位。而"论文个体特征（Self）"和"宣传推荐力度（Pub）"因素对其影响最小，标准化路径系数分别为 0.05 和 0.30。这说明当其他条件不变时，"论文个体特征（Self）"和"宣传推荐力度（Pub）"潜变量每提升 1 个单位，"论文零被引（Uncitedness）"潜变量仅直接提升 0.05 和 0.3 个单位。③ 在"论文内容主题（Topic）"的 3 个因素中，"文章质量高（Topic2）"因素对其影响最大，标准化路径系数为 0.88，即"文章质量高（Topic2）"可测变量每提升 1 个单位，"论文内容主题（Topic）"潜变量将直接提升 0.88 个单位。在"期刊学术地位（Jvalue）"的 5 个因素中，"期刊在业内的口碑好（Jvalue1）""期刊影响因子较高（Jvalue2）"和"期刊被著名数据库收录（如 EI 或 SCI）（Jvalue3）"3 个因素对其影响较大，标准化路径系数分别为 0.86、0.85 和 0.81。

④在"论文个体特征(Self)"的 5 个因素中,"参考文献数量多(Self5)"对其影响最大,标准化路径系数为 0.80。"宣传推荐力度(Pub)"的 3 个因素中,"主动向同行推荐,如 E-mail 推送(Pub2)"对其影响最大,标准化路径系数为 0.95。

(2)模型拟合结果的解释

结构方程模型的主要作用是揭示潜变量之间、潜变量与可测变量之间,以及可测变量之间的结构关系,这些关系在模型中通过路径系数(或载荷系数)来体现。不过,路径系数只能反映各因素变量之间相互影响的直接效应(Direct Effect),无法反映它们之间的间接效应(Indirect Effect)。其中,直接效应指由原因变量(可以是外生变量或内生变量)到结果变量(内生变量)的直接影响,原因变量到结果变量之间的路径系数可以衡量直接效应。间接效应指原因变量通过影响一个或者多个中介变量,对结果变量的间接影响。当只有一个中介变量时,间接效应的大小是两个路径系数的乘积。表 3-19 已经对各因素变量之间的直接效应进行过分析,这里主要分析各因素变量之间的间接效应。从图 3-5 可以看出,16 个可测变量与论文零被引潜变量之间存在间接效应,它们之间的间接效应统计结果如表 3-20 所示。

表 3-20 论文零被引潜变量与 16 个可测变量之间的间接效应

可测变量	间接效应	可测变量	间接效应
Pub3	0.262	Topic3	0.792
Pub1	0.186	Topic1	0.719
Pub2	0.282	Topic2	0.844
Self5	0.036	Jvalue5	0.343
Self4	0.023	Jvalue4	0.570
Self1	0.031	Jvalue1	0.688
Self2	0.014	Jvalue2	0.685
Self3	0.029	Jvalue3	0.646

从表 3-20 可以看出,与表 3-19 结论相同,即"论文内容主题(Topic)"和"期刊学术地位(Jvalue)"2 个潜变量的 8 个可测变量因素对"论文零被引(Uncitedness)"潜变量的间接影响普遍高于"论文个体特征(Self)"和"宣传推荐力度(Pub)"2 个潜变量的 8 个可测变量因素。其中,"论文内容主题(Topic)"的 3 个可测变量——"文章质量高(Topic2)""内容具有跨学科性,能带来较多启迪(Topic3)"和"选题新颖(Topic1)",对"论文零被引(Uncitedness)"潜变量的间接影响普遍最高,分别达到 0.844、0.792 和 0.719;而"论文个体特征(Self)"的 5 个可测变量对"论文零被引(Uncitedness)"潜变量的间接影响普遍最低,都低于 0.036。

3.4 本章小结

（1）零被引影响因素计量分析的结果及建议

①大部分有零被引论文的受调查者（40%以上）认为，论文出现零被引，是因为：论文发表时间短（发表迄今还不到2年）、论文质量不太高、论文主题偏冷门或不够新颖和所发期刊的影响力（或质量）较低。而没有零被引论文的受调查者（约70%）认为，成果选题属于研究热点是其成果都能得到引用的原因，也有部分受调查者（近40%）认为，成果质量较高和合理自引是其成果都能得到引用的原因。大部分受调查者（近50%）表示，他们未通过自引来实现"引用零突破"的最主要原因是：研究方向与原来有很大不同，无法引用原来发表的文章。

这启示我们应加快论文出版速度，提高论文质量，关注领域研究热点，提高论文的创新性和新颖性，增加一些合理的自引，不要经常改变研究方向，并尽量把论文发表在高影响力的期刊上。

②在198位受调查者中，认为其他（如Notes、Comments、Letter）类论文不易获得他人引用的人员比例最高，而认为综述类论文不易获得他人引用的人员比例最小。另外，认为4000～8000字和8000～15 000字论文较容易获得引用的人员比例较高，分别占63.64%和33.84%，而认为1000～2000字较短论文和15 000字以上较长论文较容易获得引用的人员比例较低，分别占4.04%和14.14%。

这启示我们（包括科研人员和期刊编辑部等）应尽量避免撰写和出版一些论据不充分的Notes、Comments和Letter类论文（当然这类论文也非常有启发性，如果放在相关学术性博客论坛中，加以推广，效果可能会更好），论文字数控制在4000～15 000字，不要太长或太短。当然，即使综述类论文更容易获得引用，我们也不鼓励大家单纯为增加引用量而频繁发表综述类论文。

③65.15%的受调查者碰到过"自认为写得比较好的论文没有被引或被引较少"的情况，74.75%的受调查者不认可"发表10年后仍未被引的论文肯定没什么价值了"这一观点。引用他人文献的主要原因或标准有：论文总体质量较高，值得引用；被引论文主题与本人文章主题相近，在写综述时总要提一下；被引论文题目能够抓住我的眼球，不由自主要阅读和引用此文。出于这些原因或标准引用他人文献的人员比例分别为81.31%、79.80%和60.10%。

这启示我们，不要轻易认为零被引论文没有什么价值，要多出精品成果，提高论文质量，论文主题不要太偏，论文题目要精心斟酌、仔细推敲，使其具有新颖性。

（2）零被引影响因素结构方程模型的分析结果及建议

①结构方程理论模型与样本数据拟合得非常好，除 Self ← Uncitedness 这个路径 CR 值的相伴概率 p 大于 0.05 外，其他路径 CR 值的相伴概率 p 都小于 0.01，表示绝大部分路径系数（或载荷系数）估计结果差异极显著，同时也说明模型的结构效度较好。

②"论文内容主题（Topic）"和"期刊学术地位（Jvalue）"是"论文零被引（Uncitedness）"的两类主要影响因素，其对"论文零被引（Uncitedness）"的直接和间接影响普遍高于"论

文个体特征（Self）"和"宣传推荐力度（Pub）"两类因素。其中，"论文内容主题（Topic）"的 3 个因素——"文章质量高（Topic2）""内容具有跨学科性，能带来较多启迪（Topic3）"和"选题新颖（Topic1）"，在对"论文零被引（Uncitedness）"的间接影响普遍较高，影响路径系数都在 0.72 以上。"期刊学术地位（Jvalue）"的 5 个因素中，"期刊在业内的口碑好（Jvalue1）""期刊影响因子较高（Jvalue2）"和"期刊被著名数据库收录（如 EI 或 SCI）（Jvalue3）"3 个因素对"论文零被引（Uncitedness）"的间接影响较高，影响路径系数都在 0.65 以上。而在"宣传推荐力度（Pub）"的 5 个因素中，"主动向同行推荐，如 E-mail 推送（Pub2）"和"社交媒体介绍自己的论文（Pub3）"对"论文零被引（Uncitedness）"的间接影响相对较高，影响路径系数分别为 0.28 和 0.26。而"论文个体特征（Self）"的 5 个因素对"论文零被引（Uncitedness）"潜变量的间接影响普遍较低，影响路径系数都低于 0.036。

这启示我们，发表论文或期刊出版社出版论文时，首先要关注论文的选题新颖性、质量过硬和内容具有跨学科性 3 个要素。其次，我们也要注重把论文尽量发表在口碑好、影响因子高和被著名数据库收录的期刊上，当然，期刊出版社也应该维护好期刊的口碑，不断提高期刊的影响因子和争取被著名数据库收录。另外，我们（包括科研人员和期刊出版社）也应该通过 E-mail、QQ、论坛和博客等社交媒体方式主动向同行或学术圈推荐自己的论文。尽管"论文个体特征（Self）"的 5 个因素对"论文零被引（Uncitedness）"的影响普遍较低，但我们也不应忽视，应尽量使论文的各项文献特征保持规范。

第四章 论文零被引的影响因素分析
——文献特征视角

在第三章采用结构方程模型定量分析论文零被引的影响因素的基础上，本章采用计量经济学中的面板数据模型，引入多元线性回归算法，将国际30本期刊1990—2012年各年论文出版后当年零被引率（Cnt0）、1990—2010年各年论文出版后3年零被引率（Cnt2）和1990—2007年各年论文出版后6年零被引率（Cnt5）作为因变量，即影响因素分析的目标变量。将30本期刊1990—2012年各年论文的文献计量特征因素作为自变量，考察各期刊当年论文的文献计量特征对论文出版后不同引用时间窗口中零被引率的影响。

4.1 面板数据模型分析方法

4.1.1 面板数据的介绍

面板数据属于计量经济学的数据形态之一。计量经济学是结合经济理论与数理统计，并以实际经济数据做定量分析的一门学科。计量经济学依据的数据形态分为：横截面数据（Cross-Sectional Data）、时间序列数据（Time Series Data）、面板数据（Panel Data）等。时间序列数据和横截面数据都是一维数据。时间序列数据是一个变量在不同时间取值的一组观测结果，时间单位可以是每日、每周、每月和每年等。例如，本章样本中的1本期刊在1990—2012年各年论文零被引率及其影响因素数据可以组成一个时间序列数据。30本期刊可以形成30个时间序列数据。横截面数据是指一个或多个变量在同一时间点上收集的数据。例如，30本期刊在1990年的论文零被引率及其影响因素数据可以组成一个横截面数据。1990—2012年时间周期有20年，可以形成20个横截面数据。面板数据，也称时间序列与截面混合数据（Pooled Time Series and Cross Section Data），是同时在时间和截面上取得的二维数据，是截面上不同个体在不同时点上的数据。例如，30本期刊在1990—2012年各年论文零被引率及其影响因素数据可以组成一个面板数据。

面板数据的优点主要表现在以下几个方面：①能够极大地增加样本量，增加估计量的抽样精度。例如，1本期刊在1990—2012年各年论文零被引率及其影响因素的时间序列数据，样本量是23个。某一年30本期刊论文零被引率及其影响因素的截面数据，样本量是30个。而30本不同期刊在1990—2012年各年论文零被引率及其影响因素的面板数据，样本量是690个，比时间序列数据样本量增加667个，比截面数量样本量增加660个。②可以控制个体异质性。面板数据能反映个体、企业、省（州）或国家之间存在的异质性，即时间上和空间上的异质效应。而时间序列数据和横截面数据没有控制这种异质性，因而其结果很可能是有偏差的。③面板数据模型容易避免多重共线性问题。面板数据具有更多的信息和更大的变异，变量间的共线性较弱，使得模型具有更大的自由度和更高的效率。

4.1.2 面板数据分析模型的构建

面板数据分析模型的构建方法主要为多元线性回归分析。

（1）多元线性回归分析方法的介绍

多元线性回归分析是一种用于研究一个随机变量或因变量 Y 与一个或多个自变量（$X_1 \sim X_n$）之间的相互依存关系，并利用统计分析方法和函数对这种关系的实质、特点、变化规律等进行分析解读和形式化描述的方法，具有方法简单、对变量之间关系解释能力强的优点，在社会、经济、技术及众多自然科学领域有着广泛的应用。

多元线性回归分析模型的形式化描述如下所示：

$$Y = \beta_0 + \beta_1 X_1 + \beta_2 X_2 + \cdots + \beta_n X_n + \varepsilon \qquad (4-1)$$

其中，β_0 是常数项，表示当所有自变量为 0 时，因变量 Y 的总体平均值的估计值；$\beta_1 \sim \beta_n$ 表示回归系数，主要有两种：标准化回归系数和非标准化回归系数。标准化回归系数是消除了因变量和自变量所取单位的影响之后的回归系数，表示自变量对因变量的影响程度或重要程度，主要用于分析比较多个自变量对因变量的影响程度的大小。而非标准化回归系数表示自变量与因变量之间的相互作用，主要用于回归预测模型的构建。β_1 表示除 X_1 之外的其他自变量固定不变的情况下，X_1 每改变一个测量单位时所引起的因变量 Y 的平均改变量。$\beta_2 \sim \beta_n$ 表示意义与 β_1 一样。ε 被称为误差项的随机变量，它说明了包含在 Y 里面但不能被 n 个自变量的线性关系所解释的变异性。

多元线性回归分析模型的构建主要通过各种回归分析方式将一些有效的、对因变量影响显著的自变量加入到回归模型中。如"Enter"全回归方式通常使用全部的自变量构建回归方程，而"Stepwise"逐步回归方式主要从所有自变量中逐步选择对因变量影响较大的变量，同时剔除影响较小的变量，再构建回归方程。多元线性回归分析模型建立后，需要对模型进行各种检验，主要包括判定系数检验（r 检验）、回归系数显著性检验（t 检验）、回归方程显著性检验（F 检验）。若回归方程的显著性检验未通过，可能是选择自变量时漏掉了重要的影响因素，或是自变量与因变量间的关系是非线性的，应重新建立模型。

（2）面板数据分析模型的构建

基于多元线性回归分析模型的形式化描述方法，我们构建能够反映因变量与其自变量之间相互关系的面板数据模型，如下所示：

$$Y_{it} = c + \alpha_i + \beta X_{it} + \varepsilon_{it}, \ i = 1, 2, \cdots, N; \ t = 1, 2, \cdots, T \qquad (4-2)$$

其中，Y_{it} 为因变量，X_{it} 为自变量，β 为自变量的回归系数，c 为常数项。α_i 是随机变量，描述不同个体建立的模型间的差异，表示对于 i 个个体有 i 个不同的截距项。α_i 是不可观测的，其变化与可观测的解释变量 X_{it} 的变化相联系。X_{it} 为 $K \times 1$ 阶回归变量（也称自变量）列向量（包

括 K 个回归量），β 为 $K \times 1$ 阶回归系数列向量，不同个体的回归系数是一样的。Y_{it} 为被回归变量（也称因变量或标量），ε_{it} 量为误差项。Y_{it}、X_{it} 和 ε_{it} 表示第 i 个体的第 t 年的变量值。

上述模型是个体固定效应模型（Entity Fixed Effects Model），属于固定效应模型的一种。固定效应模型是面板数据模型的一种，另外两个是随机效应模型和混合模型。固定效应模型分为个体固定效应模型、时点固定效应模型和个体时点固定效应模型。3 个模型之间的差异在于截距项的不同，个体固定效应模型对应的是不同个体的截距项 α_i。时点固定效应模型对应的是不同时点的截距项 Y_t。个体时点固定效应模型对应 2 个截距项，即个体截距项 α_i 和时点截距项 Y_t 之和。

个体固定效应模型可以表示为：

$$Y_{it} = c + \alpha_1 D_1 + \alpha_2 D_2 + \cdots + \alpha_N D_N + \beta X_{it} + \varepsilon_{it}, \ t = 1, 2, \cdots, T \quad (4-3)$$

其中，$D_i = \begin{cases} 1，如果属于第 i 个个体，i = 1, 2, \cdots, N \\ 0，其他 \end{cases}$

个体固定效应模型还可以用方程组表示：

$$\begin{cases} Y_{1t} = c + \alpha_1 + \beta X_{1t} + \varepsilon_{1t}, \ i = 1（表示第 1 个个体或时间序列），t = 1, 2, \cdots, T \\ Y_{2t} = c + \alpha_2 + \beta X_{2t} + \varepsilon_{2t}, \ i = 2（表示第 2 个个体或时间序列），t = 1, 2, \cdots, T \\ \cdots \\ Y_{Nt} = c + \alpha_N + \beta X_{Nt} + \varepsilon_{Nt}, \ i = N（表示第 N 个个体或时间序列），t = 1, 2, \cdots, T \end{cases} \quad (4-4)$$

随机效应模型与固定效应模型基本上一样，根本区别在于：固定效应模型的随机变量 α_i 的变化与 X_{it} 有关系，而随机效应模型的随机变量 α_i 的分布与 X_{it} 无关。因此，也可称固定效应模型为相关效应模型，而称随机效应模型为非相关效应模型。无论固定效应模型还是随机效应模型，如果自变量前的系数不变，则称之为不变系数模型，相反，则称之为变系数模型。

混合模型是将截面和时间序列的 NT 个观测值混合在一起进行回归分析，不考虑反映个体差异的截距项 α_i 和反映时点差异的截距项 Y_t。因此，混合模型的数学表达式为：

$$Y_{it} = c + \beta X_{it} + \varepsilon_{it}, \ i = 1, 2, \cdots, N; t = 1, 2, \cdots, T \quad (4-5)$$

混合模型也称不变参数模型，即所有截面的截距相同（截距 c 为常数）、系数相同（自变量前的系数 β 不变）。

4.1.3 面板数据模型的选择及其估计方法

（1）面板数据模型的选择

面板数据模型有 3 种：固定效应模型、随机效应模型和混合模型。选择哪一种模型对本章的样本数据进行多元回归分析是一个难题。计量经济学理论中，面板数据模型的选择过程主要分为以下几个步骤。

1）似然比检验（要在个体固定效应模型的输出结果下进行）

似然比检验的原假设是：模型中不同个体的截距项 α_i 相同，应建立混合模型，反之应建立个体固定效应模型。在检验结果中，当 F 值较大，P 值远小于 0.05 时，拒绝原假设，应建立个体固定效应模型。

2）Hausman 检验（要在随机效应估计结果窗口中进行）

似然比检验的原假设是：个体效应 X_{it} 与回归变量 α_i 无关，应建立随机效应模型，反之应建立个体固定效应模型。在检验结果中，当 Hausman 值较大，其对应的 P 值远小于 0.05 时，拒绝原假设，应建立个体固定效应模型。

（2）面板数据模型的估计方法

面板数据模型的估计方法主要有以下两种。

1）最小二乘法（Least Squares）

此方法是本章模型参数估计采集的主要方法。最小二乘法（又称最小平方法）是一种数学优化技术。它通过最小化误差的平方和寻找数据的最佳函数匹配。利用最小二乘法可以简便地求得未知的数据，并使得这些求得的数据与实际数据之间误差的平方和为最小。最小二乘法还可用于曲线拟合，是目前常用的曲线拟合和参数估计方法。

最小二乘法按模型变量加权方法的不同可以分为：混合最小二乘估计法（Pooled Least Squares）和截面加权的广义最小二乘法（Entity Generalized Least Squares）。

混合最小二乘估计法无需对模型变量进行加权（No Weights），是混合模型通常采用的估计方法。如果模型是正确设定的，且解释变量与误差项不相关，即 $Cov(X_{it}, \varepsilon_{it}) = 0$。那么无论 $N \to \infty$，还是 $T \to \infty$，模型参数的混合最小二乘估计量都具有一致性。

如果模型存在个体固定效应，即 α_i 与 X_{it} 相关，那么对模型应用混合最小二乘估计法，估计量不再具有一致性。解释如下：

假定模型实为个体固定效应模型 $Y_{it} = \alpha_i + \beta X_{it} + \varepsilon_{it}$（变参数），但却当作混合模型来估计参数，则模型可写为：

$$Y_{it} = c + \beta X_{it} + (\alpha_i - c + \varepsilon_{it}) = c + \beta X_{it} + u_{it} \quad (4-6)$$

其中，$u_{it} = \alpha_i - c + \varepsilon_{it}$，因为 α_i 与 X_{it} 为相关，也即 u_{it} 与 X_{it} 相关，所以，个体固定效应模型的参数若采用混合最小二乘法估计，估计量不具有一致性。

不过个体固定效应模型参数估计可以采用截面加权（Cross-Section Weights）的广义最小二乘法来估计。截面加权表示允许不同的截面存在异方差现象。"按截面取权数"的方法是以横截面模型残差的方差为权数，属于广义最小二乘法估计。随机效应模型通常采用可行的广义最小二乘法进行估计。

2）两阶段最小二乘法（Two Stage Least Squares）

设法寻找一个变量来替代变量中的内生变量，采用普通最小二乘法（Ordinary Least Squares）估计变量替代后的结构方程。由于估计过程分成两个阶段，每个阶段都利用最小二乘法估计参数，所以称之为两阶段最小二乘法。

4.2 样本数据的采集与处理

4.2.1 60本中英文期刊样本的选择

60本中英文样本期刊来自精心挑选的10个不同学科，包括自然科学的生物学类和化学类、工程科学的电子工程类和航空航天工程类、数学类、社会科学的图书情报学类和经济学类、人文科学的历史学类和语言学类、多学科类。选择方法：首先从《2011年版期刊引证报告（科学版）》（2011 JCR Science Edition）和《2011年版期刊引证报告（社会科学版）》（2011 JCR Social Sciences Edition）每个学科影响因子或综合排名位于TOP Area（5%）、Middle Area（5%）和Bottom Area（5%）的英文期刊中各选一本代表性期刊，共计30本不同影响因子期刊作为英文样本期刊。然后，基于同样的方法从《2011版中国科技期刊引证报告（核心版）》和中文社会科学引文索引CSSCI中选择30本中文期刊作为样本。

4.2.2 30本英文期刊数据的采集与处理

首先利用下面的检索式，检索Web of Science数据库，获得30本英文样本期刊的原文数据及其引文数据，并将30本英文样本期刊的原文数据及其引文数据分别导入Visual FoxPro数据库中，形成30本英文样本期刊的原文库和引文库。然后对原文库和引文库进行数据检查和核对。最后，将原文库和引文库合并，形成30本英文样本期刊的原文—引文库：Citing_cited1990_2012.dbf。30本英文期刊原文—引文库的数据展示如图4-1所示。

检索式：SO=（Q REV BIOL OR COMPUT BIOL CHEM OR PERIOD BIOL OR ANAL CHEM OR J ORGANOMET CHEM OR PETROL CHEM+ OR QUANTUM ELECTRON OR J MATER SCI-MATER EL OR FUJITSU SCI TECH J OR PROG AEROSP SCI OR AERONAUT J OR AEROSPACE AM OR ACTA MATH-DJURSHOLM OR J SYMBOLIC LOGIC OR P INDIAN AS-MATH SCI OR SCIENCE OR SCI CHINA SER A OR ARAB GULF J SCI RES OR MIS QUART OR LIBR RESOUR TECH SER OR LIBR INFORM SC OR J ECON LIT OR ECON HIST REV OR REV ETUD COMP EST-O OR AM HIST REV OR J INTERDISCIPL HIST OR ZEITGESCHICHTE OR BRAIN LANG OR LINGUISTICS OR INT J AM LINGUIST），时间跨度=1990—2012 数据库=SCIE，SSCI。其中，"SO"为出版物名称，"OR"命令前后检索词为30本英文刊物名称的缩写。

从图4-1可以看出，30本英文期刊原文—引文库涵盖的数据字段包括论文的标题（Ti）、作者（Au）、通讯作者（Rp）、作者数量（Aucnt）、来源期刊名称（Jn）、出版年（Py）、起始页（Bp）、结束页（Ep）、页数（Pn）、参考文献数量（Nr）、学科分类（Sc）、语言（La）、类型（Dt）、引用年（A990～A012）。其中，引用年（A990～A012）表示论文在1990—2012年各年的被引频次。

最后，利用自编程序从原文—引文库Citing_cited1990_2012.dbf中统计出不同期刊1990—2012年各年的Article和Review类型论文数量及其在出版当年（记为Cnt0）、出版后1年（Cnt1）、出版后2年（Cnt2）……出版后19年（Cnt19）不同引用时间窗口中论文零被引率数据，不同期刊各年的影响因子，不同期刊各年论文的总页数和篇均页数、作者总量和篇均作者数、参考文献总量和篇均参考文献数量，同时增加不同期刊的学科类别及跨学科数量、创刊年及其年龄、出版周期等数据，形成 30 本英文期刊的样本库：Ejsample1990_2012.dbf。样本库：Ejsample1990_2012.dbf 的数据展示如图 4–2 所示。

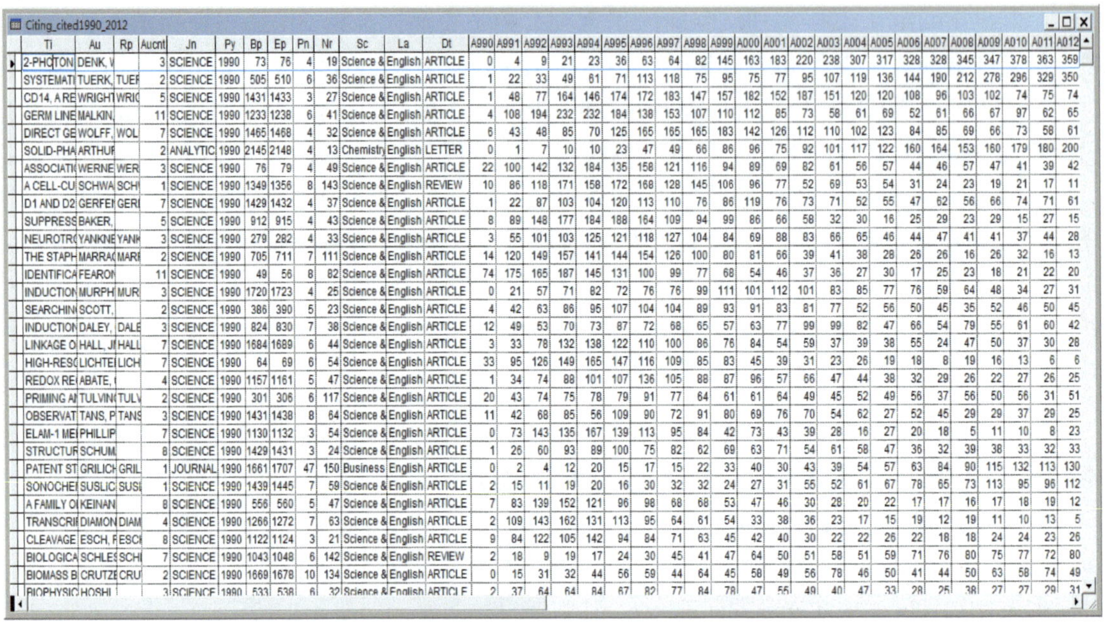

Citing_cited1990_2012

Ti	Au	Rp	Aucnt	Jn	Py	Bp	Ep	Pn	Nr	Sc	La	Dt	A990	A991	A992	A993	A994	A995	A996	A997	A998	A999	A000	A001	A002	A003	A004	A005	A006	A007	A008	A009	A010	A011	A012
2-PHOTON	DENK, V		3	SCIENCE	1990	73	76	4	19	Science &	English	ARTICLE	0	4	9	21	23	36	63	64	82	145	163	183	220	238	307	317	328	328	345	347	378	363	359
SYSTEMATI	TUERK,	TUEF	2	SCIENCE	1990	505	510	6	36	Science &	English	ARTICLE	1	22	33	49	61	71	113	118	75	95	75	77	95	107	119	136	144	190	212	278	296	329	350
CD14, A RE	WRIGHT	WRIC	5	SCIENCE	1990	1431	1433	3	27	Science &	English	ARTICLE	1	48	77	164	146	174	172	183	147	157	182	152	187	151	120	120	108	96	103	102	74	75	74
GERM LINE	MALKIN,		11	SCIENCE	1990	1233	1238	6	41	Science &	English	ARTICLE	4	108	194	232	232	184	138	153	107	110	112	85	73	58	61	69	52	61	66	67	97	62	65
DIRECT GE	WOLFF,	WOL	7	SCIENCE	1990	1465	1468	4	32	Science &	English	ARTICLE	6	43	48	85	70	125	165	165	165	183	142	126	112	110	102	123	84	85	69	66	73	58	61
SOLID-PHA	ARTHUF		2	ANALYTIC	1990	2145	2148	4	13	Chemistry	English	LETTER	0	1	7	10	10	23	47	49	66	86	96	75	92	101	117	122	160	164	153	160	179	180	200
ASSOCIATI(	WERNE	WER	3	SCIENCE	1990	76	79	4	49	Science &	English	ARTICLE	22	100	142	132	184	135	158	121	116	94	89	69	82	61	56	57	44	46	57	47	41	39	42
A CELL-CU	SCHWA	SCH	1	SCIENCE	1990	1349	1356	8	143	Science &	English	REVIEW	10	86	118	171	158	172	168	128	145	106	96	77	52	69	53	54	31	24	23	19	21	17	11
D1 AND D2	GERFEI	GERI	7	SCIENCE	1990	1429	1432	4	37	Science &	English	ARTICLE	1	22	87	103	104	120	113	110	76	86	119	76	73	71	52	55	47	62	56	66	74	71	61
SUPPRESS	BAKER,		5	SCIENCE	1990	912	915	4	43	Science &	English	ARTICLE	8	89	148	177	184	188	164	109	94	99	86	66	58	32	30	16	25	29	23	29	15	27	15
NEUROTR(	YANKNE	YANK	3	SCIENCE	1990	279	282	4	33	Science &	English	ARTICLE	3	55	101	103	125	121	118	127	104	84	69	88	83	66	65	46	44	47	41	41	37	44	28
THE STAPH	MARRA(	MARI	2	SCIENCE	1990	705	711	7	111	Science &	English	ARTICLE	14	120	149	157	141	144	154	126	100	80	81	66	39	41	38	28	26	26	16	26	32	16	13
IDENTIFICA	FEARON		11	SCIENCE	1990	49	56	8	82	Science &	English	ARTICLE	74	175	165	187	145	131	100	99	77	68	54	46	37	36	27	30	17	25	23	18	21	22	20
INDUCTION	MURPH	MUR	3	SCIENCE	1990	1720	1723	4	25	Science &	English	ARTICLE	0	21	57	71	82	72	76	76	99	111	101	112	101	83	85	77	76	59	64	48	34	27	31
SEARCHIN(	SCOTT,		2	SCIENCE	1990	386	390	5	23	Science &	English	ARTICLE	4	42	63	86	95	107	104	104	89	93	91	83	81	77	52	56	50	45	35	52	46	50	45
INDUCTION	DALEY,	DALE	3	SCIENCE	1990	824	830	7	38	Science &	English	ARTICLE	12	49	53	70	73	87	72	68	65	57	63	77	99	99	82	47	66	54	79	55	61	60	42
LINKAGE O	HALL, JI	HALL	7	SCIENCE	1990	1684	1689	6	44	Science &	English	ARTICLE	3	33	78	132	138	122	110	100	86	76	84	54	59	37	39	38	55	24	47	50	37	30	28
HIGH-RES(	LICHTEI	LICH	7	SCIENCE	1990	64	69	6	54	Science &	English	ARTICLE	33	95	126	149	165	147	116	109	85	83	45	39	31	23	26	19	18	8	19	16	13	6	6
REDOX RE(	ABATE, (		4	SCIENCE	1990	1157	1161	5	47	Science &	English	ARTICLE	1	34	74	88	101	107	136	105	88	87	96	57	66	47	44	38	32	29	26	22	27	26	25
PRIMING AI	TULVIN(	TULV	2	SCIENCE	1990	301	306	6	117	Science &	English	ARTICLE	20	43	74	75	78	79	91	77	64	61	61	64	49	45	52	49	56	37	56	50	56	31	51
OBSERVAT	TANS, P	TANS	3	SCIENCE	1990	1431	1438	8	64	Science &	English	ARTICLE	11	42	68	85	56	109	90	72	91	80	69	76	70	54	62	27	52	45	29	29	37	29	25
ELAM-1 MEI	PHILLIP		7	SCIENCE	1990	1130	1132	3	54	Science &	English	ARTICLE	0	73	143	135	167	139	113	95	84	42	73	43	39	28	16	27	20	18	5	11	10	8	23
STRUCTUR	SCHUM,		8	SCIENCE	1990	1429	1431	3	24	Science &	English	ARTICLE	1	26	60	93	89	100	75	82	62	69	63	71	54	61	58	47	36	32	39	38	33	32	33
PATENT ST	GRILICH	GRIL	1	JOURNAL	1990	1661	1707	47	150	Business	English	ARTICLE	0	2	4	12	20	15	17	15	22	33	40	30	43	39	54	57	63	84	90	115	132	113	130
SONOCHEI	SUSLIC	SUSI	1	SCIENCE	1990	1439	1445	7	59	Science &	English	ARTICLE	2	15	11	19	20	16	30	32	32	24	27	31	55	52	61	67	78	65	73	113	95	96	112
A FAMILY OI	KEINAN		8	SCIENCE	1990	556	560	5	47	Science &	English	ARTICLE	7	83	139	152	121	96	98	68	68	53	47	46	30	28	20	22	17	17	16	17	18	19	12
TRANSCRII	DIAMON	DIAM	4	SCIENCE	1990	1266	1272	7	63	Science &	English	ARTICLE	2	109	143	162	131	113	95	64	61	54	33	38	36	23	17	15	19	12	19	11	10	13	5
CLEAVAGE	ESCH, F	ESCI	8	SCIENCE	1990	1122	1124	3	21	Science &	English	ARTICLE	9	84	122	105	142	94	84	71	63	45	42	40	30	22	22	26	22	18	18	24	24	23	26
BIOLOGICA	SCHLE:	SCHI	7	SCIENCE	1990	1043	1048	6	142	Science &	English	REVIEW	2	18	9	19	17	24	30	45	41	47	64	50	51	58	51	59	71	76	80	75	77	72	80
BIOMASS B	CRUTZE	CRU	2	SCIENCE	1990	1669	1678	10	134	Science &	English	ARTICLE	0	15	31	32	44	56	59	44	64	45	58	49	56	78	46	50	41	44	50	63	58	74	49
BIOPHYSIC	HOSHI,		3	SCIENCE	1990	533	538	6	32	Science &	English	ARTICLE	2	37	64	64	84	67	82	77	84	78	47	55	49	40	47	33	28	25	38	27	27	29	31

图 4–1　30 本英文期刊原文—引文库的数据展示

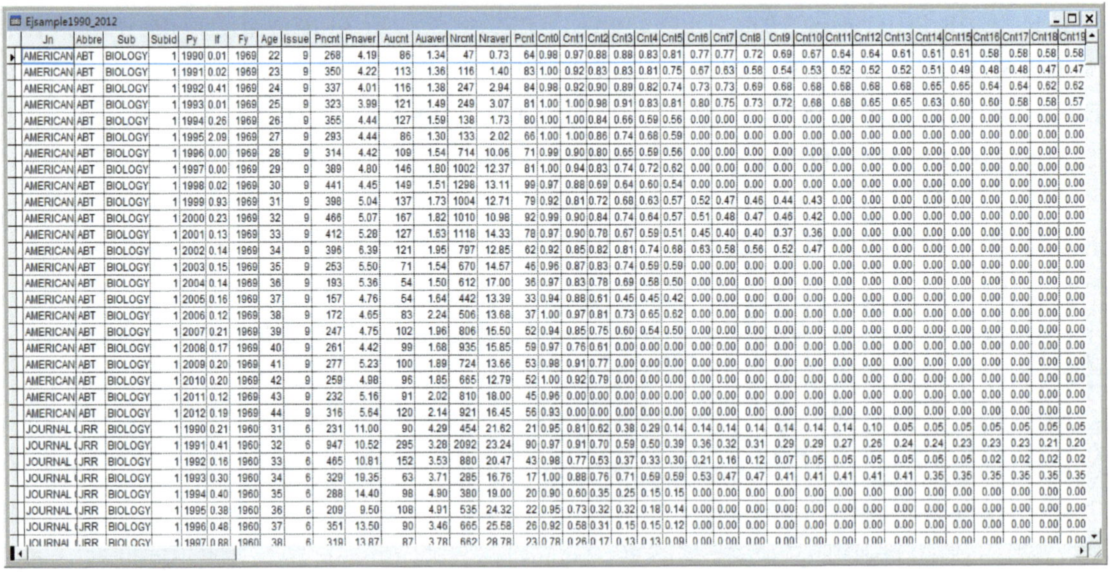

Ejsample1990_2012

Jn	Abbre	Sub	Subid	Py	If	Fy	Age	Issue	Pncnt	Pnaver	Aucnt	Auaver	Nrcnt	Nraver	Pcnt	Cnt0	Cnt1	Cnt2	Cnt3	Cnt4	Cnt5	Cnt6	Cnt7	Cnt8	Cnt9	Cnt10	Cnt11	Cnt12	Cnt13	Cnt14	Cnt15	Cnt16	Cnt17	Cnt18	Cnt19
AMERICAN	ABT	BIOLOGY	1	1990	0.01	1969	22	9	268	4.19	86	1.34	47	0.73	64	0.98	0.97	0.88	0.88	0.83	0.81	0.77	0.77	0.72	0.69	0.67	0.64	0.64	0.61	0.61	0.61	0.58	0.58	0.58	0.58
AMERICAN	ABT	BIOLOGY	1	1991	0.02	1969	23	9	350	4.22	113	1.36	116	1.40	83	1.00	0.92	0.83	0.83	0.81	0.75	0.67	0.63	0.58	0.54	0.53	0.52	0.52	0.52	0.51	0.49	0.48	0.48	0.47	0.47
AMERICAN	ABT	BIOLOGY	1	1992	0.41	1969	24	9	337	4.01	116	1.38	247	2.94	84	0.98	0.92	0.90	0.89	0.82	0.74	0.73	0.73	0.69	0.68	0.68	0.68	0.68	0.68	0.65	0.65	0.64	0.64	0.62	0.62
AMERICAN	ABT	BIOLOGY	1	1993	0.01	1969	25	9	323	3.99	121	1.49	249	3.07	81	1.00	1.00	0.98	0.91	0.83	0.81	0.80	0.75	0.73	0.72	0.68	0.68	0.65	0.65	0.63	0.60	0.60	0.58	0.58	0.57
AMERICAN	ABT	BIOLOGY	1	1994	0.26	1969	26	9	355	4.44	127	1.59	138	1.73	80	1.00	1.00	0.84	0.66	0.59	0.56	0.00	0.00	0.00	0.00	0.00	0.00	0.00	0.00	0.00	0.00	0.00	0.00	0.00	0.00
AMERICAN	ABT	BIOLOGY	1	1995	2.09	1969	27	9	293	4.44	86	1.30	133	2.02	66	1.00	1.00	0.86	0.74	0.68	0.59	0.00	0.00	0.00	0.00	0.00	0.00	0.00	0.00	0.00	0.00	0.00	0.00	0.00	0.00
AMERICAN	ABT	BIOLOGY	1	1996	0.00	1969	28	9	314	4.42	109	1.54	714	10.06	71	0.99	0.90	0.80	0.65	0.59	0.56	0.00	0.00	0.00	0.00	0.00	0.00	0.00	0.00	0.00	0.00	0.00	0.00	0.00	0.00
AMERICAN	ABT	BIOLOGY	1	1997	0.00	1969	29	9	389	4.80	146	1.80	1002	12.37	81	1.00	0.94	0.83	0.74	0.72	0.62	0.00	0.00	0.00	0.00	0.00	0.00	0.00	0.00	0.00	0.00	0.00	0.00	0.00	0.00
AMERICAN	ABT	BIOLOGY	1	1998	0.02	1969	30	9	441	4.45	149	1.51	1298	13.11	99	0.97	0.88	0.69	0.64	0.60	0.54	0.00	0.00	0.00	0.00	0.00	0.00	0.00	0.00	0.00	0.00	0.00	0.00	0.00	0.00
AMERICAN	ABT	BIOLOGY	1	1999	0.93	1969	31	9	398	5.04	137	1.73	1004	12.71	79	0.92	0.81	0.72	0.68	0.63	0.57	0.52	0.47	0.46	0.44	0.43	0.00	0.00	0.00	0.00	0.00	0.00	0.00	0.00	0.00
AMERICAN	ABT	BIOLOGY	1	2000	0.23	1969	32	9	466	5.07	167	1.82	1010	10.98	92	0.99	0.90	0.84	0.74	0.64	0.57	0.51	0.48	0.47	0.46	0.42	0.00	0.00	0.00	0.00	0.00	0.00	0.00	0.00	0.00
AMERICAN	ABT	BIOLOGY	1	2001	0.13	1969	33	9	412	5.28	127	1.63	1118	14.33	78	0.97	0.90	0.78	0.67	0.59	0.51	0.45	0.40	0.40	0.37	0.36	0.00	0.00	0.00	0.00	0.00	0.00	0.00	0.00	0.00
AMERICAN	ABT	BIOLOGY	1	2002	0.14	1969	34	9	396	6.39	121	1.95	797	12.85	62	0.92	0.85	0.82	0.81	0.74	0.68	0.63	0.58	0.56	0.52	0.47	0.00	0.00	0.00	0.00	0.00	0.00	0.00	0.00	0.00
AMERICAN	ABT	BIOLOGY	1	2003	0.15	1969	35	9	253	5.50	71	1.54	670	14.57	46	0.96	0.87	0.83	0.74	0.59	0.59	0.00	0.00	0.00	0.00	0.00	0.00	0.00	0.00	0.00	0.00	0.00	0.00	0.00	0.00
AMERICAN	ABT	BIOLOGY	1	2004	0.14	1969	36	9	193	5.36	54	1.50	612	17.00	36	0.97	0.83	0.78	0.69	0.58	0.50	0.00	0.00	0.00	0.00	0.00	0.00	0.00	0.00	0.00	0.00	0.00	0.00	0.00	0.00
AMERICAN	ABT	BIOLOGY	1	2005	0.16	1969	37	9	157	4.76	54	1.64	442	13.39	33	0.94	0.88	0.61	0.45	0.45	0.42	0.00	0.00	0.00	0.00	0.00	0.00	0.00	0.00	0.00	0.00	0.00	0.00	0.00	0.00
AMERICAN	ABT	BIOLOGY	1	2006	0.12	1969	38	9	172	4.65	83	2.24	506	13.68	37	1.00	0.97	0.81	0.73	0.65	0.62	0.00	0.00	0.00	0.00	0.00	0.00	0.00	0.00	0.00	0.00	0.00	0.00	0.00	0.00
AMERICAN	ABT	BIOLOGY	1	2007	0.21	1969	39	9	247	4.75	102	1.96	806	15.50	52	0.94	0.85	0.75	0.60	0.54	0.50	0.00	0.00	0.00	0.00	0.00	0.00	0.00	0.00	0.00	0.00	0.00	0.00	0.00	0.00
AMERICAN	ABT	BIOLOGY	1	2008	0.17	1969	40	9	261	4.42	99	1.68	935	15.85	59	0.97	0.76	0.61	0.00	0.00	0.00	0.00	0.00	0.00	0.00	0.00	0.00	0.00	0.00	0.00	0.00	0.00	0.00	0.00	0.00
AMERICAN	ABT	BIOLOGY	1	2009	0.20	1969	41	9	277	5.23	100	1.89	724	13.66	53	0.98	0.91	0.77	0.00	0.00	0.00	0.00	0.00	0.00	0.00	0.00	0.00	0.00	0.00	0.00	0.00	0.00	0.00	0.00	0.00
AMERICAN	ABT	BIOLOGY	1	2010	0.20	1969	42	9	259	4.98	96	1.85	665	12.79	52	1.00	0.92	0.79	0.00	0.00	0.00	0.00	0.00	0.00	0.00	0.00	0.00	0.00	0.00	0.00	0.00	0.00	0.00	0.00	0.00
AMERICAN	ABT	BIOLOGY	1	2011	0.12	1969	43	9	232	5.16	91	2.02	810	18.00	45	0.96	0.00	0.00	0.00	0.00	0.00	0.00	0.00	0.00	0.00	0.00	0.00	0.00	0.00	0.00	0.00	0.00	0.00	0.00	0.00
AMERICAN	ABT	BIOLOGY	1	2012	0.19	1969	44	9	316	5.64	120	2.14	921	16.45	56	0.93	0.00	0.00	0.00	0.00	0.00	0.00	0.00	0.00	0.00	0.00	0.00	0.00	0.00	0.00	0.00	0.00	0.00	0.00	0.00
JOURNAL (	JRR	BIOLOGY	1	1990	0.21	1960	31	6	231	11.00	90	4.29	454	21.62	21	0.95	0.81	0.62	0.38	0.29	0.14	0.14	0.14	0.14	0.14	0.14	0.14	0.10	0.05	0.05	0.05	0.05	0.05	0.05	0.05
JOURNAL (	JRR	BIOLOGY	1	1991	0.41	1960	32	6	947	10.52	295	3.28	2092	23.24	90	0.97	0.91	0.70	0.59	0.50	0.39	0.36	0.32	0.31	0.29	0.29	0.27	0.26	0.24	0.24	0.23	0.23	0.23	0.21	0.20
JOURNAL (	JRR	BIOLOGY	1	1992	0.16	1960	33	6	465	10.81	152	3.53	880	20.47	43	0.98	0.77	0.53	0.37	0.33	0.30	0.21	0.16	0.12	0.07	0.05	0.05	0.05	0.05	0.05	0.05	0.02	0.02	0.02	0.02
JOURNAL (	JRR	BIOLOGY	1	1993	0.30	1960	34	6	329	19.35	63	3.71	285	16.76	17	1.00	0.88	0.76	0.71	0.59	0.59	0.53	0.47	0.47	0.41	0.41	0.41	0.41	0.41	0.35	0.35	0.35	0.35	0.35	0.35
JOURNAL (	JRR	BIOLOGY	1	1994	0.40	1960	35	6	288	14.40	98	4.90	380	19.00	20	0.90	0.60	0.35	0.25	0.15	0.15	0.00	0.00	0.00	0.00	0.00	0.00	0.00	0.00	0.00	0.00	0.00	0.00	0.00	0.00
JOURNAL (	JRR	BIOLOGY	1	1995	0.38	1960	36	6	209	9.50	108	4.91	535	24.32	22	0.95	0.73	0.32	0.32	0.18	0.14	0.00	0.00	0.00	0.00	0.00	0.00	0.00	0.00	0.00	0.00	0.00	0.00	0.00	0.00
JOURNAL (	JRR	BIOLOGY	1	1996	0.48	1960	37	6	351	13.50	90	3.46	665	25.58	26	0.92	0.58	0.31	0.15	0.15	0.12	0.00	0.00	0.00	0.00	0.00	0.00	0.00	0.00	0.00	0.00	0.00	0.00	0.00	0.00
JOURNAL (	JRR	BIOLOGY	1	1997	0.88	1960	38	6	319	13.87	87	3.78	662	28.78	23	0.78	0.26	0.17	0.13	0.13	0.09	0.00	0.00	0.00	0.00	0.00	0.00	0.00	0.00	0.00	0.00	0.00	0.00	0.00	0.00

图 4–2　30 本英文期刊样本库的数据展示

从图 4–2 可以看出，30 本英文期刊样本库涵盖的数据字段包括来源期刊名称（Jn）、期刊名称缩写（Abbre）、期刊学科类别（Sub）、期刊学科类别编号（Subid）、期刊跨学科数量（Subcnt）、出版年（Py）、期刊各年论文数（Pcnt）和影响因子（If）、期刊创刊年（Fy）和年龄（Age）、期刊每年期数（Issue）、期刊各年论文总页数（Pncnt）及篇均页数（Pnaver）、期刊各年论文作者总量（Aucnt）及篇均作者数（Auaver）、期刊各年论文参考文献总量（Nrcnt）及篇均参考文献数量（Nraver），Cnt0 ～ Cnt19 表示论文出版当年至出版后 19 年。

4.2.3　30 本中文期刊数据的采集与处理

本章中文期刊的样本数据主要用于零被引率演变规律的实证研究，因此，只需采集各期刊 1990—2012 年各年的研究性论文（主要为 Article 和 Review 类型）数量及其在出版当年（记为 Cnt0）、出版后 1 年（Cnt1）、出版后 2 年（Cnt2）……出版后 19 年（Cnt19）不同引用时间窗口中论文零被引率数据。由于国内引文库建设得不够规范，没有论文引用的年度分布数据，不过可以从中国知网的引文数据库，手工收集每本期刊的引用数据。样本数据经过采集与处理后，形成 30 本中文期刊的样本库：Cjsample1990_2012.dbf。样本库的数据展示图 4-3 所示。

Cjsample1990_2012

Subid	Jid	Jnc	Jne	Abbre	Py	Pcnt	Citationpe	Ncited	Nuncited	Puncited
1	1	生态学报	Acta Ecologica Sinica	AES	1990	69	0	0	69	1.00
1	1	生态学报	Acta Ecologica Sinica	AES	1990	69	1	8	61	0.88
1	1	生态学报	Acta Ecologica Sinica	AES	1990	69	2	19	50	0.72
1	1	生态学报	Acta Ecologica Sinica	AES	1990	69	3	26	43	0.62
1	1	生态学报	Acta Ecologica Sinica	AES	1990	69	4	33	36	0.52
1	1	生态学报	Acta Ecologica Sinica	AES	1990	69	5	36	33	0.48
1	1	生态学报	Acta Ecologica Sinica	AES	1990	69	6	40	29	0.42
1	1	生态学报	Acta Ecologica Sinica	AES	1990	69	7	43	26	0.38
1	1	生态学报	Acta Ecologica Sinica	AES	1990	69	8	43	26	0.38
1	1	生态学报	Acta Ecologica Sinica	AES	1990	69	9	45	24	0.35
1	1	生态学报	Acta Ecologica Sinica	AES	1990	69	10	45	24	0.35
1	1	生态学报	Acta Ecologica Sinica	AES	1990	69	11	51	18	0.26
1	1	生态学报	Acta Ecologica Sinica	AES	1990	69	12	55	14	0.20
1	1	生态学报	Acta Ecologica Sinica	AES	1990	69	13	56	13	0.19
1	1	生态学报	Acta Ecologica Sinica	AES	1990	69	14	56	13	0.19
1	1	生态学报	Acta Ecologica Sinica	AES	1990	69	15	57	12	0.17
1	1	生态学报	Acta Ecologica Sinica	AES	1990	69	16	57	12	0.17
1	1	生态学报	Acta Ecologica Sinica	AES	1990	69	17	59	10	0.14
1	1	生态学报	Acta Ecologica Sinica	AES	1990	69	18	59	10	0.14
1	1	生态学报	Acta Ecologica Sinica	AES	1990	69	19	62	7	0.10
1	1	生态学报	Acta Ecologica Sinica	AES	1991	69	0	0	69	1.00
1	1	生态学报	Acta Ecologica Sinica	AES	1991	69	1	5	64	0.93
1	1	生态学报	Acta Ecologica Sinica	AES	1991	69	2	22	47	0.68
1	1	生态学报	Acta Ecologica Sinica	AES	1991	69	3	31	38	0.55
1	1	生态学报	Acta Ecologica Sinica	AES	1991	69	4	40	29	0.42
1	1	生态学报	Acta Ecologica Sinica	AES	1991	69	5	44	25	0.36
1	1	生态学报	Acta Ecologica Sinica	AES	1991	69	6	48	21	0.30
1	1	生态学报	Acta Ecologica Sinica	AES	1991	69	7	48	21	0.30
1	1	生态学报	Acta Ecologica Sinica	AES	1991	69	8	50	19	0.28
1	1	生态学报	Acta Ecologica Sinica	AES	1991	69	9	54	15	0.22
1	1	生态学报	Acta Ecologica Sinica	AES	1991	69	10	55	14	0.20

图 4-3　30 本中文期刊样本库的数据展示

图 4-3 可以看出，30 本中文期刊样本库涵盖的数据字段包括期刊的学科类别编号（Subid）、期刊 ID（Jid）、期刊中文名（Jnc）、期刊英文名（Jne）、期刊英文名缩写（Abbre）、出版年（Py）、期刊各年论文数量（Pcnt）、引用周期（Citationpe）、引用周期内的被引论文数量（Ncited）、引用周期内的未被引论文数量（Nuncited）、引用周期内的未被引论文比例（Puncited）。

4.3 基于面板数据模型的论文零被引率影响因素分析

将国际 30 本期刊 1990—2012 年各年论文出版后当年零被引率（Cnt0）、1990—2010 年各年论文出版后 3 年零被引率（Cnt2）和 1990—2007 年各年论文出版后 6 年零被引率（Cnt5）作为因变量，即影响因素分析的目标变量。将 30 本期刊 1990—2012 年各年论文的文献计量特征因素作为自变量，考察各期刊当年论文的文献计量特征对论文出版后不同引用时间窗口中零被引率的影响。

4.3.1 面板数据模型的选择

目前常用的面板数据模型有 3 种：固定效应模型、随机效应模型和混合模型。模型选择方法主要有两种：Hausman 检验和似然比检验。本部分主要以 Cnt2 及其影响因素面板数据为样本进行面板数据模型的选择。

（1）Hausman 检验（要在随机效应估计结果窗口中进行）

Hausman 检验的原假设是：个体效应 X_{it} 与回归变量 α_i 无关，应建立随机效应模型，反之应建立个体固定效应模型。在检验结果中，当 Hausman 值较大，其对应的 P 值远小于 0.05 时，拒绝原假设，应建立个体固定效应模型。Cnt2 及其影响因素面板数据的 Hausman 检验结果如表 4-1 所示。

表 4-1　Hausman 检验的 Hausman 值及其概率

Hausman 值	自由度	概率
18.15	8	0.02

从表 4-1 可以看出，Hausman 值较大，对应的 P 值小于 0.05，因此应拒绝原假设，建立个体固定效应模型。

（2）似然比检验（要在个体固定效应模型的输出结果下进行）

似然比检验的原假设是：模型中不同个体的截距 α_i 相同，应建立混合模型，反之应建立个体固定效应模型。Cnt2 及其影响因素面板数据的似然比检验结果如表 4-2 所示。

表 4-2　似然比检验的 F 值及其概率

F 值	自由度	概率
149.08	（29，592）	0.00

从表 4-2 可以看出，F 值较大，对应的 P 值远小于 0.05，因此应拒绝原假设，建立个体

固定效应模型。

Hausman 和似然比两个检验结果都显示要建立个体固定效应模型，因此，本部分将利用个体固定效应模型对 Cnt0、Cnt2 和 Cnt5 及其影响因素面板数据进行回归分析。

4.3.2 期刊论文出版当年零被引率的影响因素分析

基于期刊论文出版当年零被引率（Cnt0）及其影响因素的面板数据，选择个体固定效应模型，利用最小二乘法和广义最小二乘法的交叉权重系数法（Cross-Section Weights）对样本数据进行回归分析。选择交叉权重系数法，表示允许不同的截面存在异方差现象，也就是说，交叉权重系数法可以克服面板数据的异方差问题。回归分析的结果如表 4-3 和表 4-4 所示。

表 4-3　估计的模型参数

R^2	F 统计量	概率
0.97	629.59	0.00

表 4-4　模型各因素变量的估计参数

变量	系数	T 统计量	概率
C	1.038	49.335	0.000
Pcnt	0.000	−1.360	0.175
If	−0.024	−9.951	0.000
Age	−0.001	−3.500	0.001
Pnaver	−0.001	−1.603	0.109
Auaver	−0.010	−2.288	0.022
Nraver	0.000	−1.926	0.055
Issue	−0.004	−2.187	0.029
Subcnt	0.005	1.316	0.189

从表 4-3 可以看出，模型的拟合效果非常好，样本可决系数（或称拟合优度 R^2）达到 97%，表示各自变量可以解释因变量总变动的 97%。判断方程显著性的 F 统计量较大，其对应的 P 值远小于 0.01，表明方程差异极显著，或者解释变量（自变量）中至少有一个对被解释变量（因变量）有显著影响。然而，观察表 4-4 所示模型常数及各变量的 T 统计量及其对应的 P 值后发现：期刊各年论文数量（Pcnt）、期刊各年论文篇均页数（Pnaver）和跨学科数量（Subcnt）3 个解释变量的 t 统计量对应的 P 值大于 0.05，没有通过显著性检验，因此，删除这 3 个因变量，重新进行拟合实验，实验结果如表 4-5 和表 4-6 所示。

表 4-5　估计的模型参数

R^2	F 统计量	概率
0.97	683.37	0.00

表 4-6　模型各因素变量的估计参数

变量	系数	T 统计量	概率
C	1.040	53.304	0.000
If	−0.024	−10.517	0.000
Age	−0.001	−4.925	0.000
Auaver	−0.009	−2.238	0.026
Nraver	−0.0004	−2.161	0.031
Issue	−0.004	−2.033	0.043

从表 4-5 和表 4-6 可以看出，样本可决系数 R^2 达到 97%，说明模型拟合效果非常好，F 统计量及其对应的 P 值都小于 0.01，说明方程差异极显著。T 统计量及其对应的 P 值都小于 0.05，说明模型常数及各变量都通过了显著性检验。由于是个体固定效应模型，因此，需要计算出样本个体的系数。30 本期刊个体及其对应的系数如表 4-7 所示。

表 4-7　30 本期刊个体及其对应的系数

个体	系数	个体	系数	个体	系数
AA	0.027	FSTJ	−0.072	LIS	0.026
ABT	0.029	HER	−0.006	LRTS	0.000
AC	−0.003	ISR	−0.065	MQ	−0.106
AHR	0.028	JEL	−0.066	PIAS	0.049
AJ	0.113	JIH	−0.019	PQE	−0.018
AM	0.012	JMS	−0.032	QRB	−0.055
AP	−0.067	JOC	−0.032	RECE	0.006
BL	−0.124	JRR	−0.004	SCI	0.227
CMLR	0.033	JSC	0.040	SCM	0.013
EB	0.030	JSL	0.005	ZEI	0.030

模型系数与每个期刊个体系数求和后相加，得到模型的总系数，即模型的常数项 C，值

为 31.2。从而运算出 Cnt0 及其影响因素的个体固定效应模型方程如下：

$Cnt0_{it} = 31.2 - 0.024If_{it} - 0.001Age_{it} - 0.009Auaver_{it} - 0.0004Nraver_{it} - 0.004Issue_{it}$，$i=1,2,\cdots,30$；$t=1,2,\cdots,23$

从中可以看出，模型的常数项较大，而各解释变量的系数非常小，说明各解释变量对期刊论文出版后当年零被引率的影响非常有限，并且 5 个解释变量的系数都为负值，说明 5 个解释变量与期刊论文当年零被引率之间存在负相关关系。从 5 个解释变量的系数大小能够看出，期刊影响因子（If）对期刊论文当年零被引率的影响最大，影响系数为 –0.024，即期刊影响因子每上升 1 个百分点，期刊论文当年零被引率就会下降 0.024 个百分点。篇均参考文献量（Nraver）对期刊论文当年零被引率的影响最小，影响系数为 –0.0004，即篇均参考文献量（Nraver）每增加 1 篇，期刊论文当年零被引率就会下降 0.0004 个百分点，几乎可以忽略不计。

4.3.3 期刊论文出版后 3 年零被引率的影响因素分析

选择个体固定效应模型，利用最小二乘法和广义最小二乘法的交叉权重系数法对期刊论文出版后 3 年零被引率（Cnt2）及其影响因素的面板数据进行初步回归分析。回归结果显示，篇均作者数（Auaver）变量无法通过显著性检验，因此，删除这个变量后，进行最终的回归分析。回归分析的结果如表 4-8 和表 4-9 所示。

表 4-8 估计的模型参数

R^2	F 统计量	概率
0.98	745.9	0.00

表 4-9 模型各因素变量的估计参数

变量	系数	T 统计量	概率
C	0.784	21.711	0.000
Pcnt	0.0001	3.354	0.001
If	−0.015	−3.812	0.000
Age	−0.004	−7.512	0.000
Pnaver	−0.003	−4.079	0.000
Nraver	−0.001	−3.839	0.000
Issue	−0.012	−4.114	0.000
Subcnt	0.053	7.091	0.000

从表 4-8 和表 4-9 可以看出，样本可决系数 R^2 达到 98%，说明模型拟合效果非常好，

F 统计量及其对应的 P 值都小于 0.01，说明方程差异极显著。T 统计量及其对应的 P 值都小于 0.01，说明模型常数及各变量都通过了显著性检验。由于是个体固定效应模型，因此，需要计算出样本个体的系数。30 本期刊个体及其对应的系数如表 4-10 所示。

表 4-10 30 本期刊个体及其对应的系数

个体	系数	个体	系数	个体	系数
AA	0.310	FSTJ	0.071	LIS	0.397
ABT	0.161	HER	−0.141	LRTS	−0.164
AC	−0.016	ISR	−0.075	MQ	−0.481
AHR	0.091	JEL	−0.296	PIAS	0.266
AJ	0.443	JIH	−0.046	PQE	−0.069
AM	0.043	JMS	−0.393	QRB	−0.158
AP	−0.321	JOC	−0.220	RECE	0.260
BL	−0.326	JRR	−0.292	SCI	0.008
CMLR	0.194	JSC	0.138	SCM	−0.010
EB	0.308	JSL	−0.005	ZEI	0.324

模型系数与每个期刊个体系数求和后相加，得到模型的总系数，即模型的常数项 C，值为 23.52。从而运算出 Cnt2 及其影响因素的个体固定效应模型方程如下：

$Cnt2_{it}=23.52+0.0001Pcnt_{it}-0.015If_{it}-0.004Age_{it}-0.003Pnaver_{it}-0.001Nraver_{it}-0.012Issue_{it}+0.053Subcnt_{it}$，$i=1,2,\cdots,30; t=1,2,\cdots,21$

从中可以看出，模型的常数项较大，而各解释变量的系数非常小，说明各解释变量与期刊论文出版后 3 年零被引率之间存在非常弱的相关关系。从表 4-9 可以看出，期刊各年论文数量（Pcnt）和跨学科数量（Subcnt）两个解释变量与期刊论文出版后 3 年零被引率之间存在正相关关系。而影响因子（If）、期刊年龄（Age）、篇均页数（Pnaver）、篇均参考文献量（Nraver）和期数（Issue）5 个解释变量与期刊论文出版后 3 年零被引率之间存在负相关关系。从 5 个解释变量的系数大小能够看出，跨学科数量（Subcnt）对期刊论文出版后 3 年零被引率的影响最大，影响系数为 0.053，即跨学科数量（Subcnt）每增加 1 个百分点，期刊论文当年零被引率就会上升 0.053 个百分点。其次是影响因子，影响系数为 −0.015，即影响因子每增加 1 个百分点，期刊论文当年零被引率就会下降 0.015 个百分点。期刊各年论文数量（Pcnt）对期刊论文出版后 3 年零被引率的影响最小，影响系数为 0.0001，几乎可以忽略不计。

4.3.4 期刊论文出版后 6 年零被引率的影响因素分析

选择个体固定效应模型，利用最小二乘法和广义最小二乘法的交叉权重系数法对期刊论文出版后 6 年零被引率（Cnt5）及其影响因素的面板数据进行初步回归分析。回归结果显示，篇均作者数（Auaver）、篇均参考文献量（Nraver）、期数（Issue）变量无法通过显著性检验，因此，删除这 3 个变量后，进行最终的回归分析。从删除变量的个数可以看出，期刊论文出版后 6 年零被引率的影响因素数量开始变少。回归分析的结果如表 4-11 和表 4-12 所示。

表 4-11 估计的模型参数

R^2	F 统计量	概率
0.98	591.14	0.00

表 4-12 模型各因素变量的估计参数

变量	系数	T 统计量	概率
C	0.541	15.961	0.000
Pcnt	0.0001	5.812	0.000
If	0.010	2.983	0.003
Age	−0.006	−9.983	0.000
Pnaver	−0.004	−5.763	0.000
Subcnt	0.066	8.419	0.000

从表 4-11 和表 4-12 可以看出，样本可决系数 R^2 达到 98%，说明模型拟合效果非常好，F 统计量及其对应的 P 值都小于 0.01，说明方程差异极显著。T 统计量及其对应的 P 值都小于 0.01，说明模型常数及各变量都通过了显著性检验。由于是个体固定效应模型，因此，需要计算出样本个体的系数。30 本期刊个体及其对应的系数如表 4-13 所示。

表 4-13 30 本期刊个体及其对应的系数

个体	系数	个体	系数	个体	系数
AA	0.360	FSTJ	0.155	LIS	0.665
ABT	0.126	HER	−0.044	LRTS	−0.097
AC	−0.283	ISR	−0.054	MQ	−0.471
AHR	0.203	JEL	−0.303	PIAS	0.382
AJ	0.525	JIH	−0.077	PQE	−0.120
AM	0.311	JMS	−0.505	QRB	−0.035
AP	−0.377	JOC	−0.433	RECE	0.335
BL	−0.416	JRR	−0.268	SCI	−0.922
CMLR	0.223	JSC	0.175	SCM	−0.114
EB	0.516	JSL	0.053	ZEI	0.491

模型系数 C 与每个期刊个体系数 C 求和后相加，得到模型的总系数 C，即模型的常数项 C，值为 16.23。从而运算出 Cnt5 及其影响因素的个体固定效应模型方程如下：

$$Cnt5_{it}=16.23+0.0001Pcnt_{it}+0.01If_{it}-0.006Age_{it}-0.004Pnaver_{it}+0.066Subcnt_{it}, i=1,2,\cdots,30; t=1,2,\cdots,18$$

从中可以看出，模型各解释变量的系数非常小，说明各解释变量与期刊论文出版后 6 年零被引率之间存在非常弱的相关关系。从表 4-12 可以看出，期刊各年论文数量（Pcnt）、影响因子（If）和跨学科数量（Subcnt）3 个解释变量与期刊论文出版后 6 年零被引率之间存在正相关关系。而期刊年龄（Age）和篇均页数（Pnaver）两个解释变量与期刊论文出版后 6 年零被引率之间仍然为负相关关系。期刊当年影响因子（If）与期刊论文出版后当年零被引率（Cnt0）和 3 年零被引率（Cnt2）之间的相关关系为负，即期刊当年影响因子（If）提高，Cnt0 和 Cnt2 会降低。而期刊当年影响因子（If）对期刊论文出版后 6 年零被引率的影响开始变弱，两者之间的相关关系开始由负相关转向正相关。这可能与因素指标值测算时间周期相隔太远有关。从 5 个解释变量的系数大小能够看出，跨学科数量（Subcnt）对期刊论文出版后 6 年零被引率的影响最大，影响系数为 0.066，即跨学科数量（Subcnt）每增加 1 个百分点，期刊论文出版后 6 年零被引率就会上升 0.066 个百分点。这与人们普遍认识有点出入，即人们普遍认为："内容具有跨学科性，能带来较多启迪"因素能够有效降低论文零被引率。可能的解释是，期刊跨学科数量指的是，整个期刊的内容覆盖了几个学科，而"内容跨学科性"指的是某篇论文的内容是跨学科的，二者不是一回事。期刊各年论文数量（Pcnt）对期刊论文出版后 6 年零被引率（Cnt5）的影响最小，影响系数为 0.0001，几乎可以忽略不计。

4.4 论文篇幅与论文零被引之间的相关性

第三章论文零被引影响因素的调查问卷数据显示，大部分受调查者认为"其他（如 Notes、Comments、Letter）类"论文不易获得他人引用，而综述类论文易获得他人引用。另外，认为 4000～8000 字和 8000～15 000 字论文较容易获得他人引用，1000～2000 字较短论文和 15 000 字以上较长论文不易获得他人引用。论文零被引影响因素的面板数据模型分析结果显示，期刊论文篇均页数对期刊论文零被引率的影响较小，影响系数为 –0.004 和 –0.003，即期刊论文篇均页数每增加 1 个百分点，则期刊论文零被引率会下降 0.003～0.004 个百分点。

为了从不同视角分析论文篇幅对论文零被引的影响，我们选择 6 本国际高影响力期刊 *Nature*（NATURE）、*Science*（SCIENCE）、*Journal of the American Society for Information Science and Technology*（JASIST）、*Journal of Information Processing & Management*（IP&M）、*Scientometrics*（SCIENTO）和 *Journal of Documentation*（JDOC）每本期刊 1992—1999 年出版的论文及其引文数据，单独考察了论文内容长度与论文零被引之间的相互关系。为此，首先将每本期刊的论文按论文页数分为 6 类：1 类为 1～2 页的论文，2 类为 3～4 页的论文，3 类为 5～6 页的论文，4 类为 7～8 页的论文，5 类为 9～10 页的论文，6 类为 10 页以上的论文。然后，列表展示出每本期刊不同页数论文的数量，以及不同页数论文在出版后 12 年

第四章 论文零被引的影响因素分析——文献特征视角

较宽引用时间窗口中的零被引论文数量及其份额的变化。通过观察和分析这些数据，分析论文篇幅对它们将来能否被引有多大程度的影响。

表 4-14 展示的是每本期刊 1992—1999 年出版的 6 类论文数量和每类论文在出版后 12 年较宽引用时间窗口中的零被引论文数量及其占每类论文总量的份额。表中的符号 A 表示每类论文的数量，U 表示每类论文中零被引论文的数量，S 表示每类论文中零被引论文的份额。此外，为了更清晰地解释论文篇幅与它们未来被引概率之间的关系，我们计算出 6 本期刊的每类论文数量、零被引论文数量及其份额的总量和平均值。

表 4-14 论文篇幅与其未来被引概率之间关系的数据

期刊	1992—1999 年	1～2 页	3～4 页	5～6 页	7～8 页	9～10 页	10 页以上
NATURE	A（篇）	18388	5443	1518	326	61	14
	U（篇）	11124	71	2	0	0	0
	S	60.50%	1.30%	0.13%	0	0	0
SCIENCE	A（篇）	12902	6097	1557	390	76	18
	U（篇）	6778	250	7	2	1	1
	S	52.53%	4.10%	0.45%	0.51%	1.32%	5.56%
JASIST	A（篇）	357	133	89	102	103	308
	U（篇）	295	70	12	6	9	4
	S	82.63%	52.63%	13.48%	5.88%	8.74%	1.30%
SCIENTO	A（篇）	35	56	41	49	62	489
	U（篇）	29	40	18	5	6	34
	S	82.86%	71.43%	43.90%	10.20%	9.68%	6.95%
IP&M	A（篇）	234	36	16	23	36	337
	U（篇）	228	28	5	7	4	21
	S	97.44%	77.78%	31.25%	30.43%	11.11%	6.23%
JDOC	A（篇）	232	246	40	15	16	126
	U（篇）	228	231	29	5	1	6
	S	98.28%	93.90%	72.50%	33.33%	6.25%	4.76%
总和	A（篇）	32148	12011	3261	905	354	1292
	U（篇）	18682	690	73	25	21	66
	S	58.11%	5.74%	2.24%	2.76%	5.93%	5.11%
平均值	A（篇）	5358	2002	544	151	59	215
	U（篇）	3114	115	12	4	4	11
	S	79.04%	50.19%	26.95%	13.39%	6.18%	4.13%

从表4-14，我们观察到下面几个事实。

整体来说，论文篇幅对其将来能否获得引用有非常大的影响。例如，6本期刊1992—1999年出版的共计49 971篇论文中，有32 148篇1～2页的1类短论文（占总量的64.33%）和5812篇5页和5页以上的3类至6类长论文（占总量的11.63%）。其中，32 148篇1～2页短论文的零被引率高达58.11%，而5812篇5页和5页以上长论文的零被引率仅为3.18%。此外，随着论文长度的增加，6本期刊论文零被引率的平均值从1～2页短论文中的79.04%，下降到3～4页短论文中的50.19%，9～10页长论文中的6.18%，并最终下降到10页以上长论文中的4.13%。这或许能够使我们得出一个结论，即当前未被引的长论文在将来获得引用的概率远高于短论文。这也说明，科学界更倾向于引用长论文，因为长论文更能够为他们的想法提供更坚实的辨析和论据支持。然而，没有必要推断出"短论文是不重要的"这一观点。相反，短论文尽管被引较少，仍可能具有较大的启发价值和功能。因此，不同期刊，为了不同目的，可能会接收不同长度的论文。

值得注意的是，NATURE和SCIENCE作为多学科期刊，尽管出版了更多1～4页的短论文（例如，NATURE有23 831篇1至4页短论文，占92.55%；SCIENCE有18 999篇短论文，占90.30%），然而它们的论文零被引率并不太高。例如，NATURE和SCIENCE中1～2页短论文的零被引率分别为60.50%和52.53%，而其他4本情报学期刊中1～2页短论文的零被引率分别为82.63%、82.86%、97.44%和98.28%。当论文页数增加时，NATURE和SCIENCE中3～4页短论文的零被引率更低，仅为1.30%和4.10%，甚至低于其他4本情报学期刊8页以上较长论文的零被引率。

大部分1～4页短论文是涵盖Letters、Editorials、Rebuttals、Corrections、News Items、Notes和Comments等的Others类型论文，不同期刊之间有较小的差异。而大部分5页以上（包括5页）的长论文是Articles或者Reviews类型。排除掉这些短论文后，每本期刊的论文零被引率都变得非常低。例如，在SCIENCE期刊12 902篇1～2页的短论文中，有90.79%的论文是Others类型论文，仅有7.46%的Articles类型论文。与1～2页的论文类型相比，SCIENCE期刊2041篇5页以上（包括5页）的长论文中，Articles和Reviews类型占99.27%，Others类型占0.73%。在排除掉SCIENCE期刊中大量1～2页短论文后，论文零被引率变得非常低，5～6页、7～8页、9～10页、10页以上的论文零被引率分别为0.45%、0.51%、1.32%、5.56%。从表4-14可以看出，其他5本期刊也具有非常相似的特征。

此外，2本多学科类期刊1～10页论文的零被引率都低于情报学领域的4本期刊。NATURE期刊7页及其以上的较长论文中，根本没有从未被引的论文。

4.5 本章小结

鉴于国内外论文零被引影响因素研究中存在的问题，本章采用面板数据模型对论文零被引率与其影响因素之间的相互关系及其相关程度进行分析。各部分的分析结果及其建议如下：

① 样本可决系数 R^2 达到 97% 以上，说明模型拟合效果非常好，F 统计量及其对应的 P 值都小于 0.01，说明方程差异极显著。T 统计量及其对应的 P 值都小于 0.05，说明模型常数及各变量都通过了显著性检验。

② 期刊论文出版当年零被引率（Cnt0）的影响因素分析结果显示：期刊影响因子（If）、期刊年龄（Age）、篇均作者数（Auaver）、篇均参考文献量（Nraver）和期刊期数（Issue）与论文出版后当年零被引率之间存在反向影响关系，不过对期刊论文出版后当年零被引率的影响非常小。其中，期刊影响因子（If）对期刊论文当年零被引率的影响最大，影响系数为 –0.024，即期刊影响因子增加，会使期刊论文当年零被引率降低。而期刊年龄（Age）、篇均参考文献量（Nraver）和期刊期数（Issue）对期刊论文当年零被引率的影响较小，影响系数分别为 –0.001、–0.0004 和 –0.004。

③ 期刊论文出版后 3 年零被引率（Cnt2）的影响因素分析结果显示：期刊跨学科数量（Subcnt）对期刊论文出版后 3 年零被引率的影响最大，影响系数为 0.053，不过这种影响属于负面影响，即随着跨学科数量的增加，期刊论文零被引率不是下降，而是会上升。因此，我们猜测：如果期刊跨学科数量过多，可能会使其成为边缘性交叉学科期刊，零被引率可能会上升；冷门学科文献的加入，也有可能导致零被引率上升。当然，这个结论不是很具有说服力，比如 NATURE 和 SCIENCE 杂志的跨学科数量远高于其他期刊，但它们并非边缘性交叉学科期刊，因此，这个结论需要选择更多学科期刊数据进行更全面的验证。其次是影响因子，影响系数为 –0.015。期刊各年论文数量（Pcnt）对期刊论文出版后 3 年零被引率的影响极小，影响系数为 0.0001，几乎可以忽略不计。

④ 期刊论文出版后 6 年零被引率（Cnt5）的影响因素分析结果显示：期刊跨学科数量（Subcnt）与期刊论文出版后 6 年零被引率之间存在正向相关关系，相关系数为 0.066，即跨学科数量每增加 1 个百分点，期刊论文出版后 6 年零被引率会提升 0.066 个百分点。而论文零被引影响因素的结构方程模型分析结果显示，"内容具有跨学科性，能带来较多启迪"因素能够有效降低论文零被引率。这两个结论看似有相悖之处，可能的解释是期刊跨学科数量指的是整个期刊的内容覆盖了几个学科，而"内容跨学科性"指的是某篇论文的内容是跨学科的，二者不是一回事。期刊各年论文数量（Pcnt）对期刊论文出版后 6 年零被引率（Cnt5）的影响最小，影响系数为 0.0001，几乎可以忽略不计。

⑤ 期刊当年影响因子（If）对期刊论文出版后当年零被引率（Cnt0）和 3 年零被引率（Cnt2）产生了正面影响，即期刊当年影响因子（If）提高，Cnt0 和 Cnt2 会降低。而期刊当年影响因子（If）对期刊论文出版后 6 年零被引率（Cnt5）开始产生负面影响，即期刊当年影响因子（If）提高，Cnt5 不是降低，而是在上升。这可能与因素指标值测算时间周期相隔太远有关。期刊各年论文数量（Pcnt）对期刊论文出版后 6 年零被引率（Cnt5）的影响最小，影响系数为 0.0001，几乎可以忽略不计。面板数据模型分析的结果基本上与结构方程模型分析的结果一致，即影响因子是论文零被引的重要因素，而论文或期刊个体特征是次要影响因素。

第五章 论文零被引率的演变规律研究

为解决国内外期刊论文零被引率演变规律研究中存在的问题,我们从多学科类、自然科学的生物学类、工程科学的电子工程类、数学类、社会科学的图书情报学类、人文科学的历史学类 6 个不同性质学科内影响因子或综合排名高、中、低 3 个层次期刊中各选 3 本中英文期刊,共计 36 本期刊作为样本期刊,然后基于 36 本期刊 1990—2012 年各年的 Article 和 Review 类型论文数量及其在出版当年(Cnt0)、出版后 1 年(Cnt1)、出版后 2 年(Cnt2)……出版后 19 年(Cnt19)等不同引用时间窗口中论文零被引率数据,实证检验和分析了期刊论文的零被引率演变规律。

①固定出版时间窗口中不同学科期刊论文,在出版后不同引用时间窗口中论文零被引率的演变规律。首先绘制出 6 个不同学科样本期刊 1990—1993 年各年出版的论文在出版后 0～19 年不同引用时间窗口中论文零被引率的时间变化散点图,并使用我们定义的零被引率演变模型[公式(5-1)]和标准最小二乘回归分析方法,对不同学科样本期刊论文零被引率的时间变化散点进行拟合实验;然后总结出不同性质学科、不同影响力期刊论文零被引率演变的普遍规律、各自特色规律及其之间的差异;最后提出相关建议。

论文零被引率的数学表达式为:

$$P(X_t=0)=K+Ae^{-St} \qquad (5-1)$$

其中,$P(X_t=0)$ 表示某年出版的论文集合在出版后 t 年的引用时间窗口中从未受到任何引用的论文比例,其中 $t \geq 0$。参数 K 和 A 是两个常量,A 表示随着引用时间窗口的变宽,论文零被引率下降的幅度。变量 S 表示老化率或衰减系数,在本章,我们称它为"睡眠"(直到首次引用将其激活之前的状态)系数("Sleeping" Coefficient),表示随着时间的流逝,零被引论文仍处于未被引状态的概率。

对公式(5-1)的解释如下:

如果 t 趋于 0,$P(X_t=0)$ 趋于 $K+A$,表示初始引用时间窗口中的论文零被引率。当 t 等于 0 时,$K+A$ 等于 1,表示所有论文都处于零被引状态。相反,如果 t 趋于无穷大,$P(X_t=0)$ 趋于 K,表示在无限长引用时间窗口中的论文零被引率,这个比例将渐近地逼近零的水平。因此,公式(5-1)是一个具有以下两个基本属性的凹形函数:

属性 1:$\lim\limits_{t \to 0} P(X_t=0)=K+A \leq 1$

属性 2:$\lim\limits_{t \to \infty} P(X_t=0)=K \geq 0$

值得注意的是,当 $K=0$ 和 $A=1$ 时,公式(5-1)则转换成一个简洁的单参数负指数分布模型。$K=0$ 意味着,随着时间的流逝,期刊的每篇论文最终都有一个概率获得引用,成为被引论文。这与通常报道的情形不相符，即：事实上，总是有一定比例的从未被引论文，但与我们的初始分析一致，即 $K=0$ 的情形不常有，是不可持续的。因此，我们将 K 作为模型的一个自由参数。

公式（5-1）主要拟合一些负指数下降趋势明显的凹形曲线，为了拟合一些负指数下降趋势不太明显的偏凸型曲线，我们给出公式（5-1）的同等变化形式，即：

$$P(X_t=0)=K+Ae^{-t/S} \tag{5-2}$$

此模型与公式（5-1）的唯一区别是，睡眠系数 S 变为其倒数，即 $1/S$。

②固定引用时间窗口中不同学科期刊论文零被引率的年度变化规律研究。包括所选 6 个不同性质学科 36 本中英文期刊 1990—2012 年各年出版的论文在出版当年零被引率的年度变化规律，1990—2010 年各年出版的论文在出版后 3 年（包括出版当年）引用时间窗口中论文零被引率的年度变化规律，以及 1990—2007 年各年出版的论文在出版后 6 年（包括出版当年）引用时间窗口中论文零被引率的年度变化规律。此外，本章也实证分析了非英语期刊和非英语国家期刊、6 本国际高影响力期刊论文零被引率的演变规律。

5.1 多学科类期刊论文零被引率的演变规律

多学科类 6 本期刊的基本概况如表 5-1 所示，其中，学科排名 56/2 表示在学科 56 本期刊中排名第 2 位。

表 5-1　多学科类 6 本期刊的基本概况

中文刊名	英文刊名	缩写	出版语言	期刊国别	主办方	2011 年影响因子	学科排名
科学	Science	SCI	英语	美国	美国科学促进会	31.20	56/2
中国科学：数学	Science China-Mathematics	SCM	英语	中国	中国科学出版社	0.701	56/23
交叉科学评论	Interdisciplinary Science Reviews	ISR	英语	英国	英国材料、矿石和冶金协会的 Maney 出版公司	0.275	56/37
科学通报	Chinese Science Bulletin	CSB	中文	中国	中国科学院和国家自然科学基金委员会	—	15/1
河南大学学报：社会科学版	Journal of Henan University: Social Science	JHU	中文	中国	河南大学	—	70/35
青海社会科学	Qinghai Social Sciences	QSS	中文	中国	青海省社会科学院	—	50/50

5.1.1　出版时间窗口固定情况下多学科类期刊论文零被引率的演变规律

利用公式（5-1）和最小二乘回归法拟合多学科类 6 本期刊 1990—1993 年各年出版的论

文在出版后 0～19 年不同引用时间窗口中论文零被引率的时间变化散点图，并计算出模型的不同参数。这些参数包括：反映拟合效果好坏的拟合优度 R^2、常量 K、下降幅度 A、睡眠系数 S——即随着引用时间窗口的变大，零被引论文仍处于零被引状态的概率，如果随着引用时间窗口的变大，零被引率下降的波动或变化较小，则睡眠系数可能越大；即使某个期刊零被引率在某个时间段下降的幅度较大，但在随后的引用时间窗口下降较小的话，睡眠系数也会较大。6 本期刊各年拟合参数的区间值如表 5-2 所示。

表 5-2 多学科类 6 本期刊各年拟合参数的区间值

期刊缩写	R^2 区间	A 区间	S 区间	F 值区间	大于 F 值的概率区间
ISR	[0.95, 0.99]	[0.3, 0.55]	[0.17, 0.43]	[3518, 40 984]	[0]
SCI	[1]	[0.38, 0.42]	[1.72, 1.93]	[5135, 28 080]	[0]
SCM	[0.99, 1]	[0.44, 0.58]	[0.20, 0.29]	[5211, 46 272]	[0]
CSB	[0.99]	[0.54, 0.60]	[0.24, 0.32]	[5871, 11 317]	[0]
JHU	[0.98, 0.99]	[−0.21, −0.03]	[−0.14, −0.06]	[18 590, 88 900]	[0]
QSS	[0.96, 0.99]	[−0.04, −0.01]	[−0.12, −0.21]	[14 763, 56 410]	[0]

从表 5-2 可以看出：①公式（5-1）的性能较好。能够很好地拟合多学科类 6 本期刊论文零被引率的时间分布散点图，反映模型拟合效果好坏程度的拟合优度 R^2 都达到理想的 95% 以上。②拟合结果差异极显著。判断拟合结果显著性的 P 值，即大于 F 值的概率区间，都小于 0.01，表明拟合结果差异极显著。③从零被引率随引用时间窗口变大而下降的幅度 A 可以看出，3 本国际 SCI 期刊《交叉科学评论》（ISR）、《科学》（SCI）、《中国科学：数学》（SCM）和 1 本国内高影响力权威期刊《科学通报》（CSB）的下降幅度较大，而国内其他 2 本低影响力的核心期刊《河南大学学报》（JHU）和《青海社会科学》（QSS）的下降幅度较低，分别为负值。负值的原因可能与这 2 本期刊论文零被引率在初始的几年下降得非常慢有关。中国的 2 本高影响力期刊《中国科学：数学》（SCM）和《科学通报》（CSB）的下降幅度区间值略高于其他期刊，包含世界顶级期刊《科学》（SCI）和英国的《交叉科学评论》（ISR）。④6 本期刊睡眠系数 S 的区间显示，《河南大学学报》（JHU）和《青海社会科学》（QSS）的睡眠系数最低，为负值。这主要因为：尽管 2 本期刊论文零被引率在初始几年下降得较慢，但在发表后 5 年和更长引用时间窗口中下降得较快。其他 4 本较高睡眠系数区间值的期刊中，《科学》（SCI）的睡眠系数区间值最大，为 [1.72, 1.93]，远高于其他期刊。这主要因为：相比其他期刊，《科学》（SCI）论文零被引率在初始 2 年下降得非常快，但在此后的引用时间窗口中，此期刊论文零被引率的变化很小，一直保持为一个较低的稳定值。

图 5-1 表示多学科类 6 本期刊 1990—1993 年各年出版的论文集合在出版后 0～19 年不同引用时间窗口中论文零被引率的时间变化散点图，以及使用公式（5-1）对这些散点图进行拟合所产生的曲线。在这些图中，散点的不同形状和颜色代表不同期刊。

第五章 论文零被引率的演变规律研究

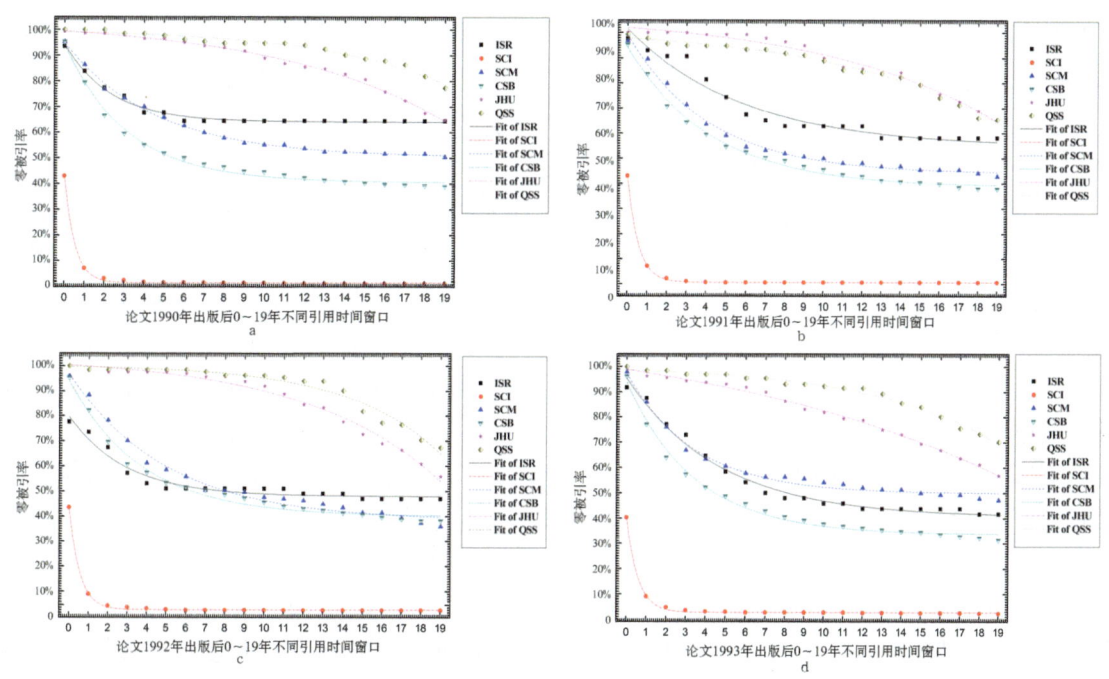

图 5-1 多学科类 6 本期刊论文在 1990—1993 年各年出版后 20 个不同引用时间窗口中零被引率的演变散点图及其拟合曲线

图 5-1 揭示出多学科类不同期刊发展的一些共同规律或模式，主要分为两类：一类是 4 本国内外高影响力权威期刊《交叉科学评论》(ISR)、《科学》(SCI)、《中国科学：数学》(SCM) 和《科学通报》(CSB) 形成了一系列具有如下共同特征的凹形曲线：在最初较短引用时间窗口中，期刊论文零被引率随时间流逝下降得非常快，随着引用时间窗口变得越来越长，论文零被引率下降速度变得非常缓慢，渐近地逼近零的水平。另一类相反的变化规律或模式反映了 2 本国内低影响力期刊《河南大学学报》(JHU) 和《青海社会科学》(QSS) 的情况，二者都具有如下共同特征的凸形曲线：在最初几年的引用时间窗口中，期刊论文零被引率随时间流逝下降得非常慢，随着引用时间窗口变得越来越长，论文零被引率下降速度反而变得非常快，渐近地逼近一个较低的水平。

图 5-1 也揭示出多学科类不同期刊发展的一些个体特色规律或模式：①《科学》(SCI) 的论文在出版当年引用时间窗口中的论文零被引率就非常低，如该刊 1990 年论文出版当年的论文零被引率是 43%，相对于论文刚出版时的 100% 零被引率，下降了 57 个百分点。在出版后 2 年引用时间窗口（包括出版当年）中，《科学》(SCI) 的论文零被引率就已经快速下降到一个非常低的水平，如该刊 1990 年论文出版后 2 年的论文零被引率是 7%，相对于论文刚出版时的 100% 零被引率下降了 93 个百分点，相对于出版当年的 43% 零被引率，下降了 36 个百分点。在此后 2 年以上的引用时间窗口中，期刊论文零被引率一直保持在 1%～3% 的稳定区间，只有极少的变化。②《交叉科学评论》(ISR)、《中国科学：数学》(SCM) 和《科学通报》(CSB) 3 本期刊论文零被引率的时间变化趋势表现出一定的相似性。3 本期刊论文在出版当年引用时间窗口中的论文零被引率非常高。如 3 本期刊 1990 年论文出版当年的论文

零被引率分别为 94%、95% 和 95%，相对于论文刚出版时的 100% 零被引率，分别只下降了 6、5 和 5 个百分点。与《科学》（SCI）相比，这 3 本期刊 1990 年出版的论文分别在出版后 7 年（包括出版当年）、11 年（包括出版当年）和 10 年（包括出版当年）的引用时间窗口中，快速下降到一个非常低的水平，分别为 65%、55% 和 45%，相对于出版当年的零被引率，分别下降了 29、40 和 50 个百分点。在此后更长的引用时间窗口中，3 本期刊的论文零被引率达到稳定，只有极少的变化。③《河南大学学报》（JHU）和《青海社会科学》（QSS）期刊论文零被引率的时间变化表现出不一样的相反趋势，即在开始几年的引用时间窗口中有非常少的变化，但在此后更长引用时间窗口中开始快速下降。如《河南大学学报》（JHU）1990 年出版的论文在出版当年的零被引率是 99%，随着时间的流逝，当引用时间窗口变为 10 年（包括出版当年）时，其论文零被引率仍高达 92%，变化非常小，仅下降 7 个百分点。但在 10 年之后的引用时间窗口中，其论文零被引率随着引用时间窗口的变宽，开始快速下降，从出版后 10 年引用时间窗口的 92%，下降到出版后 20 年引用时间窗口（包括出版当年）的 65%，下降了 27 个百分点。

此外，对比分析期刊的国别、语种、影响因子及其零被引率演变规律之间的差异，可以看出：美国的英语期刊《科学》（SCI）和英国的英语期刊《交叉科学评论》（ISR）论文零被引率随时间流逝快速下降到稳定值所用的时间周期，比中国 4 本中英文期刊所用的时间周期少。国内高影响力英文期刊《中国科学：数学》（SCM）和中文期刊《科学通报》（CSB）零被引率随时间流逝下降的速度及快速下降到稳定值所用的时间周期都短于国内 2 本低影响力中文期刊《河南大学学报》（JHU）和《青海社会科学》（QSS）。

5.1.2 多学科类期刊论文零被引率演变规律的自引和文献类型差异

上述多学科类期刊论文零被引率演变规律的研究主要基于 Web of Science 数据库中期刊的 Article、Review 和 Conference Proceedings 3 类论文的原文数据及其引用数据。由于 Web of Science 数据库收录的期刊都是 SCI 和 SSCI 期刊，数量相对较少（12 000 多种[①]），而 Scopus 数据库收录的期刊覆盖面较广、数量相对较多（19 000 多种[②]）。因此为了考察期刊论文零被引率演变规律是否受数据库、自引和文献类型差异的影响，我们以国外多学科领域影响因子 TOP 2 的美国期刊《科学》（SCI）和国内多学科领域影响因子 TOP 2 的中国期刊《科学通报》（CSB）为例，从爱思唯尔 Scopus 数据库中获取到两本期刊的原文及其引文数据，统计出两本期刊 Article、Review 和 Conference Proceedings 3 类论文，以及排除自引后的 3 类论文 1997 年出版后 0~15 年引用时间窗口中零被引率的时间变化规律及其之间的差异。基于此数据，绘制出《科学》（SCI）和《科学通报》（CSB）各类论文 1997 年出版后 0~15 年引用时间窗口中零被引率的时间变化规律，如图 5-2 和图 5-3 所示。图中散点的不同形状和颜色代表不同期刊。AR&RE&CP 代表 Articles、Reviews 和 Conference Proceedings 3 类论文的整体数据，AR 代表 Articles 类型论文，RE 代表 Reviews 类型论文，CP 代表 Conference proceedings 类型论文，

---

① Web of Science 核心合集 [EB/OL].[2014-03-25].http://www.thomsonscientific.com.cn/productsservices/webofscience.

② Scopus 数据库 [EB/OL].[2014-03-25]. http://www.lib.sdu.edu.cn/portal/tpl/home/elec_detail?id=230.

AR（excluding_Self-Cite）是排除自引的 Articles 类型论文，RE（excluding_Self-Cite）是排除自引的 Reviews 类型论文，CP（excluding_Self-Cite）是排除自引的 Conference Proceedings 类型论文。

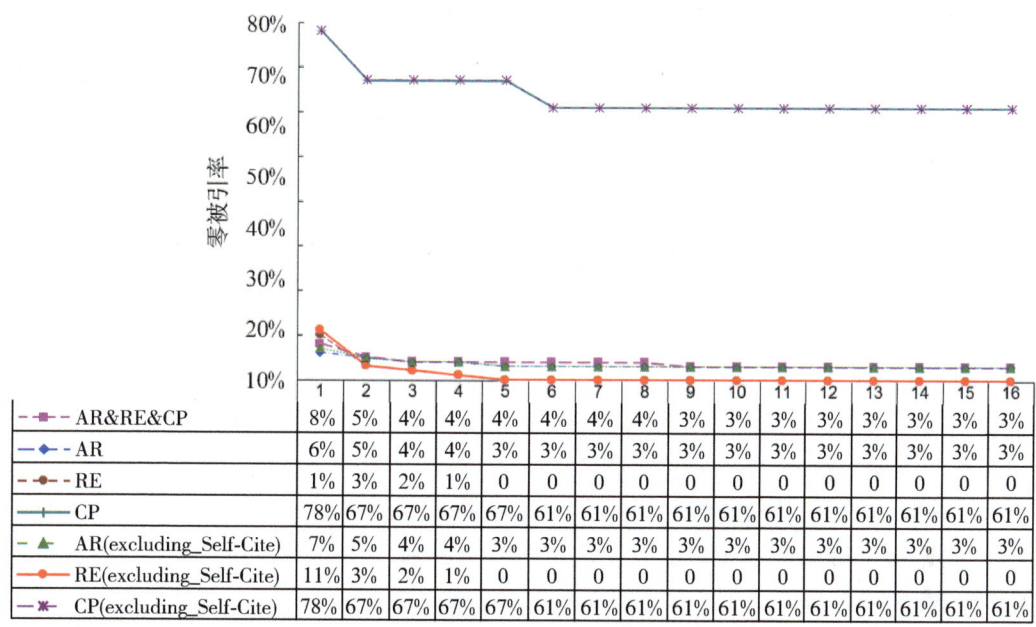

图 5-2 《科学》（SCI）期刊各类论文 1997 年出版后 0～15 年引用时间窗口中零被引率的时间变化规律

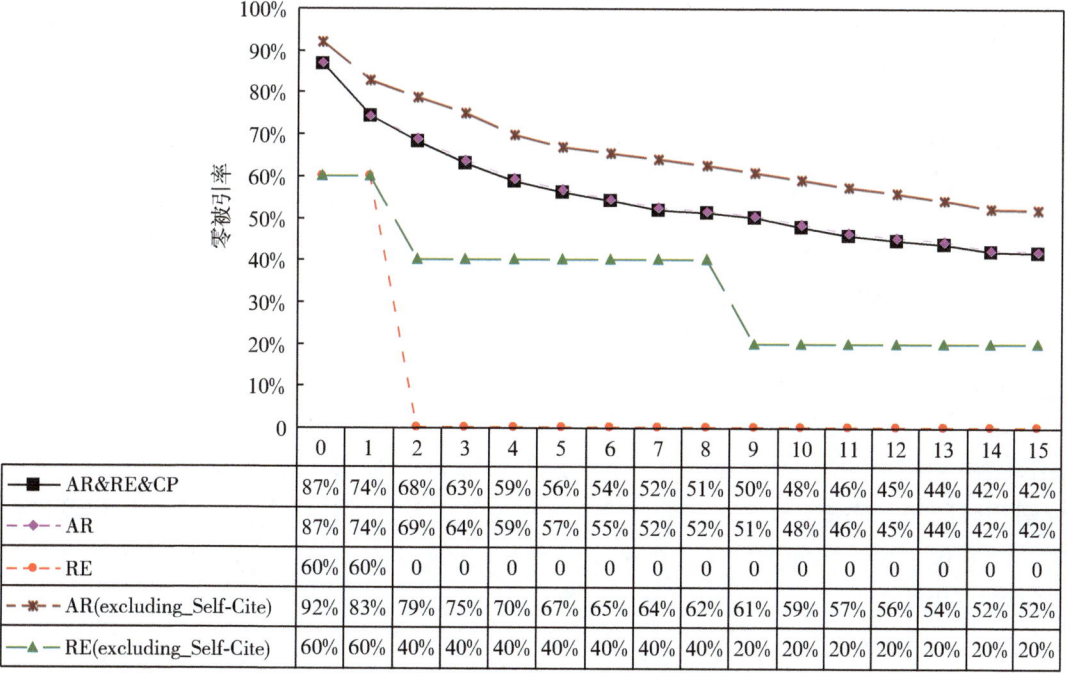

图 5-3 《科学通报》（CSB）各类论文 1997 年出版后 0～15 年引用时间窗口中零被引率的时间变化规律

从图 5-2 可以看出：① 在 Scopus 数据库中，《科学》（SCI）期刊 3 类论文（AR&RE&CP）在出版当年的零被引率已经降到 8% 的极低水平，在出版后 3 年（包括出版当年）已达到一个较低的（3%～4%）的稳定水平，而在 Web of Science 数据库中，《科学》（SCI）期刊 1997 年出版的 3 类论文在出版后当年的零被引率是 35%，在出版后 3 年（包括出版当年）才降到 6%。这可能与两个数据库的文献覆盖面不同有关，Scopus 数据库的文献覆盖面较 Web of science 要广，通常被 SCI 和 SSCI 收录而不被 Scopus 收录的期刊极少，但未被 SCI 和 SSCI 收录的期刊很多被 Scopus 收录了。② 在《科学》（SCI）期刊的 3 类论文中，Articles 类型论文和 Reviews 类型论文的零被引率较低，如论文出版当年的零被引率分别为 6% 和 10%，在出版后 5 年，已降到 3% 和 0 的极低比例，其中，Reviews 类型论文的零被引率普遍低于 Articles 类型论文的零被引率。而 Conference Proceedings 类型论文的零被引率较高，如出版当年的零被引率高达 78%，在出版后 6～16 年的引用时间窗口中，一直保持在 61% 的较高比例。③ 3 类论文零被引率的演变曲线基本上与 Articles 和排除自引的 Articles 类型论文零被引率的演变曲线一致，在大部分引用时间窗口中都处于重叠状态。其中，排除自引 Articles 类型论文在出版当年的零被引率比未排除自引的 Articles 类型论文高出 1 个百分点，不过在其他所有引用时间窗口中，两类文献的零被引率都一样。此外，Reviews 类型论文与排除自引的 Reviews 类型论文零被引率演变曲线也基本上一致。Conference Proceedings 类型论文与排除自引的 Conference Proceedings 类型论文零被引率完全一致。这在一定程度上说明，排除自引对《科学》（SCI）期刊论文零被引率的影响极小。

从图 5-3 可以看出：① 在 Scopus 数据库中，《科学通报》（CSB）3 类论文（AR&RE&CP）在出版当年的零被引率为 87%，而在 Web of Science 数据库中，《科学通报》（CSB）1997 年出版的 3 类论文在出版当年的零被引率是 93%。可见由于 Scopus 数据库的文献覆盖面较广，文献被引的机会更多，因此，Scopus 数据库中期刊论文零被引率相对低于 Web of Science 数据库中期刊论文零被引率。②《科学通报》（CSB）的 3 类论文零被引率的演变曲线与 Articles 类型论文零被引率的演变曲线基本上一致，在大部分引用时间窗口中都处于重叠状态。③ 与《科学》（SCI）一样，《科学通报》（CSB）的 Reviews 类型论文的零被引率也普遍低于 Articles 类型论文的零被引率。例如，Articles 类型论文出版当年的零被引率为 87%，在出版后 3 年，降到 69%，在出版后 16 年，降到 42%，而 Reviews 类型论文出版当年的零被引率为 60%，在出版后 3 年就已经降到 0 的最低水平。④ 自引对《科学通报》（CSB）论文零被引率的影响较大，从 Articles 类型论文与排除自引的 Articles 类型论文零被引率演变曲线的位置看，在所有引用时间窗口中，排除自引的 Articles 类型论文零被引率都比 Articles 类型论文的零被引率高出 5～11 个百分点。相似地，排除自引的 Reviews 类型论文零被引率在大部分引用时间窗口中都比 Reviews 类型论文零被引率高出 20～40 个百分点。从排除自引的两类论文零被引率高出两类论文零被引率的百分点能够看出，Reviews 类型论文的自引多于 Articles 类型论文。

5.1.3 引用时间窗口固定情况下多学科类期刊论文零被引率的年度变化规律

图 5-4、图 5-5 和图 5-6 展示的分别是多学科类 6 本期刊 1990—2012 年各年论文出版当年零被引率的年度变化规律，1990—2010 年各年论文出版后 3 年（包括出版当年）引用时间窗口中论文零被引率的年度变化规律，以及 1990—2007 年各年论文出版后 6 年（包括出版当年）引用时间窗口中论文零被引率的年度变化规律。

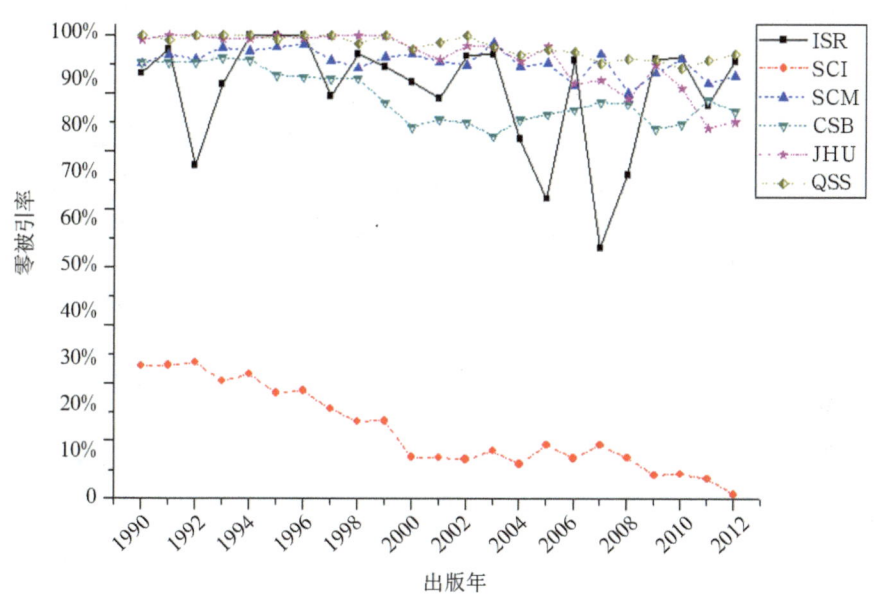

图 5-4　多学科类 6 本期刊 1990—2012 年各年论文出版当年零被引率的年度变化规律

图 5-4 揭示出多学科类期刊不同年代论文出版当年零被引率的历年变化规律或模式，主要分为两类：①随着时间的流逝，不同年代论文出版当年零被引率的变化表现出逐渐下降的年度变化趋势。《科学》（SCI）、《科学通报》（CSB）和《河南大学学报》（JHU）是这种变化趋势的期刊，其中，《科学》（SCI）期刊论文出版当年零被引率的逐年下降趋势最明显。如《科学》（SCI）1990 年论文出版当年的零被引率是 43%，随时间的流逝，逐渐下降到 2000 年论文出版当年的零被引率 27%，下降了 16 个百分点，然后从 27% 缓慢下降到 2012 年论文出版当年的零被引率 21%，相对于 1990 年的 43%，下降了 22 个百分点，相对于 2000 年的 27%，下降了 6 个百分点。这表明《科学》（SCI）1990—2012 年各年论文出版当年的影响和引用率一直在提升，到 2012 年，《科学》（SCI）论文出版后当年的引用率达到 79%。②随着时间的流逝，不同年代论文出版当年零被引率的年度变化并未表现出明显的下降或上升趋势。《交叉科学评论》（ISR）、《中国科学：数学》（SCM）和《青海社会科学》（QSS）表现出这种趋势。其中，《交叉科学评论》（ISR）论文出版当年零被引率的年度变化趋势波动较大，忽高忽低，说明此期刊各年论文出版当年的影响和引用不够稳定。

图 5-5 揭示出多学科类期刊不同年代论文出版后 3 年零被引率的历年变化规律或模式，主要分为两类：①随着时间的流逝，期刊各年论文出版后 3 年零被引率呈现出不断下降的年

度变化趋势。《交叉科学评论》(ISR)、《中国科学：数学》(SCM)、《科学通报》(CSB)、《河南大学学报》(JHU)和《青海社会科学》(QSS)5本期刊都表现出这种趋势，而这5本期刊出版当年的论文零被引率的年度变化并未表现出这种明显的下降趋势。其中，国内两本低影响力中文期刊《河南大学学报》(JHU)和《青海社会科学》(QSS)各年论文出版后3年零被引率逐年下降最快。从1990年的99%和100%，下降到2000年的74%和84%，分别下降了25和16个百分点；然后从2000年开始，非常快速地下降到2010年的25%和49%，相对于1990年来说，分别下降了74和51个百分点，相对于2000年来说，分别下降了49和35个百分点。这表明，《河南大学学报》(JHU)和《青海社会科学》(QSS)1990—2010年，发展得非常快，尤其是2000—2010年，如2010年论文出版后3年就有75%和51%的文献得到利用。此外，《交叉科学评论》(ISR)的论文零被引率随时间流逝也在不断下降，但这种下降趋势并不明显，且波动非常大。②随着时间的流逝，期刊各年论文出版后3年零被引率呈现出稳定的年度变化趋势，波动非常小。这种趋势的代表期刊是《科学》(SCI)。由于此期刊各年论文出版后3年引用时间窗口中的论文零被引率都能达到一个非常低且稳定的水平，因此，零被引率年度变化波动非常小，一直处于0~0.1%的稳定水平。

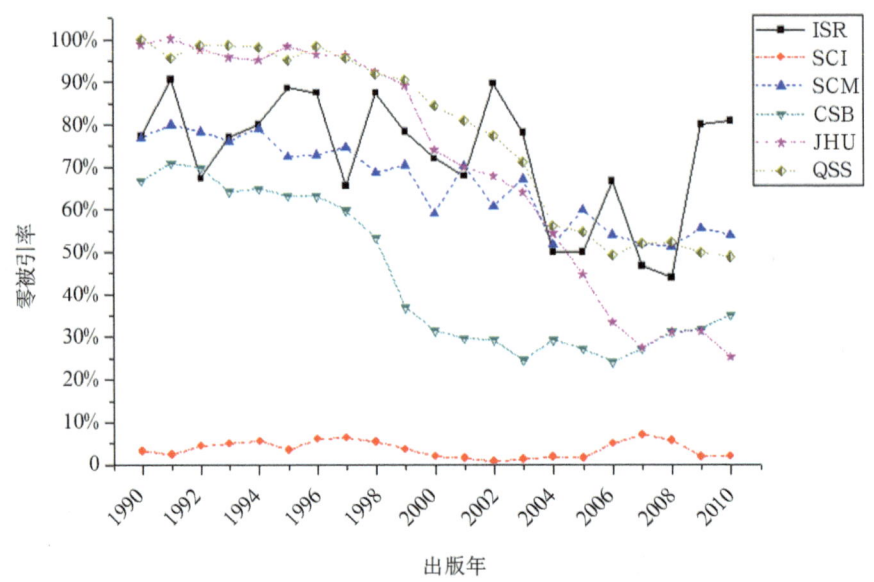

图5-5　多学科类6本期刊1990—2010年各年论文出版后3年（包括出版当年）零被引率的年度变化规律

图5-6揭示出多学科类期刊不同年代论文出版后6年零被引率的年度变化规律或模式，基本上与图5-5所揭示的规律和模式一样。然而与图5-5所揭示的各期刊论文出版后6年零被引率的年度变化规律相比，《交叉科学评论》(ISR)、《中国科学：数学》(SCM)、《科学通报》(CSB)、《河南大学学报》(JHU)和《青海社会科学》(QSS)5本期刊各年论文出版后6年零被引率的逐年下降趋势更加明显，下降速度更快。《科学》(SCI)各年论文出版后6年零被引率的年度变化趋势与图5-5所示论文出版后3年零被引率的年度变化趋势基本上一样，波动较小。

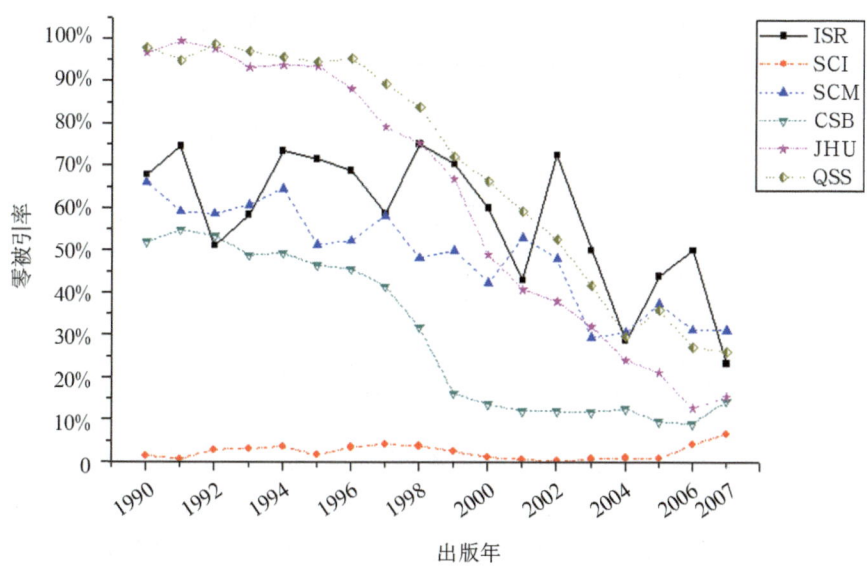

图 5-6　多学科类 6 本期刊 1990—2007 年各年论文出版后 6 年（包括出版当年）零被引率的年度变化规律

5.2　生物学类期刊论文零被引率的演变规律

我们选择自然科学的生物学类 6 本中英文期刊作为研究对象。6 本期刊的基本概况如表 5-3 所示。

表 5-3　生物学类 6 本期刊的基本概况

中文刊名	英文刊名	缩写	出版语言	期刊国别	主办方	2011 年影响因子	学科排名
生物学季度评论	Quarterly Review of Biology	QRB	英语	美国	芝加哥大学出版社	7.73	85/3
辐射研究期刊	Journal of Radiation Research	JRR	英语	日本	日本辐射研究学会	1.68	85/39
美国生物教师	American Biology Teacher	ABT	英语	美国	美国国家生物教师协会	0.13	85/83
生态学报	Acta Ecologica Sinica	AES	中文	中国	中国科学技术协会	—	60/1
植物研究	Bulletin of Botanical Research	BBR	中文	中国	东北林业大学	—	60/28
人类学学报	Acta Anthropologica Sinica	AAS	中文	中国	中国科学院	—	60/60

5.2.1　出版时间窗口固定情况下生物学类期刊论文零被引率的演变规律

利用公式（5-1）和最小二乘回归法拟合生物学类 6 本期刊 1990—1993 年各年出版的论文在出版后 0～19 年不同引用时间窗口中论文零被引率的时间变化散点图，并计算出模型的不同参数。6 本期刊各年拟合参数的区间值如表 5-4 所示。

表 5-4　生物学类 6 本期刊各年拟合参数的区间值

期刊缩写	R^2 区间	A 区间	S 区间	大于 F 值的概率区间
QRB	[0.94,1]	[0.22, 0.87]	[0.94, 37.67]	[0]
ABT	[0.96, 0.99]	[0.38, 0.59]	[0.09,0.17]	[0]
JRR	[0.97,0.99]	[0.66, 0.96]	[0.21, 0.33]	[0]
AES	[0.98, 0.99]	[0.89, 1.01]	[0.16, 0.23]	[0]
BBR	[0.98,1]	[0.9, 1.01]	[0.06, 0.08]	[0]
AAS	[0.98,0.99]	[0.72, 0.8]	[0.14, 0.18]	[0]

从表 5-4 可以看出：①公式（5-1）的性能较好，能够很好地拟合生物学类 6 本期刊论文零被引率的时间分布散点图，反映模型拟合效果好坏程度的拟合优度 R^2 都达到理想的 94% 以上。② 拟合结果差异极显著。判断拟合结果显著性的 P 值，即大于 F 值的概率区间，都小于 0.01，表明拟合结果差异极显著。③ 从零被引率随引用时间窗口变大而下降的幅度 A 可以看出，国内 3 本中文期刊《生态学报》（AES）、《植物研究》（BBR）、《人类学学报》（AAS）和日本的英语期刊《辐射研究期刊》（JRR）的下降幅度 A 较大，其中，《生态学报》（AES）和《植物研究》（BBR）的下降幅度的区间值最大，分别为 [0.89, 1.01] 和 [0.9, 1.01]。美国的 2 本期刊《生物学季度评论》（QRB）和《美国生物教师》（ABT）的下降幅度较小，其中生物学类高影响力期刊《生物学季度评论》（QRB）零被引率下降幅度较小的原因是此期刊零被引率在论文出版后 3 年引用时间窗口（包括出版当年）中已经下降到一个非常低且稳定的水平，此后变化非常小。④ 6 本期刊睡眠系数 S 的区间显示，《美国生物教师》（ABT）和《植物研究》（BBR）的睡眠系数区间值较低，分别为 [0.09, 0.17] 和 [0.06, 0.08]。国内中文期刊《植物研究》（BBR）的睡眠系数区间值最低，与其最大的下降幅度区间值相对应，说明《植物研究》（BBR）的国内影响力尽管较低，但其论文出版后一直保持不断被参考利用的状态。生物学类高影响力期刊《生物学季度评论》（QRB）的睡眠系数区间值最大，高达 [0.94, 37.67]，主要原因在于，此期刊零被引率下降到非常低且稳定水平所用的引用时间窗口较短（3 年），此后变化非常小。

图 5-7 表示生物学类 6 本期刊 1990—1993 年各年出版的论文集合在出版后 0～19 年不同引用时间窗口中论文零被引率的时间变化散点图，以及使用公式（5-1）对这些散点图进行拟合所产生的曲线。在这些图中，散点的不同形状和颜色代表不同期刊。

图 5-7 揭示出生物学类期刊论文出版后被参考利用的一些共同规律或模式，即生物学类 6 本期刊不同年代出版的论文在出版后 0～19 年不同引用时间窗口中论文零被引率的时间变化方面表现出极大的相似性，形成一系列具有如下共同特征的凹形曲线：在最初较短引用时间窗口中，期刊论文零被引率随时间流逝下降得非常快，随着引用时间窗口变得越来越长，论文零被引率下降速度变得非常缓慢，渐近地逼近一个非常低的水平。

图 5-7 也揭示出生物学类不同期刊发展的一些特殊规律或模式：① 国际生物学领域影响力较高的期刊《生物学季度评论》（QRB）零被引率的演变曲线表现出不一样的特点：基本上在论文出版后 1～3 年（包括出版当年）的引用时间窗口中，该刊的论文零被引率就已经

第五章 论文零被引率的演变规律研究

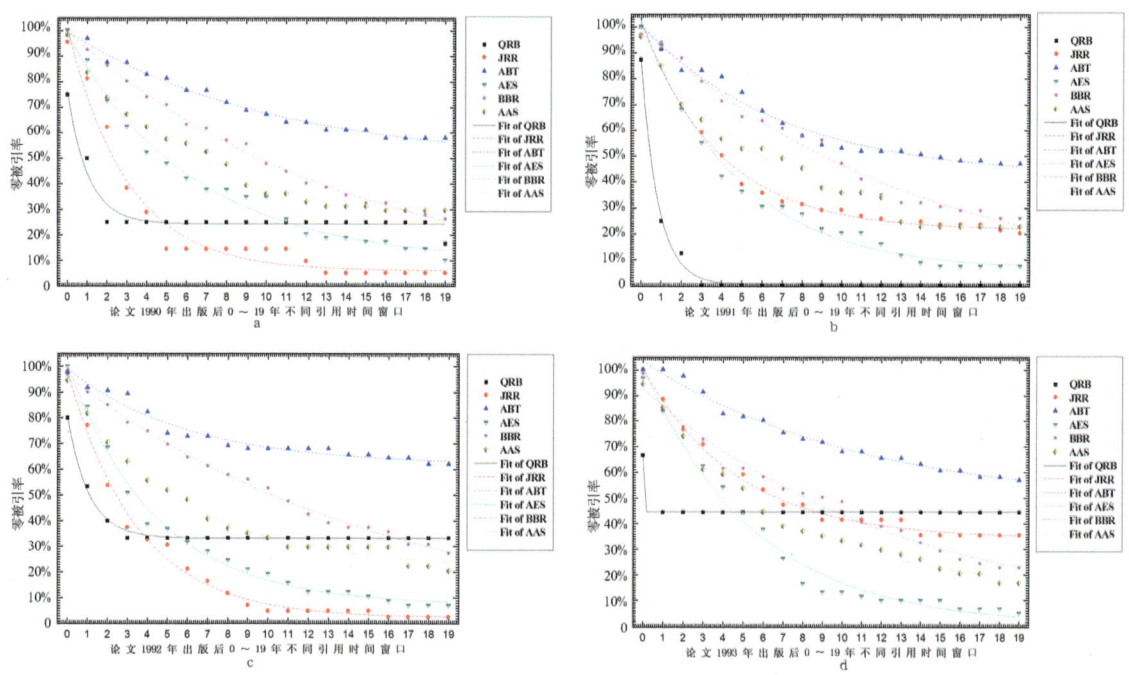

图 5-7 生物学类 6 本期刊论文在 1990—1993 年各年出版后 20 个不同引用时间窗口中
零被引率的演变散点图及其拟合曲线

降到一个非常低且稳定的水平，这个比例高于此引用时间窗口中其他期刊的论文零被引率。例如，该刊 1990 年论文出版当年的零被引率是 75%，相对于论文刚出版时的 100% 零被引率，下降了 25 个百分点。在出版后 2 年引用时间窗口（包括出版当年）中，这个比例就已经非常快速地下降到一个非常低的水平（25%）。相对于论文刚出版时的 100% 零被引率，下降了 75 个百分点，相对于出版当年的 75% 零被引率，下降了 50 个百分点。然而，在此后 2 年以上，直至 19 年（包括出版当年）的引用时间窗口中，期刊论文零被引率一直保持在 25%，在此后 20 年引用时间窗口中，才下降到 17%。不幸的是，此期刊 1990 年、1992 年和 1993 年各年论文出版后 10 年以上引用时间窗口中的零被引率并未最终降到其他期刊的零被引率之下。幸运的是，此期刊 1991 年的论文在出版后 3 年引用时间窗口中就没有任何未被引的论文。② 其他 5 本期刊《生态学报》（AES）、《植物研究》（BBR）、《人类学学报》（AAS）、《辐射研究期刊》（JRR）和《美国生物教师》（ABT）的论文零被引率的时间变化趋势表现出一定的相似性。即 5 本期刊论文在出版当年引用时间窗口中的论文零被引率都非常高，达到 94% 以上。然后以不同的幅度开始快速下降，并达到一个稳定且变化较小的水平。③ 不同期刊论文零被引率随时间流逝下降到稳定值所用的时间各不相同。例如，各期刊 1990 年出版的论文，美国芝加哥大学出版社主办的期刊《生物学季度评论》（QRB）论文零被引率下降到稳定值（25%）所用的时间是 2 年（包括出版当年），中国科学技术协会主办的《生态学报》（AES）和东北林业大学主办的《植物研究》（BBR）论文零被引率在 20 年之后尚未看到达到稳定的迹象，中国科学院主办的《人类学学报》（AAS）用了 14 年达到 31% 的稳定水平，日本辐射研究学会主办的《辐射研究期刊》（JRR）在论文发表后 14 年达到 5% 的较低且稳定水平。美国国家生物教师协会主办的《美国生物教师》（ABT）用 17 年达到 58% 的稳定水平。可以看出，高影响力期刊的论文发表后更容易被发现和利用。

5.2.2　引用时间窗口固定情况下生物学类期刊论文零被引率的年度变化规律

图 5-8、图 5-9 和图 5-10 展示的分别是生物学类 6 本期刊 1990—2012 年各年论文出版当年零被引率的年度变化规律，1990—2010 年各年论文出版后 3 年（包括出版当年）引用时间窗口中论文零被引率的年度变化规律，以及 1990—2007 年各年论文出版后 6 年（包括出版当年）引用时间窗口中论文零被引率的年度变化规律。

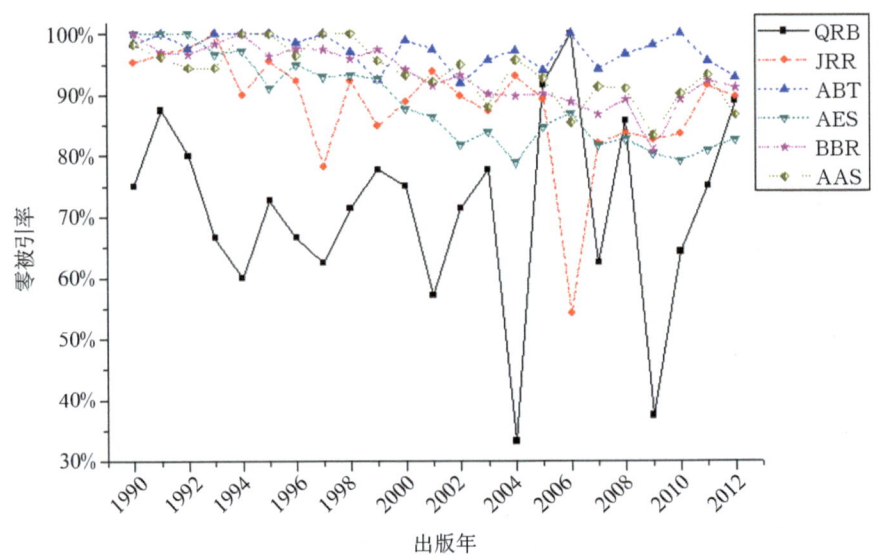

图 5-8　生物学类 6 本期刊 1990—2012 年各年论文出版当年零被引率的年度变化规律

图 5-8 揭示出生物学类期刊不同年代论文出版当年零被引率的历年变化规律或模式。从图中各期刊曲线的变化趋势能够看出，除了《生态学报》（AES）论文出版当年零被引率的年度变化表现出一定程度的下降趋势外，其他各期刊论文出版当年零被引率的年度变化并未表现出明显的上升或下降趋势，而是呈现波动较大的趋势。例如，国际生物学领域高影响力期刊《生物学季度评论》（QRB）的论文零被引率从 1990 年出版当年的 75%，上升到 1991 年 88%，然后下降到 1994 年的 60%，继而又上升到 1999 年的 78%，在 2004 年又下降到 33%，到 2006 年又快速上升到 100%，然后快速下降到 2009 年的 39%。

图 5-9 揭示出生物学类 6 本期刊不同年代论文出版后 3 年的零被引率呈现逐年下降的年度变化规律或模式。不过，不同期刊论文出版后 3 年零被引率随时间流逝而下降的速度和下降曲线的平滑性都表现得不一样。例如，《生物学季度评论》（QRB）、《美国生物教师》（ABT）和《日本辐射研究期刊》（JRR）论文出版后 3 年零被引率的年度变化虽然保持下降趋势，不过波动仍然较大。国内的《生态学报》（AES）、《植物研究》（BBR）和《人类学学报》（AAS）论文出版后 3 年零被引率的下降趋势比较明显，下降速度非常快，说明这些期刊发展得非常好，

论文出版后的传播与利用水平越来越高。

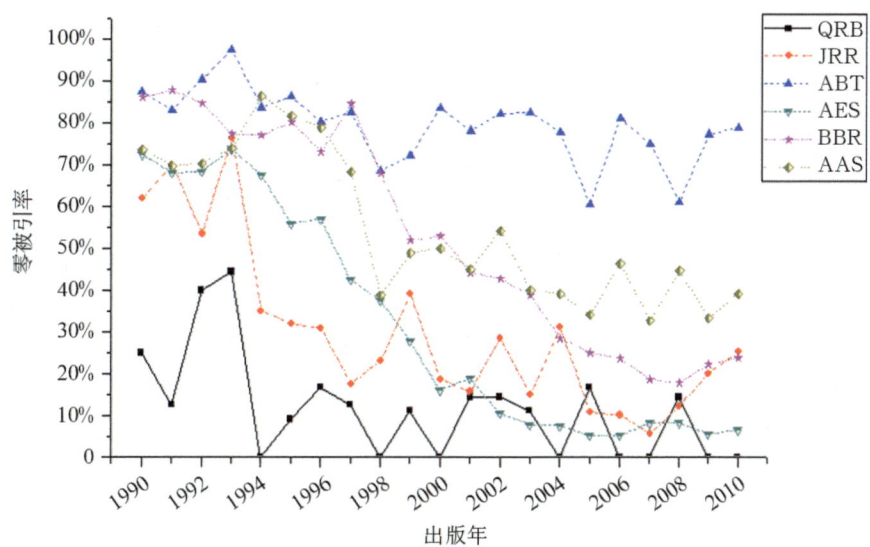

图 5-9　生物学类 6 本期刊 1990—2010 年各年论文出版后 3 年（包括出版当年）零被引率的年度变化规律

图 5-10 揭示出生物学类期刊不同年代论文出版后 6 年零被引率的历年变化规律或模式，基本上与图 5-9 所揭示的规律和模式一样。然而与图 5-9 所揭示的各期刊出版后 3 年零被引率的时间变化趋势相比，6 本期刊论文出版后 6 年零被引率的逐年变化趋势开始变得平缓，主要因为期刊论文在出版后 6 年以上的引用时间窗口中零被引率开始趋于稳定。就下降速度和下降曲线的平滑性而言，国内 3 本期刊《生态学报》（AES）、《植物研究》（BBR）和《人类学学报》（AAS）的表现较好。

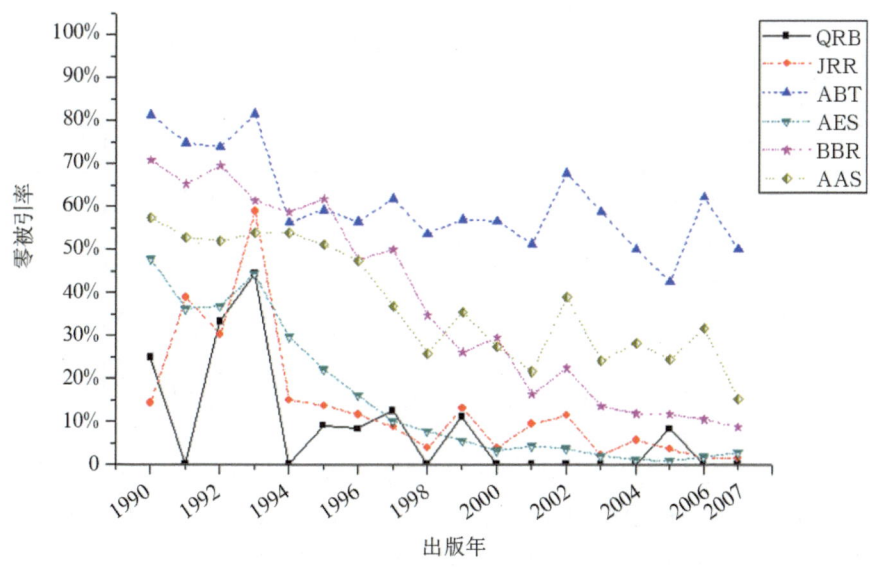

图 5-10　生物学类 6 本期刊 1990—2007 年各年论文出版后 6 年（包括出版当年）零被引率的年度变化规律

5.3 电子工程类期刊论文零被引率的演变规律

我们选择工程科学的电子工程类 6 本中英文期刊作为研究对象。6 本期刊的基本概况如表 5-5 所示。

表 5-5 电子工程类 6 本期刊的基本概况

中文刊名	英文刊名	缩写	出版语言	期刊国别	主办方	2011 年影响因子	学科排名
量子电子学进展	Progress in Quantum Electronics	PQE	英语	英国	爱思唯尔出版公司	7.00	245/1
材料科学期刊：电子工业材料	Journal of Materials Science-Materials in Electronics	JMS	英语	荷兰	施普林格出版公司	1.08	245/118
富士通科技杂志	Fujitsu Scientific & Technical Journal	FSTJ	英语	日本	富士通有限公司	0.11	245/237
电子学报	Acta Electronica Sinica	DZXB	中文	中国	中国电子学会	—	69/2
电子器件	Chinese Journal of Electron Devices	CJED	中文	中国	东南大学	—	69/36
电视技术	Video Engineering	VE	中文	中国	电视电声研究所	—	69/69

5.3.1 出版时间窗口固定情况下电子工程类期刊论文零被引率的演变规律

利用公式（5-1）和最小二乘回归法拟合电子工程类 6 本期刊 1990—1993 年各年出版的论文在出版后 0～19 年不同引用时间窗口中论文零被引率的时间变化散点图，并计算出模型的不同参数。6 本期刊各年拟合参数的区间值如表 5-6 所示。

表 5-6 电子工程类 6 本期刊各年拟合参数的区间值

期刊缩写	R^2 区间	A 区间	S 区间	大于 F 值的概率区间
PQE	[0.84,0.94]	[0.72, 1.08]	[0.41, 0.65]	[0]
JMS	[0.98, 0.99]	[0.67, 0.82]	[0.25,0.43]	[0]
FSTJ	[0.96,0.98]	[0.27, 0.49]	[0.17, 0.28]	[0]
DZXB	[0.95, 0.99]	[0.47, 0.61]	[0.22, 0.28]	[0]
CJED	[0.76,1]	[-0.02, 49.29]	[-0.12, 35]	[0]
VE	[0.88,0.97]	[0.09, 0.13]	[0.19, 0.35]	[0]

从表 5-6 可以看出：① 公式（5-1）的拟合效果总体较好。除了《量子电子学进展》（PQE）1992 年、《电子器件》（CJED）1992 年和《电视技术》（VE）1993 年论文零被引率演变散点图的拟合效果相对较差外（拟合优度 R^2 分别为 84%、76% 和 88%），6 本期刊其他年代论

文零被引率演变散点图的拟合效果较好，拟合优度都达到90%以上。②拟合结果差异极显著。判断拟合结果显著性的 P 值，即大于 F 值的概率区间，都小于0.01，表明拟合结果差异极显著。③从零被引率随引用时间窗口变大而下降幅度 A 可以看出，国内的《电子器件》（CJED）期刊的下降幅度区间为 [−0.02, 49.29]，从区间值的大小判断，《电子器件》（CJED）期刊不同年代论文零被引率随时间流逝出现非常大的下降幅度，下降幅度之间有很大的差异。例如，该刊1991年论文零被引率随引用时间窗口变大而下降的幅度是 −0.02，出现负值的原因是，论文零被引率随时间流逝而下降的幅度非常不明显，在引用时间窗口达到16年（包括出版当年）以上，才出现明显的下降。而《电子器件》（CJED）1993年论文零被引率随引用时间窗口变大而下降的幅度 A 高达49.29，几乎呈斜线下降。除《电子器件》（CJED）外，其他5本期刊零被引率下降幅度区间值波动不是太大，其中，国外2本较高影响因子期刊《量子电子学进展》（PQE）、《材料科学期刊：电子工业材料》（JMS）和国内电子工程领域高影响因子期刊《电子学报》（DZXB）论文零被引率的下降幅度较大，都在0.47以上，其中《量子电子学进展》（PQE）论文零被引率下降幅度区间值最大，为 [0.72, 1.08]。而较低影响因子的日本期刊《富士通科技杂志》（FSTJ）和国内低影响因子期刊《电视技术》（VE）论文零被引率下降幅度区间值较小，分别为 [0.27, 0.49] 和 [0.09, 0.13]。④6本期刊睡眠系数 S 的区间显示，《富士通科技杂志》（FSTJ）、电子学报（DZXB）和《电视技术》（VE）的睡眠系数区间值相对较低，而《量子电子学进展》（PQE）和《材料科学期刊：电子工业材料》（JMS）的睡眠系数区间值相对较高。《电子器件》（CJED）的睡眠系数区间值与此期刊零被引率下降幅度区间值一样，波动较大，为 [−0.12, 35]。

图5-11表示电子工程类6本期刊1990—1993年各年出版的论文集合在出版后0～19年不同引用时间窗口中论文零被引率的时间变化散点图，以及使用公式（5-1）对这些散点图进行拟合所产生的曲线。在这些图中，散点的不同形状和颜色代表不同期刊。

图5-11揭示出电子工程类期刊各年论文出版后不同引用时间窗口中被参考利用情况的一些共同规律或模式，与前述图5-7所揭示的生物学类期刊论文零被引率演变的规律或模式基本上一样，除国内低影响力期刊《电子器件》（CJED）论文零被引率演变曲线形状各异和《电视技术》（VE）论文零被引率演变曲线下降趋势不明显外，其他期刊论文零被引率演变曲线都形成了一系列具有如下共同特征的凹形曲线：在最初较短引用时间窗口中，期刊论文零被引率随时间流逝下降得非常快，随着引用时间窗口变得越来越长，论文零被引率下降速度变得非常缓慢，渐近地逼近一个非常低的水平。

图5-11也揭示出电子工程类不同期刊各年论文在出版后不同引用时间窗口中的一些特殊发展规律或模式。①国内低影响力期刊《电子器件》（CJED）论文零被引率的演变曲线表现出差异较大的特点。例如，该刊1990年出版的论文在出版后2年（包括出版当年）就从出版当年的100%零被引率降到92%，此后3～19年的引用时间窗口中，一直保持在92%的高零被引率，不再变化。该刊1991年和1992年论文零被引率的演变曲线偏凸型，即前期下降缓慢，尾部出现一定程度的下垂。1993年论文零被引率的演变曲线呈现出斜直线下降的趋势。②与前述多学科期刊论文零被引率的演变规律相比，电子工程类期刊论文在出版当年的零被引率都非常高，都在80%以上，大部分在90%以上，如各期刊1990年论文出版当年的

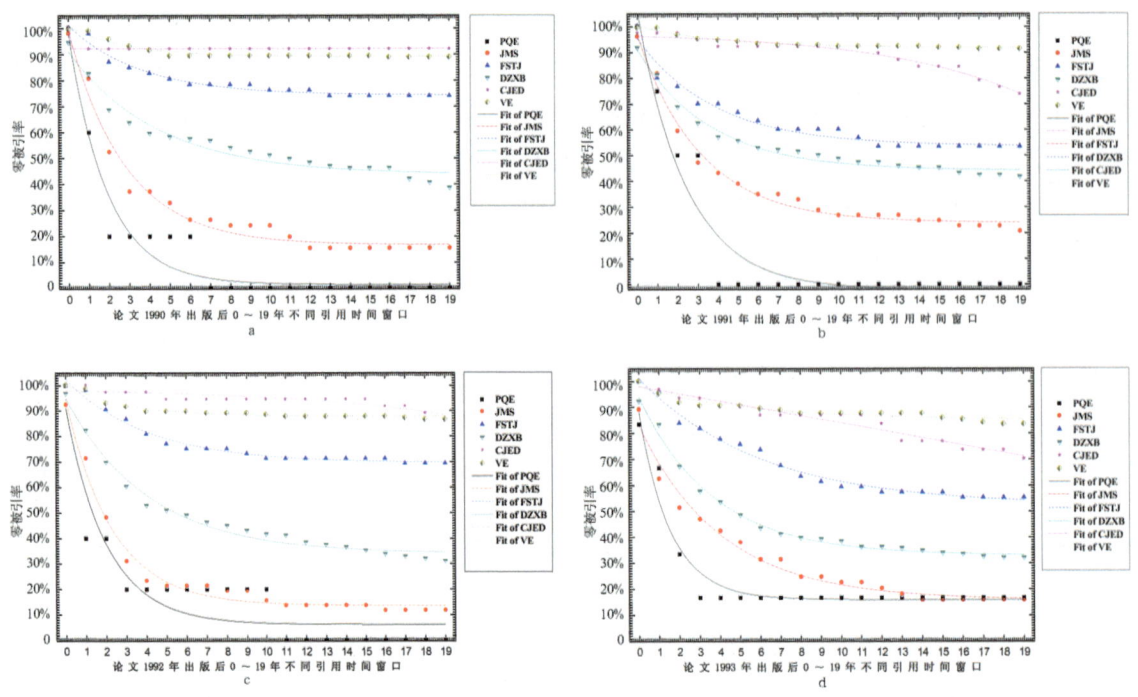

图 5-11　电子工程类 6 本期刊论文在 1990—1993 年各年出版后 20 个不同引用时间窗口中零被引率的演变散点图及其拟合曲线

零被引率都在 94% 以上。③此后不同引用时间窗口中，不同期刊论文零被引率以不同速度下降，直至达到稳定的水平。就零被引率的高低、演变曲线的平滑性、下降的速度和达到较低稳定值所用的时间而言，电子工程领域 TOP 1 的英国期刊《量子电子学进展》（PQE）表现最优，其次为电子工程领域影响因子处于中等水平的荷兰期刊《材料科学期刊：电子工业材料》（JMS），这 2 本表现较好的期刊分别为爱思唯尔出版公司和施普林格出版公司主办的期刊。国内电子工程领域 TOP 2 期刊《电子学报》（DZXB）的表现位居第三，日本《富士通科技杂志》位居第四，而国内 2 本低影响力期刊《电子器件》（CJED）和《电视技术》（VE）表现最差，位居最后 2 位。

5.3.2　引用时间窗口固定情况下电子工程类期刊论文零被引率的年度变化规律

图 5-12、图 5-13 和图 5-14 展示的分别是电子工程类 6 本期刊 1990—2012 年各年论文出版当年零被引率的年度变化规律，1990—2010 年各年论文出版后 3 年（包括出版当年）引用时间窗口中论文零被引率的年度变化规律，以及 1990—2007 年各年论文出版后 6 年（包括出版当年）引用时间窗口中论文零被引率的年度变化规律。

图 5-12 揭示出电子工程类期刊不同年代论文出版当年零被引率的历年变化规律或模式。从图中各期刊曲线的变化趋势能够看出：①《量子电子学进展》（PQE）和《富士通科技杂志》（FSTJ）两本期刊论文出版当年零被引率的年度变化呈现出波动较大的趋势。例如，《量子电子学进展》（PQE）1990 年论文出版当年的零被引率为 100%，而在 1995 年这个比例快速

下降到 43%，到 2000 年，又快速上升到 100%，2005 年又快速下降到 50%，此后 10 年也一直表现出这种波动非常大的趋势。② 其他 4 本期刊《电子学报》（DZXB）、《材料科学期刊：电子工业材料》（JMS）、《电子器件》（CJED）和《电视技术》（VE）论文出版当年零被引率的年度变化虽然表现出一定的下降趋势，但并不明显。

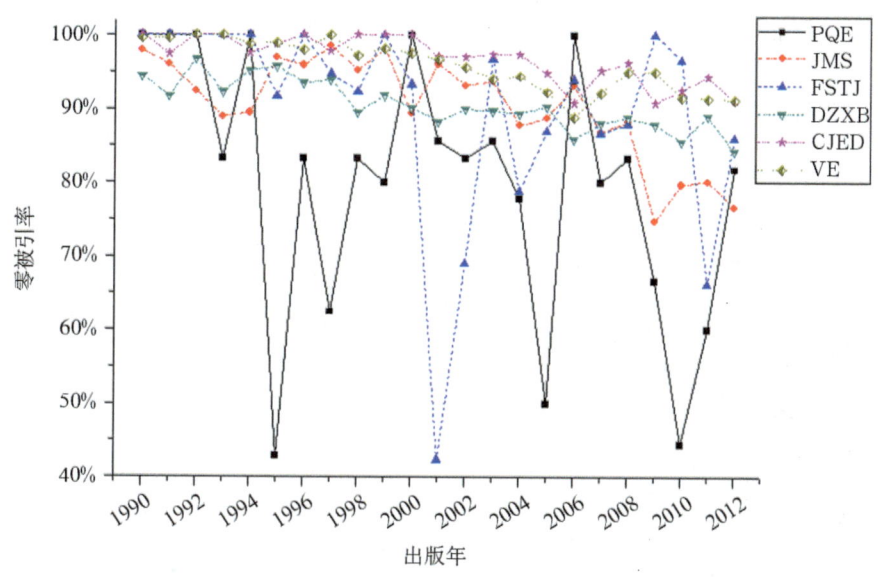

图 5-12　电子工程类 6 本期刊 1990—2012 年各年论文出版当年零被引率的年度变化规律

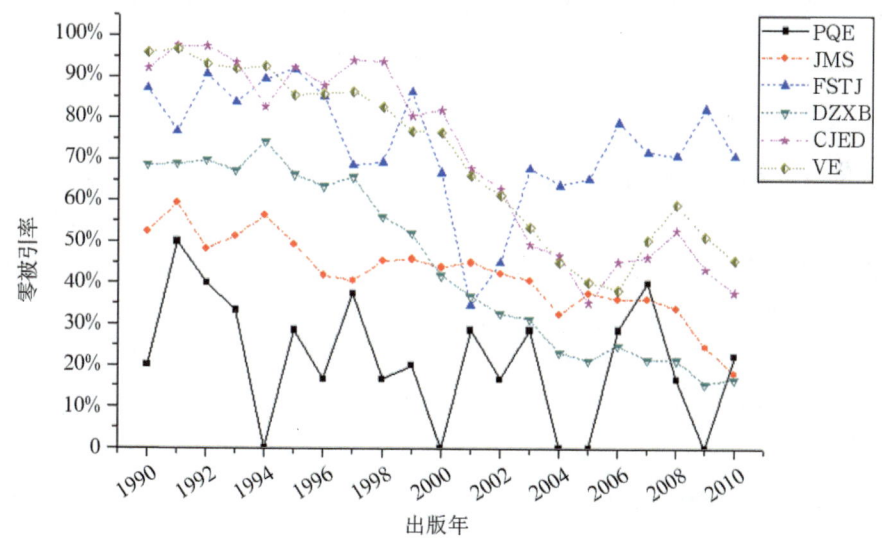

图 5-13　电子工程类 6 本期刊 1990—2010 年各年论文出版后 3 年（包括出版当年）零被引率的年度变化规律

图 5-13 揭示出电子工程类 6 本期刊不同年代论文出版后 3 年的零被引率呈现逐年下降的年度变化规律或模式。不过，不同期刊论文出版后 3 年零被引率随时间流逝而下降的速度

和下降曲线的平滑性都表现得不一样。例如，《量子电子学进展》（PQE）和《富士通科技杂志》（FSTJ）论文出版后 3 年零被引率的年度变化虽然保持一定程度的下降趋势，不过波动仍然较大。其他 4 本期刊《材料科学期刊：电子工业材料》（JMS）、《电子学报》（DZXB）、《电子器件》（CJED）和《电视技术》（VE）的下降趋势比较明显，下降速度非常快。说明随着时间的流逝，这些期刊一直在发展之中，并且发展得越来越好，论文出版后的传播与利用水平也越来越高。其中，国内 3 本期刊的发展优于国外期刊。

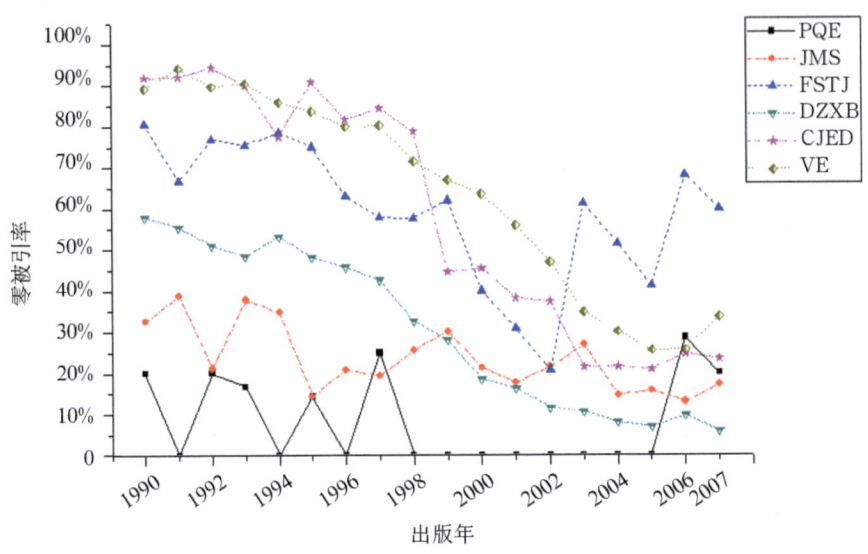

图 5-14 电子工程类 6 本期刊 1990—2007 年各年论文出版后 6 年（包括出版当年）零被引率的年度变化规律

图 5-14 揭示出电子工程类期刊不同年代论文出版后 6 年零被引率的历年变化规律或模式，基本上与图 5-13 所揭示的规律和模式一样。《量子电子学进展》（PQE）和《富士通科技杂志》（FSTJ）论文出版后 6 年零被引率的年度变化虽然保持一定程度的下降趋势，不过波动仍然较大。《材料科学期刊：电子工业材料》（JMS）论文出版后 6 年零被引率年度变化的波动有增大趋势。国内 3 本期刊《电子学报》（DZXB）、《电子器件》（CJED）和《电视技术》（VE）论文出版后 6 年零被引率年度变化仍然表现出非常明显的下降趋势，就下降速度和下降曲线的平滑性而言，这 3 本期刊的表现较好。

5.4 数学类期刊论文零被引率的演变规律

我们选择数学类 6 本中英文期刊作为研究对象。6 本期刊的基本概况如表 5-7 所示。

表 5-7 数学类 6 本期刊的基本概况

中文刊名	英文刊名	缩写	出版语言	期刊国别	主办方	2011 年影响因子	学科排名
数学学报	Acta Mathematica	AM	英语	瑞典	瑞典皇家科学院米塔-列夫勒研究所	3.33	289/3
符号逻辑杂志	Journal of Symbolic Logic	JSL	英语	美国	国际符号逻辑学会	0.562	289/144
印度科学院院报：数学科学	Proceedings of the Indian Academy of Sciences-Mathematical Sciences	PIAS	英语	印度	印度科学院	0.165	289/287
数学学报	Acta Mathematica Sinica	AMS	中文	中国	中国科学院和中国数学会	—	28/2
应用数学学报（英文版）	Acta Mathematicae Applicatae Sinica	AMAS	英文	中国	中国科学院和中国数学会	—	28/15
数学杂志	Journal of Mathematics	JM	中英文混合	中国	武汉大学、武汉数学会	—	28/28

5.4.1 出版时间窗口固定情况下数学类期刊论文零被引率的演变规律

利用公式（5-1）和最小二乘回归法拟合数学类 6 本期刊 1990—1993 年各年出版的论文在出版后 0～19 年不同引用时间窗口中论文零被引率的时间变化散点图，并计算出模型的不同参数。6 本期刊各年拟合参数的区间值如表 5-8 所示。

表 5-8 数学类 6 本期刊各年拟合参数的区间值

期刊缩写	R^2 区间	A 区间	S 区间	大于 F 值的概率区间
AM	[0.95,1]	[0.8, 1]	[0.51, 0.86]	[0]
JSL	[0.98, 0.99]	[0.6, 0.8]	[0.3, 0.58]	[0]
PIAS	[0.88, 0.98]	[0.49, 0.62]	[0.17, 0.22]	[0]
AMS	[0.98, 1]	[0.55, 0.73]	[0.23, 0.28]	[0]
AMAS	[0.77, 0.96]	[−0.05, 1.58]	[−0.66, 0.01]	[0]
JM	[0.97, 0.99]	[0.43, 0.55]	[0.14, 0.26]	[0]

从表 5-8 可以看出：① 公式（5-1）的拟合效果总体较好，除了国内期刊《应用数学学报（英文版）》（AMAS）1990 年和 1991 年、《印度科学院院报：数学科学》（PIAS）1992 年论文零被引率演变散点图的拟合效果相对较差外[①]，6 本期刊其他年代论文零被引率演变散点图的拟合效果较好，拟合优度（R^2）都达到 90% 以上。② 拟合结果差异极显著。判断拟合结果显著性的 P 值，即大于 F 值的概率区间，都小于 0.01，表明拟合结果差异极显著。

---

① 拟合优度（R^2）分别为 77%、87% 和 88%。

③ 从零被引率随引用时间窗口变大而下降的幅度 A 可以看出，《应用数学学报（英文版）》（AMAS）的下降幅度 A 值区间为：[−0.05, 1.58]，从区间值的大小判断，《应用数学学报（英文版）》（AMAS）不同年代论文零被引率随时间流逝出现差异非常大的下降幅度。例如，该刊 1991 年论文零被引率随引用时间窗口变大而下降的幅度非常大，几乎呈斜直线下降，下降幅度值也达到 1.58。而此后，期刊在 1990 年、1992 年和 1993 年各年的论文零被引率随时间流逝而下降的幅度都为负值，分别为 −0.000 000 35、−0.01、−0.05。从这些数字的绝对值可以看出，下降幅度非常不明显。出现负值的原因是：该刊论文零被引率随时间流逝而下降的趋势呈现偏凸形而非凹形趋势。其他 5 本期刊零被引率下降幅度区间值波动不是太大，其中，瑞典皇家科学院主办的高影响因子期刊《数学学报》（AM）的下降幅度区间值最大，在 0.8～1 波动。而国内数学领域综合排名较低的期刊《数学杂志》（JM）论文零被引率的下降幅度区间较低，为 [0.43, 0.55]。④ 6 本期刊睡眠系数 S 的区间显示，《应用数学学报（英文版）》（AMAS）的睡眠系数区间值与其零被引率下降幅度区间值一样，波动较大，为 [−0.66, 0.01]。其他 5 本期刊的睡眠系数大小与它们的下降幅度大小保持一致，这好像与"下降幅度大，睡眠系数小"的常理性认识相冲突。我们认为，出现这种情况的原因是：期刊的下降幅度越大，越易于较快达到一个稳定且变化非常小的水平，从而导致一些未被引的文献在此后长时间内处于睡眠状态。

图 5-15 表示数学类 6 本期刊 1990—1993 年各年出版的论文集合在出版后 0～19 年不同引用时间窗口中论文零被引率的时间变化散点图，以及使用公式（5-1）对这些散点图进行

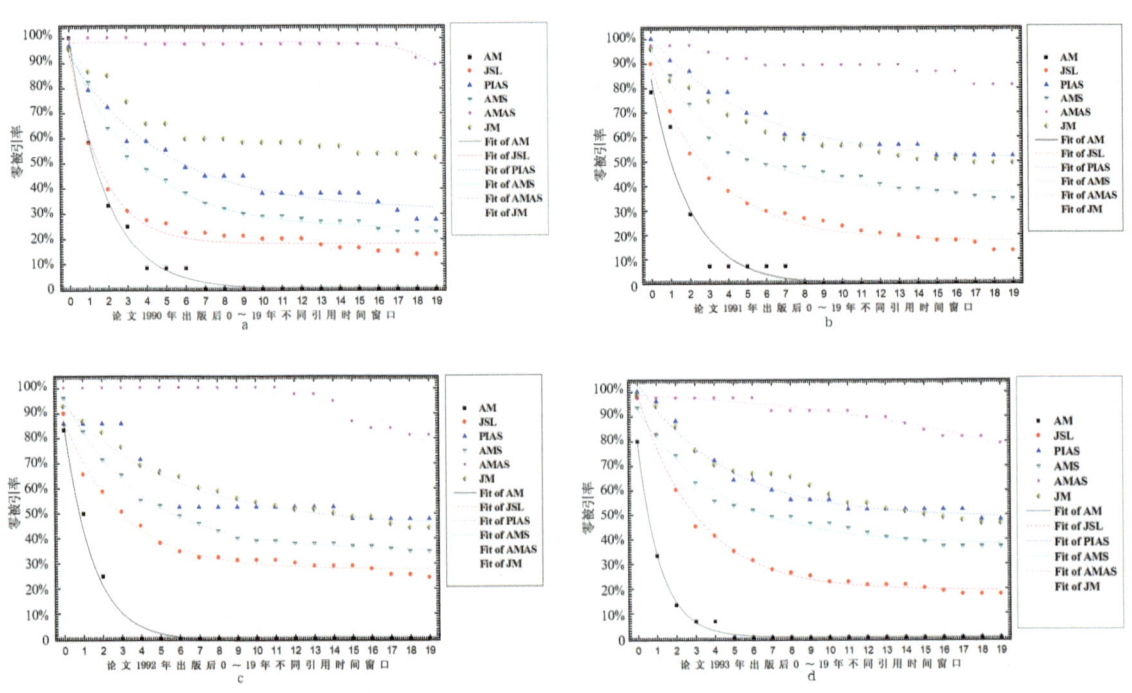

图 5-15　数学类 6 本期刊论文在 1990—1993 年各年出版后 20 个不同引用时间窗口中零被引率的演变散点图及其拟合曲线

拟合所产生的曲线。在这些图中，散点的不同形状和颜色代表不同期刊。

图 5-15 揭示出数学类期刊各年论文出版后不同引用时间窗口中被参考利用情况的一些共同规律或模式，与前述图 5-7 所揭示的电子工程类期刊零被引率演变的规律或模式非常相似，即形成一系列具有"开始下降较快，随后非常缓慢地下降，直至一个非常低且稳定的水平"特征的凹形曲线。不过，国内学科排名居中的英文语种期刊《应用数学学报》（AMAS）与电子工程领域低影响力期刊《电子器件》（CJED）论文零被引率演变曲线一样，形状各异。

图 5-15 揭示出数学类不同期刊各年论文在出版后不同引用时间窗口中被参考利用的一些特殊之处。① 与国内 2 本中文语种的数学类期刊相比，国内数学领域综合排名居中的英文语种期刊《应用数学学报（英文版）》（AMAS）论文零被引率的演变曲线表现出差异较大的特点，即该刊 1990 年、1992 年和 1993 年论文零被引率的演变曲线偏凸型，即前期下降缓慢，尾部出现一定程度的下垂。而该刊 1991 年论文零被引率的演变曲线呈现出斜直线下降的趋势。例如，该刊 1990 年出版的论文在出版当年至出版后 18 年（包括出版当年）的引用时间窗口中一直保持 97%～100% 的零被引率，在出版后 19～20 年引用时间窗口中才出现一定程度的尾部下垂。此外，几乎在所有引用时间窗口中，《应用数学学报（英文版）》（AMAS）的零被引率都比其他期刊高，这可能与英文语种期刊在国内传播与利用水平较差有关。② 数学领域期刊与电子工程领域期刊一样，在出版当年的零被引率都非常高，都在 79% 以上，大部分在 90% 以上。③ 此后不同引用时间窗口中，不同期刊论文零被引率以不同速度开始下降，直至达到稳定的水平。就零被引率的高低、演变曲线的平滑性、下降的速度和达到较低稳定值所用的时间而言，瑞典皇家科学院米塔－列夫勒研究所主办的数学领域 TOP 3 期刊《数学学报》（AM）的表现最优，其次为国际符号逻辑学会主办、数学领域影响因子处于中等水平的英国期刊《符号逻辑杂志》（JSL）。中国科学院和中国数学会主办的国内数学领域顶级期刊《数学学报》（AMS）的表现位居第三，国外低影响力期刊《印度科学院院报：数学科学》（PIAS）和国内低影响力期刊《数学杂志》（JM）的表现不相上下，在第四和第五之间波动，而国内数学领域综合排名居中的《应用数学学报（英文版）》（AMAS）表现最差。

5.4.2 引用时间窗口固定情况下数学类期刊论文零被引率的年度变化规律

图 5-16、图 5-17 和图 5-18 展示的分别是数学类 6 本期刊 1990—2012 年各年论文出版当年零被引率的年度变化规律，1990—2010 年各年论文出版后 3 年（包括出版当年）引用时间窗口中论文零被引率的年度变化规律，以及 1990—2007 年各年论文出版后 6 年（包括出版当年）引用时间窗口中论文零被引率的年度变化规律。

图 5-16 揭示出数学类期刊不同年代论文出版当年零被引率的历年变化规律或模式。从图中各期刊曲线的变化趋势能够看出：数学类 6 本期刊论文出版当年零被引率的年度变化曲线波动都较大，没有呈现明显的上升或下跌趋势。其中，波动最大的是瑞典皇家科学院米塔－列夫勒研究所主办的高影响因子期刊《数学学报》（AM）。

图 5-17 揭示出数学类 6 本期刊不同年代论文出版后 3 年的零被引率呈现 3 类不同的年度变化规律或模式。① 瑞典皇家科学院米塔－列夫勒研究所主办的《数学学报》（AM）和《印度科学院院报：数学科学》（PIAS）论文出版后 3 年零被引率的年度变化曲线仍然波动较大，

未呈现单调上涨或下降趋势。②《符号逻辑杂志》（JSL）和国内的《数学学报》（AMS）论文出版后 3 年零被引率年度变化呈现先上升后下降的趋势。③国内 2 本期刊《数学杂志》（JM）和《应用数学学报（英文版）》（AMAS）论文出版后 3 年零被引率呈现逐年下降的趋势，不过下降趋势并不十分明显，说明随着时间的流逝，这些期刊虽然在稳步发展，但发展速度还较慢。

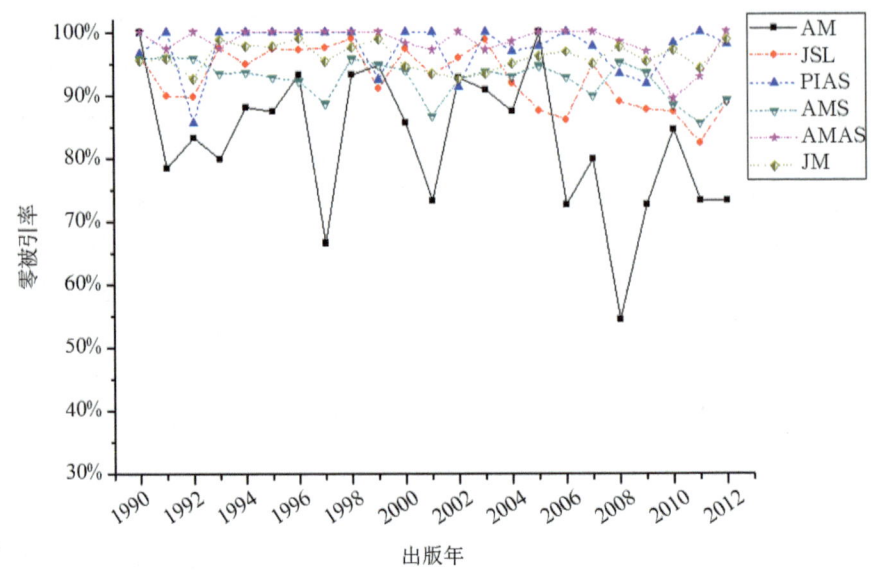

图 5-16　数学类 6 本期刊 1990—2012 年各年论文出版当年零被引率的年度变化规律

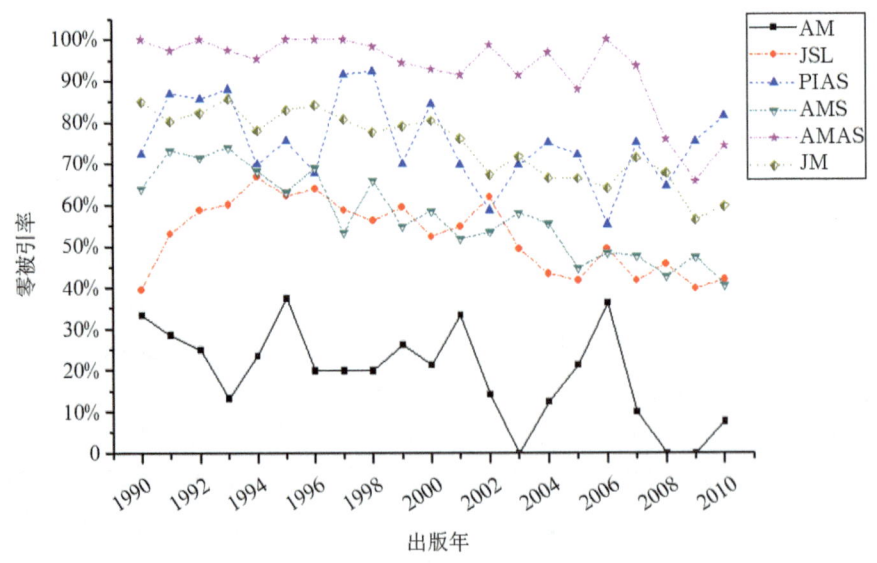

图 5-17　数学类 6 本期刊 1990—2010 年各年论文出版后 3 年（包括出版当年）零被引率的年度变化规律

图 5-18 揭示出数学类期刊不同年代论文出版后 6 年零被引率的历年变化规律或模式，基本上与图 5-17 所揭示的规律和模式一样。①瑞典皇家科学院米塔-列夫勒研究所主办的《数

学学报》(AM)和《印度科学院院报：数学科学》(PIAS)论文出版后6年零被引率的年度变化曲线仍然波动较大，未呈现出上涨或下降趋势。其中，《数学学报》(AM)论文出版后6年零被引率年度变化的波动开始趋于平缓。②《符号逻辑杂志》(JSL)、国内的《数学学报》(AMS)和《数学杂志》(JM)论文出版后6年零被引率年度变化呈现先上升后下降的趋势。③国内英文语种期刊《应用数学学报（英文版）》(AMAS)论文出版后6年零被引率呈现逐年明显下降的趋势，说明《应用数学学报（英文版）》(AMAS)论文出版后的传播与利用存在滞后现象。

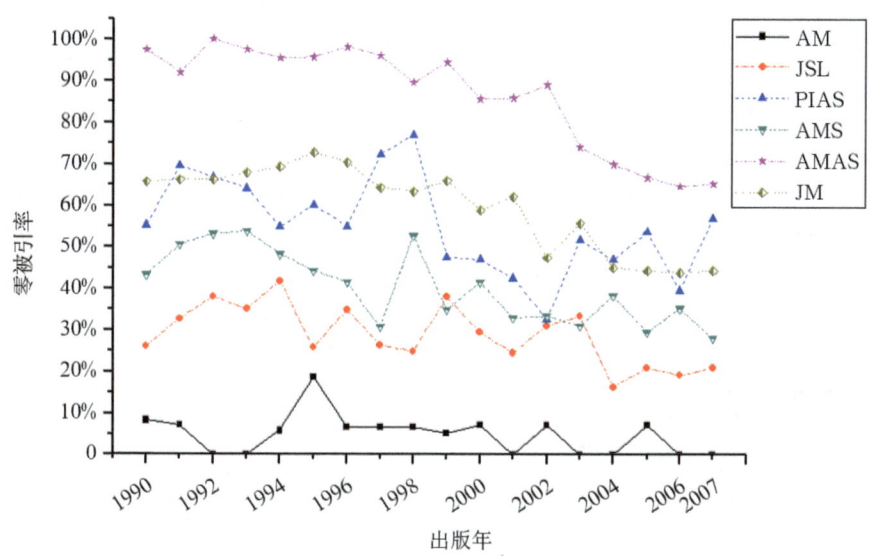

图 5-18　数学类 6 本期刊 1990—2007 年各年论文出版后 6 年（包括出版当年）零被引率的年度变化规律

5.5　图书情报学类期刊论文零被引率的演变规律

我们选择图书情报学类 6 本中英文期刊作为研究对象。6 本期刊的基本概况如表 5-9 所示。

表 5-9　图书情报学类 6 本期刊的基本概况

中文刊名	英文刊名	缩写	出版语言	期刊国别	主办方	2011年影响因子	学科排名
管理信息系统季刊	Mis Quarterly	MQ	英语	美国	美国信息管理协会	4.45	83/1
图书馆资料与技术服务	Library Resources & Technical Services	LRTS	英语	美国	美国图书馆协会	0.64	83/42
图书与情报	Library and Information Science	LIS	多语言	日本	日本三田图书馆·情报学会	0.04	83/82

中文刊名	英文刊名	缩写	出版语言	期刊国别	主办方	2011年影响因子	学科排名
中国图书馆学报	Journal of Library Science in China	JLSC	中文	中国	中国图书馆学会和中国国家图书馆		18/1
情报科学	Information Science	IS	中文	中国	中国科技情报学会与吉林大学		18/10
图书与情报	Library and Information	LI	中文	中国	甘肃省图书馆与甘肃省科技情报研究所		18/17

5.5.1 出版时间窗口固定情况下图书情报学类期刊论文零被引率的演变规律

利用公式（5-1）和最小二乘回归法拟合图书情报学类 6 本期刊 1990—1993 年各年论文在出版后 0～19 年不同引用时间窗口中论文零被引率的时间变化散点图，并计算出模型的不同参数。6 本期刊各年拟合参数的区间值如表 5-10 所示。

表 5-10 图书情报学类 6 本期刊各年拟合参数的区间值

期刊缩写	R^2 区间	A 区间	S 区间	大于 F 值的概率区间
MQ	[0.98, 0.99]	[0.83, 0.94]	[0.46, 0.78]	[0]
LRTS	[0.99, 1]	[0.8, 0.9]	[0.34, 300.25]	[0]
LIS	[−0.12, 0.78]	[−0.01, 0.17]	[−0.15, 1.17]	[0]
JLSC	[0.96, 0.99]	[0.52, 0.66]	[0.21, 0.33]	[0]
IS	[0.96, 1]	[0.51, 0.66]	[0.29, 0.67]	[0]
LI	[0.96, 0.98]	[0.25, 0.49]	[0.15, 0.29]	[0]

从表 5-10 可以看出：① 公式（5-1）的拟合效果总体较好，除了日本的多语言期刊《图书与情报》（LIS）论文零被引率演变散点图的拟合效果较差外，拟合优度（R^2）区间值为 [−0.12, 0.78]，其他 5 本期刊论文零被引率演变散点图的拟合效果非常好，拟合优度都达到 96% 以上。② 拟合结果差异极显著。判断拟合结果显著性的 P 值，即大于 F 值的概率区间，都小于 0.01，表明拟合结果差异极显著。③ 从零被引率随引用时间窗口变大而下降的幅度 A 可以看出，日本的多语言两栖期刊《图书与情报》（LIS）的下降幅度区间为 [−0.01, 0.17]，从区间值的大小判断，《图书与情报》（LIS）期刊不同年代论文零被引率随时间流逝出现差异非常大的下降幅度。例如，该刊 1990 年和 1991 年论文零被引率随引用时间窗口变大而下降的幅度分别是 0.17 和 0.14，下降幅度非常小。而该刊 1992 年和 1993 年论文零被引率随引用时间窗口变大而下降的幅度分别是 0 和 −0.01，基本上没有下降。其他 5 本期刊中，美国信息管理协会主办的《管理信息系统季刊》（MQ）和美国图书馆协会主办的《图书馆资料与技术

服务》（LRTS）论文零被引率随引用时间窗口变大而下降的幅度区间值最大，分别为 [0.83, 0.94] 和 [0.8, 0.9]。而国内甘肃省图书馆与甘肃省科技情报研究所联合主办的两栖期刊《图书与情报》（LI）论文零被引率随引用时间窗口变大而下降的幅度区间值较低，为 [0.25, 0.49]，低于国内另外 2 本非两栖类期刊《中国图书馆学报》（JLSC）和《情报科学》（IS）的下降幅度区间值。④ 6 本期刊睡眠系数 S 的区间显示，日本多语言两栖期刊《图书与情报》（LIS）的睡眠系数区间值与此期刊零被引率下降幅度区间值一样，波动较大，为 [−0.15, 1.17]。而其他 5 本期刊睡眠系数区间值大小与它们的下降幅度区间值大小的方向一致，仍然是《管理信息系统季刊》（MQ）和《图书馆资料与技术服务》（LRTS）睡眠系数区间值较大，而《图书与情报》（LI）的睡眠系数较小。《中国图书馆学报》（JLSC）和《情报科学》（IS）的睡眠系数区间值居中。这好像与"下降幅度大，睡眠系数小"的常理性认识相冲突。前文对出现这种情况的原因进行过分析，此处不再重复。

图 5-19 表示图书情报学类 6 本期刊 1990—1993 年各年出版的论文集合在出版后 0～19 年不同引用时间窗口中论文零被引率的时间变化散点图，以及使用公式（5-1）对这些散点图进行拟合所产生的曲线。在这些图中，散点的不同形状和颜色代表不同期刊。

图 5-19 揭示出图书情报学类期刊各年论文出版后不同引用时间窗口中被参考利用情况的一些共同规律或模式，与图 5-15 所揭示的数学类期刊零被引率演变的规律或模式基本上一样，除日本的多语言两栖期刊《图书与情报》（LIS）论文零被引率演变曲线形状各异外，其他 5 本期刊论文零被引率随引用时间窗口变大而形成一系列具有"开始下降较快，随后非常缓慢地下降，直至一个非常低且稳定的水平"特征的凹形曲线。

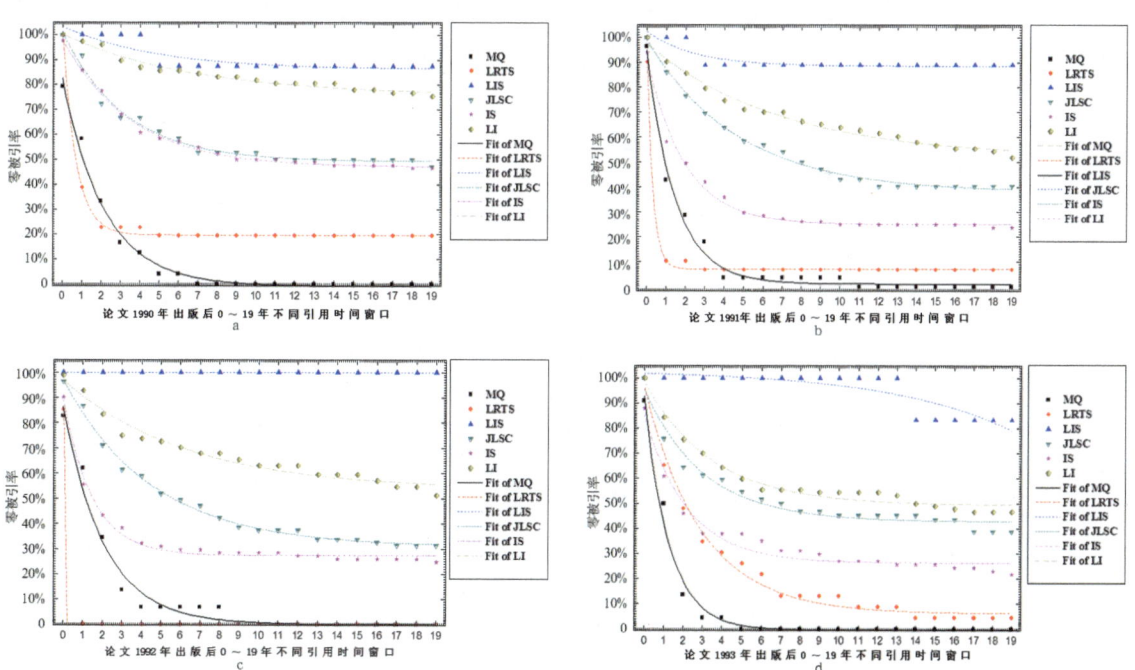

图 5-19　图书情报学类 6 本期刊论文在 1990—1993 年各年出版后 20 个不同引用时间窗口中零被引率的演变散点图及其拟合曲线

图 5-19 揭示出图书情报学类不同期刊各年论文在出版后不同引用时间窗口中的一些特殊发展规律或模式。① 与表 5-10 数据的分析结果一致，日本的多语言两栖期刊《图书与情报》（LIS）论文零被引率的演变曲线呈现差异非常大的特点。例如，该刊 1990 年和 1991 年论文零被引率的演变呈现"开始较高，然后快速下降到一个较高稳定值，并一直保持这个水平"的偏凹形曲线。该刊 1992 年论文在发表后不同引用时间窗口中的零被引率一直保持为100%，未出现任何变化。该刊 1993 年论文零被引率的演变曲线偏凸型。② 图书情报学领域期刊与前述电子工程和数学领域期刊论文出版当年的零被引率一样，都非常高，都在 80% 以上，大部分在 90% 以上。③ 此后不同引用时间窗口中，不同期刊论文零被引率以不同速度开始下降，直至达到稳定的水平。就零被引率的高低、演变曲线的平滑性、下降的速度和达到较低稳定值所用的时间而言，美国信息管理协会主办的《管理信息系统季刊》（MQ）和美国图书馆协会主办的《图书馆资料与技术服务》（LRTS）的表现最好，不相上下。中国科技情报学会与吉林大学主办的《情报科学》（IS）表现位居第三，中国图书馆学会和中国国家图书馆主办的《中国图书馆学报》（JLSC）表现位居第四，甘肃省图书馆与甘肃省科技情报研究所联合主办的两栖期刊《图书与情报》（LI）表现位居第五，而日本的多语言两栖期刊《图书与情报》（LIS）的表现最差。

5.5.2 引用时间窗口固定情况下图书情报学类期刊论文零被引率的年度变化规律

图 5-20、图 5-21 和图 5-22 展示的分别是图书情报学类 6 本期刊 1990—2012 年各年论文出版当年零被引率的年度变化规律，1990—2010 年各年论文出版后 3 年（包括出版当年）引用时间窗口中论文零被引率的年度变化规律，以及 1990—2007 年各年论文出版后 6 年（包括出版当年）引用时间窗口中论文零被引率的年度变化规律。

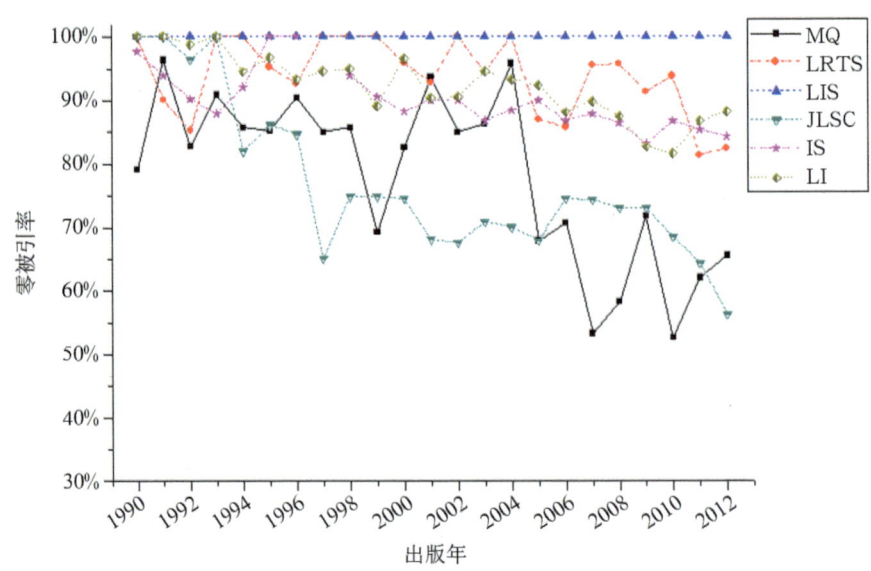

图 5-20　图书情报学类 6 本期刊 1990—2012 年各年论文出版当年零被引率的年度变化规律

图 5-20 揭示出图书情报学类期刊不同年代论文出版当年零被引率的历年变化规律或模式。从图中各期刊曲线的变化趋势能够看出：除了日本多语言两栖期刊《图书与情报》（LIS）论文出版当年零被引率一直处于 100% 这一特殊情况外，其他 5 本期刊论文出版当年零被引率的年度变化都呈现下降的趋势。这说明，随着时代的发展，图书情报学领域期刊论文的传播与利用速度越来越快。图书情报学领域影响因子 TOP 1 期刊《管理信息系统季刊》（MQ）论文出版当年零被引率年度变化的波动相对较大。

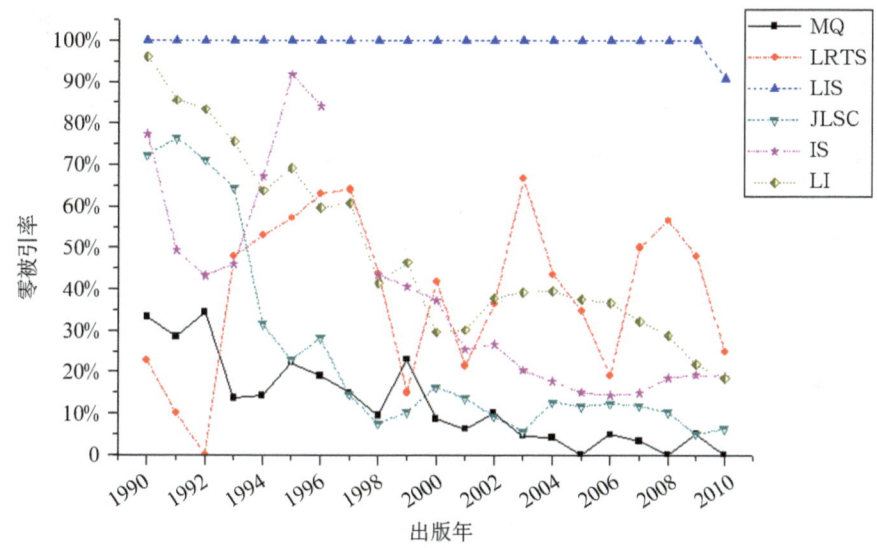

图 5-21 图书情报学类 6 本期刊 1990—2010 各年论文出版后 3 年（包括出版当年）零被引率的年度变化规律

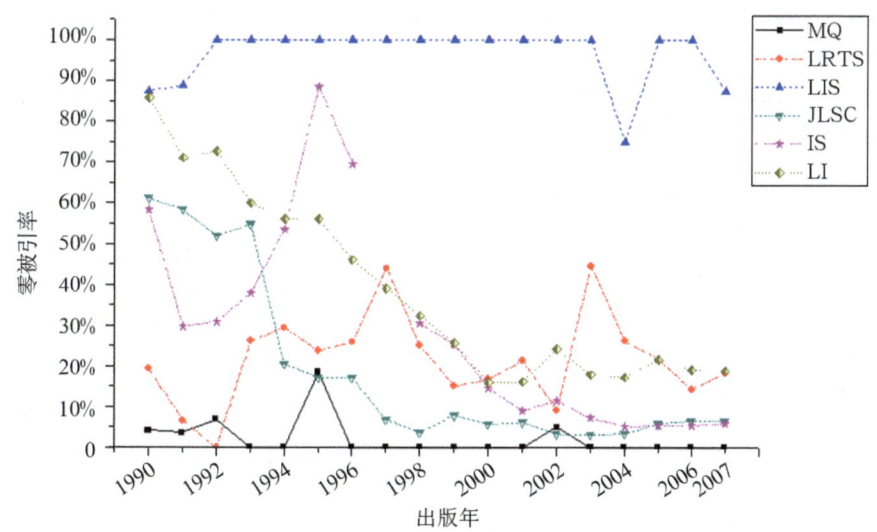

图 5-22 图书情报学类 6 本期刊 1990—2007 年各年论文出版后 6 年（包括出版当年）零被引率的年度变化规律

图 5-21 揭示出图书情报学领域期刊不同年代论文出版后 3 年零被引率的历年变化规律或模式。美国图书馆协会主办的《图书馆资料与技术服务》（LRTS）期刊各年论文出版后 3 年零被引率的年度变化波动较大，没有表现出明显的上涨或下跌趋势。日本多语言两栖期刊《图书与情报》（LIS）论文出版后 3 年零被引率在大部分年度保持为 100%，不过在 2009—2010 年出现一定程度的下降。其他 4 本期刊论文出版后 3 年零被引率年度变化表现出下降趋势。国内的《中国图书馆学报》（JLSC）和两栖期刊《图书与情报》（LI）论文出版后 3 年零被引率的下降趋势较明显。《情报科学》（IS）论文出版后 3 年零被引率 1995 年之后的下降趋势较明显（说明一点：该刊 1997 年曾停刊）。《管理信息系统季刊》（MQ）论文出版后 3 年零被引率下降趋势的波动开始变小。

图 5-22 揭示出图书情报学领域期刊不同年代论文出版后 6 年零被引率的历年变化规律或模式，基本上与图 5-21 所揭示的规律和模式一样。例如，国内的《中国图书馆学报》（JLSC）和两栖期刊《图书与情报》（LI）仍然是下降趋势最明显的 2 本期刊。《情报科学》（IS）仍然是 1995 年之后的下降趋势较明显。不过《管理信息系统季刊》（MQ）逐渐呈现平稳且变化较小的趋势。而日本多语言两栖期刊《图书与情报》（LIS）各年论文出版后论文零被引率的年度变化开始出现较大波动，说明此期刊论文传播与利用的时滞较长，在发表 6 年后才得到一定的传播与利用。

5.6 历史学类期刊论文零被引率的演变规律

我们选择历史学类 6 本中英文期刊作为研究对象。6 本期刊的基本概况如表 5-11 所示。

表 5-11 历史学类 6 本期刊的基本概况

中文刊名	英文刊名	缩写	出版语言	期刊国别	主办方	2011 年影响因子	学科排名
美国历史评论	American Historical Review	AHR	英语	美国	美国历史协会	1.10	56/1
跨学科史学期刊	Journal of Interdisciplinary History	JIH	英语	美国	美国麻省理工学院出版社	0.26	56/26
当代史	Zeitgeschichte	ZEI	德语	奥地利	Studien Verlag 出版社	0.08	56/51
历史研究	Historical Research	HR	中文	中国	中国社会科学院	—	26/1
世界历史	World History	WH	中文	中国	中国社会科学院	—	26/12
东南文化	Southeast Culture	SC	中文	中国	南京博物院	—	26/24

5.6.1 时间窗口固定情况下历史学类期刊论文零被引率的演变规律

由于大部分历史学领域期刊论文零被引率的演变散点图并没有呈现典型的凹形曲线模式，使用公式（5-1）拟合时，很多散点图拟合不出来，因此我们使用公式（5-1）的同等变化形式——公式（5-2）和最小二乘回归法拟合历史学类 6 本期刊 1990—1993 年各年出版的论文在出版后 0～19 年不同引用时间窗口中论文零被引率的时间变化散点图，并计算出模型的不同参数。6 本期刊各年拟合参数的区间值如表 5-12 所示。

表 5-12　历史学类 6 本期刊各年拟合参数的区间值

期刊缩写	R^2 区间	A 区间	S 区间	大于 F 值的概率区间
AHR	[0.89,1]	[0.76, 0.85]	[0.39, 0.5]	[0]
JIH	[0.92, 0.98]	[0.79, 0.83]	[0.28,0.76]	[0]
ZEI	[-0.12,0.93]	[0, 0.20]	[0.07, 1.17]	[0]
HR	[0.95, 0.97]	[-2.72, 24.14]	[-0.08, 0.002]	[0]
WH	[0.97,0.99]	[-0.46,-0.22]	[-0.07, -0.04]	[0]
SC	[0.97,1]	[-0.88, -0.21]	[-0.07, -0.02]	[0]

从表 5-12 可以看出：① 公式（5-2）的拟合效果总体较好。《美国历史评论》（AHR）1991 年，《当代史》（ZEI）1990 年、1991 年和 1993 年论文零被引率演变散点图的拟合效果相对较差，拟合优度（R^2）分别为 89%、78%、-12%[①] 和 84%。除此之外，6 本期刊其他年代论文零被引率演变散点图的拟合效果较好，拟合优度都达到 90% 以上。② 拟合结果差异极显著。判断拟合结果显著性的 P 值，即大于 F 值的概率区间，都小于 0.01，表明拟合结果差异极显著。③ 从零被引率随引用时间窗口变大而下降的幅度 A 可以看出，历史学领域国内外期刊论文零被引率的下降幅度区间值的差异较大。《美国历史评论》（AHR）和《跨学科史学期刊》（JIH）的下降幅度区间值较大，都为正值，即期刊零被引率随引用时间窗口变大而呈现典型的凹形曲线模式。而《当代史》（ZEI）的下降幅度较小，为 [0, 0.20]，几乎没有下降。国内 3 本期刊《历史研究》（HR）、《世界历史》（WH）和《东南文化》（SC）论文零被引率下降幅度区间值的波动非常大，分别为 [-2.72, 24.14]、[-0.46,-0.22] 和 [-0.88, -0.21]，其中《历史研究》（HR）下降幅度及其波动最大。例如，《历史研究》（HR）1992 年论文零被引率随时间流逝呈斜直线下降，下降幅度为 24.14。除此之外，国内 3 本期刊零被引率下降幅度 A 都为负值，主要因为 3 本期刊零被引率随引用时间窗口变大而呈现偏凸形而非凹形曲线的下降趋势。④ 6 本期刊睡眠系数 S 的区间显示，国内 3 本期刊的睡眠系数区间值与 3 本期刊论文零被引率下降幅度区间值的表现一样，除《历史研究》（HR）1992 年论文的睡眠系数为正值 0.002 外，3 本期刊其他年代论文的睡眠系数都为负值。3 本期刊睡眠系数的绝对值都非常小，在 0.002～0.08，说明 3 本期刊不同年代论文在发表后不同引用时间窗口中一直处于不断被传播与利用的状态。《美国历史评论》（AHR）和《跨学科史学期刊》（JIH）的睡眠系数区间值较大，与它们较大的零被引率下降幅度区间一致，这与"下降幅度大，睡眠系数小"的常理性认识相冲突。

图 5-23 表示历史学类 6 本期刊 1990—1993 年各年出版的论文集合在出版后 0～19 年不

[①] 此年论文零被引率演变散点呈直线状态，导致拟合效果太差，R^2 的绝对值非常小，出现负值的原因是 R^2 使用了不同的计算方法。

同引用时间窗口中论文零被引率的时间变化散点图,以及使用公式(5-2)对这些散点图进行拟合所产生的曲线。在这些图中,散点的不同形状和颜色代表不同期刊。

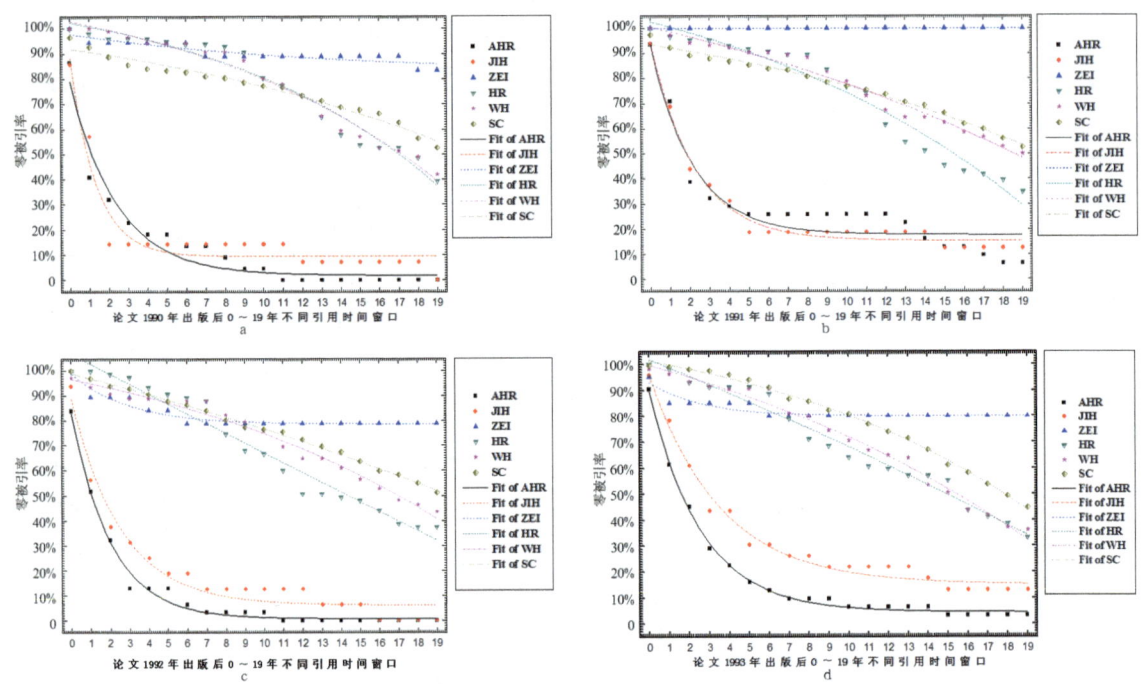

图 5-23　历史学类 6 本期刊论文在 1990—1993 年各年出版后 20 个不同引用时间窗口中零被引率的演变散点图及其拟合曲线

图 5-23 揭示出历史学类期刊各年论文出版后不同引用时间窗口中被参考利用情况的一些共同规律或模式,主要分为三类:第一类是历史学领域影响因子较高期刊《美国历史评论》(AHR)和《跨学科史学期刊》(JIH)形成了一系列具有"开始下降较快,随后非常缓慢地下降,直至一个非常低且稳定的水平"特征的凹形曲线。第二类是国内 3 本期刊《历史研究》(HR)、《世界历史》(WH)和《东南文化》(SC)形成了一系列具有"论文发表后各个不同引用时间窗口中都处于快速下降,很难达到稳定水平"等特征的偏凸形曲线。第三类是 Studien Verlag 出版社主办的奥地利德语期刊《当代史》(ZEI)形成了两类形状各异的下降趋势,如《当代史》(ZEI)1990 年论文零被引率形成的偏直线下降趋势,1991 年论文零被引率一直保持在 100%,而 1992 年和 1993 年论文零被引率形成的偏凹形曲线的下降趋势。

此外,历史学领域期刊与前述电子工程、数学和图书情报学领域期刊出版当年的零被引率一样,都非常高,都在 80% 以上,大部分在 90% 以上。此后不同引用时间窗口中,不同期刊论文零被引率以不同速度开始下降,直至达到稳定的水平。就零被引率的高低、演变曲线的平滑性、下降的速度和达到较低稳定值所用的时间而言,历史学领域影响因子较高的美国 2 本英语期刊《美国历史评论》(AHR)和《跨学科史学期刊》(JIH)的表现较好,其中,《美国历史评论》(AHR)的表现优于《跨学科史学期刊》(JIH),其次为国内 3 本期刊,它们的表现不分伯仲,表现最差的是奥地利德语期刊《当代史》(ZEI)。

5.6.2 引用时间窗口固定情况下历史学类期刊论文零被引率的年度变化规律

图 5-24、图 5-25 和图 5-26 展示的分别是历史学类 6 本期刊 1990—2012 年各年论文出版当年零被引率的年度变化规律，1990—2010 年各年论文出版后 3 年（包括出版当年）引用时间窗口中论文零被引率的年度变化规律，以及 1990—2007 年各年论文出版后 6 年（包括出版当年）引用时间窗口中论文零被引率的年度变化规律。

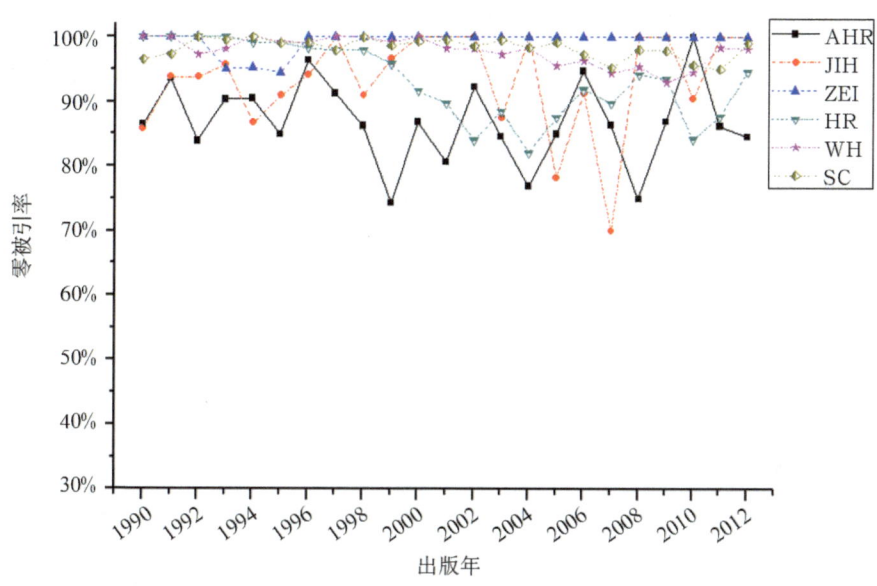

图 5-24　历史学类 6 本期刊 1990—2012 年各年论文出版当年零被引率的年度变化规律

图 5-24 揭示出历史学类期刊不同年代论文出版当年零被引率的历年变化规律或模式。从图中各期刊曲线的变化趋势能够看出，历史学类期刊论文出版当年零被引率的年度变化趋势与图 5-20 所示图书情报学类期刊论文出版当年零被引率的年度变化趋势类似，基本上所有期刊论文出版当年零被引率的年度变化都未表现出明显的上涨或下跌趋势。其中，《美国历史评论》（AHR）、《跨学科史学期刊》（JIH）和国内的《历史研究》（HR）3 本影响力较高期刊论文出版当年零被引率的年度变化波动较大，影响力较低的奥地利德语期刊《当代史》（ZEI）论文出版当年零被引率的年度变化波动较小，基本上在所有年度都保持在 100% 的未利用状态。

图 5-25 揭示出历史学领域期刊不同年代论文出版后 3 年零被引率的历年变化规律或模式。从图 5-25 可以看出，国内 3 本期刊各年论文出版后 3 年零被引率的年度变化从 1997 年之后，开始呈现非常明显的逐年下降趋势，其中，《历史研究》（HR）的下降趋势最明显，说明国内历史学领域期刊论文在 1997 年之后各年的传播与利用水平越来越高。而《美国历史评论》（AHR）和《跨学科史学期刊》（JIH）论文出版后 3 年零被引率的年度变化仍然波动较大，未呈现上涨或下跌趋势。奥地利德语期刊《当代史》（ZEI）论文出版当年零被引率的年度变化波动开始增大，而此期刊出版当年的零被引率基本保持 100% 的未被利用状态，此期刊论文的传播与利用水平在论文出版 3 年后才得到有效提高。

图 5-26 揭示出历史学类期刊不同年代论文出版后 6 年零被引率的历年变化规律或模式。从图 5-26 能够看出，历史学领域高影响力期刊《美国历史评论》（AHR）论文出版后 6 年零被引率的年度变化开始表现出一定程度的下降趋势。《跨学科史学期刊》（JIH）和《当代史》（ZEI）论文出版后 6 年零被引率的年度变化仍然波动较大。国内 3 本期刊论文出版后 6 年零被引率的年度变化仍然表现出非常明显的逐年下降趋势，其中，《历史研究》（HR）论文出版后 6 年零被引率的下降趋势仍然是最明显的。就下降速度和下降曲线的平滑性而言，这 3 本期刊的表现也是最好的。

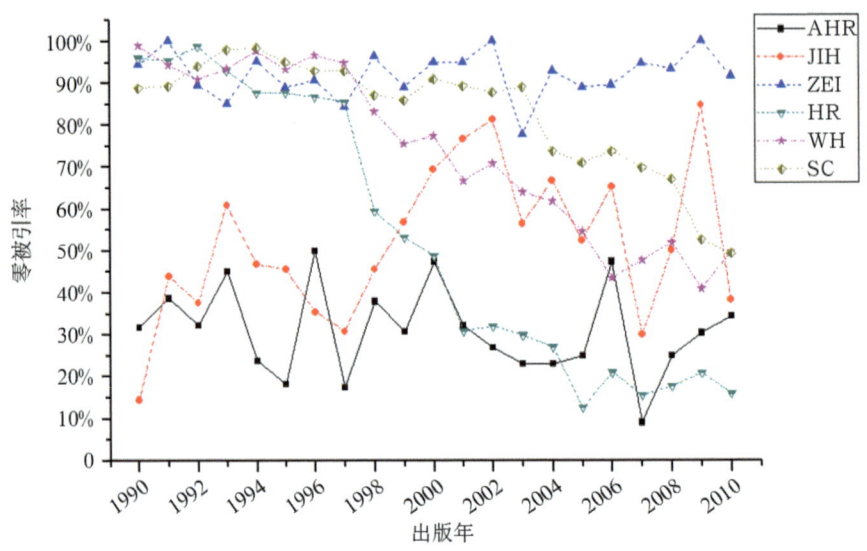

图 5-25　历史学类 6 本期刊 1990—2010 年各年论文出版后 3 年（包括出版当年）零被引率的年度变化规律

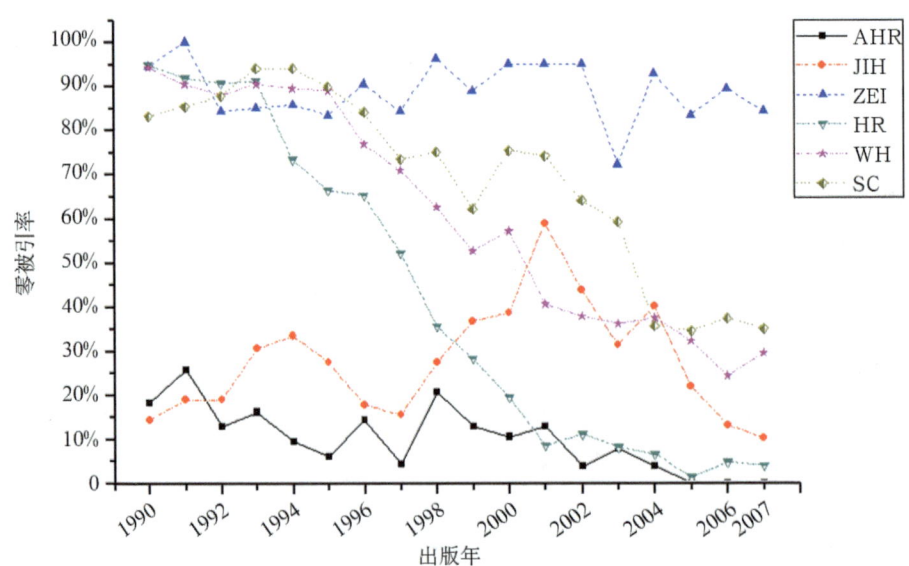

图 5-26　历史学类 6 本期刊 1990—2007 年各年论文出版后 6 年（包括出版当年）零被引率的年度变化规律

5.7 非英语期刊和非英语国家英语期刊论文零被引率的演变规律

为考察以英语为主导语言的 Web of Science 数据库中非英语期刊和非英语国家英语期刊论文的传播与利用情况，本节从前述 6 个学科 30 本国际期刊中，筛选出 6 本此类期刊，其中 2 本为非英语期刊，4 本为非英语国家英语期刊。6 本期刊的基本概况如表 5-13 所示。

表 5-13　6 本期刊的基本概况

中文刊名	英文刊名	缩写	出版语言	期刊国别	主办方	2011年影响因子	学科排名
中国科学：数学	Science China-Mathematics	SCM	英语	中国	中国科学出版社	0.701	56/23
辐射研究期刊	Journal of Radiation Research	JRR	英语	日本	日本辐射研究学会	1.68	85/39
材料科学期刊：电子工业材料	Journal of Materials Science-Materials in Electronics	JMS	英语	荷兰	施普林格出版公司	1.08	245/118
富士通科技杂志	Fujitsu Scientific & Technical Journal	FSTJ	英语	日本	富士通有限公司	0.11	245/237
图书与情报	Library and Information Science	LIS	多语言	日本	日本三田图书馆·情报学会	0.04	83/82
当代史	Zeitgeschichte	ZEI	德语	奥地利	Studien Verlag 出版社	0.08	56/51

5.7.1　出版时间窗口固定情况下非英语期刊和非英语国家英语期刊论文零被引率的演变规律

使用公式（5-1）和最小二乘回归法拟合 6 本期刊 1992—1993 年各年出版的论文在出版后 0～19 年不同引用时间窗口中论文零被引率的时间变化散点图，并计算出模型的不同参数。6 本期刊各年拟合参数的区间值如表 5-14 所示。

表 5-14　6 本期刊各年拟合参数的区间值

期刊缩写	R^2 区间	A 区间	S 区间	大于 F 值的概率区间
SCM	[0.99, 0.99]	[0.47, 0.58]	[0.2, 0.29]	[0]
JRR	[0.99, 0.99]	[0.66, 0.96]	[0.21, 0.29]	[0]
JMS	[0.98, 0.98]	[0.67, 0.81]	[0.25, 0.43]	[0]
FSTJ	[0.98, 0.98]	[0.33, 0.49]	[0.17, 0.25]	[0]
LIS	[-0.12, 0.74]	[-0.01, 0]	[-0.15, 1.17]	[0]
ZEI	[0.84, 0.93]	[0.13, 0.20]	[0.33, 0.38]	[0]

从表 5-14 可以看出：① 公式（5-1）的拟合效果总体较好，除了《图书与情报》（LIS）和《当代史》（ZEI）论文零被引率演变散点图的拟合效果相对较差外，其他 4 本期刊论文零被引率演变散点图的拟合效果都非常好，拟合优度（R^2）都达到 98% 以上。② 拟合结果差异极显著。判断拟合结果显著性的 P 值，即大于 F 值的概率区间，都小于 0.01，表明拟合结果差异极显著。③ 从论文零被引率随引用时间窗口变大而下降的幅度 A 可以看出，如果不考虑学科差异，领域排名类似的日本英语期刊《辐射研究期刊》（JRR）高于中国的英语期刊《中国科学：数学》（SCM），荷兰的英语期刊《材料科学期刊：电子工业材料》（JMS）高于日本英语期刊《富士通科技杂志》（FSTJ），奥地利德语期刊《当代史》（EEI）高于日本多语言两栖期刊《图书与情报》（LIS）。

图 5-27 表示 6 本期刊 1992—1993 年各年出版的论文集合在出版后 0～19 年不同引用时间窗口中论文零被引率的时间变化散点图，以及使用公式（5-1）对这些散点图进行拟合所产生的曲线。在这些图中，散点的不同形状和颜色代表不同期刊。

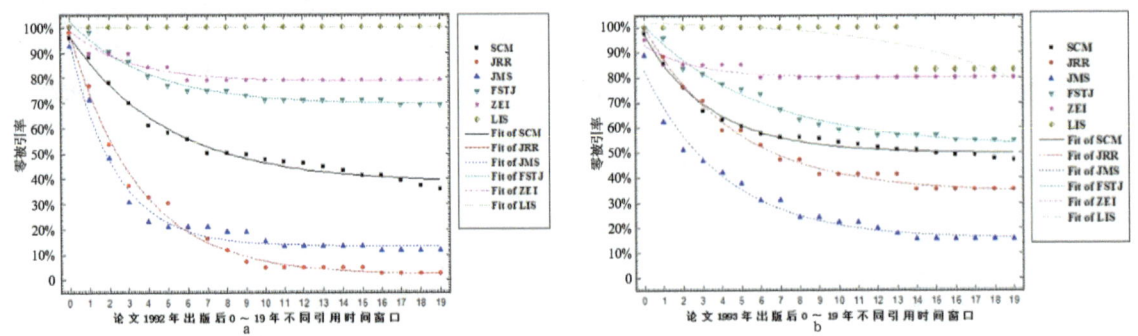

图 5-27　6 本期刊论文在 1992—1993 年各年出版后 20 个不同引用时间窗口中零被引率的演变散点图及其拟合曲线

图 5-27 揭示出非英语期刊和非英语国家英语期刊各年论文出版后不同引用时间窗口中被参考利用情况的一些共同规律或模式。可以看出，除日本多语言两栖期刊《图书与情报》（LIS）外，其他 5 本期刊都形成了一系列具有"开始下降较快，随后非常缓慢地下降，直至一个非常低且稳定的水平"特征的凹形曲线。

就零被引率的高低、演变曲线的平滑性、下降的速度和达到较低稳定值所用的时间而言，各期刊的表现有非常大的差异。非英语国家英语期刊的表现普遍优于非英语期刊。非英语期刊中，奥地利德语期刊《当代史》（ZEI）的表现优于日本多语言两栖期刊《图书与情报》（LIS）。4 本非英语国家英语期刊中，荷兰的英语期刊《材料科学期刊：电子工业材料》（JMS）的表现最好，日本英语期刊《富士通科技杂志》（FSTJ）的表现最差。

5.7.2　引用时间窗口固定情况下非英语期刊和非英语国家英语期刊论文零被引率的年度变化规律

图 5-28 和图 5-29 展示的分别是 6 本期刊 1990—2010 年各年论文出版后 3 年（包括出

版当年）引用时间窗口中零被引率的年度变化规律，以及 1990—2007 年各年论文出版后 6 年（包括出版当年）引用时间窗口中零被引率的年度变化规律。

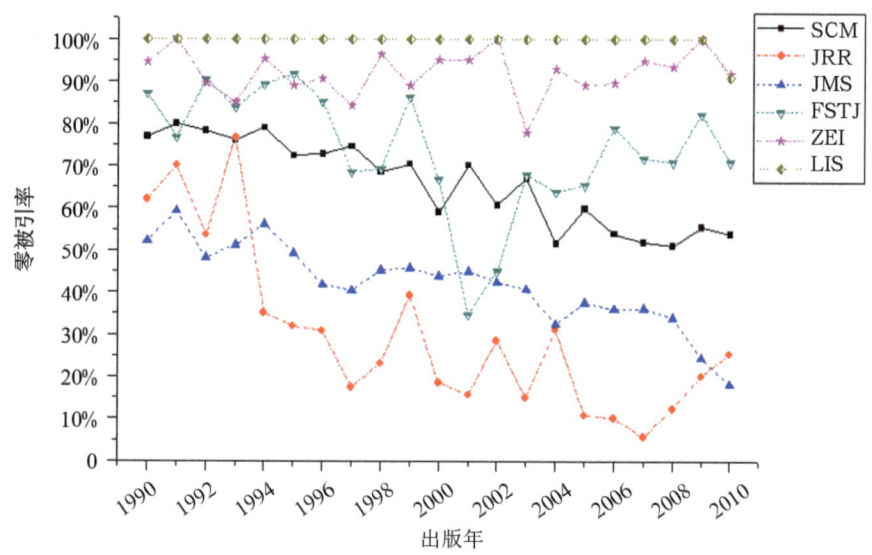

图 5-28　6 本期刊 1990—2010 年各年论文出版后 3 年（包括出版当年）零被引率的年度变化规律

从图 5-28 可以看出，非英语期刊和非英语国家英语期刊各年论文出版后 3 年零被引率的年度变化趋势表现出较大的差异。两本非英语期刊《当代史》（ZEI）和《图书与情报》（LIS）论文出版后 3 年零被引率的年度变化表现出一定程度的波动，但未出现下降趋势。4 本非英语国家英语期刊《辐射研究期刊》（JRR）、《中国科学：数学》（SCM）、《材料科学期刊：电子工业材料》（JMS）和《富士通科技杂志》（FSTJ）论文出版后 3 年零被引率的年度变化表现出一定程度的下降趋势。就零被引率的高低、演变曲线的平滑性、下降的速度和达到较低稳定值所用的时间而言，非英语国家英语期刊的表现普遍优于非英语期刊。非英语期刊中，领域排名相似的奥地利德语期刊《当代史》（ZEI）的表现优于日本多语言两栖期刊《图书与情报》（LIS）。非英语国家英语期刊中，领域排名类似的日本英语期刊《辐射研究期刊》（JRR）优于中国的英语期刊《中国科学：数学》（SCM），荷兰的英语期刊《材料科学期刊：电子工业材料》（JMS）优于日本英语期刊《富士通科技杂志》（FSTJ）。

图 5-29 所得出的结论与图 5-28 所得出的结论一致。

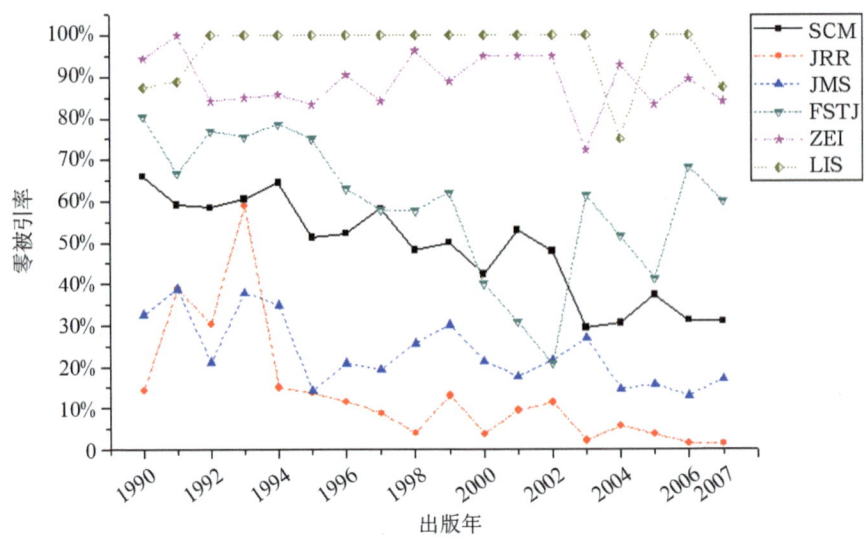

图 5-29　6 本期刊 1990—2007 年各年论文出版后 6 年（包括出版当年）零被引率的年度变化规律

5.8　国际高影响力期刊论文零被引率的演变规律

前述章节虽然研究和探讨了不同学科期刊论文零被引率的演变规律，不过由于学科期刊数量较多，未把不同学科相似影响力期刊的论文零被引率的演变曲线放在一起进行比较分析和研究，并且仅考虑 Article 和 Review 两类文献。本节将 6 本国际高影响力期刊的各类论文及其引用数据作为研究样本，实证分析了 6 本期刊 1992—1999 年各年出版的论文在出版后 1～12 年引用时间窗口中论文零被引率的演变规律，并使用公式（5-2）对其进行拟合。

选择的 6 本期刊包括图书情报学领域的 4 本高影响力期刊和跨学科领域的 2 本高影响力期刊。1992—1999 年出版了至少 600 篇文章和在各自学科领域中拥有 TOP 5 影响因子是我们的 2 个选刊标准。其中，从交叉学科期刊中选出的 2 本期刊《自然》与《科学》杂志属于世界上为数不多的最具影响力学术期刊，并且在 1992—1999 年分别出版了至少 21 000 篇文章，因此，相对于单学科领域的 4 本期刊来说，这 2 本期刊可以作为一个不错的参照比较标准。另外，每本期刊出版至少 600 篇文章的数量应该足以验证我们的模型和获得令人信服的结论。由于选出的期刊都具有高影响因子和较大的论文产出量，这样在一定程度上能够摆脱低影响因子和较小论文产出量对期刊论文零被引率波动性的影响。此外，所选期刊具有不同的来源国、学科、论文量和影响因子等特征，这能够使读者更清晰地看出不同特征期刊论文零被引率的演变规律及其之间的差异。

6 本期刊的数据集包含 1992—1999 年出版的 49 971 篇论文及其在 1992—2012 年受到引用的 3 795 480 条引文数据、6 种期刊的来源国和这些期刊在《2011 年版期刊引证报告》(Journal Citation Report, JCR) 中的影响因子。样本期刊论文数据涵盖所有类型，包括 Articles、Reviews 和 Others。其中，Others 类型论文涵盖 Letters、Editorials、Rebuttals、Corrections、News Items、Notes 和 Comments 等类型的非正式论文。样本期刊数据集的基本概况如表 5-15 所示。

表 5-15　样本期刊数据集的基本概况

刊名	缩写	论文数量 （1992—1999年）	引用数量 （1992—2012年）	期刊 国别	2011年 影响因子
Nature	NATURE	25 750	1 906 983	英国	36.28
Science	SCIENCE	21 040	1 855 798	美国	31.20
Journal of the american Society for Information Science and Technology	JASIST	1092	14 069	美国	2.08
Journal of Information Processing & Management	IP&M	682	6739	英国	1.12
Scientometrics	SCIENTO	732	8058	荷兰	1.97
Journal of Documentation	JDOC	675	3833	英国	1.06

使用公式（5-2）和最小二乘回归法拟合 6 本期刊 1992—1999 年各年出版的论文集合在出版后 1～12 年（不包括出版当年）不同引用时间窗口中论文零被引率的时间变化散点图，并计算出模型的不同参数。6 本期刊各年拟合参数的区间值如表 5-16 所示。为了保持与前述章节的 S 参数值一致，这里的 S 值是其倒数。

表 5-16　6 本期刊各年拟合参数的区间值

期刊缩写	R^2 区间	A 区间	S 区间	大于 F 值的概率区间
JASIST	[0.94,1.0]	[38.41, 90.65]	[0.31, 0.99]	[0]
IP&M	[0.97,0.99]	[27.63, 84.81]	[0.35, 0.75]	[0]
JDOC	[0.92,0.99]	[9.25, 23.39]	[0.33, 0.85]	[0]
SCIENTO	[0.94,0.99]	[46.68, 139.92]	[0.35, 0.79]	[0]
SCIENCE	[0.96,0.99]	[26.26, 31.12]	[0.56, 0.69]	[0]
NATURE	[0.97,0.99]	[21.42, 28.28]	[0.58, 0.68]	[0]

从表 5-16 可以看出：① 我们提出的三参数负指数公式（5-2）能够很好地拟合每本期刊论文零被引率的时间分布散点图，拟合优度 R^2 平均值都达到理想的 92% 以上。② 拟合结果差异极显著。判断拟合结果显著性的 P 值，即大于 F 值的概率区间，都小于 0.01，表明拟合结果差异极显著。③ 从零被引率随引用时间窗口变大而下降的幅度 A 可以看出，情报学领域 2 本较偏重实证研究的 JASIST 和 SCIENTO 期刊论文零被引率随引用时间窗口变大而下降的幅度值高于较偏重图书馆学理论研究的 JDOC。JASIST 和 SCIENTO 期刊论文零被引率的下降幅度值也高于 SCIENCE 和 NATURE。

图 5-30 和图 5-31 表示所选 6 本期刊 1992—1999 年各年出版的论文集合在出版后 1～12 年不同引用时间窗口中论文零被引率的时间变化散点图，以及使用公式（5-2）对这些散点图

进行拟合所产生的曲线。在这些图中，散点的不同形状和颜色代表不同期刊。

从图 5-30 和图 5-31 可以看出，6 本国际高影响力期刊不同年代出版的论文在出版后 1～12 年不同引用时间窗口中论文零被引率的时间变化表现出极大的相似性，形成一系列具

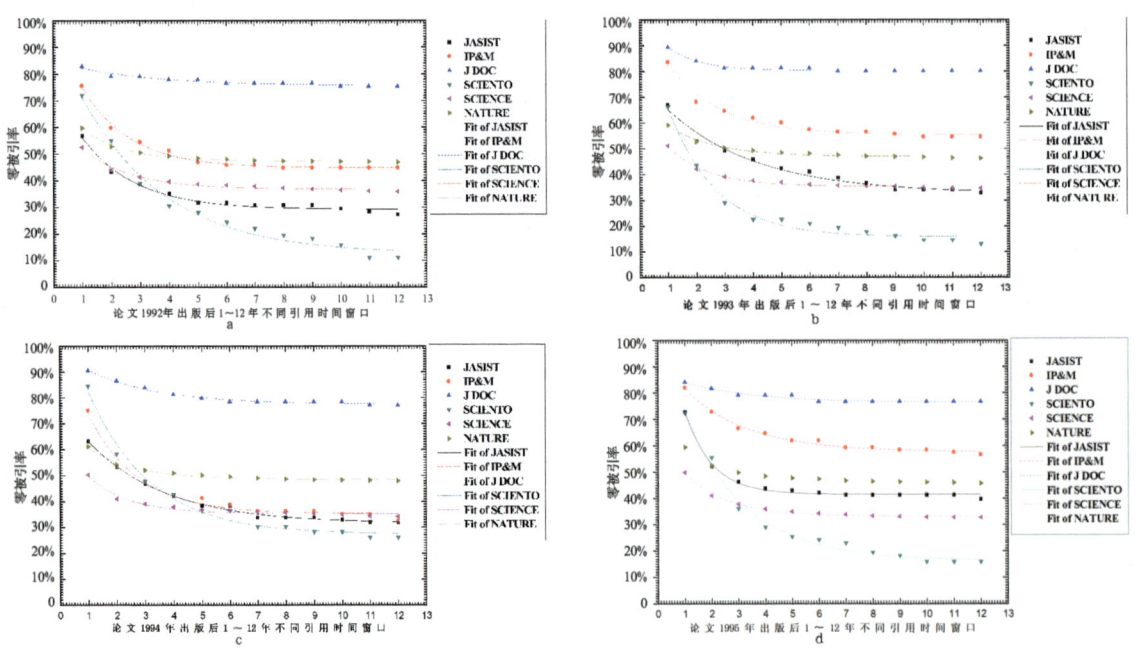

图 5-30　国际 6 本期刊论文在 1992—1995 年各年出版后 12 个不同引用时间窗口中零被引率的演变散点图及其拟合曲线

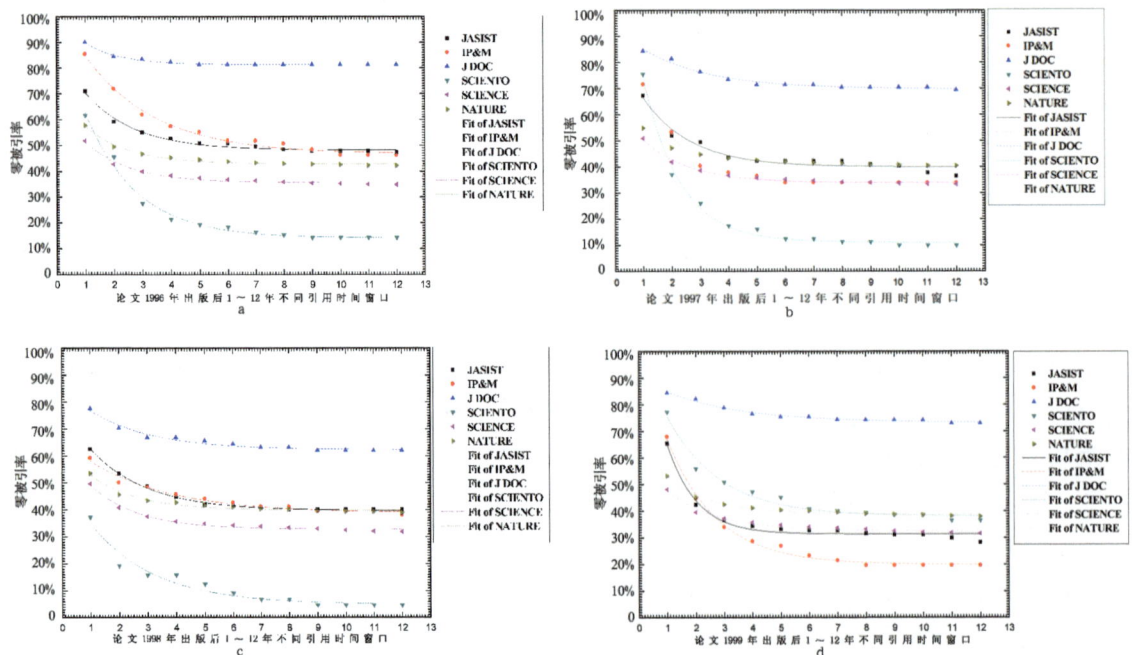

图 5-31　国际 6 本期刊论文在 1996—1999 年各年出版后 12 个不同引用时间窗口中零被引率的演变散点图及其拟合曲线

有如下共同特征的凹形曲线：在最初较短时间窗口中，论文零被引率随时间流逝下降得非常快，随着时间窗口变得越来越长，论文零被引率下降速度变得非常缓慢，渐近地逼近零的水平。

在论文出版后最初的较短引用时间窗口中，由于引用延迟，每本期刊论文零被引率是非常高的，不同期刊也有所差异。例如，每本期刊各年论文在出版后 1 年的引用时间窗口中，JDOC 论文零被引率是最高的，达到 85.3%，紧随其后的是 IP&M，它的论文零被引率为 75%。而 SCIENCE 论文零被引率是最低的，但仍然达到 50.4%。

随着引用时间窗口逐渐变宽，每本期刊各年论文零被引率的平均值开始出现不同程度的下降。例如，JDOC 各年论文零被引率的平均值从出版后 1 年引用时间窗口的 85.3%，下降到 3 年引用时间窗口的 78.5%，10 年引用时间窗口的 74.7%，最终下降到 12 年引用时间窗口的 74.3%，相对于论文刚出版时的 100% 零被引率，共计下降了 25.7 个百分点，下降幅度在所选 6 本期刊中是最小的。而 SCIENTO 各年论文零被引率的平均值随引用时间窗口变宽而下降的幅度最大，从出版后 1 年引用时间窗口的 68.2%，下降到 3 年引用时间窗口的 34.0%，10 年引用时间窗口的 17.7%，最终下降到 12 年引用时间窗口的 16.3%，共计下降了 83.7 个百分点。此外，JASIST、IP&M、SCIENTO、SCIENCE 和 NATURE 5 本期刊论文零被引率下降的程度高于 JDOC 期刊。前 5 本期刊论文零被引率的平均值在出版后 3 年引用时间窗口下降了 56.3 个百分点，出版后 10 年引用时间窗口下降了 65.2 个百分点，而 JDOC 论文零被引率的平均值在出版后 10 年引用时间窗口中仅下降了 25.3 个百分点。

在出版后 12 年的引用时间窗口中，每本期刊论文零被引率开始保持一个稳定值，只有非常小的变化。在此引用时间窗口中，偏图书馆学（主要以理论为主）的 JDOC 期刊各年论文零被引率的平均值仍保持 74.3% 的最高值，而偏情报学（以实证为主）的 SCIENTO（主要发表科学计量学方面论文）、JASIST 和 IP&M 期刊（主要发表信息科学与计算机科学交叉论文）零被引率已经分别下降到 16.3%、35.5% 和 40.7%，紧随其后的是综合性自然科学期刊 SCIENCE 和 NATURE，分别下降到 33.5% 和 43.3%。对比分析不同期刊的这些比例、所示期刊不同来源国和影响因子之间的差异后发现，2 本英国本土期刊 NATURE 和 IP&M 论文零被引率高于具有相似影响因子的 2 本美国本土期刊 SCIENCE 和 JASIST，而匈牙利经营的 SCIENTO 保持最低的零被引率。

利用一个不对数据分布做任何事先假设的二元非参数斯皮尔曼等级相关检验方法，对这些达到稳定值的平均比例与 6 本期刊 1992—1999 年的论文产出量进行相关性分析后，发现期刊论文产出量对期刊论文零被引率大小的影响较小，两者之间有一个较低的值为 –0.257 的斯皮尔曼相关系数。

5.9　科技期刊论文首次被引的幂律分布规律研究

5.9.1　研究对象

科技期刊论文是科技交流的重要形式之一，论文被阅读并被引用是其交流价值得以体现的重要表现形式。论文首次被阅读是论文在科技交流系统中发挥作用的起点,其首次被引用则是可被观测到的交流效果的最早证据。对论文首次被引问题的研究有助于我们了解论文在科技交流系统中发挥作用的情形,是文献计量学领域关注的内容之一。

目前,围绕论文首次被引问题展开的研究可以概括为两个主要的方面:建立首次被引比例的分布模型和基于首次被引过程设计科技期刊评价指标。以首次被引比例分布模型为研究目标,Rousseau R 最早用双指数模型描述了论文的首次被引过程,在该模型中,他假定每年未被引论文向被引论文转化的速率满足指数分布。此后,Egghe L 结合洛特卡定律对该模型做出了改进,使之能适用于凹形和 S 形曲线。2011 年,Burrell Q L 基于非齐次泊松过程建立了首次被引的随机模型,其后他继续研究了论文的第 n 次被引用的分布情况。这些都是从传统的文献计量学视角出发,对首次被引问题进行抽象并建模。

2005 年,Barabási 发现人类活动具有"阵发(Burst)"和"重尾(Heavy Tails)"的特征,其时间分布具有高度的非均匀性,服从幂律分布,开创了人类行为动力学研究的新方向。在文献计量学领域,幂律分布虽然被用于描述词频分布、被引频次分布等,但是迄今未见用幂律分布模型拟合首次被引过程的研究。我们认为,一组论文,以其出版年(t_p)为起点,论文在不同的年份(t_c)被首次引用,则每篇论文首次被引都对应于一个首次被引时间间隔(t_c-t_p)。对论文首次被引的时间间隔是否满足幂律分布这一问题的研究,不仅可以丰富人类行为动力学的内容,还可以继双指数模型和随机模型之后,增加一种描述首次被引过程的模型,对研究首次被引及相关的文献计量学研究具有一定的意义。

5.9.2 幂律分布模型

本章尝试建立一组论文首次被引过程的幂律分布模型。研究中几个概念的定义如下。

定义 1 首次被引的时间间隔:指首次被引年与出版年之间的时间间隔。用 t 表示:

$$t=t_c-t_p \tag{5-3}$$

其中,t_p 表示该论文的出版时间,t_c 表示该论文获得首次引用的时间。t 的数值反映了该论文由"未被引"到"被引"状态转换的时间间隔。在本章的研究中,出于数据可获取性考虑,以年为单位来定义该时间间隔,一篇论文如果在出版当年即被引用,则其 t 值为 0;如果在出版次年被引用,则其 t 值为 1;以此类推。

定义 2 首次被引论文数:指某年出版的一组论文中,在统计年之前从未被引用、在统计年首次被引用的论文数量。用 $S(t)$ 表示。其中,t 代表统计年与出版年的时间间隔,即首次被引时间间隔。

定义 3 首次被引论文比例:指某年出版的一组论文中,在统计年的首次被引论文数占该组论文的比例。用 $R(t)$ 表示。其中,t 代表统计年与出版年的时间间隔,即首次被引时间间隔。

借鉴人类行为动力学研究中时间间隔的幂律分布规律,我们认为,某年出版的 D 篇论文,其首次被引论文数和首次被引时间间隔的关系服从幂律分布。这种幂律分布规律可以表示为:

$$S(t) = \begin{cases} E, & t = 0 \\ Bt^{-\alpha}, & t \in \{1,2,3,\cdots\} \end{cases} \tag{5-4}$$

其中，$S(t)$ 是首次被引时间间隔 t 所对应的首次被引论文数，E、B 和 α 均是常数。

根据 $S(t)$ 和 $R(t)$ 的定义，可知 $S(t) = D \cdot R(t)$，代入公式（5-4）可得：

$$D \cdot R(t) = \begin{cases} E, & t = 0 \\ Bt^{-\alpha}, & t \in \{1,2,3,\cdots\} \end{cases} \tag{5-5}$$

公式（5-5）两边同时除以 D，可得：

$$R(t) = \begin{cases} \dfrac{E}{D}, & t = 0 \\ \dfrac{B}{D} t^{-\alpha}, & t \in \{1,2,3,\cdots\} \end{cases} \tag{5-6}$$

令 $M=E/D$，$C=B/D$，则公式（5-6）可以简写为：

$$R(t) = \begin{cases} M, & t = 0 \\ Ct^{-\alpha}, & t \in \{1,2,3,\cdots\} \end{cases} \tag{5-7}$$

其中，M、C、α 均为常数。公式（5-4）和公式（5-7）可以解读为：同一组论文，其首次被引论文数和首次被引论文比例均服从幂指数为 α 的幂律分布。α 表示论文首次被引比例的衰减情况；M 是论文出版当年的首次被引比例；当 $t=1$ 时，首次被引比例数值为 C。

5.9.3 数据说明及拟合结果

（1）数据说明

为了验证首次被引幂律分布模型的合理性，本章采用了 Web of Science（WoS）平台 SCIE 数据库中的数据，考察了公式（5-7）对实际数据的拟合效果。相关过程简述如下：

1）数据采集

按照检索式"PY=1920 OR PY=1960 OR PY=2000 数据库：SCIE"的检索结果下载数据，将数据导入数据库；通过 WoS 平台的创建引文报告功能获得每篇论文在每年的被引次数并添加至上述数据库。论文总量逾 111.8 万篇（表 5-17），数据下载时间为 2014 年 6 月。

2）数据处理

根据后文分析的需要，在数据库中添加标记字段，进行数据分组；添加字段，标记每篇论文在出版后不同时间间隔的被引次数。

3）数据统计与分析

在此阶段使用的工具包括 Foxpro、OriginPro 8 和 Matlab。

表 5-17　样本论文集的主要文献计量学指标

出版年		1920 年	1960 年	2000 年	总计
论文数（篇）		17 410	109 733	991 056	1 118 199
篇均被引频次（次/篇）		4.77	19.17	21.04	
出版后10年	零被引论文数（篇）	12 347	34 876	288 283	
	论文零被引率	70.92%	31.78%	29.09%	
截至2013年	零被引论文数（篇）	9741	30 546	272 203	
	论文零被引率	55.95%	27.84%	27.47%	

注：论文类型包括 Article、Proceedings Paper、Bibliography、Book Review、Correction、Database Review、Editorial Material、Hardware Review、Letter、Meeting Abstract、News Item、Poetry、Reprint、Software Review。由于 SCIE 数据库关于论文被引频次的最小时间单位是年，本章时间间隔统计单位为年。

（2）幂律分布模型的拟合结果

论文集 D 的首次被引论文数与首次被引论文比例是否服从幂律分布是本节考察的内容之一。同时，由于科技期刊论文的被引情况受多种因素的综合影响（如时间、学科、语种、文献类型等），以不同分类方式划分的论文集合是否服从幂律分布也是本节要考察的内容。

1）Article、Review 类型论文首次被引数和首次被引比例均服从幂律分布。

如表 5-17 所示，本章所采集的论文共计 111.8 万篇，其中，Article 类型的论文 71.5 万篇、Review 类型论文 3.0 万篇和其他类型论文 24.6 万篇。除 Article、Review 之外的 24.6 万篇论文包括 Book Review、Editorial Material 等类型。这些文献虽然学术性可能不及前两种文献，但是实际分析显示，这些论文也在学术交流中发挥了重要作用，这种作用表现为在学术交流中的被引，其篇均被引频次为 2.14 次/篇。全部 111.8 万篇论文按照表 5-18 所示的结果分组，Article、Review 类型和其他类型论文的首次被引论文数和首次被引比例均服从幂律分布，幂指数 α 的值分别是 1.45（Article 类型）、1.85（Review 类型）和 1.16（其他类型），反映拟合效果的 R^2 值分别是 0.98、0.99 和 0.97。

表 5-18　不同类型论文总数和篇均被引频次

类型	1920 年		1960 年		2000 年		总计	
	ACPP（次/篇）	TA（篇）	ACPP（次/篇）	TA（篇）	ACPP（次/篇）	TA（篇）	ACPP（次/篇）	TA（篇）
Article	5.62	14 444	27.21	69 100	25.50	714 868	25.29	798 412
Review	4.11	159	49.10	936	72.96	29 892	71.88	30 987
others	0.44	2807	4.46	39 697	1.78	246 296	2.14	288 800

注：Article 包括 SCIE 数据库标记为 "Article；Proceedings Paper" 和 Article 类型的论文；ACPP 是篇均被引频次（Average Citations Per Paper）的简写，单位为次/篇；TA 是总论文数（Total Articles）的简写，单位为篇。

2）全部 111.8 万篇论文首次被引数和首次被引比例均服从幂律分布

图 5-32 是全部 111.8 万篇论文首次被引比例的拟合效果图，幂指数 α 的值为 1.43，反映拟合效果的 R^2 值为 0.98。数据拟合结果显示，这 111.8 万篇论文其首次被引论文数亦服从 $\alpha=1.43$ 的幂律分布。

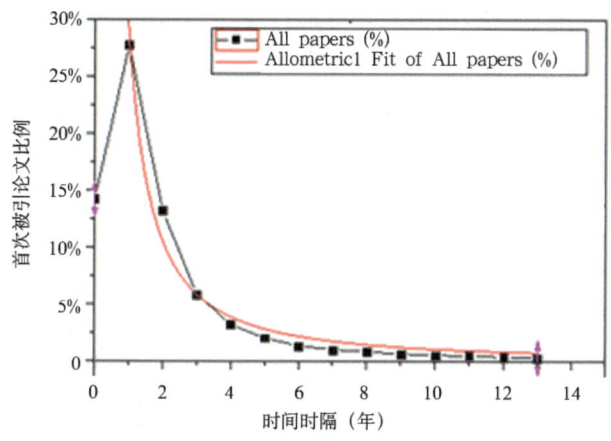

图 5-32　全部 111.8 万篇论文首次被引比例拟合效果图

注：图中双向箭头标记的是 OriginPro 软件自动标记的拟合的起止位置。

3）不同出版年论文集合首次被引论文数和首次被引比例服从幂律分布

双对数坐标下不同出版年论文中首次被引论文数随时间间隔变化的规律如图 5-33 所示，出版年为 1920 年、1960 年和 2000 年的 3 组论文在不同时间间隔下首次被引论文数均服从幂律分布 $S(t)\sim t^{\alpha}$，其幂指数值分别为 1.06、1.43 和 1.56。对比图中的 3 组拟合结果，出版年为 2000 年的论文较其他两组出现了更为"干净"的尾部，这是因为该年数据点较少，随着时

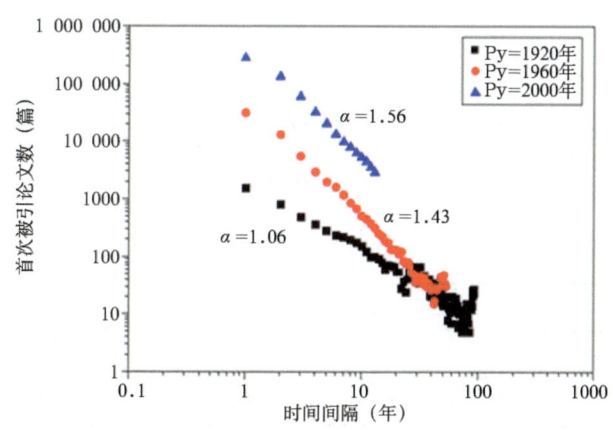

图 5-33　不同出版年论文中首次被引论文数随时间间隔的变化

注：Py=1920 年表示出版年为 1920 年，后同。不同出版年时间间隔取值范围不同，Py=1920 年时 $t \in [0,93]$，Py=1960 年时 $t \in [0,53]$，Py=2000 年时 $t \in [0,13]$。

间范围的增大，较小的数值变化都可能引起较大的波动，造成图中数据点的堆叠。

由公式（5-4）和公式（5-7）的数学推导部分可知，若某一论文集合的首次被引论文数服从参数为 α 的幂律分布，则其首次被引比例亦服从参数为 α 的幂律分布，反之亦然。由于首次被引论文数是一个绝对数量，不宜用于不同规模间样本的比较，在此重点讨论首次被引比例的幂律分布规律。同时，为了消除如图 5-33 所示数据点数量对拟合趋势的影响，下文首次被引比例的拟合中，3 组不同出版年的数据都只取前 14 个数据点，拟合效果如图 5-34 所示，相关参数见表 5-19。3 组数据的首次被引比例均能很好地拟合幂律分布，反映数据拟合效果的 R^2 这一指标均大于等于 0.98。当拟合的数据点数量变化时，幂律参数的大小会受到影响，但变化幅度较小。如表 5-19、图 5-33 对比所示，当拟合数据点减少后，幂律参数出现了微小的变化，出版年为 1920 年的论文由 1.06 变成了 1.03；出版年为 1960 年的论文由 1.43 变成了 1.55。

此外，我们采取了不同的分组方式对 2000 年的数据进行拟合，如按照学科、语种、文献类型（Article、Review 等）进行分组，各组数据均服从幂律分布。受限于篇幅，这里不做介绍。

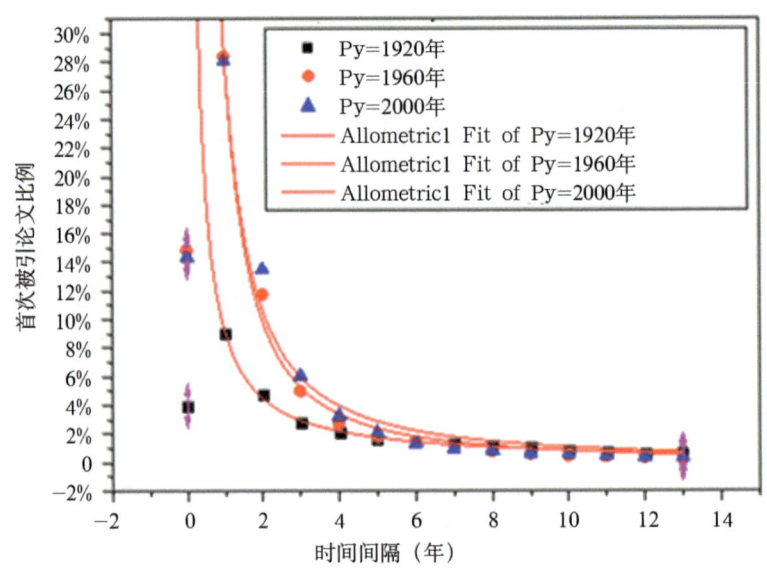

图 5-34　不同出版年论文中首次被引比例随时间间隔的变化

注：图中双向箭头标记的是 OriginPro 软件自动标记的拟合的起止位置。

表 5-19　不同出版年 $t=0 \sim 13$ 时数据拟合参数

出版年	拟合参数			首次被引比例（统计值）	
	C	$α$	R^2	$t=0$	$t=1$
1920 年	9.13	1.03	0.9975	3.93%	9.06%
1960 年	28.74	1.55	0.9920	14.83%	28.37%
2000 年	28.68	1.43	0.9816	14.33%	28.02%

5.9.4 被引分布规律在零被引问题研究中的应用

（1）零被引时间演化模型

构建论文零被引时间演化模型是零被引问题研究的内容之一。目前已有一些学者尝试建立零被引率随时间变化的数学模型。例如，Burrell Q L 提出了一个未被引论文比例随时间变化的模型 $P(X_t = 0) = \frac{a}{(v-1)t}[1-(\frac{a}{a+t})^{v-1}]$，但该模型与真实数据的拟合效果并不理想。胡泽文等以一个三参数负指数函数 $P(X_t=0)=K+Ae^{-t/s}$ ［本章公式（5-2）］拟合零被引的时间演化规律，并以6种期刊为例进行了实证研究，并获得了较好的拟合效果。上述模型是直接以论文零被引率为变量进行参数拟合，寻找论文零被引率的变化规律。由于论文"被引"与"未被引"是一对互补的概念，因此，科技期刊论文首次被引幂律分布规律的应用价值之一在于，借助首次被引比例这一概念，可以建立论文集合零被引率时间演化的模型。

如果用 $Z(t)$ 表示不同时间间隔下一组论文零被引率，$R(t)$ 表示不同时间间隔下一组论文的首次被引比例，则：

$$Z(t) = 1 - \sum R(t) \qquad (5-8)$$

将公式（5-7）代入公式（5-8），可得：

$$Z(t) = \begin{cases} 1-M, & t=0 \\ 1-M-\sum_{n=1}^{t} Cn^{-\alpha}, & t \in \{1,2,3,\cdots\} \end{cases} \qquad (5-9)$$

公式（5-9）即一组论文零被引时间演化模型。在已知 M、C 和 α 这3个参数的情况下，可以通过此模型预测一组论文出版后每一年的零被引率。本章以1960年数据为例，比较了胡泽文的三参数负指数模型［本章公式（5-2）］和公式（5-7）模型的拟合效果。事实证明，两个模型都能获得了较好的拟合效果，本节的模型在两组数据（1960年、2000年）中获得了更好的拟合优度，拟合结果见表5-20。

表5-20 零被引三参数负指数模型和本章模型拟合效果对比

模型	数据	参数	R^2
三参数负指数模型［本章公式（5-2）］ $P(X_t=0)=k+Ae^{-t/s}$	1920年	$K=57.64$、$A=29.14$、$S=14.30$	0.9570
	1960年	$K=29.02$、$A=53.78$、$S=1.88$	0.9752
	2000年	$K=29.94$、$A=56.04$、$S=1.60$	0.9951
本节公式（5-9）模型： $Z(t)=\begin{cases}1-M, t=0\\1-M-\sum_{n=1}^{t}Cn^{-\alpha}, t\in\{1,2,3,\cdots\}\end{cases}$	1920年	$M=3.04$、$C=10.30$、$\alpha=1.13$	0.9977
	1960年	$M=13.95$、$C=32.19$、$\alpha=1.81$	0.9964
	2000年	$M=13.66$、$C=31.68$、$\alpha=1.64$	0.9946

（2）用幂律分布规律解释延迟承认（睡美人）现象的存在

延迟承认描述的是论文出版后一段时间内未得到认可（以被引用为标志），较晚才开始被引用，且最终被引频次较高的现象。延迟承认论文被比喻为科学中的睡美人（Sleeping Beauties in Sciences）。Van Raan 用睡时长、沉睡深度和唤醒强度界定了睡美人的 3 个指标。在不同的研究中，虽然大家对迟滞承认论文采用了不同的界定标准，但首次被引时间与出版时间相比的延迟与较高的被引频次是延迟承认论文最典型的两个特征。

首次被引的幂律分布规律可以用于解释延迟承认现象。数据拟合的结果显示，按照被引频次对数据分层，各组论文的首次被引比例均符合幂律分布。

1）分组方式

相同出版年的论文按照截至 2013 年的总被引频次从高到低降序排列，然后等分。需要指出的是，为了保证相同被引频次的论文被分入一组，每组论文数并非严格相等，而是按照实际被引情况做了微调。例如，1920 年出版的论文有 17 410 篇，其中，7669 篇截至 2013 年获得了首次被引，这 7669 篇论文如果等分为 5 组，每组论文数为 1533.8 篇。事实上，这 7669 篇论文被引频次为 1 次的论文有 1833 篇，因此，第五组论文数为 1833 篇而不是 1533.8 篇；其余组亦同。之所以将所有论文分为 5 组，而不是 3 组或 7 组，是因为分组太少不易于比较组之间的差异，分组太多并无必要，分组结果详见表 5-21。

表 5-21　不同出版年不同组首次被引比例拟合参数

	出版年 / 分组	论文数（篇）	篇均被引频次（次/篇）	C	α	R^2
被引频次较高	1920 年 / 第一组	1369	42.22	32.77	1.42	1.00
	1920 年 / 第二组	1304	9.47	27.65	1.21	0.99
	1960 年 / 第一组	15 599	95.22	49.14	2.43	1.00
	1960 年 / 第二组	16 280	22.33	48.76	1.92	0.99
	2000 年 / 第一组	144 739	98.61	49.46	2.93	1.00
	2000 年 / 第二组	143 764	25.88	52.25	1.94	0.98
被引频次居中	1920 年 / 第三组	1390	4.86	23.52	1.09	0.99
	1960 年 / 第三组	16 414	10.04	43.76	1.58	0.99
	2000 年 / 第三组	142 510	12.55	45.04	1.45	0.94
被引频次较低	1920 年 / 第四组	1773	2.42	16.70	0.91	0.97
	1920 年 / 第五组	1833	1.00	10.22	0.72	0.94
	1960 年 / 第四组	15 932	4.30	35.14	1.28	0.97
	1960 年 / 第五组	14 962	1.42	23.87	1.02	0.95
	2000 年 / 第四组	136 404	5.80	34.86	1.09	0.87
	2000 年 / 第五组	151 436	1.82	21.06	0.68	0.85

2）拟合结果

如表 5-21 所示，各出版年被引频次较高（第一组和第二组）、被引频次居中（第三组）和被频次较低（第四组和第五组）的论文均服从幂律分布。这说明幂律分布在不同被引频次论文群体中分布的适用性。3 种不同出版年的各 5 组论文，其篇均被引频次和参数 α 均正相关，相关系数分别为 0.83（1920 年）、0.90（1960 年）和 0.94（2000 年）。从第一组到第五组，随着篇均被引频次的降低，首次被引比例、参数 α 和反应拟合效果的 R^2 均出现了逐渐降低的趋势。被引频次居中的第三组论文，其参数 C、α 在 5 组数据中亦居中。

（3）结果解读

由于不同被引频次分层抽样的论文集合其首次被引均服从幂律分布，其中，较高频次被引论文的首次被引符合幂律分布可用于解释迟滞承认论文的存在。较高被引频次组别论文服从幂律分布，其时间间隔较大时首次被引的论文即对应于被延迟承认的论文。从幂律分布的特性角度可以解释为：幂律分布的典型特征在于其不均衡性，存在一个巨大的头部和长长的尾部，巨大头部的存在，说明多数具有潜在高被引特性的论文在发表之初即可以被识别，而其长长尾部则是迟滞承认论文。

出版年被引频次较低的 2 组论文服从幂律分布可以解释为：人们在引用时更倾向于引用较新的论文，一些最终看来并不十分优秀的论文在出版的早期可能获得被引，但随着时间的推移，它们继续被引用的概率会逐渐降低。

5.9.5 结论与讨论

通过上述分析，可以得到以下结果：

①不同出版年论文集合的首次被引数和首次被引比例与时间间隔的关系均满足幂律分布。以年为时间间隔统计单位，首次被引比例峰值 C 与幂指数 α 正相关。同一出版年不同学科的论文，首次被引比例峰值 C 与幂指数 α 也存在正相关关系。出版年为 1920 年、1960 年和 2000 年的论文集合对应的幂指数分别为 1.06、1.43 和 1.56，与其他人类行为动力学研究中发现的幂指数取值范围（1~3）相一致。

②同一出版年的论文，按照被引频次高低进行排序、分组，各组的首次被引论文数和首次被引比例亦满足幂律分布，幂指数 α 与该组论文的平均被引频次正相关。

③首次被引论文数和首次被引论文比例随时间间隔变化的幂律分布特征，可以应用于对零被引问题的研究。通过零被引与首次被引的关系，可以建立如公式（5-9）所示的零被引时间演化模型。通过对真实数据的拟合，我们发现公式（5-9）比三参数负指数模型［公式（5-2）］获得了更好的拟合效果。此外，高被引论文的首次被引时间间隔的幂律分布特征，可以用于解释延迟承认现象。

本节的研究借鉴了人类行为动力学中人类行为时间性的幂律分布模型，但是人类行为动力学研究中的时间间隔往往是一个即时反应的连续变量，而由于期刊出版周期的不同、论文阅读引用与出版之间的时滞等原因，论文首次被引的时间间隔往往更加复杂，在此情况下幂律分布模型是否应做相应修正有待进一步的探讨。

人类行为动力学研究虽然用基于优选权决策的排队模型和基于兴趣的非齐次泊松过程模型解释了幂律分布的动力学机制，但幂指数数值上的差别能否作为区分不同类别人类行为的标尺尚未有定论。同样，无论是按照学科、文献类型、语种等维度对论文首次被引情况进行拟合，其分布均服从幂律分布，但得到的幂指数的差异是否可以反映论文在不同维度分布上的差异、造成这些差异的内在原因又有哪些，这些也都有待进一步的研究。

5.10 本章小结

为解决国内外零被引率演变规律研究中存在的问题，本章从多学科类、自然科学的生物学类、工程科学的电子工程类、数学类、社会科学的图书情报学类和人文科学的历史学类6个不同性质学科期刊中各选6本影响因子、语种和国别有差异的期刊作为样本，结合定性和定量分析方法，就两种情况进行了实证检验：①6个不同性质学科期刊论文1990—1993年各年论文出版当年至20年（包括出版当年）不同引用时间窗口中论文零被引率的演变规律；②6个不同性质学科期刊1990—2012年各年论文在出版当年论文零被引率的年度变化规律，1990—2010年各年论文在出版后3年（包括出版当年）引用时间窗口中论文零被引率的年度变化规律，以及1990—2007年各年论文在出版后6年（包括出版当年）引用时间窗口中论文零被引率的年度变化规律。

（1）实证分析发现

①除个别特殊情况外，我们定义的三参数负指数公式（5-1）及其同等变化形式——公式（5-2）能够很好地拟合6个不同性质学科期刊论文零被引率的演变散点图。拟合优度R^2基本上都达到较理想的90%以上，并且拟合结果差异极显著，判断拟合结果显著性的P值都小于0.01。

②6个不同性质学科期刊1990—1993年各年论文在出版当年至20年（包括出版当年）不同引用时间窗口中的论文零被引率表现出不同的演变规律或模式，主要有以下几类：a. 不同影响因子期刊论文零被引率随引用时间窗口变大而形成一系列具有"开始下降较快，随后非常缓慢地下降，直至一个非常低且稳定的水平"特征的凹形或偏凹形曲线。基本上每个学科大部分期刊都表现出这种变化规律或模式。b. 不同影响因子期刊论文零被引率随引用时间窗口变大而形成一系列具有"开始下降非常缓慢，随后下降反而变快，并最终下降到一个低点"等特征的凸形或偏凸形曲线。具有此类特征的期刊也较多，不过大部分为国内期刊，如多学科领域2本国内低影响力期刊《河南大学学报》（JHU）和《青海社会科学》（QSS）。历史学领域的3本国内期刊《历史研究》（HR）、《世界历史》（WH）和《东南文化》（SC）。值得注意的是，此类凸形曲线通常无法直接用公式（5-1）进行拟合，需要用公式（5-1）的同等变化形式公式（5-2）去拟合。c. 不同影响因子期刊论文零被引率随引用时间窗口变大而形成一系列具有"下降非常不明显，几乎呈直线"的演变规律或模式。表现出此类规律的典型代表是日本的多语言两栖期刊《图书与情报》（LIS）1992年、奥地利德语期刊《当代史》（ZEI）1990年和1991年论文零被引率的演变曲线。d. 形成一系列具有"下降非常明显，很

难达到稳定水平"的斜直线或偏斜直线趋势。表现出此类规律的典型代表是电子工程领域低影响力的国内期刊《电子器件》（CJED）1993 年论文零被引率的演变曲线。e. 不同影响因子期刊不同年代论文零被引率随引用时间窗口变大而形成一系列形状各异，同时包含上述 2 种以上特征的演变曲线。表现出此类特征的期刊都为低影响力的非英语或非本国语言期刊，如国内的《应用数学学报（英文版）》（AMAS）、日本的多语言两栖期刊《图书与情报》（LIS）、奥地利德语期刊《当代史》（ZEI）。

③ 6 个不同性质学科期刊 1990—2012 年各年论文出版当年零被引率的年度变化大都呈现波动型，无明显上升或下降的趋势。越是影响力高的期刊，波动越大，不过《科学》（SCI）杂志除外，此杂志各年论文出版当年零被引率的年度变化呈现明显的下降趋势。3 本非英语或非本国语言期刊《应用数学学报（英文版）》（AMAS）、《图书与情报》（LIS）和《当代史》（ZEI）论文出版当年零被引率都非常高，并且年度变化较小。

④ 6 个不同性质学科期刊 1990—2010 年各年论文出版后 3 年（包括出版当年）零被引率的年度变化大都呈现逐年下降的趋势。通常国内期刊的下跌趋势较明显，说明论文发表后 3 年的传播与利用水平一直处于快速发展之中。国外影响力较高期刊论文出版后 3 年零被引率的年度变化虽然呈现一定的下降趋势，但波动较大。非英语或非本国语言期刊论文出版后 3 年零被引率的年度变化开始增大，说明非英语或非本国语言期刊论文发表后的传播与利用存在时滞。由于语言障碍，论文发表后很难在当年就能获得引用，在发表 3 年后仅能获得少许的引用。

⑤ 6 个不同性质学科期刊 1990—2007 年各年论文出版后 6 年（包括出版当年）零被引率的年度变化基本上呈现逐年下降的趋势。国内期刊的下跌趋势仍然是最明显的，到 2007 年已经降到较低的水平。国际影响力较高期刊论文出版后 6 年零被引率的年度变化也呈现下降趋势，波动开始变小，趋于较低的稳定水平。非英语或非本国语言期刊论文出版后 6 年零被引率的年度变化也开始呈现下跌的趋势，说明非英语或非本国语言期刊论文发表 6 年后的传播与利用水平才开始得到改善。

⑥ 就国内外不同学科期刊论文零被引率的年度变化规律看，国际较高影响因子期刊论文出版后 3 年和出版后 6 年零被引率的年度变化一直在一个较低的稳定区间中波动，而国内期刊论文出版后 3 年和出版后 6 年零被引率的年度变化一直处于明显的下降趋势，而非在一个较低的稳定区间波动，说明国内期刊在 1990—2010 年一直处于快速发展之中，同时也暗示国内期刊论文的传播与利用存在滞后现象，不能够很快达到较低的稳定区间。

⑦ 根据零被引率高低（假设其权重为 40%）、演变曲线平滑性（假设其权重为 20%）、下降速度（假设其权重为 20%）和达到较低稳定值所用时间（假设其权重为 20%）指标对不同学科期刊进行排名，排名结果基本上与按期刊影响因子排名结果相符，不过国际英文期刊表现优于国内中文期刊，本国语言期刊或英语期刊表现优于非本国语言期刊或非英语期刊。如数学领域的 5 本期刊中，瑞典皇家科学院米塔-列夫勒研究所主办的数学领域 TOP 3 期刊《数学学报》（AM）的表现最优，其次为国际符号逻辑学会主办的数学领域影响因子处于中等水平的英语期刊《符号逻辑杂志》（JSL）。中国科学院和中国数学会主办的国内数学领域 TOP 2 期刊《数学学报》（AMS）的表现位居第三，国际低影响力期刊《印度科学院院报：

数学科学》（PIAS）和国内低影响力期刊《数学杂志》（JM）的表现不相上下，在第四和第五之间波动，而国内数学领域综合排名居中的《应用数学学报（英文版）》（AMAS）表现最差。

⑧另外，根据期刊1990—2010年各年论文出版后3年和出版后6年零被引率高低（假设其权重为40%）、零被引率年度变化曲线的平滑性（假设其权重为30%）和下降速度（假设其权重为30%）等指标对不同学科期刊进行排名，排名结果基本上与上述按零被引率高低、演变曲线平滑性、下降速度和达到较低稳定值所用时间等指标的排名结果一样。如果单就零被引率年度变化曲线的平滑性（假设其权重为50%）和下降速度（假设其权重为50%）2个指标而言，国内中文期刊的表现最好，其次为国际英文期刊。此外，非本国语言期刊或非英语期刊的表现最差。

（2）建议

①国内期刊应该注重加快审稿速度，缩短出版周期，提高论文的传播与利用水平。目前国内期刊的传播与利用存在滞后现象。例如，大部分国际英文期刊论文的零被引率在出版后2～5年就能够达到较低的稳定水平，而国内期刊在出版后5年以上的更长引用时间窗口中才能缓慢达到一个稳定的水平。甚至有些学科期刊在出版后20年仍未达到一个较低的稳定水平，如历史学领域的3本国内期刊《历史研究》（HR）、《世界历史》（WH）和《东南文化》（SC），说明论文传播与利用的滞后性非常严重。因此，国内期刊，尤其是低影响因子和传统冷门学科期刊应注重加快审稿速度，缩短出版周期，提高论文的传播与利用水平。

②非英语或非本国语言期刊应注重提升本土化水平，提高论文的传播与利用水平。从上述分析可以看出，非英语或非本国语言期刊论文在发表后较长引用时间窗口中仍然保持较高论文零被引率，很难达到较低的稳定值。1990—2010年非英语或非本国语言期刊论文出版后3年和出版后6年零被引率虽然有一定的下降，但下降趋势非常不明显。因此，非英语或非本国语言期刊应该采用一些措施提高本土化水平，提升传播与利用水平：a.增加本国语言或数据库中优势语言的题录信息（如标题、作者、期刊名称和摘要信息等），如被中文数据库收录的英文刊，应增加中文题录信息，以英文为主导语言的英文库如Web of Science、Scopus、Science Direct和EI等数据库收录的其他语种期刊应增加英文题录信息，以便语言覆盖面更广的读者阅读、理解和引用这些文献；b.增强期刊论文的开放获取水平，如在条件允许情况下，在自己的博客、论坛或相关网站上公开期刊出版的论文，以便更多的读者能够接触到该期刊论文；c.在相关学术论坛和博客上进行宣传和传播。非英语期刊的论文很难被更多英语国家的更多读者发现、阅读和引用，而非英语国家办的非本国语言期刊（如中国办的英文期刊）又较难被中国的读者接受。因此，特别需要在国内外著名学术论坛、博客及知识聚合与分享门户中用本土语种或优势语种来介绍这些期刊的论文。

第六章 高被引论文与零被引论文比较分析

在期刊论文的时间—引用曲线中,高被引论文位于头部,而零被引论文位于尾部。以往,基于引文分析的研究热点分析和研究前沿评价等均关注高被引论文或引用时间窗口内的总被引频次,而忽略了零被引论文。通过本项目的研究,我们发现论文被引的影响因素有很多。

这种仅仅考虑"头部"而忽略"尾部"的研究方法,不能涵盖科学的全貌,更不能客观体现论文的学术价值。为此,本章针对曲线的两个不同部分,从选题、引文结构、关键词、机构、学科等角度,比较了这两类论文特征的异同,为零被引论文中潜在"精品"论文的发现和挖掘提供参考。

6.1 高被引论文与零被引论文选题差异研究

6.1.1 分析方法

为验证热点研究选题有助于论文影响力提升这一假设,我们做出如下研究设计:首先,确定学科领域,从中选出若干同时被引文索引与叙词索引数据库收录的期刊;其次,依据叙词词频分别确立各期刊的热点叙词,以此作为热点选题的依据;再次,筛选出各期刊的高被引论文与零被引论文;最后,分别统计分析各期刊高被引论文与零被引论文的热点叙词分配率,即叙词占各自叙词总数的比例。若各期刊的高被引论文有着比零被引论文更高的热点叙词分配率,则假设成立;否则,该假设有待进一步商榷。

(1)数据来源与处理方法

本研究最终确定 9 种来自 2006—2008 年 JCR(期刊引证报告)农业经济与政策学科期刊目录的期刊作为研究样本,其引文索引与叙词索引数据均来自 Web of Knowledge 数据平台。需要说明的是,Web of Knowledge 数据平台在 2014 年进行了重新改版,统称为 Web of Science;而原有的专用引文索引数据库 Web of Science 则改称为 Web of Science 核心合集。由于本研究涉及了包括 Web of Science 在内的 Web of Knowledge 数据平台上的多个不同数据库,为便于表述,本节仍采用旧称。

1)叙词索引数据

本研究利用的标准叙词数据来自 CAB 文摘数据库,该数据库由国际农业和生物科学中心(CABI)编制,内容涵盖农学、植物保护及农业经济等多个与农业相关的研究领域,涉及的文献类型包括期刊、图书与报告等。选择 CAB 作为本研究的叙词来源,主要基于两点考虑:第一,该数据库目前已经完成了在 Web of Knowledge 数据平台的集成,便于搜集。第二,集成在 Web of Knowledge 数据平台的 CAB 数据库能同时提供相应条目的 Web of Science（以下简称 WoS）检索号，这使得我们可以快捷、高效地将 CAB 叙词索引数据与 WoS 引文索引数据进行集成。事实上，尽管包括 INSPEC 和 MEDLINE 在内的其他叙词索引数据库在 Web of Knowledge 也有集成，但这些数据库与 WoS 数据库之间没有统一的检索号。此外，包括 WoS 在内，Web of Knowledge 数据平台的多个数据都存在 DOI 文献号码大量缺失的问题。如果仅利用 DOI 文献号码进行数据集成，则会出现大量数据缺失。从可行性与可操作性的角度出发，本节最终选择了农业学科的期刊与农业类叙词索引数据库——CAB 摘要数据库，作为数据样本的来源。

在数据集成过程中，我们发现 WoS 对期刊的收录范围相对更广，几乎各种类型论文都有不同程度的涉及，而 CAB 则是有选择性地进行收录。对于同一种期刊，WoS 记录数一般总是大于 CAB 记录数，但偶尔也会出现 CAB 收录但 WoS 未收录的情况。由于上述情况的存在，9 种期刊 2 类异构数据匹配的结果要小于或等于 CAB 记录数，相关匹配结果列于表 6-1。

表 6-1 9 种农业经济与政策学科期刊的 WoS 与 CAB 记录匹配结果

单位：篇

期刊全名	JCR 期刊缩写	WoS 论文数	CAB 论文数	匹配论文数
Agricultural Economics	AGR ECON	256	221	209
American Journal of Agricultural Economics	AM J AGR ECON	381	306	296
Australian Journal of Agricultural and Resource Economics	AUST J AGR RESOUR EC	112	80	77
Canadian Journal of Agricultural Economics	CAN J AGR ECON	109	107	103
European Review of Agricultural Economics	EUR REV AGRIC ECON	115	68	65
Food Policy	FOOD POLICY	140	140	137
Journal of Agricultural Economics	J AGR ECON	113	92	92
Journal of Agricultural And Resource Economics	J AGR RESOUR ECON	247	94	93
Review of Agricultural Economics	REV AGR ECON	167	147	141

2）引文索引数据

论文的被引频次由 Web of Knowledge 数据平台中的 WoS 数据库（被引频次仅限于 SCI/SSCI/A&HCI 三大索引）提供，且基于 5 年固定引用时间窗口进行统计。也就是说，对于 2008 年发表的论文，只统计其在 2008—2012 年的被引频次。虽然固定引用时间窗口下的被引频次统计相对烦琐，但这样做不但能使不同年份发表的论文在被引频次及与之相关联的各类引文指标更具可比性，也使得检索计算结果具有一定的可重复性。此外，本研究之所以没有采用最新的 JCR 期刊目录,是希望引用时间窗口能得到足够的延长,以突出高被引与零被引论文的被引水平差异。2～3 年的引用时间既未必能使论文的影响力得以充分的释放,又未必代表其在之后的年份就保持零被引。有文献表明,论文在发表的前 5 年还没有被引用,其在之后年份被引用的概率将直线下降。

（2）指标定义

1）高被引论文

基于 5 年固定引用时间窗口统计的被引频次,本节借助各期刊的 H 指数确定各自的高被引论文集合,即当论文的被引频次不小于载文期刊的 H 指数,则被视为高被引论文。由 H 指数的定义可知,这里高被引论文的数量等于或略大于 H 核论文的数量。高被引论文的标准有很多,H 指数只是其中一种。常见的还有"二八"标准,即被引频次排在前 20% 的论文定义为高被引论文。但是,当采用"二八"标准时,高被引论文的数量将远远高于零被引论文的数量。与之相比,H 指数标准能同时兼顾数量与被引频次两个方面的要求,使高被引与零被引论文的样本保持大体相近的规模。

2）热点叙词

根据样本规模,本研究分别以各期刊覆盖率超过论文总数 5% 的叙词作为热点叙词,并以此作为热点选题的表征依据。采用该标准,既考虑了不同期刊的叙词样本规模,又保证各期刊的热点叙词数保持在 20～50 个,这是共词分析网络分析最常用的参数区间。此外,当叙词覆盖率低于 5% 时,部分期刊的一些叙词的出现频次低于"5 次",无法描述"热点"的概念。

3）热点叙词分配率

即热点叙词与期刊样本叙词总数的比值。强调"分配"二字是因为叙词是由同行专家根据论文的研究内容赋予的,而非作者自己提供的。

6.1.2 结果分析

（1）叙词分析

叙词是学科专家指定用来表示来源文献内容的规范化受控检索词。因此,从专家标引叙词可以了解同行专家对于该论文研究内容的认知,而期刊或领域的高频叙词则在很大程度上体现了这一时期特定研究范围内的研究热点。表 6-2 分别列出了 9 种期刊的 9 组热点叙词,各期刊所涉及的叙词种类数及热点叙词种类数也一并列出。限于篇幅,这里仅提供各期刊覆盖范围排序前 10 位的叙词。

表 6-2　9 种农业经济与政策学科期刊的热点叙词

单位：种

期刊缩写	叙词种类数	热点叙词种类数	部分热点叙词
AGR ECON	576	24	crop production、prices、economic impact、models、poverty、agricultural policy、efficiency、international trade、productivity、agricultural trade
AM J AGR ECON	742	31	models、risk、mathematical models、welfare economics、agricultural policy、prices、international trade、agricultural trade、efficiency、subsidies
AUST J AGR RESOUR EC	316	40	water management、water supply、agricultural policy、markets、property rights、water policy、economic analysis、international trade、models、prices
CAN J AGR ECON	373	24	international trade、agricultural policy、prices、risk、welfare economics、agricultural trade、demand、CAP、costs、decision making
EUR REV AGRIC ECON	281	22	agricultural policy、models、costs、efficiency、environmental policy、risk、international trade、subsidies、contracts、demand
FOOD POLICY	444	34	food policy、food security、agricultural policy、international trade、poverty、consumer attitudes、demand、food consumption、food prices、food safety
J AGR ECON	355	38	agricultural policy、models、interdisciplinary research、land use、international trade、prices、CAP、economic impact、environmental policy、methodology
J AGR RESOUR ECON	408	30	prices、risk、mathematical models、costs、maize、simulation models、beef、beef cattle、case studies、marketing
REV AGR ECON	492	19	agricultural policy、prices、subsidies、case studies、economic impact、international trade、risk、biofuels、demand、welfare economics

从叙词比较结果可以发现，虽然 9 种期刊的研究内容较为相近，但仍存在较为显著的差别，主要体现在以下两个方面：

第一，各期刊涉及叙词种类的数量多寡不均，显示各期刊在研究内容的广度上存在较大差异。期刊所涉及的叙词种类越多，说明研究内容越丰富。表 6-2 中 AM J AGR ECON 涉及的 CAB 标准叙词超过 700 种，而 EUR REV AGRIC ECON 和 AUST J AGR RESOUR EC 涉及标准叙词却只有 300 种上下。

第二，期刊间的热点叙词的共性小、差异性大。首先，只有 agricultural policy（农业政策）和 economic impact（经济影响）两种叙词同时出现在 9 种期刊的热点叙词中；然后，demand（需求）、international trade（国际贸易）、prices（价格）、risk（风险）、agricultural trade（农业贸易）、models（模型）、case studies（案例研究）、costs（成本）、decision making（决策）、

welfare economics（福利经济）、willingness to pay（购买意愿）、crop production（作物生产）、efficiency（效率）、markets（市场）、regulations（规章制度）、simulation models（仿真模型）和 subsidies（补贴）17 类叙词出现在 5 种以上（含 5 种）期刊的热点叙词中；最后，包括 beef（牛肉）、biofuels（生物燃料）和 food safety（粮食安全）在内的 64 种叙词只出现在 1 种期刊的热点叙词中。总之，虽然同属于农业经济与政策学科的期刊，但各期刊的聚焦点不仅存在差异，且对于研究热点的解读也有所不同。

（2）被引分析

如表 6-3 所示，虽然属于同一学科，但 9 种期刊 2006—2008 年发表论文的篇均被引频次呈现明显的分层结构：FOOD POLICY 达到了 9.77，明显高出其他 8 种期刊；J AGR ECON、AM J AGR ECON 和 EUR REV AGRIC ECON 处于第二集团，均在 6.0 以上；AGR ECON、AUST J AGR RESOUR EC 和 REV AGR ECON 处于第三梯队，基本都在 4.0 以上；而 J AGR RESOUR ECON 与 CAN J AGR ECON 分别只有 2.63 和 3.03，处于最末层级。考虑到 9 种期刊在被引水平的分层结构，本节借助各期刊的 H 指数确定不同期刊高被引论文的标准，以兼顾期刊被引水平和选样规模的平衡，以避免一刀切标准所可能引起的部分期刊高被引论文选样不足的情况。不难发现，除 CAN J AGR ECON 和 J AGR RESOUR ECON 的高被引论文和 AUST J AGR RESOUR EC 和 FOOD POLICY 的零被引论文之外，其余各组样本数均在 10 以上，具有一定的统计学意义。

表 6-3　农业经济与政策学科期刊的引文指标（2006—2008 年）

期刊缩写	H 指数	篇均被引频次（次）	高被引论文数（篇）（≥H 指数）（占比）	零被引论文数（篇）（占比）
AGR ECON	14	4.88	15（7.18%）	22（10.53%）
AM J AGR ECON	17	6.28	21（7.09%）	20（6.76%）
AUST J AGR RESOUR EC	10	4.86	11（14.29%）	6（7.79%）
CAN J AGR ECON	8	3.03	9（8.74%）	22（21.36%）
EUR REV AGRIC ECON	10	6.02	12（18.46%）	11（16.92%）
FOOD POLICY	18	9.77	21（15.33%）	7（5.11%）
J AGR ECON	14	6.75	14（15.22%）	11（11.96%）
J AGR RESOUR ECON	7	2.63	7（7.53%）	17（18.28%）
REV AGR ECON	13	4.53	13（9.22%）	32（22.70%）

此外，从表 6-3 可以看到，零被引论文的规模与其被引水平之间具有一定的负相关性：9 种期刊篇均被引频次与论文零被引率的皮尔逊相关系数为 −0.70。当然，这种负相关性显著程度仍相对较低。例如，篇均被引频次排在第 3 位的 AM J AGR ECON，其零被引论文数（20 篇）

排在 9 种期刊的第 4 位；而篇均被引频次排在第 4 位的 EUR REV AGRIC ECON，其论文零被引比例（16.92%）明显高于许多篇均被引频次较低的期刊。但是，如排除 EUR REV AGRIC ECON，其余 8 种期刊篇均被引频次与论文零被引率的皮尔逊相关系数则直逼 –0.74。因此大体上，在农业经济与政策学科期刊中，被引水平较高的期刊，其零被引论文的"比例"处于相对较低的水平。

（3）热点叙词分配率的比较

表 6–4 列出了 9 种期刊整体、高被引论文和零被引论文 3 类不同样本集的篇均叙词数与热点叙词分配率。从篇均叙词数来看，9 种期刊内部 3 类样本集的篇均叙词数相差不大，差距一般都在 2 个叙词以内。换言之，3 类样本之间具有相近的叙词规模，这就可以排除叙词规模对热点叙词分析结果的影响。

表 6–4　农业经济与政策学科期刊热点叙词分配率（基于 H 指数的高被引标准）

期刊缩写	整体		高被引论文		零被引论文	
	篇均叙词数（个）	热点叙词分配率	篇均叙词数（个）	热点叙词分配率	篇均叙词数（个）	热点叙词分配率
AGR ECON	7.69	26.43%	8.33	29.60%	8.05	25.42%
AM J AGR ECON	7.10	21.21%	6.38	26.12%	7.60	22.37%
AUST J AGR RESOUR EC	7.75	39.53%	7.82	40.70%	7.17	30.23%
CAN J AGR ECON	7.43	26.93%	7.00	31.75%	7.32	29.19%
EUR REV AGRIC ECON	7.65	25.75%	7.83	27.66%	5.91	21.54%
FOOD POLICY	8.39	33.51%	8.19	31.98%	10.14	32.39%
J AGR ECON	7.82	35.88%	10.14	46.48%	6.00	34.85%
J AGR RESOUR ECON	7.55	29.06%	7.14	30.00%	11.06	26.05%
REV AGR ECON	7.51	21.91%	9.08	27.97%	7.09	21.15%

对比 3 类样本的热点叙词分配率可以发现，绝大多数期刊都呈现非常有趣的结果：除 FOOD POLICY 外，其余 8 种期刊高被引论文的热点叙词分配率都要高于其零被引论文的热点叙词分配率，且差距大都在 2 个百分点以上，有的甚至超过 10 个百分点。如果进一步排除掉 CAN J AGR ECON，则 3 类样本的热点叙词分配率呈现明显的高被引论文＞整体＞零被引论文的特征。

结合表 6–3 可以看到，FOOD POLICY 的零被引论文只有 7 篇，样本规模较小，发生偶然偏离的概率较高，而其高被引论文与零被引论文在热点叙词分配率上的差距也只有 0.41 个百分点，十分接近。而对于 CAN J AGR ECON 而言，其零被引论文的规模十分庞大，占总体比例在 20% 以上，导致该期刊零被引论文的热点叙词分配率与总体水平相对接近。事实上，样本中论文零被引率较高的期刊，如 REV AGR ECON 和 J AGR RESOUR ECON 等，其零被引论文与整体水平在热点叙词分配率上也保持在 3 个百分点以内。因此，FOOD POLICY 和 CAN J AGR ECON 属于理论上的小概率特例现象。而在排除这种特例之后，通过比较高被引论文与零被引论文的热点叙词分配率，本节就回答并验证了前文提出的假设，即热点研究选题确实有助于论文影响力的提升。

6.1.3 结论与讨论

这里使用引文分析与叙词分析相结合的研究方法，分析了 9 种农业经济与政策学科源期刊的被引情况与叙词结构，比较了高被引论文与零被引论文的选题特征，部分研究结论如下：

首先，从叙词比较的结果可以看到，虽然同属于一个学科，但是不同期刊在研究内容的广度及对于研究热点的解读上仍存在较为显著的差异。

然后，至少在农业经济与政策领域，被引水平越高，期刊的论文零被引率一般相对越低。

最后，在绝大多数农业经济与政策学科期刊上，高被引论文有着比零被引论文更高的热点叙词分配率，显示高被引论文与同期研究热点的紧密程度较高。从这点来看，热点研究选题对于论文影响力的提升确有积极意义。

6.2 高被引论文与零被引论文的引文结构差异

6.2.1 研究对象、研究方法及研究前沿的识别

（1）研究对象

本研究数据来自 WoS 数据库收录的两份情报学期刊 *Scientometrics*（SCIENTO）和 *Journal of the American Society for Information Science and Technology*（JASIST），研究时段限定为 2007—2009 年，文献类型限定为研究型论文（Article），而不考虑引文数量较多的综述（Review）或其他类型的期刊论文，以避免文献类型对施引文献引文结构特征分析结果的影响。所有施引文献的被引频次均根据发表年份，在 5 年固定引用时间窗口下进行统计。例如，对于 2009 年发表的论文，只统计其在 2009—2013 年获得的引用。采用固定引用时间窗口进行施引文献的被引频次统计，不仅保证了不同年份论文的被引概率具有可比性，而且可能使研究结果具有可重复性。

（2）研究方法

各期刊零被引论文基于 5 年引用时间窗口进行统计，因为若论文在发表的前 5 年没有被引用，其在之后年份被引用的概率将直线下降。高被引论文标准由同一期刊的零被引论文数量进行确定。假设某期刊发表了 n 篇零被引论文，则其高被引论文是该期刊被引频次排在前 n 位的论文，以排除论文规模对引文特征统计结果的影响。由于存在被引频次并列的情况，在实际样本中，高被引论文的数量略多于零被引论文 1~2 篇，但基本保持在总体数量的

7%～9% 的合理区间。

本节分别将两种期刊中出现频次不小于 10 次的引文确定为它们各自的"热点引文"，目的在于凸显施引文献间强耦合关系，降低弱耦合关系对统计结果的影响。同时，在此参数下，两种期刊的热点引文数量篇数刚好保持在 50 篇左右，这也是许多共被引分析研究中重点分析的对象。

表 6-5 列出了两种期刊施引文献的被引与引用概况，以及对应的高被引论文、零被引论文的数量与比例，各期刊热点引文的篇数也一并列出。

表 6-5　两种情报学期刊的样本概况

期刊	论文数量（篇）	被引频次（次）	篇均被引次（次）	引文数量（篇）	篇均引文数（篇）	高被引论文（占比）	零被引论文（占比）	热点引文篇数（篇）（频度≥次）
SCIENTO	444	3930	8.85	11 429	25.74	35（7.88%）	34（7.66%）	52
JASIST	551	5319	9.65	22 181	40.26	47（8.53%）	46（8.35%）	54

（3）研究前沿的识别

一般认为，研究前沿指的是一定时期内被科学共同体认为具有潜在重要价值，但相关研究尚未完全展开的学科选题。在多数情况下，这些选题会成为后期的热点选题（图 6-1）。从文献计量学的视角来看，具有研究前沿特征的选题有两个重要特征：一是相对新颖，二是相关主题的论文在未来一段时期被高频引用（统计学意义），成为热点选题。查阅牛津辞典在线、谷歌翻译及百度翻译可以确认，上述研究前沿概念对应的英文词组应为"Research Frontier（s）"。

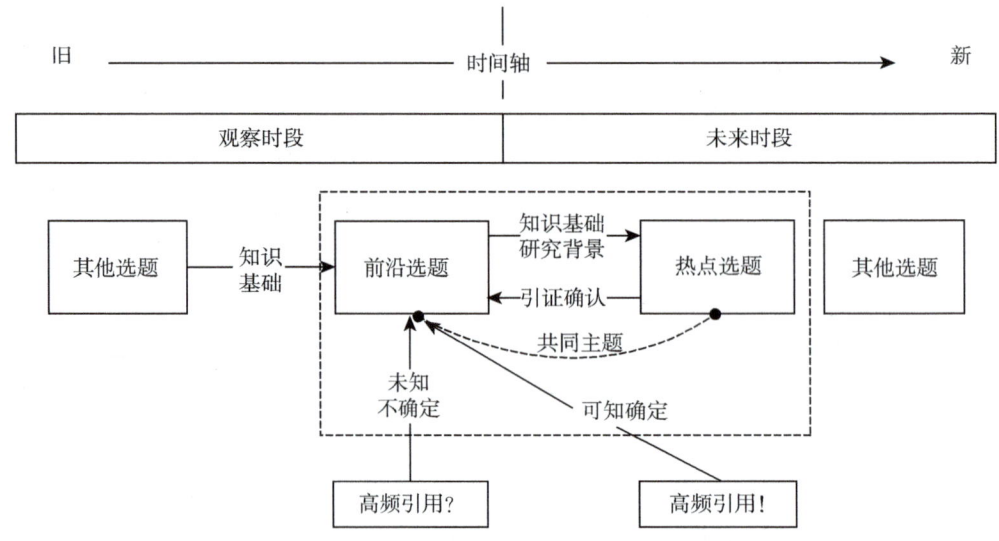

图 6-1　研究前沿到研究热点的转化模型

Research Frontier 在情报学领域有一个近义词——Research Front，中文同样翻译为"研究前沿"。Research Front 由 Garfield 最先提出，用于命名共被引或共词聚类，现在主要指代借助计量学分析方法从一组文献得到的关键词、引文或文献的集合，其中包含的信息被认为具有重要的学术价值。比较两个中文翻译相同的概念，我们不难发现，Research Frontier 与 Research Front 实际上是一种观察值与期望值的关系：Research Front 是借助信息计量分析方法，从目前较为"新颖"的一些文献提取出来的具有"潜在价值"的文献信息，究竟这些被提取的信息是否具有重要价值，Research Front 只是做了"先验评价"，属于期望值；而科学共同体所认定的 Research Frontier 主题文献，理论上应该具有更高的篇均被引频次或包含了更多同期发表的高被引论文，具有"后验评价"的特征，属于实际观察值。Garfield 等情报学家构建 Research Front 的概念，主要目的之一是为了尝试尽早确认和识别 Research Frontier。因此，Research Front 与 Research Frontier 并不等价，两者所对应的文献集合是一种"交集"关系（图6-2），而交集文献占 Research Frontier 文献的数量与比例则在本质上表征了 Research Front 分析结果的可靠性。目前，常见的 Research Front 识别指标包括普赖斯指数、共现或耦合网络的中介中心性等。

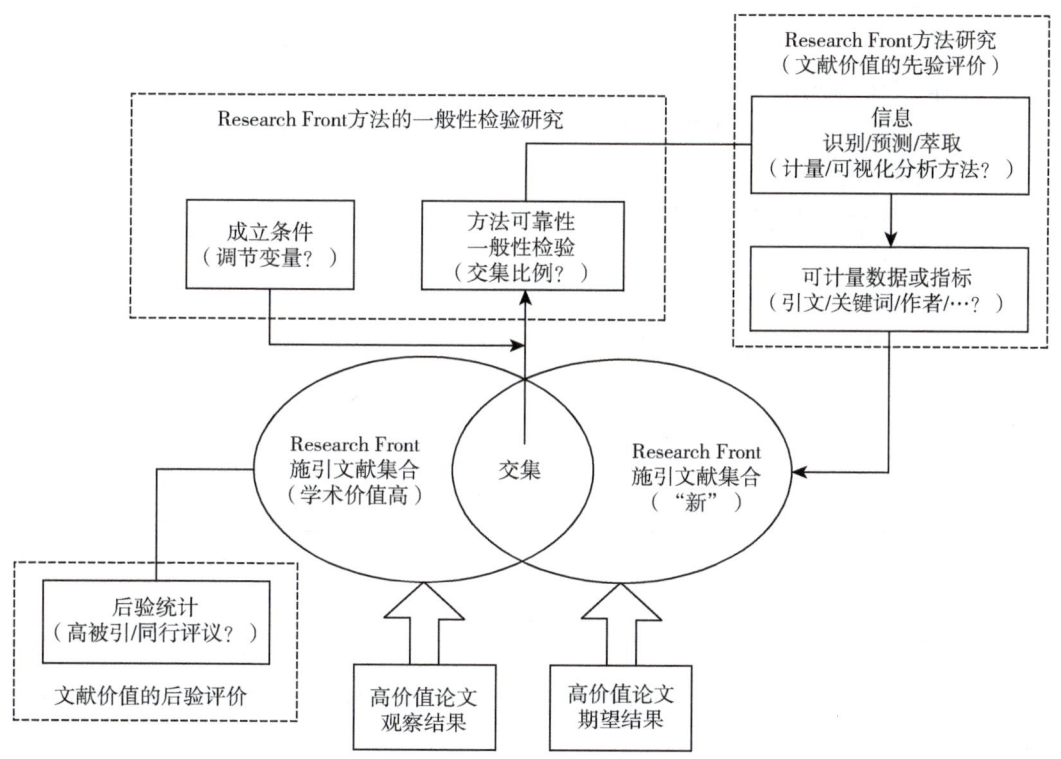

图6-2 Research Frontier 与 Research Front 的关系模型

6.2.2 分析结果解读

（1）高被引论文、零被引论文与总体样本的篇均引文数与普赖斯指数之间的关系

理论上，施引文献提供的信息越丰富，其被引用的概率就越高，这也是许多综述型论文

（Review）被高频引用的原因。同时，在引用内容与研究主题较为相关的前提下，引用的内容越新颖，一般也被认为与目前研究前沿内容契合程度较高。显然，表 6-6 提供的数据验证了高被引论文的上述特征。不难发现，无论是篇均引文数还是普赖斯指数，两种期刊都呈现高被引论文＞总体样本＞零被引论文的规律，反映出论文被引水平与其引文数量及引文衰变速度之间相对显著的正相关性。

表 6-6　两种期刊的高被引论文、零被引论文与总体样本的篇均引文数与普赖斯指数

期刊	高被引论文		零被引论文		总体样本	
	篇均引文数（篇）	普赖斯指数	篇均引文数（篇）	普赖斯指数	篇均引文数（篇）	普赖斯指数
SCIENTO	28.40	50.91%	21.03	27.27%	25.74	35.74%
JASIST	42.64	46.51%	29.67	31.43%	40.26	33.43%

虽然表 6-6 的统计结果显示高被引论文拥有比零被引论文更高的篇均引文数，但篇均引文数却难以作为识别高被引论文的主要依据。如表 6-7 所示，在两种期刊各自篇均引文数排序前 30 位的论文中，SCIENTO 与 JASIST 都只有 5 篇符合标准的高被引论文，识别效率明显不足。与引文数相比，普赖斯指数的识别效率相对较高，但在两种期刊各自普赖斯指数排序前 30 位的论文中，也分别只有 7 篇和 8 篇论文可以归类为高被引论文。换言之，在借助篇均引文数与普赖斯指数"先期"得到的 Research Front 施引文献集合中，能够归类为 Research Frontier 的不足 30%。

表 6-7　两种期刊的引文数与普赖指数排序前 30 位的高被引论文与零被引论文数量

单位：篇

期刊	引文数		普赖斯指数	
	高被引论文	零被引论文	高被引论文	零被引论文
SCIENTO	5	1	7	1
JASIST	5	1	8	2

（2）高被引论文、零被引论文与总体样本的热点引文数、篇均热点引文数与热点引文比例

在一般的引文共被引分析研究中，基本的技术路线是首先选择样本中的高频引文，然后构建基于高频引文的引文共现网络，最后利用频度与网络指标对节点的学术价值进行判断。在共被引网络中各个引文聚类（即 Research Front）中，频度较高的引文被认为代表了领域的"研究热点"。尽管这种"高频选样"的原则已经被广泛接受，但其可靠性如何，是否能有效发现或识别未来一段时间的高被引论文（即 Research Frontier），却始终缺乏一般性检验。基于此，

本节首先分别统计了 SCIENTO 和 JASIST 高被引论文与零被引论文的篇均热点引文数与热点引文比例，列于表 6-8。可以看到，无论是 SCIENTO 还是 JASIST，两种期刊篇均热点引文数与热点引文比例两项指标都呈现出高被引论文＞总体样本＞零被引论文的特征，显示高被引论文也是同时期同领域内的热点引文。从这里来看，论文研究选题的热点化程度与其领域影响力之间存在一定的正相关性，而热点引文数量与比例也确实可以视作高被引论文形成的必要条件之一。

表 6-8　两种期刊高被引论文、零被引与总体样本的热点引文数、篇均热点引文数与热点引文比例

期刊	高被引论文			零被引论文			总体样本		
	热点引文总数（篇）	篇均热点引文数（篇）	热点引文比例	热点引文总数（篇）	篇均热点引文数（篇）	热点引文比例	热点引文总数（篇）	篇均热点引文数（篇）	热点引文比例
SCIENTO	138	3.94	13.88%	22	0.65	3.08%	740	1.67	6.47%
JASIST	170	3.62	8.48%	23	0.50	1.68%	701	1.27	3.16%

值得注意的是，两种期刊之间热点引文的分布并不均衡。SCIENTO 的高被引论文的热点引文比例超过 10%，而 JASIST 则超过 8%。这种不均衡部分反映了两种期刊在选题范围上的差异，SCIENTO 热点选题较为集中，而 JASIST 则相对分散。

表 6-9 列出了两种期刊热点引文数量与热点引文比例排序前 30 位论文中，高被引论文与零被引论文的分布数量。在两种期刊热点引文数量排序前 30 位的论文中，高被引论文的比例为 30%～50%（10～15 篇）。但在热点引文比例排序前 30 位的论文中，高被引论文的比例则又回落到 30% 以下（6～8 篇）。

表 6-9　两种期刊的热点引文数与热点引文比例排序前 30 位的高被引论文与零被引论文数量

期刊	热点引文数		热点引文比例	
	高被引论文	零被引论文	高被引论文	零被引论文
SCIENTO	10	0	6	0
JASIST	15	1	8	0

除了频度指标之外，网络节点的度数（度中心性）与中介性（中介中心性）也是一般共被引网络中节点价值判断的重要依据，其基本理论是：中心性较高的节点由于占有信息资源上的优势，因而易于产生较高的影响力。与之相对应的是，网络中的孤立节点由于在信息资源的占有程度上处于劣势，因而往往是被忽略的对象。与"高频选样"原则类似，Research Front 研究中的网络中心性指标能否有效映射 Research Frontier（即识别出的未来一段时间可能成为高被引的施引文献）也未得到有效的一般性量化检验。本节基于热点引文的耦合关系，

借助 NetDraw 软件，分别绘制了 SCIENTO 与 JASIST 的文献耦合网络（图 6-3 和图 6-4），一方面确认网络中心性指标的高被引论文形成必要条件，另一方面用于检验网络中心性指标识别 Research Frontier 的可靠性。

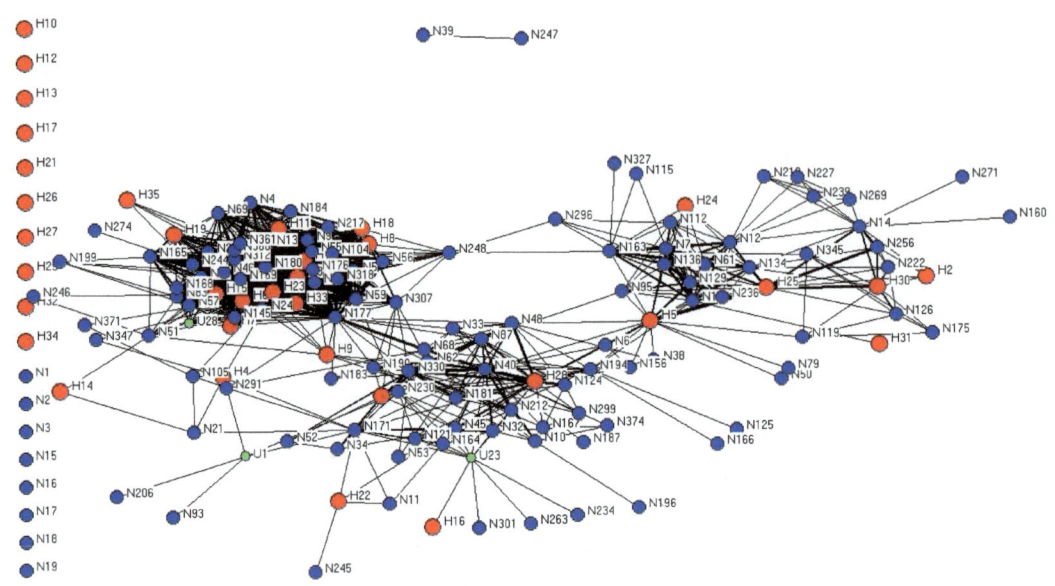

图 6-3　基于热点引文的 SCIENTO 文献耦合网络（耦合篇数＞1 篇）

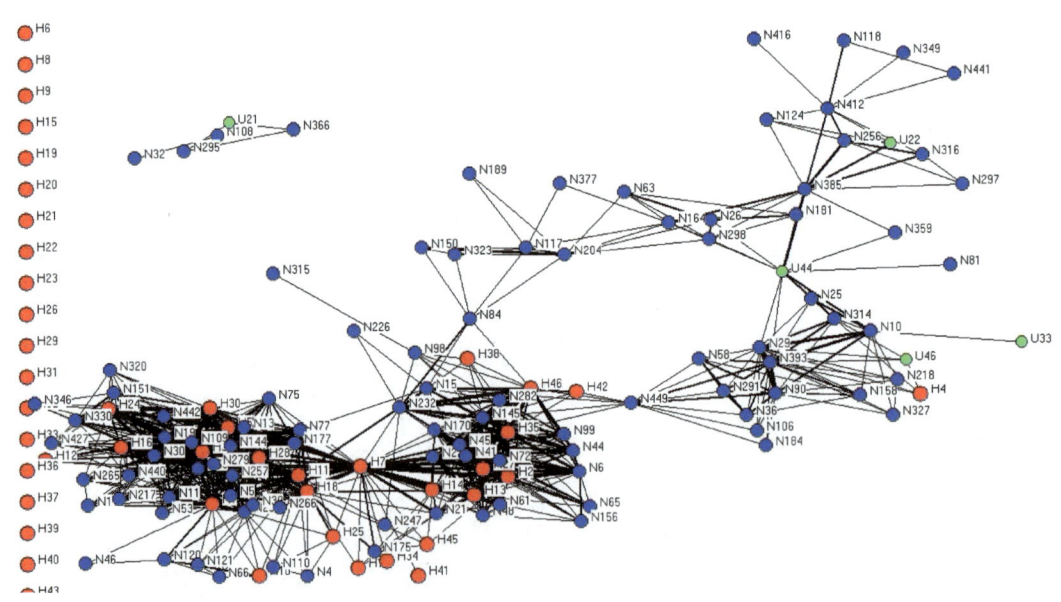

图 6-4　基于热点引文的 JASIST 文献耦合网络（耦合篇数＞1 篇）

在图 6-3 和图 6-4 的耦合网络中，耦合关系只有 1 次的关系（连线）被排除在外，以避免偶然性耦合对分析结果的影响。高被引（H 编号）与零被引（U 编号）论文分别用红色的大号节点与绿色的小号节点标示，其他论文（N 编号）则使用蓝色中号节点进行标示。两种期刊网络中心性指标（度中心性与中介中心性）排序前 30 位节点（施引文献/论文）及孤立节点中的高被引论文与零被引论文分布数量一并被统计，列于表 6-10。

表 6-10　两种期刊热点引文耦合网络高中心性节点与孤立节点的高被引论文与零被引论文数量

期刊	高度数节点		孤立节点		高中介性节点		
	高被引论文	零被引论文	高被引论文	零被引论文	高被引论文	零被引论文	其他
SCIENTO	8	0	10	31	7	2	21
JASIST	14	0	21	41	8	1	21

注：基于耦合篇数＞1 篇的热点引文耦合网络。

对比图 6-3 和图 6-4，并结合表 6-10 提供的数据，可以观察到 SCIENTO 与 JASIST 耦合网络中较为显著的两个特征：

第一，高被引论文节点的"聚类中心"特征并无预期中的显著。首先，部分高被引论文节点在网络中以孤立节点的形式存在，与其他论文节点缺少显著性引文耦合关系。然后，在节点度数（即度中心性）排序前 30 位的论文中，高被引论文的数量要明显多于零被引论文（零被引的数量均为 0），但绝对数量均不超过 15 篇，不足集合总量的 50%。最后，在孤立节点（即零度数节点）集合中，虽然高被引论文的数量要少于零被引论文，但仍占有一定比例。JASIST 孤立节点中的高被引论文数量甚至达到 21 篇。换言之，对于 JASIST 而言，通过孤立节点排除掉的高被引论文数量要明显高于通过节点度数所识别出的高被引论文数量！从这点来看，单纯利用引文网络的度中心性（即节点度数）构建 Research Front 去识别 Research Frontier，具有较高的不确定性。

第二，在一些比较关键聚类之间的连接点（即中介中心性较高的节点）上，不仅高被引论文数量有限，甚至还出现了零被引论文。图 6-3 中节点 N248 和 U23（见图中黑色圆框），中介中心性指标分别排在第 4 位和第 10 位，但实际被引频次却只有 4 次和 0 次。图 6-4 中的节点 N449 和 U44，中介中心性指标分别排在第 1 位和第 7 位，但实际被引频次也只有 1 次和 0 次。从表 6-10 也可以看到，在两种期刊中介中心性排序前 30 位的节点中，数量最多的既非高被引论文，也非零被引论文，而是除了高被引论文与零被引论文之外的其他论文，占到中介中心性指标显著性论文集集合的 2/3。因此，尽管高被引论文节点的中介中心性指标总体上有可能高于零被引论文，但通过网络中介中心性指标去识别高被引论文，却有可能导致错误结果产生。

（3）高被引论文、零被引论文与总体样本的引文质量指标比较

除了主题的相关性与新颖性外，引文质量是作者在构建文末引文列表时所考虑的另一项重要因素。由于引文窗口的变化及领域内研究热点的转移等多种因素作用，不同年份作者看到的全引用时间窗口下的文献被引频次排序会存在或多或少的差异。年份相隔越远，这种排序差异就越明显。因此，本节在对 SCIENTO 与 JASIST 高被引论文与零被引论文的引文

质量进行比较时，从一致性的角度考虑，3项指标均采用了同年比较的方式，相关数据列于表6-11。

表6-11 两种期刊高被引论文、零被引论文与总体样本的引文质量指标比较

分组	项目	SCIENTO			JASIST		
		2007年	2008年	2009年	2007年	2008年	2009年
高被引论文	篇均可检索引文数（篇）	9.27	15.15	26.00	15.17	19.89	24.41
	可检索引文比例	47.12%	49.50%	60.47%	40.18%	45.61%	54.18%
	引文篇均被引频次（次）	184.86	285.52	186.23	127.84	88.85	167.72
零被引论文	篇均可检索引文数（篇）	8.55	6.78	13.79	5.50	8.94	8.64
	可检索引文比例	46.08%	36.31%	56.27%	25.07%	22.66%	31.59%
	引文篇均被引频次（次）	59.87	105.00	183.07	84.20	183.43	103.91
总体	篇均可检索引文数（篇）	11.67	12.40	12.88	14.06	14.59	15.82
	可检索引文比例	44.07%	48.77%	50.61%	34.07%	37.09%	39.37%
	引文篇均被引频次（次）	82.83	120.42	128.05	123.38	146.92	159.36

注：被引频次的统计截至施引文献的发表年；引文篇均被引频次指的是可检索引文的篇均被引频次。

高被引论文引用了更多的（可检索）高被引（WoS）引文，据此可以合理推论：高被引论文应当在表征引文质量的3项指标上都具有相对于零被引论文较为显著的优势，即引用了更多可检索引文，并且高被引论文文末（可检索）引文的篇均被引频次应当高于零被引论文。因此在理论上，表6-11中两种期刊的3项指标均应呈现出高被引论文＞总体样本＞零被引论文的特征。但表6-11的统计结果却显示，虽然许多年份的统计数据符合上述期望值，但仍有3处数据与期望值存在显著差异：

第一，在2007年篇均可检索引文数量上，SCIENTO的高被引论文篇均可检索引文数为9.27篇，虽然高于零被引论文的8.55篇，但却不及当年总体样本11.67篇的水平，说明不少非高被引论文在篇均可检索引文数量上要高于高被引论文。

第二，在可检索引文比例上，2009年SCIENTO总体样本为50.61%，而零被引论文却高达56.27%，这与"施引文献的被引水平"与"施引文献可检索引文比例"的正相关性假设存在矛盾。

第三，在（可检索）引文的篇均被引频次上，JASIST在2008年的指标排序上竟然出现了零被引论文＞总体样本＞高被引论文这种与期望值结果完全相反的结果。

因此，尽管在多数情况下，高被引论文的引文质量指标要优于零被引论文，但这种差异性特征的显著性仍十分有限。若将其作为高被引论文形成的必要条件，其可靠性仍有待进一步的检验。

表6-12列出了两种期刊3种引文质量指标各年排序前10位论文的高被引论文与零被引论文分布，相关统计数据也间接反映了引文质量指标在表征高被引论文与零被引论文引文结

构差异上较低的可靠性。不难发现，除个别年份的个别指标外，各年 3 项引文质量指标排序前 10 位的论文大都无法有效囊括 3 篇以上同年同期刊的高被引论文。更有甚者，在一些年份，甚至出现了零被引论文引文质量指标高于高被引论文的情况。例如，在可检索引文比例上，JASIST 在 2007—2009 年的高被引论文，没有一篇能进入同时期指标排序前 10 位的行列。总体来看，以可检索引文数、可检索引文比例及（可检索）引文篇均被引频次为代表的引文质量指标，既无法有效表征两种期刊高被引论文与零被引论文的引文结构差异，又不能高效地识别同时期的高被引论文。因此，借助引文的相关质量指标构建 Research Front 来识别或预测 Research Frontier 的方法，需要进行改进，并需要更多的一般性检验。

表 6-12　各年引文质量指标排序前 10 位论文的高被引论文与零被引论文分布

单位：篇

期刊	排序指标	被引分组	2007 年	2008 年	2009 年
SCIENTO	可检索引文数（篇）	高被引论文	1	3	2
		零被引论文	0	0	2
	可检索引文比例	高被引论文	1	1	1
		零被引论文	2	0	1
	引文篇均被引频次	高被引论文	2	2	1
		零被引论文	0	1	1
JASIST	可检索引文数	高被引论文	0	3	3
		零被引论文	0	1	0
	可检索引文比例	高被引论文	0	0	0
		零被引论文	2	2	1
	引文篇均被引频次	高被引论文	1	0	1
		零被引论文	1	1	0

6.2.3　结论与讨论

①在 SCIENTO 与 JASIST 两种重要信息计量学期刊中，高被引论文的引文不仅数量较多，而且在新颖性及与同期热点选题的契合程度上都具有显著优势，相关指标理论上可以视为高被引论文形成的"部分必要条件"（部分高被引论文可能不具备这些引文结构特征）之一。引文数量分析与引文网络分析中的"高频选样"原则具有合理性。

②在两种样本期刊中，引文"数量类"指标均无法"高效"且"全面"地映射和识别未来 5 年内被高频引用的论文。在两种期刊引文"数量类"指标显著性集合中，高被引论文的比例大都在 30% 以下，甚至部分指标出现了零被引论文数量多于高被引论文数量的情况。这些情况说明，单纯利用引文数量、普赖斯指数、热点引文数量/比例等指标搜集 Research Front，难以高效率地预测/识别 Research Frontier。实际上，我们也曾尝试联合使用多种引文指标联合映射的方法，但效果反而更加糟糕。

③引文网络节点的度中心性与中介中心性指标显著性的选取原则与孤立节点排除，尤其是中介中心性指标，在识别高被引论文方面具有较大的不确定性。因此，单纯利用网络中心性构建的 Research Front 集合，并不能有效地"近似"Research Frontier。换言之，简单地将社会网络分析指标引入引文网络分析中，有可能导致研究结论出现偏差，该指标的适应性条件有待进一步考察。

④两种期刊高被引论文与零被引论文的引文质量指标差异并不显著，而引文指标也无法有效发现和识别同期潜在的高被引论文。

6.3 高被引论文与零被引论文的关键词比较

6.3.1 分析方法

（1）数据来源

样本选自 WoS 数据库 2006—2008 年收录的 9 种农业经济与政策期刊，被引与关键词信息分别来自 WoS 数据库和 CAB 数据库（图 6-13）。CAB 数据库是国际上著名的农学文摘数据库，提供了一套由同行专家构建的标准叙词表，用于为每条记录进行叙词标引。本研究采用 CAB 标准叙词作为耦合关键词，主要基于以下三点理由：

第一，样本中部分期刊并未提供作者关键词。实际上，包括 *Physical Review* 系列在内的一些重要期刊至今都未提供作者关键词；诸如 SCIENTO（自 2010 年）和 JASIS&T（自 2012 年）等一些 WoS 源期刊，也只是从 2000 年后才开始提供作者关键词。部分 WoS 记录虽然提供了附加词（Keyword Plus），但该类词是 ISI 依据文末引文标题而提取的，准确性无法与同行专家标引的叙词相提并论。

第二，有研究结果表明，叙词分析结果与作者关键词分析结果基本一致，且在很多情况下更具准确性。

第三，CAB 数据库的记录包含有 WoS 检索号，这使得 CAB 叙词索引数据与 WoS 引文索引数据的集成相对于其他数据库之间的集成更为快捷与高效。由于 CAB 与 WoS 针对同一期刊的收录范围略有差异，实际匹配数略小于各自数据库的记录总数。

表 6-13 9 种期刊的高被引论文与零被引论文分布、叙词种类数及高频词种类数

期刊缩写	匹配论文数（篇）	H 指数	高被引论文（篇）（占比）	零被引论文（篇）（占比）	高频词种类数（种）
AGR ECON	209	14	15（7.18%）	22（10.53%）	24
AM J AGR ECON	296	17	21（7.09%）	20（6.76%）	31
AUST J AGR RESOUR EC	77	10	11（14.29%）	6（7.79%）	40
CAN J AGR ECON	103	8	9（8.74%）	22（21.36%）	24

续表

期刊缩写	匹配论文数（篇）	H指数	高被引论文（篇）（占比）	零被引论文（篇）（占比）	高频词种类数（种）
EUR REV AGRIC ECON	65	10	12（18.46%）	11（16.92%）	22
FOOD POLICY	137	18	21（15.33%）	7（5.11%）	34
J AGR ECON	92	14	14（15.22%）	11（11.96%）	38
J AGR RESOUR ECON	93	7	7（7.53%）	17（18.28%）	30
REV AGR ECON	141	13	13（9.22%）	32（22.70%）	19

（2）指标定义

1）高被引论文与零被引论文

所有论文的被引频次基于5年固定引用时间窗口进行统计，以保证不同年份记录的可比性及统计结果的可重复性。例如，对于2006年发表的论文，只统计其在2006—2010年的被引频次。

借鉴文献的方法，这里借助基于固定引用时间窗口的期刊H指数确定高被引论文。当论文的被引频次"不小于"载文期刊的H指数时，即被认定为高被引论文。采用H指数作为高被引论文标准，能使高被引论文与零被引论文在数量规模上更为接近，降低样本规模对统计结果的影响。

零被引论文亦根据5年引用时间窗口下的被引频次确定。根据Van Raan及Glanzel等著名科学计量学家的研究，如果论文在其发表后5年内不能获得引用，那么其被引用的概率将极大降低。

2）高频关键词

本研究分别以各期刊覆盖率超过论文总数5%的叙词作为"高频关键词"，以确保各期刊选用的高频词数大体保持在20～50个，这是共词研究常用的参数区间。当覆盖率低于5%时，部分关键词频度将低于"5次"，显然不能划入高频范畴。表6-13列出了9种期刊的高被引论文与零被引论文数及每种期刊所涉及的高频词种类数。

6.3.2 高被引论文与零被引论文的指标特征比较

（1）高频词比例的比较

本节首先对共词分析的高频选样进行检验。共词分析选用高频词作为分析对象在于其所隐含的假设，即高频词包含了领域的研究热点，而热点选题论文的影响力一般会较高。表6-14统计了9种期刊高被引论文和零被引论文被"分配"高频词的比例，即高频词数与各自样本总词频的比值。可以看到，高被引论文与零被引论文的篇均关键词差距一般控制在2个以内，大体可以排除词频规模对分析结果的影响。

对比各期刊高被引论文、零被引论文及期刊整体水平的高频词比例：除FOOD POLICY外，其余期刊高被引论文的高频词比例都要高于其零被引论文的高频词比例，且差距大都在2个百分点以上，有的甚至超过10个百分点。如果进一步排除掉CAN J AGR ECON，则3类样本的高频词比例呈现明显的高被引论文＞整体＞零被引论文的特征。样本高频词比例的统计结果表明，在统计学意义上，靠近热点选题的论文有着更高的被引影响力。由此看来，共词分析中的"高频选样"原则确实具有合理性。

表6-14　9种期刊论文高频词的比例

期刊缩写	整体		高被引论文		零被引论文	
	篇均词频（次）	高频词比例	篇均词频（次）	高频词比例	篇均词频（次）	高频词比例
AGR ECON	7.69	26.43%	8.33	29.60%	8.05	25.42%
AM J AGR ECON	7.10	21.21%	6.38	26.12%	7.60	22.37%
AUST J AGR RESOUR EC	7.75	39.53%	7.82	40.70%	7.17	30.23%
CAN J AGR ECON	7.43	26.93%	7.00	31.75%	7.32	29.19%
EUR REV AGRIC ECON	7.65	25.75%	7.83	27.66%	5.91	21.54%
FOOD POLICY	8.39	33.51%	8.19	31.98%	10.14	32.39%
J AGR ECON	7.82	35.88%	10.14	46.48%	6.00	34.85%
J AGR RESOUR ECON	7.55	29.06%	7.14	30.00%	11.06	26.05%
REV AGR ECON	7.51	21.91%	9.08	27.97%	7.09	21.15%

（2）节点度数的比较

节点的连线数，即节点度数，是图谱聚类分析中聚类构建的重要依据。共词网络度数较高的节点通常都处于共词聚类相对中心的位置，是被重点分析的对象。在文献耦合网络中，论文节点连线取代了词节点间连线，词义间的关联性回归到论文研究主题的显著关联性。根据耦合网络的实际构建过程（$r > 0.6$），我们这里将节点度数称之为节点的显著关系数，将一组节点显著关系总数与节点数（即论文数）的比值，定义为显著关系密度。不难理解，显著关系密度较高分组的论文，更靠近聚类的中心位置。

理论上，高被引论文的研究主题代表了最近一段时间学科的发展趋势，在网络中应是其他节点"效仿"的对象，因而具有较高的显著关系密度。但从表6-15的结果来看，实际并非如此：9种期刊中，只有AGR ECON等4种期刊的高被引分组具有较高的显著关系密度；AM J AGR ECON等3种期刊的零被引分组竟然具有比高被引分组更高的显著关系密度；而AUST J AGR RESOUR EC和EUR REV AGRIC ECON，无论是高被引论文还是零被引论文，竟然都不及整体平均水平。因此，仅用节点度数去判断共词分析网络中节点的潜在价值，最终结果可能并不理想。

表 6-15 9 种期刊高被引论文与零被引论文的显著关系数量与密度

期刊缩写	整体		高被引论文		零被引论文	
	数量	密度	数量	密度	数量	密度
AGR ECON	2848	13.63	246	16.40	284	12.91
AM J AGR ECON	4524	15.28	352	16.76	354	17.70
AUST J AGR RESOUR EC	322	4.18	44	4.00	20	3.33
CAN J AGR ECON	714	6.93	50	5.56	170	7.73
EUR REV AGRIC ECON	314	4.83	46	3.83	46	4.60
FOOD POLICY	1848	13.49	258	12.29	191	27.29
J AGR ECON	496	5.39	112	8.00	40	4.00
J AGR RESOUR ECON	266	2.86	27	3.86	49	2.88
REV AGR ECON	1276	9.05	128	9.85	271	8.74

（3）中介中心性的比较

中介中心性（以下简称中介性）是图谱中另一项重要判定指标，定义为"网络中经过某点并连接这两点的最短路径占这两点之间的最短路径线总数之比"。中介性指标较高的节点，一般也被认为是具有重要研究价值的节点。

基于显著耦合关系网络（$r > 0.6$），我们统计了各期刊中介性指标前 30 位节点在高被引论文、零被引论文及一般分组中的分布，列于表 6-16。"一般"这里指的是网络中除高被引论文与零被引论文之外的其他论文。部分期刊由于孤立节点较多，可用于计算中介性指标的节点不足 30，分别用星号"*"做了标注。从表 6-16 观察到高中介性节点的两大分布特点：第一，无论是高被引论文还是零被引论文，它们在高中介性节点中所占数量和比例都不大。节点总数都在 10 以下，比例则一般不超过 20%。第二，高被引论文与零被引论文在高中介性节点中的分布数量十分接近。此外，在 CAN J AGR ECON 等期刊中，零被引论文在分布数量上甚至还要略高于高被引论文。由这些统计特征可知，与节点度数类似，单独使用中介性指标评价节点价值具有一定的不确定性。

表 6-16 9 种期刊高中介性节点（前 30 位）的被引分布

期刊缩写	高被引论文		零被引论文		一般		合计	
	数量	比例	数量	比例	数量	比例	数量	比例
AGR ECON	2	7%	3	10%	25	83%	30	100%
AM J AGR ECON	3	10%	1	3%	26	87%	30	100%
AUST J AGR RESOUR EC*	3	14%	2	9%	17	77%	22	100%
CAN J AGR ECON	4	13%	8	27%	18	60%	30	100%
EUR REV AGRIC ECON*	3	11%	4	15%	20	74%	27	100%
FOOD POLICY	6	20%	6	20%	18	60%	30	100%

续表

期刊缩写	高被引论文		零被引论文		一般		合计	
	数量	比例	数量	比例	数量	比例	数量	比例
J AGR ECON	5	17%	3	10%	22	73%	30	100%
J AGR RESOUR ECON	3	10%	5	17%	22	73%	30	100%
REV AGR ECON	6	20%	5	17%	19	63%	30	100%

（4）孤立节点数量和比例的比较

在共词网络图谱中，节点度数和中介中心性是图谱中选取重要信息的依据之一，而孤立节点则是一般图谱中排除信息的主要标准。出于检验"孤立节点排除性原则"的目的，我们统计了各期刊高被引论文、零被引论文及整体分组中孤立节点的数量，并结合表6-13中高被引论文与零被引论文的数量，计算了孤立节点占各自分组论文总数的比例（表6-17）。

表6-17　9种期刊文献耦合显著关系网络（$r > 0.6$）中的孤立节点数量及比例

期刊缩写	整体		高被引论文		零被引论文	
	数量	比例	数量	比例	数量	比例
AGR ECON	34	16%	2	13%	3	14%
AM J AGR ECON	73	25%	3	14%	4	20%
AUST J AGR RESOUR EC	38	49%	7	64%	4	67%
CAN J AGR ECON	20	19%	1	11%	5	23%
EUR REV AGRIC ECON	20	31%	4	33%	3	27%
FOOD POLICY	16	12%	2	10%	0	0%
J AGR ECON	20	22%	3	21%	3	27%
J AGR RESOUR ECON	26	28%	2	29%	5	29%
REV AGR ECON	41	29%	2	15%	9	28%

假设"孤立节点排除性原则"是合理的，那么被排除高被引论文的数量和比例应当低于零被引论文和整体的平均水平。但表6-17的统计结果似乎并不支持该原则：大多数期刊高被引论文、零被引论文孤立节点的比例实际上与期刊整体的平均水平十分相近，差距一般都控制在9个百分点以内。以J AGR RESOUR ECON为例，孤立节点存在于高被引论文与零被引论文中的比例均为29%，而这与该期刊整体平均28%的孤立节点比例几乎没有差别。唯一存在显著差异之处在于期刊间孤立节点的比例水平，有的期刊孤立节点比例不到15%，而有的却超过50%。总之，统计结果说明，孤立节点在文献耦合网络中的被引概率分布具有随机性。尽管孤立节点中高被引论文的数量十分有限，但"孤立节点排除性原则"并不具有较高的合理性。

6.4 高被引论文与零被引论文数据剖析中国博士学位论文学术影响力

博士学位是研究生的最高学术称号,其学位论文不仅代表了博士研究生自身的科研能力,也部分反映了博士生导师及其培养机构的学术基础、视野、素养和水平。为加强博士生教育的质量,教育部学位管理与研究生教育司组织开展了全国优秀博士学位论文评选工作,1999—2013 年共进行了 15 次。同时,以这些优秀博士学位论文作为研究对象的论文也达到了几百篇,包括吴根洲、邱均平、马新宏等在内的多位学者揭示了优秀博士学位论文的学科、地域、机构分布特点,并从人才发现培养机制、导师素质需求、培养机构办学理念、学科行业建设等多个角度给出了建设性意见。

然而,优秀博士学位论文的参评条件一般是评选年份的上一学年度论文,特殊情况下才会放宽至评选年份的前两个学年度。评选完成之时,学位论文尚未获得广泛传播,故评选结果可以视为对博士学位论文的"前评估"。本节试图从高被引论文与零被引论文的"后评估"角度对博士学位论文进行统计分析,换一种视角剖析我国博士学位论文的学术影响力。

6.4.1 数据与方法

本节的数据来源于《我国博士学位论文被引状况计量分析》论文中细述的"中国博士学位论文数据库"(以下简称"论文库")和"中国博士学位论文被引数据集"(以下简称"被引集")。"论文库"收录了 2012 年及以前的中国博士学位论文 454 684 篇,通过"被引集"统计可知,其中被引论文(至 2013 年年底至少被期刊论文或其他博士、硕士学位论文引用过 1 次)171 967 篇,占总数的 37.82%,在这个数据集基础上确定高被引论文和零被引论文。

本节采用基本科学指标数据库(Essential Science Indicators,ESI)中"总被引频次前 1% 为高被引论文"的原则,设定各学科被引频次排序前 1% 的学位论文为高被引论文,各学科高被引论文的引用次数阈值见表 6-18。据此标准我们在"被引集"中共标注出高被引论文 1634 篇,占总量的 0.36%。零被引论文是指博士学位论文答辩后,直到 2013 年年底尚未被任何期刊或其他硕士、博士学位论文引用过的论文。经统计,"论文库"中有 282 717 篇论文为零被引论文,占总数的 62.18%。

6.4.2 统计与分析

(1)各学科门类高被引论文与零被引论文博士论文的百分比

将"被引集"按学科门类就"博士论文篇数""被引论文篇数""高被引论文篇数""零被引论文篇数"分类统计后,计算出"高被引论文在全部论文中占比"和"零被引论文在全部论文中占比"(表 6-18)。

表 6-18　各学科门类的高被引论文与零被引论文占比

学科代码	学科门类	单篇论文最高被引次数（次）	高被引论文最低被引次数（次）	学科高被引论文占被引论文的百分比	高被引论文占比	零被引论文占比
01	哲学	65	26	0.99%	0.28%	72.04%
02	经济学	131	40	0.97%	0.35%	63.64%
03	法学	135	35	0.98%	0.36%	63.07%
04	教育学	313	86	0.94%	0.50%	46.61%
05	文学	105	31	0.92%	0.36%	60.78%
06	历史学	44	24	0.91%	0.33%	64.15%
07	理学	566	26	0.98%	0.26%	73.21%
08	工学	420	46	0.97%	0.50%	48.87%
09	农学	92	34	0.96%	0.49%	48.80%
10	医学	38	12	0.73%	0.12%	83.23%
11	军事学	52	48	0.71%	0.29%	58.62%
12	管理学	257	56	0.95%	0.46%	51.88%
13	艺术学	41	29	0.95%	0.38%	60.08%
平均			37.92	0.92%	0.36%	62.18%

从表6-18可以看出，各学科门类中，博士论文单篇论文被引次数最高的是理学，为566次；最低的是医学，仅为38次。高被引论文引用次数平均阈值约为38次，教育学最高（86次），医学最低（12次）。所有博士论文中，高被引论文平均占比为0.36%；教育学和工学是占比最高的两个学科，但也仅占0.50%；医学最低，仅为0.12%。论文零被引率平均为62.18%；教育学、工学和农学的零被引论文平均占比最低，均在50%以下；医学的论文零被引率最高，为83.23%。

（2）博士论文高被引论文占比与零被引论文占比象限分布

"论文库"收录博士论文共454 684篇，涉及367家博士论文授予单位，平均产出1239篇博士论文，产出等于或高于该平均值的机构有82家。这82家机构博士论文中高被引论文总量为1264篇，零被引论文总量为247 977篇，其高被引论文占比与零被引论文占比统计见表6-19。

第六章 高被引论文与零被引论文比较分析

表 6-19 博士论文总数等于或高于平均值的 82 家机构博士论文高被引论文与零被引论文占比

博士论文总量排名	机构名称	高被引论文占比	零被引论文占比	博士论文总量排名	机构名称	高被引论文占比	零被引论文占比
1	中国科学院	0.18%	80.31%	27	东南大学	0.52%	63.87%
2	北京大学	0.04%	87.17%	28	同济大学	0.43%	42.33%
3	浙江大学	1.33%	46.11%	29	华南理工大学	0.13%	54.18%
4	吉林大学	0.31%	46.59%	30	中国地质大学	0.16%	55.52%
5	华中科技大学	0.17%	59.93%	31	兰州大学	0.11%	61.89%
6	复旦大学	0.46%	61.99%	32	重庆大学	0.75%	39.67%
7	武汉大学	0.25%	78.42%	33	南京农业大学	0.42%	55.04%
8	清华大学	0.24%	63.40%	34	北京理工大学	0.06%	74.87%
9	上海交通大学	0.09%	64.07%	35	东北大学	0.27%	53.42%
10	中国人民大学	0.03%	90.50%	36	北京科技大学	0.03%	74.80%
11	中山大学	0.02%	87.14%	37	中国社会科学院	0.53%	69.32%
12	哈尔滨工业大学	0.08%	47.33%	38	第二军医大学	0.10%	79.97%
13	南京大学	0.04%	84.29%	39	北京航空航天大学	0.04%	57.84%
14	山东大学	0.15%	57.13%	40	第四军医大学	0.33%	74.46%
15	南开大学	0.08%	79.51%	41	中国矿业大学	0.11%	44.41%
16	中南大学	0.48%	58.60%	42	国防科学技术大学	1.37%	26.27%
17	北京师范大学	0.03%	83.58%	43	中国石油大学	0.00%	68.31%
18	天津大学	0.39%	36.03%	44	武汉理工大学	0.55%	41.50%
19	西安交通大学	0.06%	73.77%	45	中国海洋大学	0.21%	43.26%
20	中国医学科学院北京协和医学院	0.09%	83.79%	46	苏州大学	0.35%	64.40%
21	中国农业大学	0.32%	67.44%	47	中国医科大学	0.00%	86.70%
22	中国科学技术大学	0.13%	53.36%	48	东北师范大学	0.59%	49.52%
23	四川大学	0.40%	62.91%	49	南方医科大学	0.09%	78.03%
24	大连理工大学	1.17%	32.66%	50	中国人民解放军第三军医大学	0.00%	78.80%
25	华东师范大学	1.23%	38.54%	51	华东理工大学	0.00%	71.88%
26	厦门大学	0.49%	63.79%	52	北京邮电大学	0.09%	49.74%

续表

博士论文总量排名	机构名称	高被引论文占比	零被引论文占比	博士论文总量排名	机构名称	高被引论文占比	零被引论文占比
53	湖南大学	0.66%	45.19%	68	哈尔滨医科大学	0.00%	97.65%
54	南京理工大学	0.49%	30.91%	69	华中师范大学	0.77%	54.53%
55	西北农林科技大学	0.46%	39.28%	70	西北工业大学	1.21%	23.77%
56	北京交通大学	0.57%	36.19%	71	中国人民解放军军医进修学院	0.13%	80.20%
57	华中农业大学	0.46%	36.72%	72	北京中医药大学	0.73%	52.89%
58	西安电子科技大学	1.55%	35.03%	73	西南大学	0.14%	35.91%
59	电子科技大学	0.37%	40.24%	74	西南财经大学	0.55%	45.62%
60	西南交通大学	1.86%	29.28%	75	暨南大学	0.70%	40.28%
61	南京航空航天大学	1.17%	34.33%	76	华南农业大学	0.00%	75.34%
62	首都医科大学	0.00%	98.75%	77	上海财经大学	0.14%	86.50%
63	北京林业大学	1.60%	24.79%	78	中国人民解放军军事医学科学院	0.14%	77.21%
64	南京师范大学	0.74%	56.74%	79	西北大学	0.67%	33.75%
65	哈尔滨工程大学	0.46%	32.45%	80	中央民族大学	0.22%	47.38%
66	广州中医药大学	0.06%	57.76%	81	中国农业科学院	0.77%	35.88%
67	上海大学	0.12%	48.09%	82	上海中医药大学	0.00%	96.67%

以高被引论文占比为纵坐标、零被引论文占比为横坐标，并以表6-18中平均高被引论文比例0.36%和平均零被引论文比例62.18%的交点为原点，做出82家机构博士论文高被引论文占比与零被引论文占比的象限分布图（图6-5）。

从图6-5可以看出：第一象限中有浙江大学、复旦大学、中南大学等31家机构，占总量的37.80%；第二象限中仅有四川大学、厦门大学、东南大学和中国社会科学院4家机构，占总量的4.88%，简单来说就是这些机构好论文不少，影响力较低的论文也不少；第三象限中有中国科学院、北京大学、武汉大学等30家机构，占总量的36.59%；第四象限中有吉林大学、华中科技大学、哈尔滨工业大学等17家机构，占总量的20.73%，说明这些机构高影响力的论文较少，低影响力的论文也不多。

C9联盟的9所高校中，浙江大学、复旦大学在第一象限；北京大学、清华大学、上海交通大学、南京大学、西安交通大学在第三象限；中国科学技术大学和哈尔滨工业大学在第四象限。

第六章 高被引论文与零被引论文比较分析

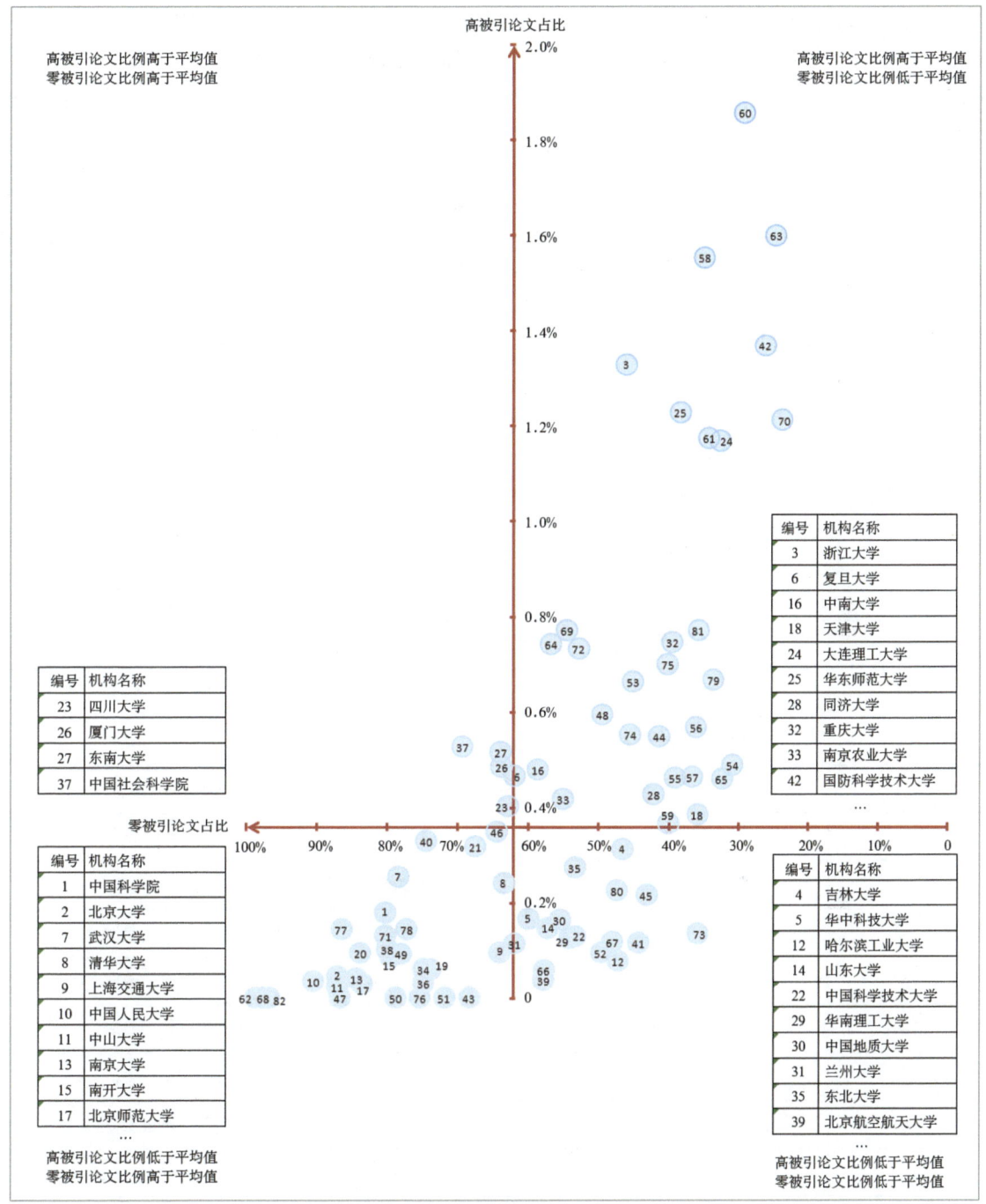

图 6-5　82 家机构博士论文高被引论文占比与零被引论文占比的象限分布

在 1634 篇高被引论文中，高被引论文数量排名前 20 位的博士培养机构见表 6-20。从中可以看出，浙江大学的高被引论文数量排名第一，占总量的 11.63%，有 12 家（占 60%）博士培养机构的高被引论文占比与零被引论文占比数值处于第一象限；处于第二象限的厦门大学、东南大学和四川大学，其高被引论文的篇数不少，但由于博士论文中零被引论文总量较大，结果进入第二象限；中国科学院、武汉大学、清华大学 3 所大学位于第三象限，其高被引论文的篇数不少，但由于博士论文总量较大，导致其高被引论文占比较低，同时因其零被引论文数量也较大，导致这 3 所学校虽然高被引论文总量排名前 20 位，但还是进入了第三象限这种不理想的状况。

表 6-20　高被引论文数量排名前 20 位的博士培养机构

排名	机构名称	高被引论文占比	所在象限
1	浙江大学	11.63%	第一象限
2	中国科学院	5.26%	第三象限
3	复旦大学	3.55%	第一象限
4	华东师范大学	3.49%	第一象限
5	大连理工大学	3.43%	第一象限
6	吉林大学	2.57%	第四象限
7	西南交通大学	2.14%	第一象限
8	国防科学技术大学	2.08%	第一象限
9	中南大学	2.02%	第一象限
10	西安电子科技大学	1.84%	第一象限
11	武汉大学	1.77%	第三象限
12	北京林业大学	1.71%	第一象限
13	天津大学	1.59%	第一象限
14	清华大学	1.53%	第三象限
15	四川大学	1.53%	第二象限
16	重庆大学	1.53%	第一象限
17	东南大学	1.41%	第二象限
18	华中科技大学	1.35%	第四象限
19	厦门大学	1.35%	第二象限
20	南京航空航天大学	1.35%	第一象限

（3）各学科优秀博士论文高被引论文与零被引论文占比统计

1999—2013 年，全国优秀博士论文评选过程中共产生获奖论文 1469 篇，提名论文 2453 篇。因获奖论文中有 56 篇论文是由提名论文在第二年评选上的，为避免重复计数，将提名论文总量减为 2397 篇。将全国博士论文分为获奖、提名、其他 3 个集合，对其各自的高被引论文占

第六章 高被引论文与零被引论文比较分析

比、零被引论文占比按各学科门类进行统计，得到表 6-21。

表 6-21 各学科 3 类博士论文高被引论文与零被引论文对比

学科代码	学科门类	高被引论文占比			零被引论文占比			符合整体规律
		获奖论文	提名论文	其他论文	获奖论文	提名论文	其他论文	
05	文学	1.92%	1.18%	0.35%	48.08%	51.76%	60.87%	Y
08	工学	3.05%	1.42%	0.48%	34.65%	41.84%	48.96%	Y
06	历史学	0.00%▼	1.69%	0.32%	47.22%	61.02%	64.25%	1 个三角
12	管理学	0.00%▼	6.06%	0.45%	23.33%	48.48%	51.92%	1 个三角
04	教育学	2.94%	0.00%▼	0.50%	29.41%	42.55%	46.71%	1 个三角
07	理学	0.48%	0.15%▼	0.26%	57.31%	67.26%	73.32%	1 个三角
09	农学	2.60%	0.00%▼	0.48%	24.68%	33.06%	48.99%	1 个三角
02	经济学	0.00%	1.61%	0.35%	62.16%▲	59.68%	63.66%	2 个三角
03	法学	0.00%▼	8.47%	0.34%	57.89%▲	42.37%	63.15%	2 个三角
01	哲学	0.00%▼	0.00%▼	0.28%	54.55%▲	48.39%	72.20%	3 个三角
10	医学	0.00%▼	0.00%▼	0.12%	80.27%▲	77.73%	83.25%	3 个三角
13	艺术学	0.00%▼	0.00%▼	0.38%	40.00%▲	31.58%	60.40%	3 个三角
11	军事学	0.00%▼	0.00%▼	0.31%	91.67%▲	68.18%▲	57.67%	4 个三角
	平均	1.57%	1.08%	0.35%	47.65%	53.86%	62.27%	

从常理上说，同一学科门类中，获奖论文的高被引论文占比在 3 类论文中应该最高，提名论文其次，其他论文最低；零被引论文占比则相反。然而从表 6-21 可以看出，实际符合常理的学科仅有两个：文学和工学。这两个学科的特点是：工学的博士论文总量和优秀博士论文总量（获奖与提名论文总和，下同）均排名第一，文学的博士论文总量在学科中排名第八，优秀博士论文总量学科排名第五。如果将不符合常理的情况用三角符号标示，那么历史学、管理学、教育学、理学和农学各有 1 个；经济学和法学各有 2 个；哲学、医学和艺术学各有 3 个；军事学则高达 4 个。其中，历史学和管理学两学科的获奖论文无一进入高被引论文行列，自然就低于提名论文的高被引论文占比；教育学、理学和农学提名论文的高被引论文占比低于其他论文的高被引论文占比；经济学和法学的获奖论文也无一进入高被引论文行列，占比低于提名论文，且获奖论文的零被引论文占比还高于提名论文；哲学、医学、艺术学和军事学的获奖论文、提名论文均无一进入高被引论文行列，占比低于其他论文，且这 4 个学科中获奖论文的零被引论文占比高于提名论文；军事学提名论文的零被引论文占比高于其他论文。

（4）各高校优秀博士论文高被引论文与零被引论文统计

选取全国优秀博士论文荣誉最多的前20所高校，其获奖论文、提名论文和其他论文的高被引论文占比与零被引论文占比统计见表6-22。全国优秀博士论文总量前20位的高校中，仅有6所高校的获奖论文高被引论文占比不为零，3所高校的提名论文高被引论文占比不为零，只有浙江大学和清华大学的获奖论文与提名论文的高被引论文占比同时不为零；3类论文的高被引论文占比均值最高、零被引论文占比均值最低的高校是国防科学技术大学；3类论文的高被引比均最低的高校是中山大学，零被引论文占比均最高的高校是南开大学。

表6-22 优秀博士论文总量前20位的高校3类论文高被引论文占比与零被引论文占比

次序	高校名称	高被引论文占比				零被引论文占比			
		获奖论文	提名论文	其他论文	3类论文占比均值	获奖论文	提名论文	其他论文	3类论文占比均值
1	国防科学技术大学	14.29%	0.00%	1.27%	5.19%	23.81%	28.57%	26.27%	26.22%
2	哈尔滨工业大学	10.53%	0.00%	0.05%	3.53%	15.79%	48.08%	47.41%	37.09%
3	东南大学	0.00%	6.45%	0.48%	2.31%	70.00%	51.61%	63.93%	61.85%
4	清华大学	0.93%	4.84%	0.21%	1.99%	37.04%	66.13%	63.66%	55.61%
5	四川大学	4.17%	0.00%	0.39%	1.52%	66.67%	54.76%	62.95%	61.46%
6	浙江大学	2.04%	1.00%	1.33%	1.46%	30.61%	35.00%	46.24%	37.28%
7	上海交通大学	2.63%	0.00%	0.08%	0.91%	47.37%	55.41%	64.21%	55.66%
8	复旦大学	0.00%	0.00%	0.47%	0.16%	58.62%	54.93%	62.05%	58.53%
9	中国农业大学	0.00%	0.00%	0.32%	0.11%	36.84%	60.87%	67.56%	55.09%
10	武汉大学	0.00%	0.00%	0.26%	0.09%	33.33%	72.88%	78.53%	61.58%
11	山东大学	0.00%	0.00%	0.15%	0.05%	21.74%	35.90%	57.35%	38.33%
12	中国科学技术大学	0.00%	0.00%	0.13%	0.04%	48.89%	57.14%	53.37%	53.13%
13	南开大学	0.00%	0.00%	0.09%	0.03%	75.00%	85.00%	79.49%	79.83%
14	西安交通大学	0.00%	0.00%	0.06%	0.02%	40.74%	68.89%	73.94%	61.19%
15	北京大学	0.00%	0.00%	0.04%	0.01%	67.33%	78.05%	87.34%	77.57%
16	南京大学	0.00%	0.00%	0.04%	0.01%	63.64%	77.36%	84.46%	75.15%
17	北京航空航天大学	0.00%	0.00%	0.04%	0.01%	47.37%	65.38%	57.84%	56.86%
18	中国人民大学	0.00%	0.00%	0.03%	0.01%	57.14%	74.19%	90.66%	74.00%
19	北京师范大学	0.00%	0.00%	0.03%	0.01%	47.37%	76.67%	83.72%	69.25%
20	中山大学	0.00%	0.00%	0.02%	0.01%	70.37%	77.78%	87.27%	78.47%

（5）睡美人论文统计

在本节中，用 Yx 表示论文在答辩通过后首次被引的年份。例如，$Y0$ 表示论文答辩当年就被引，$Y10$ 表示论文答辩通过 10 年后才被引。统计 1634 篇高被引论文的首次被引年分布状况见表 6-23。

表 6-23　高被引论文首次被引年分布

Yx 年	篇数（篇）	占比
0	187	11.44%
1	855	52.33%
2	405	24.79%
3	113	6.92%
4	45	2.75%
5	12	0.73%
6	4	0.24%
7	4	0.24%
8	2	0.12%
9	3	0.18%
10	1	0.06%
12	2	0.12%
13	1	0.06%
总计	1634	100%

从表 6-23 可以看出，高被引论文中答辩通过后第一年就被引用的论文占比最高（52.33%），答辩通过后 3 年之内被引用的学位论文占 95.48%，也就是说绝大多数的高被引论文在论文答辩通过后 3 年内已被引。当然也存在睡美人论文。我们对睡美人论文的定义是：头 5 年未获得任何引用，但其累计被引次数使其最终进入高被引论文行列。本研究中发现的睡美人论文有 17 篇，约占高被引论文总数的 1%。它们在答辩通过 6 年之后甚至是 13 年之后才首次被引，且被引次数在短时间内急剧上升，迅速成为高被引论文。细致分析表明，首次"唤醒"这些睡美人论文的是期刊论文对它们的引用，17 篇中有 15 篇是首先被期刊论文引用的，占 88.24%；除作者自引的占 3 篇外，其他约 70% 的睡美人论文是被"非自引论文"唤醒的。

6.4.3　结论与讨论

本节对 2012 年及以前完成的 45 万余篇中国博士学位论文至 2013 年年底被期刊或其他硕

士、博士学位论文引用的情况进行统计，确定其中的高被引论文和零被引论文，从学科、产出机构角度分析了高被引论文与零被引论文的象限分布等特征，还对比分析了优秀博士获奖论文、提名论文和其他论文的被引用情况，最后对睡美人论文进行了报告。

所有博士学位论文中，各学科高被引论文平均占比为0.36%，零被引论文平均占比为62.18%，可见大多数博士的研究成果尚未广泛被同行引用，这可能与其体裁有关：行文较长、论述复杂，相较于期刊论文的"短平快"，博士学位论文这种"大部头"要更艰涩一些。此外，我国的高等教育机制通常要求博士生在攻读期间发表若干篇期刊论文，因此，很多博士生会将学位论文的预研或核心内容发表在期刊论文中，这也降低了博士学位论文的引用频率。

从学科角度来看，教育学和工学高被引论文占比最高（0.50%），医学最低（0.12%）；医学零被引论文占比最高（83.23%），教育学最低（46.61%）。而在优秀博士学位论文的获奖论文、提名论文中情况则稍有差异：获奖论文中工学的高被引论文占比最高（3.05%），军事学的获奖零被引论文论文占比最高（91.67%）；提名论文中法学的高被引论文占比最高（8.47%），医学的零被引论文占比最高（77.73%）。

特别值得关注的是，在某些学科里，高被引论文占比并不依获奖论文、提名论文与其他论文的顺序递减，零被引论文占比依序递增。经统计，异常点在2个以上的学科有：军事学、哲学、医学、艺术学。对于有些获奖论文和提名论文未成为高被引论文的原因，我们估计，这些论文的研究可能处于前沿位置，目前为止，博士学位论文的引用主体是硕士学位论文，硕士研究生的学术鉴赏力恐尚不足以识别这些"高大上"的论文；此外，也不能排除另一种可能：某些不该被评为优秀博士论文的被评上了。尽管我们曾经说过：被引次数较少的博士论文不一定是水平较次的论文，但是，宏观统计上发现的"优秀博士获奖论文高被引论文占比低于提名论文，提名论文高被引论文占比低于其他论文"的现象总归是难以解释的，希望能够引起优秀博士论文评审工作者们的注意。截至2012年年底，收录的论文是由367家机构产出的，其中，等于或高于产出平均值1239篇论文的机构有82家，占总量的22.34%，但其产出的博士学位论文总量为387 608篇，占论文总量的85.25%，基本吻合"二八"标准。将这82家机构以高被引论文占比与零被引论文占比为轴做象限图：第一象限中的31家机构影响力大的论文（以下简称前者）产出多，影响力低的论文（以下简称后者）产出少，分布呈倒三角形；第二象限中的4家机构产出论文属于"前者多，后者也多"的哑铃型；第三象限中有30家机构，产出论文呈"前者少，后者多"的正三角形；第四象限中的17家机构产出论文分布呈"前者少，后者也少"的纺锤形，换句话说这些机构的论文表现中庸。需要注意的是，在367家机构中，有48家机构产出的262篇零被引论文占比为100%，即没有一篇论文至2013年年底时被引用过。因此，希望博士培养机构在注重提高培养博士人才数量的同时，也更加注重培养质量的提升。

第七章 特殊的零被引文献——睡美人文献研究

科学中的睡美人文献这一概念是从科学计量学视角对社会学中延迟承认现象所做的定量描述，指的是一篇论文在发表后相当长一段时期内处于零被引或低被引状态，仿佛睡美人在沉睡，而在之后一段时间几乎是突然地高被引，就像睡美人被唤醒了一样。唤醒睡美人的文献称为王子文献（Prince）。

国内外对于引用动机的研究已有不少，以理论研究居多。但在论文的引用过程中，施引者的引用动机和引用情境非常复杂，尤其针对睡美人文献，我们很想知道以下几个问题的答案："谁"在引用（王子文献作者）？"为什么"引用（引用动机）？睡美人文献作者为什么没有"自引"？本章首先对睡美人文献和王子文献的作者分别进行邮件访问，以探究两者之间的联系。之后，针对睡美人文献的识别方法与唤醒机制开展系列研究，分别从识别指标、引文曲线等角度探索睡美人文献的特征，以期在潜在睡美人文献被引次数很少时就能够及时发现其睡美人潜质，并推荐给学术共同体，缩短重要科学发现的认可时滞。

7.1 王子文献对睡美人文献引用的动机分析——基于邮件访谈调查的实证研究

7.1.1 睡美人文献及王子文献筛选

本节定义睡美人文献的具体计量标准为：论文发表前3年被引频次为零，而在此后几年引用频次激增，且在统计时间窗口该论文的总被引频次居当年所有发表论文被引频次前20%的论文。

在 Web of Science（WoS）数据库中，选取天文学和天体物理学领域1994—2003年发表的论文作为样本文献。根据以上标准，获得1994—2003年睡美人文献共48篇。1995年产生的睡美人文献数量最多，约占当年文献数的千分之一。这48篇文献中，45篇文献类型为Article, 2篇为Note，1篇为Review；被引次数最高为265次，最低39次，平均被引次数66次；作者数最多的为24人，平均作者数3.6人；参考文献数最多的为105篇，最少8篇，平均参考文献数26.6篇。

48篇文献分布在16种期刊中：其中13篇发表在 *Physical Review D*（JCR 分区 Q2），7篇发表在 *Astrophysical Journal*（JCR 分区 Q1），7篇发表在 *Journal of Geophysical Research-Space Physics*（JCR 分区 Q1），此3种期刊产生的睡美人文献占了总数的56%。

作者以这48篇论文的第一作者及首次引用这些论文的文献（王子文献）的作者为研究对象进行邮件访谈，共对睡美人文献作者发出问卷25份，收回5份，回收率20%；对王子文献作者发出问卷18份，收回4份，回收率22%。由于所有作者均为国外研究人员，且论文发表年份时间较早，查找作者的邮件地址难度较大，因此问卷的回收率不高。虽然回收率不高，但是，这些回复邮件都非常珍贵，就像孤儿病一样，虽然罕见，但研发治疗孤儿病的药物仍然有非常重要的价值和作用。

7.1.2 睡美人文献作者调查和分析

（1）调查思路设计

对于自引问题，有观点认为，自引可能反映出部分著者为了提高被引次数而频繁自引，是一种不严肃的态度。然而另一种观点认为，著者在撰写论文时，为了发展和继承自己以前的学术观点，把自己的论文列于自己新撰写论文后的参考文献中，以便于读者核对和跟踪，这也是实事求是的，而且是必不可少的工作。潘云涛和武夷山认为，在科学界，作者自引是不可回避的，就连诺贝尔奖得主们都有一定的自引，尽管其自引量占总被引次数的比例不高。正常的自引，也是将科学研究工作脉络交代清楚的一个必然要求，怕别人批评自己"自我吹嘘"，而不作必要的自引，致使研究的来龙去脉不清楚，反而对不起读者。只要不是人为地为彰显自己的工作成就而将本人以往的论文不必要地加入参考文献，都属于正常自引。

对发表多年后仍为零被引的睡美人文献作者进行邮件调查之前，我们假设，作者多年未自引可能有2个原因：①发表该论文后不久，该作者就不再从事本领域研究；②该作者处于"谦虚"的目的而没有自引。

本次调查对睡美人文献作者设计了3个问题：①是否了解该论文的情况，及其发表以来的被引次数？②认为该论文发表后多年未被引的原因是什么？③为什么不自引？

（2）调查结果分析

对于第一个问题"是否了解该论文的情况，及其发表以来的被引次数？"5份问卷回复见表7-1。

表7-1 睡美人文献作者问题1回复内容

睡美人文献作者	问卷回复内容
作者1	不是特别在乎这篇论文的被引情况，主要原因： 我自己认为这篇论文并不是自己最好（最有意义）的论文；我有许多被引远超过这篇论文的论文
作者2	是的，因为经常使用WoS数据库，所以比较了解论文的被引情况
作者3	注意到这篇论文比较久以后才被引用，还有其他两篇论文也是这样的情况，论文发表初始没有很多引用，然后突然有一个被引爆发期（有可能不是零被引，但非常相似的情况）。很高兴看到这样的情况。在写这些论文的时候，我认为它们是很优秀的，随后的被引情况也证明和支撑我继续坚持研究这些主题。当然，你要在学术界"生存"的时间足够长
作者4	是的，我会持续追踪这些论文的被引情况，后来的确比开始的几年被引次数多了不少
作者5	我不是很理解你这个问题，但看到这篇论文成为高被引论文，我很高兴

对于第二个问题"认为该论文发表后多年未被引的原因是什么？"5份问卷回复见表7-2。

表7-2 睡美人文献作者问题2回复内容

睡美人文献作者	问卷回复内容
作者1	主要原因是我们的论文是第一篇利用热力学几何来研究黑洞热力学的论文，几年以后人们才开始进行这一方向的研究。你可以发现这篇论文的被引情况在这一方向的研究中并不是最高的，主要原因是后来的许多研究者并没有注意到这篇论文
作者2	不知道具体原因
作者3	①另一个角度来说，不该过度在意被引次数，关键是总能找到有趣、相关的问题去研究（并且这些问题是可以被解决的）。如果做到这一点，被引次数也许会上来，但也不是必然的。还有很多社会学的影响因素，如"流行"的研究主题容易在开始进行就有比较高的被引次数；还有些人习惯在同事之间互引（有时会形成封闭的岛屿，可能会有比较显著的高被引论文，但这些研究也许毫不相干，并会被真正的前沿研究人员忽略）；不要仅仅看被引次数，也要关注谁引用了，什么原因被引用 ②我这篇论文的研究内容一开始并没有很活跃的相关研究，我和同事在研究时也没有与其他人员联系、合作。通常人们在得知有相关研究兴起，或者与其他人合作后，会比较期待了解被引情况。所以我的论文有这样的情况并不意外。我很高兴看到成果后来被广泛重视，在这些引用中，我特别乐于看到继续深入研究这些理论，或者将理论应用到实验中去
作者4	很多人被一种民间说法所误导，认为本研究是无望的研究。这种说法最终被另一课题突破，导致被引次数突然增加
作者5	因为这篇论文使用的模型不是主流模型，从某种意义上讲，甚至是很不标准的模型，所以我对这个模型的评论和研究被忽略了

对于第三个问题"为什么不自引？"5份问卷回复见表7-3。

表7-3 睡美人文献作者问题3回复内容

睡美人文献作者	问卷回复内容
作者1	发表那篇论文后，我们后面的研究主题与这篇论文不是很相关。2005年后我们才又转到这个主题
作者2	这篇论文是与一位博士共同合作完成的，他毕业后离开了本领域，所以合作终止，我也不再继续从事本领域研究
作者3	因为我的后续研究并没有延续这篇论文的内容，所以没有自引。我反复思考过是否继续研究这个主题，但没有很好并且有价值的想法，所以停止了。而且我认为自引必须是有相关性的，不能刻意自引。自引应该被排除在统计之外，除非有人想得到自引与他引的比例
作者4	在这篇论文结束时，我曾承诺会有后续研究，但当我真正投入到细节研究中时发现，这比我想象中烦琐得多，就放弃了，转向其他研究方向
作者5	我转向了与这个研究模型不相关的其他研究方向

通过5名作者对3个问题的回复可以看出：

①超过半数的作者明确指出，他们关注并了解自己论文多年来的低被引情况。他们认为，论文引用次数较少第一是自以为论文质量并不是特别高，第二是对自己的论文被引用情况不是非常介意或认为不该介意。这个结果从一个侧面印证了本节之前的假设，即睡美人文献的作者有相当部分属于"谦虚型"作者。

②论文发表后多年未被引的原因之一是研究内容为开山之作或属超前领域，直到成为主流研究后，才成为高被引论文。

③5份问卷对于"为什么不自引？"的问题回复如出一辙，都是因为各种原因不再从事该论文所属领域的研究。科研的传承和连续性是促进科技发展的重要因素，如果一项研究，尤其是前沿领域的科学研究，一旦被搁置，则需要很长一段时间来"恢复元气"。

7.1.3 王子文献作者调查和分析

（1）调查思路设计

关于引用动机的研究很多，马凤、武夷山分别以《中国科技期刊研究》的作者和中国情报学核心作者为对象，做了两项关于文献引用动机的调查，了解到科研人员的引用动机，以及文献引用的相关问题。除了理性的、正面的引用动机之外，马凤指出："引用实质上也属于行为，受社会因素的影响，加上参考文献的定义、界限、标注方式等没有得到统一，难免出现诸如'被迫引用''假引'、为特殊目的而敷衍了事的引用、二次或多次参考文献的引用等问题。"

对于能够唤醒睡美人文献的王子文献，我们有2个假设：①王子文献本身是一篇高被引论文；②王子文献作者是该领域"资深"或"知名"的研究人员。

唤醒了睡美人的那些文献的作者首次引用那篇文献的动机是什么？这是本调查问卷关注的主要问题。我们设计了3个问题：①在引用某文献时，是否在意它以往的被引次数？②认为该论文发表后多年未被引的原因是什么？③认为自己的引用对这篇论文后来获得高被引是否有重要影响？

（2）调查结果分析

对于第一个问题"在引用某文献时,是否在意它以往的被引次数？"4份问卷回复见表7-4。

表7-4 王子文献作者问题1回复内容

王子文献作者	问卷回复内容
作者1	不在乎。我会引用那些与我们研究主题相关的文献。典型的研究人员在撰写论文时，会结合之前的研究背景，通过谷歌等工具搜索其他相关参考文献
作者2	不在乎。我只引用那些与我研究兴趣相关的文献
作者3	不在乎
作者4	我从未查看过参考文献的被引情况

对于第二个问题"认为该论文发表后多年未被引的原因是什么？"4 份问卷回复见表 7-5。

表 7-5 王子文献作者问题 2 回复内容

王子文献作者	问卷回复内容
作者 1	未被引的原因有可能是因为该研究领域的论文较少，或者该睡美人文献的作者非常高产，以至于有其他相关代替睡美人文献被引用了
作者 2	或许这其中并没有一个简单的原因。有可能这项研究没有发表在恰当的期刊中？我猜想还有一种可能是睡美人文献的研究内容是传递基础数据，而只有在这些研究数据有重大进展时才会被发掘出来
作者 3	第一，该领域的研究人员较少，论文非常专精，所以论文数量也较少。第二，该论文使用的数据在当时已经是最好的结果，后续研究中只有重复并确认该数据时才会引用
作者 4	也许作者并没有在相关会议上展示他们的研究

对于第三个问题"认为自己的引用对这篇论文后来获得高被引是否有重要影响？"4 份问卷回复见表 7-6。

表 7-6 王子文献作者问题 3 回复内容

王子文献作者	问卷回复内容
作者 1	我们的论文是本领域的一篇综述。稍不客气地说，其他人在阅读综述时会将综述的参考文献一并纳入自己的引文中。在综述中被引用而促使一篇论文的被引提高是一个很有趣的现象，而不是仅针对睡美人文献
作者 2	会产生一定帮助：这篇论文虽然与原子数据相关，但作者团队在本领域中不太知名
作者 3	我认为这篇论文是超前的，几年来未被引用的原因是最初根本没有人能跟进这个研究。也就是说，没人能做出与其有可比性的数据。最终，一旦有更多的科研人员可以做出与该论文相媲美的数据，则这篇论文才开始被引用
作者 4	或许有影响

通过 4 名作者对 3 个问题的回复可以看出：

①所有作者均明确表示，参考文献的以往被引情况不是决定其是否引用该文献的主要考虑因素。

②4 名作者中有 3 人认为睡美人文献的产生是由于研究领域的超前性，这个结果与前文对睡美人文献作者的访问结果不谋而合。

③4 名作者中有 3 人认为自己的引用对唤醒睡美人文献产生了一定的作用。

7.1.4 结论与讨论

本节通过调查问卷，从一个侧面了解睡美人文献的引用动机及文献引用的相关问题，虽然样本量不大，但问卷的回复仍能说明一些问题。目前，国内尚无人用直接询问作者的方法来研究睡美人文献的被引行为，特别是询问作者的引用动机。实际上，直接询问的方法不仅可以了解作者引用文献的动机，也为今后科研人员对类似睡美人文献的优秀论文的发掘、推荐提供依据。

睡美人文献的成因有很多，前沿研究领域中认识比较超前的论文更可能成为睡美人文献。睡美人文献当然是货真价实的高质量论文，但在别人对文章质量没有认识的情况下，仅靠作者自引和别人的偶然引用，一般并不能成为高被引论文。"酒香也怕巷子深""千里马还需伯乐引"，具有一定学术地位的王子文献对睡美人文献的早期引用对其日后成为高被引文献往往是至关重要的。情报人员若能精准地识别出潜在的睡美人文献并进行推荐，也许是对科学事业的重要贡献。为了精准识别，除了考察历史上睡美人文献的共性外部特征外，仍有必要从王子文献作者处挖掘一些有价值的东西，将其个人判断力转化为群体性的判断力。此时，仍需要对王子文献作者进行问卷调查，甚至是深度访谈，这将是我们后续研究的课题。

7.2 基于被引速率指标识别睡美人文献及其"王子"

7.2.1 研究对象

美国及德国3位科学家Betzig E、Hell S W和Moernev W E因"研制出超分辨率荧光显微镜"获得2014年诺贝尔化学奖。科学网席鹏的一篇博文《有感于超分辨获得2014诺贝尔化学奖》提到："中国有句古话：十年磨一剑。这句话对于Stefan H来说，是两倍的考验。1994年，他发表了第一篇STED（受激发射损耗显微镜）的文章。在接下来的5年里，由于方法太过于前卫，导致很难被主流学界认同。可以想象，是怎样的意志，让一名科学家在寒风中，百折不挠，终折桂枝。"这句话引起了我们的注意。科学史表明，一些重大的科学发现和成果没有被当时科学共同体的其他成员所及时接受而受到忽视，多年后才被人们发现，这类发现被称为"早熟性的科学发现"或"延迟承认"，荷兰科学计量学家Van Raan将记载这类成果的文献称为科学中的"睡美人"，即一篇论文如果在发表后相当长一段时期内处于零被引或低被引状态，仿佛睡美人在沉睡，而在之后一段时间几乎是突然地高被引，就像睡美人被唤醒了一样。唤醒睡美人的文献称为"王子文献"（Princes）。Stefan H关于STED的成果最终获得了诺贝尔奖，得到了科学界的尊重和认可。科睿唯安（原Thomson Reuters）每年根据文献被引量预测诺奖得主的实践表明，科学文献的被引用次数和受同行尊敬的程度之间存在密切关联，而诺贝尔奖等专业奖项是反映同行认可与尊敬的重要体现之一。那么，Stefan H在1994年关于STED的研究是否超前？从该文被引次数特征可否判定其为睡美人文献？如果是，那么是什么因素唤醒了"她"？带着这些问题，我们开始了本研究。

7.2.2 研究框架

2004年，Van Raan在指出睡美人现象的同时提出了3个测度指标：①睡眠深度，一篇论文在其所考察的沉睡时长内，年均至多被引 1 次为深度沉睡，年均被引 1～2 次为沉睡；②睡眠长度，从发表到被唤醒经历的年数；③唤醒强度，论文在紧接睡眠期之后的 4 年内年均被引用次数，这 4 年称为唤醒期，Van Raan 的这一定义较为严格。目前，睡美人文献主要采用 2 种方法进行识别：①曲线拟合，即通过数学表达式或适当的曲线类型拟合单篇文献被引次数的年度分布，但对于大样本文献，需人工观察曲线并分类，效率较低；②人为界定。目前，睡美人文献的各种量化定义中，在关于时间窗多长为好、"发表之初低被引"怎样具体衡量、后来"突然高被引"如何量化等问题上，大家莫衷一是。根据 Glänzel 等人对文献首次被引时间的统计——整体上超过 80% 的文献发表后 3 年内首次被引，超过 90% 的文献发表后 5 年内首次被引，多数学者将"发表之初"界定为 3～5 年，将"发表之初低被引"界定为 1～2 次。但对"突然高被引"的程度界定差别较大，如超过 50 次、超过 100 次、超过期刊累计影响因子的 10 倍等。现有睡美人文献的界定方法均较为主观。多数学者将发表后 3～5 年被引次数很低作为一个基本条件，但会忽略 Li 和 Ye 发现的"全要素睡美人"现象，即某些论文沉睡之前曾有过引用高峰。看来有必要提出一个指标，以简便、客观地从大量文献中识别睡美人文献。

（1）睡美人文献的测度指标——被引速率、延迟承认指数

文献发表后的被引次数是一个从零开始、随时间累积的过程，对于非零被引论文来说，其累积被引次数的曲线单调递增。我们借鉴物理学中的"平均速度"，引入并发展 Wang 提出的被引速率（Citation Speed, CS）指标，测度论文在所考察的引用时间窗口内被引次数累积的快慢，可用来区分论文是快速突破型还是延迟承认型，后者即睡美人文献。

1）被引速率

被引速率，指的是一篇文章发表后整体上以多快的速度累积其被引次数。对于快速突破型论文，被引次数会在发表后迅速累积，到达一个较高的水平，接下来维持稳定（如图 7-1 中的 C 曲线），整体上的被引速率很快（高）。但对于延迟承认型（睡美人）文献，发表后近几年的被引次数累积得很少、很慢，直到最后几年才累积完，所以整体上的被引速率较低（如图 7-1 中的 A 曲线）。

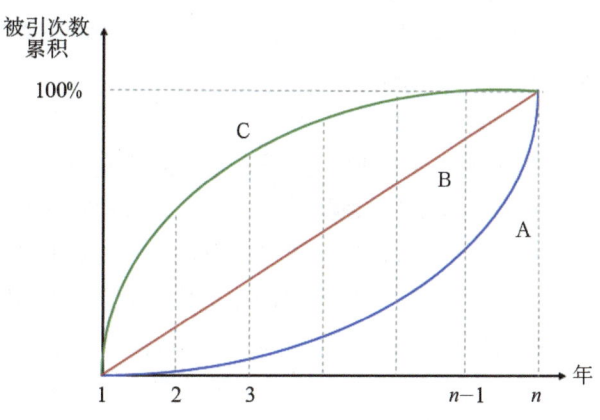

图 7-1　被引速率指标示意

物理学用路程除以时间计算"平均速度"。在文献逐年累积被引次数的过程中,对于年龄为 n 的论文,其总被引次数共累积了 $n-1$ 年。为比较不同年龄、不同被引量的论文,"路程"即文章发表后第 1 年、第 2 年……直到第 $n-1$ 年的累积百分比,"时间"为 $n-1$ 年。其公式为:

$$CS = \frac{\sum_{1}^{n-1} C_i/C_n}{n-1} \qquad (7-1)$$

其中,C_i 是第 i 年的累积被引次数,C_n 是第 n 年的累积被引次数(即考察期内的总被引次数)。C_i/C_n 即第 i 年被引次数的累积百分比。因此,论文总被引次数随年度累积得越快,其被引速率也越高。

如果仅是被引速率低,但总被引次数少,也不是睡美人文献。因为延迟承认仍然是一种"承认",从被引角度来说,睡美人文献的特征是:总被引次数较高,尤其是唤醒期内的年度被引次数高,而睡眠期内的年度被引次数低,体现为论文年度累积被引次数的离散程度高。由于累积被引次数随时间单调递增,离散程度越高,表明年度被引次数越可能出现"突增"。统计学中常用标准差反映个体间的离散程度,因此我们将论文年度累积被引次数的标准差与被引速率结合起来,提出延迟承认指数这一指标。

2)延迟承认指数

论文年度累积被引次数的标准差,可反映论文自发表后被引次数逐年累积程度的差异,即论文在其被引生命周期中,低被引时段和高被引时段被引量之间的差距,将其除以被引次数累积的平均速率,可测度论文从低被引(沉睡状态)累积至高被引(唤醒状态)所需的"平均时长",将其定义为延迟承认指数(Delayed Recognition Index, DRI)。计算公式为:

$$延迟承认指数(DRI) = \frac{年度累积被引次数的标准差}{被引速率} \qquad (7-2)$$

论文年度累积被引次数的标准差、平均被引速率都消除了论文年龄的影响。一篇论文年度累积被引次数的差异越大,被引次数累积得越慢(被引速率越小),则该论文自发表后从低被引到高被引所经历的时间越长,其延迟承认指数越高。当论文被引速率相等或相差不大时,可用延迟承认指数补充进行进一步的判断。

3)同被引速率和共同延迟承认指数

每篇睡美人文献都有唤醒她的王子文献。关于王子文献识别方面的研究较少,目前主要有两种观点。一是认为王子文献必须引用过睡美人文献。如 Van Raan 将首次引用睡美人的文献定义为王子文献。Braun、Glänzel 和 Schubert 则提出候选王子文献从睡美人文献的第一代施引文献中选择,并总结了王子文献的 3 个特征:①高被引论文或具有相当数量的被引次数;②与睡美人文献有大量的共引;③发表于更高影响力的期刊(王子文献的平均期刊影响因子超过睡美人文献的平均影响因子两倍多)。王子文献与睡美人文献的同被引方式有 3 种:①"理想夫妻"(Ideal Couple),即睡美人文献与王子文献有基本上彼此独立的、持久的、成功的引用分布，也有不容忽视的同被引部分；②"王子主导"（Male Dominance），即睡美人文献虽然被唤醒，但被引次数低于王子文献（仍处于王子文献的阴影中）；③"睡美人主导"（Female Dominance），即睡美人文献虽然被唤醒，但王子文献的被引次数远低于睡美人文献。二是认为王子文献不一定必须引用过睡美人文献，强调两者同时被后继者引用（同被引）。如 Ohba 和 Nakao 从睡美人文献的第一代施引文献的参考文献列表中寻找王子文献，这些参考文献与睡美人文献构成同被引关系。作者提出可从 3 个方面定义王子文献：①发表于睡美人文献的引用突增年；②促使后续相关研究工作的作者引用睡美人文献；③与睡美人文献的同被引次数大于睡美人文献总被引次数的 30%。在其发现的 9 篇睡美人文献案例中，王子文献的被引次数整体上大于睡美人文献，至少是在睡美人文献初现被引次数突增的时间段。

在当前的学术交流环境下，睡美人文献的睡眠不一定是零被引，可能常为低被引（包括自引）。因此，将王子文献仅界定为首次施引者是局限的。考虑到不同的引文动机，有些文献使用了睡美人文献所提观点，但却未附在参考文献列表中，或把与睡美人文献观点相关的其他文献标注为参考文献，在一定程度上可能延长了睡美人文献的沉睡时间，这种间接引用（Indirect Citation）也不容忽视。因此，我们试图对王子文献进行重新描述，认为唤醒睡美人文献的王子文献不仅本身被引次数较高、与睡美人文献的同被引次数高，更重要的是与睡美人文献同被引次数的年度分布应与睡美人文献有相似的引文轨迹，以显示睡美人文献与其王子文献的"亲密结合"，在年度被引次数曲线上，王子文献对睡美人文献的"牵引或拉动"作用应非常显著。为此，我们在被引速率、延迟承认指数的基础上，提出同被引速率（co-Citation Speed, cCS）和共同延迟承认指数（co-Delayed Recognition Index, cDRI），用以筛选睡美人文献的王子文献。

$$cCS = \frac{\sum_1^{n-1} CC_i / CC_n}{n-1} \qquad (7-3)$$

其中，CC_i 指第 i 年的累积同被引次数，CC_n 指第 n 年累积同被引次数，即考察期内该文献与睡美人文献的同被引总次数。

$$共同延迟承认指数（cDRI）= \frac{年度累积同被引次数的标准差}{同被引速率} \qquad (7-4)$$

（2）利用 CitNetExplorer 软件对睡美人文献及其王子文献之间的引文网络进行分析

在引文网络研究方面，目前科学计量学界多关注文献同被引网络和文献耦合网络，分别仅分析参考文献和施引文献，其中能按年代顺序描绘引文网络关系的常用软件主要是 Histcite 和 CiteSpace。CitNetExplorer 则是由荷兰莱顿大学 CWTS 的 Van Eck 和 Waltman 于 2014 年最新开发的用于分析有向引文网络（Direct Citation Network）关系的免费软件，可同时分析某领域文献集中的参考文献、施引文献之间的引用关系。与 Histcite 相比，CitNetExplorer 能处理更大规模的网络，如百万条参考文献和施引文献；而且可以专门析出某一篇或某几篇文献所形成的引用路径，可用于在整体网络中分析单篇或少数文献的主路径。CitNetExplorer 能综合分析某文献集中的参考文献和施引文献,并按照年代顺序描绘这些文献之间的一代、二代和三代有向引用关系,通过可视化形式反映某研究领域随时间的发展演变过程。该软件提供文献集的二次检索功能,可在文献集中聚焦子领域的引用文网络;研究某位科学家所有发表文献及其引用关系,分析其前期的研究基础和最新发展。这些优势对于梳理睡美人文献及其与王子文献之间的引用关系网络,识别王子文献及其作者提供了很大帮助。

7.2.3 资料与方法

诺贝尔奖网站上对2014年化学奖科学成就（Scientific Background: Super-Resolved Fluorescence Microscopy）的介绍引用了 Hell S W 在1994年前后发表的3篇文章,其中2篇作为获奖的关键文献（Key Publications）。为全面纳入相关文献,在 WoS 中检索出 Hell S W 在1992—1995年发表的共计21篇文献（经人工核实,见表7-7）。

表7-7 Hell S W 1992—1995年发表文献的详细特征（按照延迟承认指数排序）

Hell S W 发表文献	出版年	总被引次数（次）	被引速率	延迟承认指数	关键文献
Optics Letters, 19, 780–782	1994	1122	16.1%	21.076	√*
Applied Physics B-Lasers and Optics, 60, 495–497	1995	166	19.3%	2.690	√*
Journal of the Optical Society of America A, 9, 2159–2166	1992	254	36.8%	2.285	
Journal of Microscopy-Oxford, 169, 391–405	1993	348	48.2%	2.273	√
Optics Communications, 93, 277–282	1992	227	39.8%	1.845	
Optics Letters, 19, 222–224	1994	57	26.8%	0.582	
Applied Physics Letters, 64, 1335–1337	1994	78	46.8%	0.546	
Applied Physics Letters, 66, 1698–1700	1995	70	50.8%	0.444	
Optics Communications, 104, 223–228	1994	79	64.1%	0.360	
Optics Communications, 117, 20–24	1995	41	49.5%	0.278	
Optics Communications, 106, 19–24	1994	49	53.1%	0.263	
Journal of Modern Optics, 41, 675–681	1994	56	61.3%	0.245	
Journal of Microscopy-Oxford, 176, 222–225	1994	45	64.3%	0.234	
Journal of Microscopy-Oxford, 176, 226–230	1994	35	52.7%	0.205	
Optics Communications, 113, 144–152	1994	10	58.6%	0.060	
Optics Communications, 120, 129–133	1995	8	78.1%	0.029	

第七章 特殊的零被引文献——睡美人文献研究

续表

Hell S W 发表文献	出版年	总被引次数（次）	被引速率	延迟承认指数	关键文献
Journal of the Optical Society of America A，12，2072–2076	1995	4	71.3%	0.017	
Journal of Microscopy-Oxford，180，Rp1–Rp2	1995	3	85.0%	0.009	
Zoological Studies，34，70–70	1995	2	62.5%	0.008	
Zoologische Jahrbucher-Abteilung Fur Allgemeine Zoologie Und Physiologie Der Tiere，97，151–160	1993	1	81.8%	0.004	
Journal of Cellular Biochemistry：119–119	1995	0	—	—	

注：总被引次数的检索日期为 2014 年 10 月 20 日；√表示诺贝尔奖委员会在 Scientific Background 介绍中引用的文献；* 表示被诺贝尔奖委员会视为关键文献的文献。

被诺贝尔奖委员会视为关键文献的两篇文献，被引速率最慢、延迟承认指数最高。根据被引速率和延迟承认指数指标，两篇文献的引文轨迹均表现为延迟承认型。重点分析按照延迟承认指数排序的前 5 篇文献。图 7-2 分别是 5 篇文献的引文轨迹。

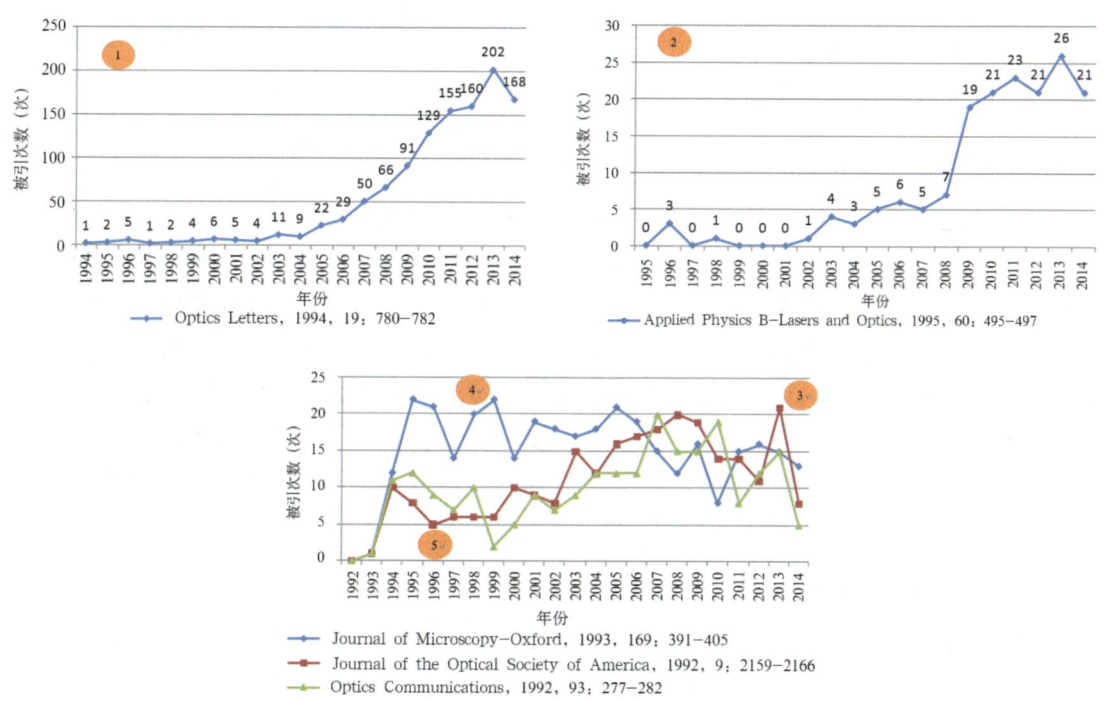

图 7-2　按照延迟承认指数排序 TOP 5 文献的引文轨迹

分析发现：文献①在1994—2002年近10年间，被引次数很少，2003年开始增加，2005—2007年显著增加，为典型的睡美人文献。文献②也可视为睡美人文献，2009年引文突增，但不如文献①的延迟承认特征显著。文献③和文献⑤总被引次数、被引速率和延迟承认指数相差不大，被引次数年度分布显示出先上升、后下降的趋势。文献④尽管总被引次数相对较高，但其被引速率较快，达48.2%，年度被引次数显示出下降趋势。除显示的5篇延迟承认指数较高的文献外，第6篇文献尽管被引速率较慢（26.8%），但总被引次数也较低（未受"承认"），其年度被引次数显示，1994—2009年度被引次数均在5次以下，2010年出现增长趋势，未来可能会继续增长，但现阶段尚不能判定其为睡美人文献。可见，采用被引速率和延迟承认指数相结合可快速识别睡美人文献。

下面对第1篇典型的睡美人文献，即Hell和Wichmann在1994年发表于 *Optics Letters* 的 "Breaking the diffraction resolution limit by stimulated emission: stimulated-emission-depletion fluorescence microscopy" 一文进行分析，以下简称Hell（1994）。

（1）结果与分析

由于分析Hell（1994）睡美人文献现象、与其他文献形成的引文网络及潜在王子文献会涉及高分辨率荧光显微技术领域做出贡献的关键人物，先梳理该领域的发展历史，也借此验证科学计量学方法与科学史学方法在分析具体学科领域研究发展历史及识别重要贡献的人物方面是否一致。*Nature Methods* 杂志2008年对超高分辨率显微镜（被评为年度最佳技术）发展历史及其关键人物的述评文章，为了解该领域的科学史提供了很好的素材。

"1873年，Ernst Abbe首次提出光学成像具有衍射限制现象（阿贝光学衍射极限），得到物理学界的一致公认，直到一个多世纪之后，Hell推翻了这一观点。他是首位不仅从理论上论证，而且用实验证明了使用光学显微镜能达到纳米级分辨率的科学家。"我们总结了超高分辨率显微镜的发展过程（图7-3）。

Hell于1994年在 *Optics Letters* 发表关于STED的理论文章。但此时，阿贝光学衍射极限理论仍在学界占统治地位，许多物理学家对Hell的理论都持怀疑，甚至批评态度，因此他们也都将研究重点放在其他成像技术上。尽管如此，Hell仍继续进行STED的研究。1999年，他将研究成果分别投给 *Nature* 和 *Science*，但遭退稿。2000年，*PNAS*（美国国家科学院院刊）发表了其科研成果"采用STED技术首次得到纳米级的荧光图像"，这项理论在实践中得以证实，Hell将会改变整个显微镜领域的工作由此开始获得肯定。根据上述科学史料，Hell在2000年发表于 *PNAS* 的文献[以下简称Hell（2000）]应该是Hell（1994）的王子文献，下文将会验证。

（2）同被引文献分析

Hell（1994）在WoS核心合集中被引共计1122次，其中，SCI、SSCI共引用1062次（2014年10月20日检索）。在1062篇施引文献的参考文献中，找出与Hell（1994）同被引次数最多的文献。

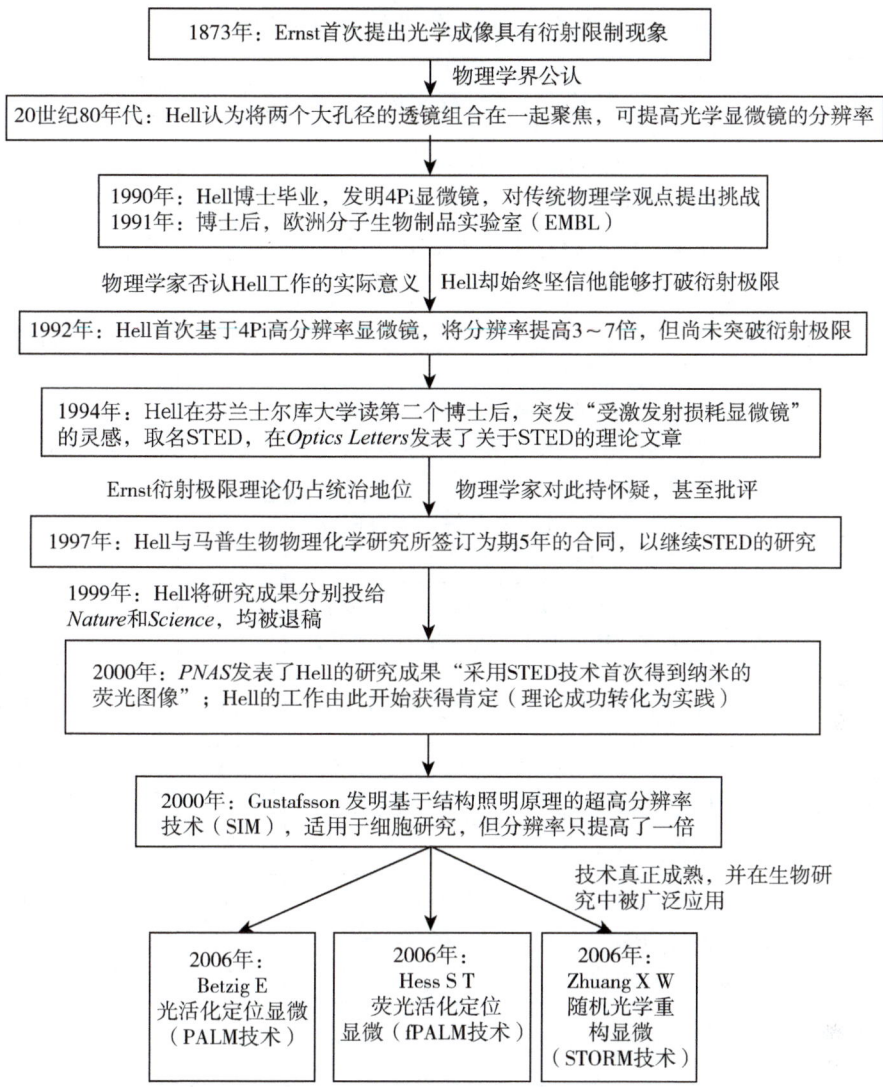

图 7-3　超高分辨率显微镜的发展过程 [根据 Nature Methods, 2008, 6（1）: 15–18 整理]

Hell（1994）发表后的被引状况并不是零被引，而是低被引，发表 9 年内（1994—2002年）总被引 30 次，年均被引 3.3 次，2003 年被引次数初现增长趋势，2005—2007 年显著增长，之后一直呈现快速增长势头。以 2003 年为分界点，分别考察"沉睡期"和"唤醒期"Hell（1994）的同被引文献，验证本节提出的分析框架能否识别出 Hell（2000）这一王子文献，也进一步探讨还有无其他王子文献。

1）沉睡期

Hell（1994）发表 9 年内的 30 次被引中，自引 12 次，占 40%，可见他本人相信 1994年理论研究的价值，并一直在默默工作；60% 的他引作者中，并未出现 2014 年诺贝尔奖得主 Betzig E、Moerner W E，以及热门人物庄小威、Hess S T。只有 Gustafsson 在 1999 年发表于 Current Opinion in Structural Biology 的综述中引用了 Hell（1994）。将这 12 篇自引文献的特征总结于表 7-8。

表 7-8 Hell（1994）"沉睡期" 12 篇自引文献的特征（按照延迟承认指数排序）

文献	对 Hell（1994）的评论	同被引次数（次）	总被引次数（次）	被引速率	延迟承认指数
PNAS,2000 即 Hell（2000）	采用受激发射损耗，被预测（从理论上）能提高横向分辨率	229	545	36.2%	4.819
Optics Letters,1999	作者相信是他首次提出了能打破衍射极限的理论证据，并解释了这一概念的原理	96	180	30.5%	1.728
Physical Review Letters,2002	STED 这一概念真正打破了（Really Breaks）衍射极限	78	194	50.4%	1.252
PNAS,2002	对高分辨率的不懈追求经历了多次有趣的发展过程，包括 4Pi 显微镜、STED 显微镜	40	155	54.5%	0.928
Physical Review E,2001	当时提出的 STED 能打破衍射极限这一概念已成为可能，已经实现	37	97	35.7%	0.925
Journal of Microscopy,1997	这一新技术手段的提出将会在未来起到很大的作用，但尚需进一步的技术开发	12	58	57.3%	0.312
Journal of The Optical Society of America A,2001	应用 STED 已经证明能够打破衍射极限	13	53	62.4%	0.276
Ultramicroscopy,2001	远场显微镜分辨率的提高是可以实现的	12	38	61.1%	0.193
Applied Physics Letters,2000	STED 作为一种有效的技术已被提出并得以实现	8	23	53.4%	0.143
Applied Physics Letters,2001	这些限制已经证实被 STED 打破	5	24	50.3%	0.125
Journal of Microscopy-Oxford,1996	需要更好地理解聚焦过程，才有可能打破衍射极限	1	9	43.2%	0.057
Journal of Microscopy-Oxford,1995	首次描述显微镜的受激发射损耗技术	1	3	89.5%	0.009

按照延迟承认指数排序第一的文献即为 Hell（2000），表明延迟承认指数指标识别出的王子文献与科学史的观点一致。Hell（1994）和 Hell（2000）分别是 STED 的理论提出和实践证实的代表作，STED 成功应用于实践诱发了人们对 STED 理论的重新认识，使其终于得到认可。根据这 12 篇文献引用 Hell（1994）时对其的评论内容可见，Hell 确实一直相信 1994 年理论研究的价值，作者相信当时的研究成果是突破光学衍射极限的首个证据。图 7-4 是 Hell（1994）和 Hell（2000）各自的引文轨迹和两者的同被引轨迹。

2000 年，STED 被证实之后，并没有迅速诱发 Hell（1994）被引突增，从 2003 年开始，Hell（1994）才开始显现出增长趋势，尤其到 2006 年，Hell（1994）年度被引次数接近 Hell（2000），两者的同被引次数也开始显著增长。这提示我们，高分辨率荧光显微镜在实践中可能得到了新的发展，发展了 Hell（2000）关于 STED 的实践。既然 Hell（1994）是打破以往经典范式的最初贡献者，该领域新的科研进展仍然会引用 Hell（1994）的开创性思想。因此，我们继续分析 Hell（1994）在唤醒期被引突增的关键因素，识别是否还有其他的王子文献。

第七章 特殊的零被引文献——睡美人文献研究

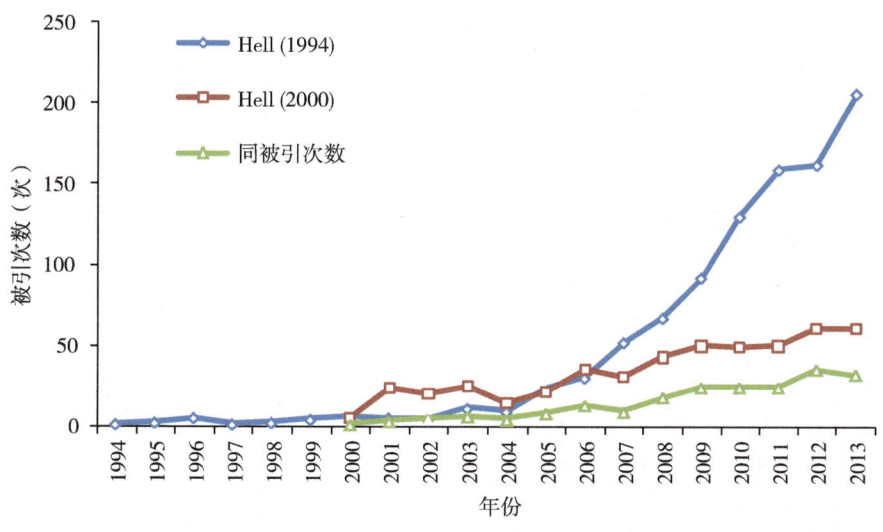

图 7-4　Hell（1994）和 Hell（2000）各自的引文轨迹和两者的同被引轨迹

2）唤醒期

Ohba 与 Nakao 在寻找眼科学领域睡美人文献的王子文献时，将与睡美人文献的同被引频次大于 30% 的文献定义为王子文献。为尽可能不遗漏重要文献，分析 2003 年后发表的、同被引次数超过 Hell（1994）总被引次数 10%（即大于 100 次）的 17 篇文献，考察其是否引用 Hell（1994）、总被引次数及其被引速率和延迟承认指数，以及与 Hell（1994）的同被引次数及其同被引速率与共同延迟承认指数（表 7-9）。

科学史评论文献中提及的 Gustafsson、庄小威、Betzig、Hess 4 位关键人物均在与 Hell（1994）同被引次数较高文献之列（图 7-4）。17 篇高同被引文献中，超过一半是 Hell 本人的文献（9 篇），且都引用了 Hell（1994）；另有庄小威 3 篇，Betzig 2 篇，Hess、Gustafsson 和 Heilewann 各 1 篇。同被引次数 TOP 3、同被引速率 TOP 3 和共同延迟承认指数 TOP 3 的 3 篇文献恰好为 2006 年高分辨率显微镜技术真正成熟并得以在生物研究中广泛应用的 3 篇代表作。第 1 篇是庄小威以通讯作者身份发表于 *Nature Methods* 的文献，第 2 篇是 Betzig 发表于 *Science*，且被诺贝尔奖委员会认定为获奖的关键文献。本次获奖的 Moerner 是单分子荧光技术的先驱人物，他早年分别发表于 *Physics Review Letter*（1989 年）和 *Nature*（1997 年）的文献也被诺贝尔奖委员会认作关键文献，但未出现在与 Hell（1994）同被引关系密切的相关研究中。

考虑到 Hell（1994）在 2005—2007 年被引次数显著突增，根据表 7-9 的同被引速率和共同延迟承认指数数据，位列 TOP 3 的文献 Rust（2006）、Betzig（2006）、Hess（2006）很有可能是诱发因素。表 7-9 还显示，Hell 于 2003 年发表于 *Nature Biotechnol* 论文的共同延迟承认指数也较高（排第 7 位），由于 Hell（1994）在 2003 年初现被引突增，我们认为这篇文献也可能是诱发因素。接下来，通过描绘这 4 篇文献的引文轨迹及其与 Hell（1994）的同被引轨迹特征做进一步验证。

表 7-9 与 Hell（1994）同被引次数较高的文献特征（按照共同延迟承认指数排序）

序号	引用文献	是否引用 Hell (1994)	总被引			与 Hell (1994) 同被引			
			总被引次数（次）	被引速率	延迟承认指数	同被引次数（次）	同被引速率	共同延迟承认指数
1	Rust M J, 2006, NAT METHODS, V3, P793（庄小威）	N	1513	31.2%	17.418	503	31.0%	5.792
2	Betzig E, 2006, SCIENCE, V313, P1642	N	1858	34.5%	19.126	495	33.1%	5.323
3	Hess S T, 2006, BIOPHYS J, V91, P4258	N	933	32.4%	10.289	302	34.1%	3.182
4	Gustafsson M G L, 2005, PNAS, V102, P13081	Y	643	37.4%	5.852	255	34.1%	2.616
5	Hell S W, 2007, SCIENCE, V316, P1153	Y	1062	43.4%	8.678	279	42.4%	2.365
6	Heilemann M, 2008, ANGEW CHEM INT EDIT, V47, P6172	Y	363	33.0%	4.031	130	35.4%	1.323
7	Hell S W, 2003, NAT BIOTECHNOL, V21, P1347	Y	456	43.0%	3.626	146	41.7%	1.214
8	Huang B, 2008, SCIENCE, V319, P810（庄小威）	N	614	42.8%	4.785	157	44.1%	1.154
9	Hofmann M, 2005, PNAS, V102, P17565（Hell）	Y	270	41.3%	2.019	124	37.9%	1.118
10	Folling J, 2008, NAT METHODS, V5, P943（Hell）	Y	233	36.8%	2.311	102	37.6%	0.995
11	Hell S W, 2009, NAT METHODS, V6, P24	Y	365	47.9%	2.647	121	44.8%	0.978
12	Bates M, 2007, SCIENCE, V317, P1749（庄小威）	N	429	40.0%	3.82	117	43.5%	0.970
13	Willig K I, 2006, NATURE, V440, P935（Hell）	Y	393	46.9%	2.744	126	43.8%	0.950
14	Westphal V, 2008, SCIENCE, V320, P246（Hell）	Y	298	46.6%	2.171	132	47.1%	0.943
15	Shroff H, 2008, NAT METHODS, V5, P417（Betzig）	N	318	42.3%	2.602	103	43.2%	0.818
16	Donnert G, 2006, PNAS, V103, P11440（Hell）	Y	231	49.6%	1.585	113	49.3%	0.796
17	Rittweger E, 2009, NAT PHOTONICS, V3, P144（Hell）	Y	225	43.5%	1.895	101	45.9%	0.785

注：Y 表示该文献引用了 Hell（1994），N 表示未引用。由于参考文献只列第一作者，该领域研究涉及的代表人物作为通讯作者时做了标注。

（3）识别潜在王子文献

图 7-5 显示发表于 Hell（1994）的被引突增年度，且与其同被引次数、同被引速率和共同延迟承认指数最接近的 4 篇潜在王子文献的引文轨迹。

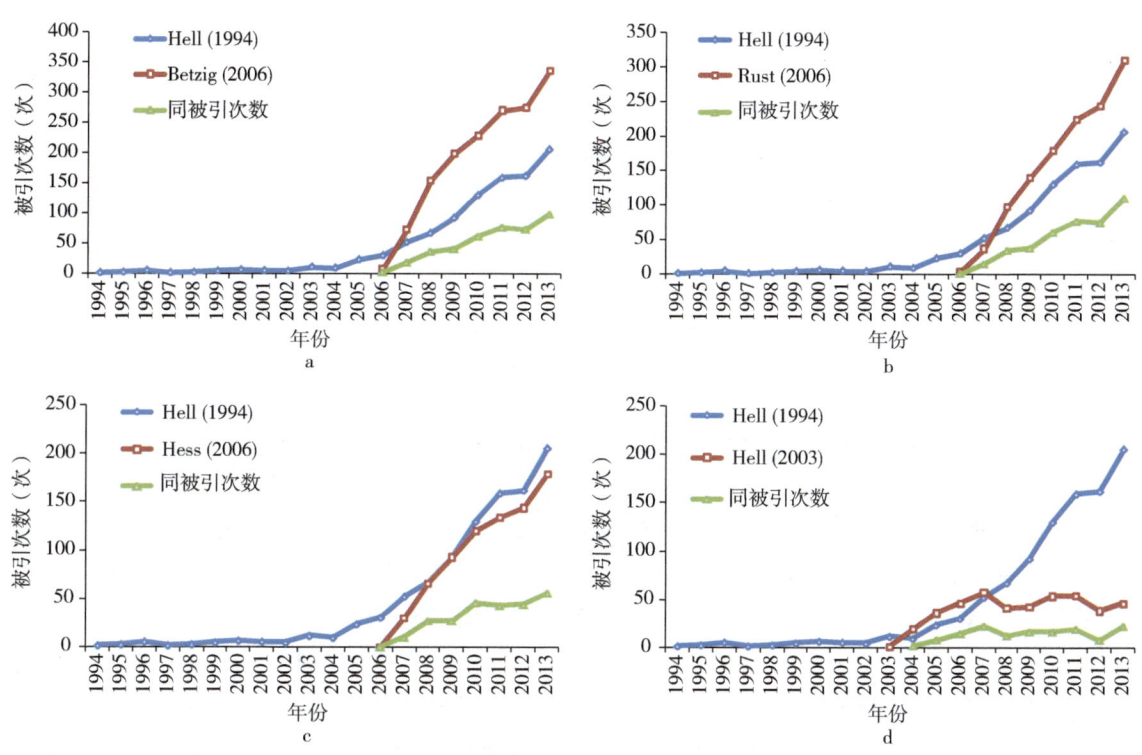

图 7-5　4 篇潜在王子文献的引文轨迹

Betzig（2006）、Rust（2006）（通讯作者为庄小威）发表后的总被引次数的年度分布呈现近乎直线增长趋势，分别在发表后第 2 年和第 3 年超越了 Hell（1994）；从图中看到，好像一直在"拉动"Hell（1994）的被引增长，且同被引轨迹与 Hell（1994）本身的被引轨迹近乎一致，似乎睡美人文献及其王子文献"亲密结合"。尽管这两篇文章均未直接引用 Hell（1994），但对于诱发 Hell（1994）的被引突增起到重要作用。Hess（2006）在引文轨迹上的特征不及这两篇文献显著。另外，尽管 Hell（2003）的年度被引次数在 2003—2007 年呈上升趋势，2008—2013 年保持稳定，但从引文轨迹分段来看，该文明显"牵引"了 2003—2007 年 Hell（1994）的被引增长，此时间段的同被引轨迹也与 Hell（1994）十分一致。Hell（2003）引用了 Hell（1994），分析引用时的具体评价内容，Hell（2003）对 Hell（1994）做出高度评价，描述为"首次提出有望打破光学衍射极限的概念（First Viable Concepts），将其命名为 STED"，可以认为，Hell（2003）是不折不扣的"王子文献"。

那么，Betzig（2006）、Rust（2006）是怎样与 Hell（1994）建立联系的呢？基于 CitNetExplorer 绘制了这 17 篇文献与 Hell（1994）的有向引文网络（图 7-6）。

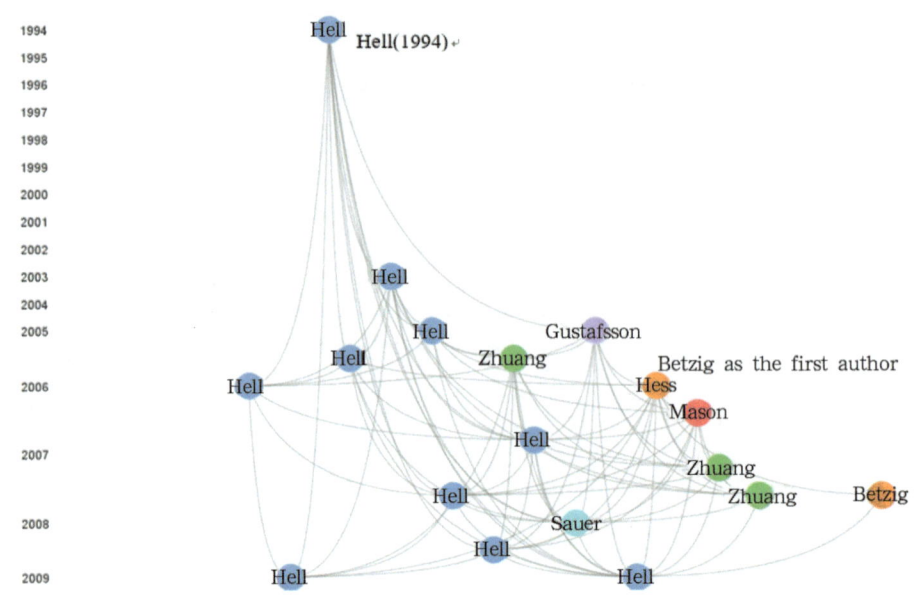

图 7-6　17 篇文献与 Hell（1994）之间的引用网络（节点显示 the last name of last author）

Betzig（2006）、Rust（2006）都没有引用 Hell（1994），两者也未互相引用。分析这些节点对应文献的具体信息可以看出，Rust（2006）引用了 Hell（2003）和 Hell 在 2005 年（发表于 *PNAS*，V102，P17565）的文献；Betzig（2006）引用了 Hell（2005）和 Hell 在 2006 年（发表于 *Nature*）的文献，可见 Hell（2005）是一篇起着中介作用的文献。分析引用时的具体评价内容发现：Hell（2005）将 Hell（1994）的发现描述为重大研究进展，Betzig（2006）、Rust（2006）又分别将 Hell（2005）描述为"重大进展"和"正在开展的研究"，Rust（2006）则将 Hell（2003）评价为"打破阿贝光学衍射极限的研究成果"。可见，尽管 Betzig（2006）、Rust（2006）未引用睡美人文献，但却引用了睡美人文献作者的其他相关文献，这种对睡美人文献的"间接引用"也会诱发睡美人文献的被引突增，因为这些文献处于同一知识网络中。

（4）王子文献分析

综合科学史评论文章和本节的科学计量分析指标，对于 Hell（1994）睡美人文献的唤醒起着显著作用的文献共 4 篇，其中 2 篇是 Hell 本人发表的，即 Hell（2000）和 Hell（2003）。前者是对睡美人文献所提出的理论概念的成功实践，后者则对睡美人文献的内容做出充满信心的高度评价，这两篇文献是"王子文献"。而 Betzig（2006）、Rust（2006）对于 Hell（1994）所提出的理论概念的成功应用和发展，带来了高分辨率显微镜领域的"繁荣时代"，先是在 2006 年被世界著名期刊 *Nature* 评为年度十大技术突破，接着被生物医学方法学最好的期刊 *Nature Methods* 评为 2008 年度方法。在 2014 年 9 月诺贝尔奖公布之前，*Nature Methods* 的十周年特刊评出的 10 年十大技术中，超高分辨率成像再次名列榜中。这些因素都诱发了 Hell（1994）这一经典文献的被引突增。"扈从"一般指王公贵族的随从，由于 Hell 本人就是"王子"，而 Betzig、Rust 则一直追随"王子"所创立的理论开展研究，并将其不断发展，或可将其称为"王子的扈从"。

纳入 Hell（2000）和 Hell（2003）、Rust（2006）和 Betzig（2006）共 4 个文献集中的所有参考文献和施引文献，截取被引次数 TOP 100 文献，应用 CitNetExplorer 绘制的 4 篇王子文献各自的引用网络如图 7-7 所示（节点只显示第一作者）。

图 7-7 纳入的 TOP 100 高被引文献反映了该领域高关注度的研究，可见，Hell（2000）

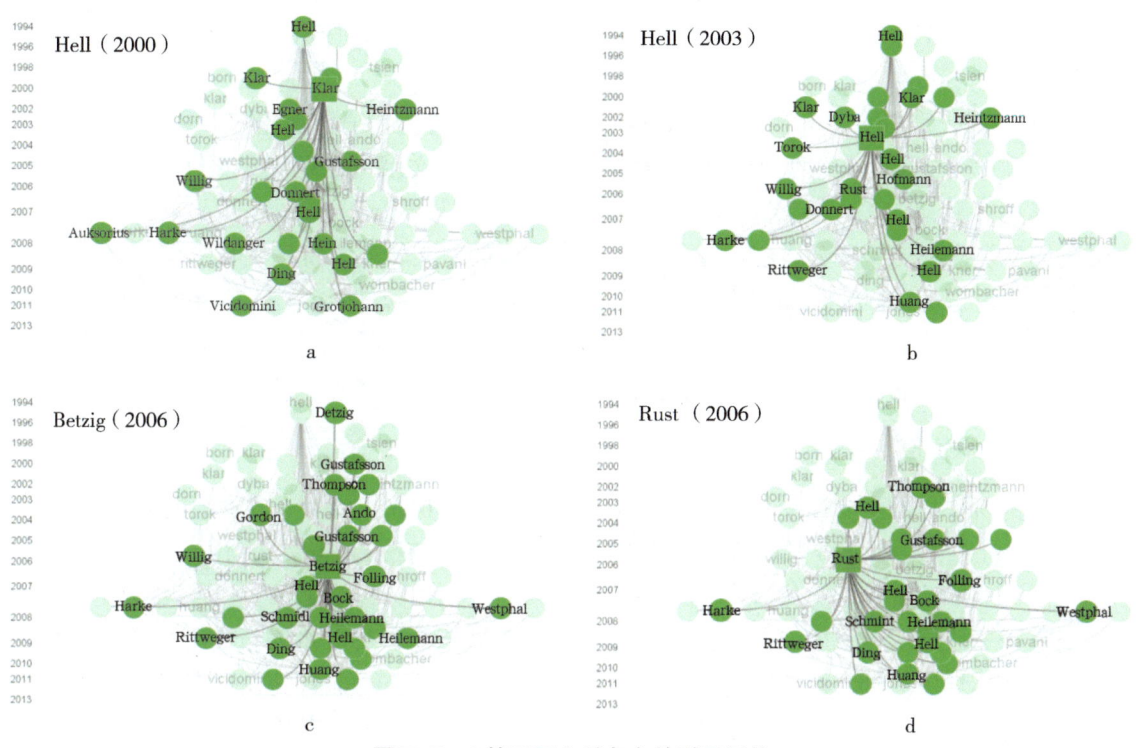

图 7-7　4 篇王子文献各自的引用网络

和 Hell（2003）确实受到后续很多高被引文献的引用。从文献发表具体日期上看，Rust（2006）发表较早 2006 年 8 月 9 日，Betzig 发表于 2006 年 9 月 15 日。但从投稿日期上看，Betzig（2006）更早（2006 年 3 月 13 日），庄小威投稿于 2006 年 7 月 7 日。Betzig（2006）至今的被引次数比前者高，尤其重要的是 Betzig 有先前的基础工作，1995 年发表在 *Optics Letters* 的文献也被视为关键文献，这也从侧面解释了为何 Betzig 获奖而庄小威未能获奖。

7.2.4　讨论与结论

（1）理论意义

本研究通过科学计量学研究方法识别出该领域的核心人物，与科学史上的说法相吻合，且进一步发展了睡美人文献及其王子文献的识别方法：

①结合被引速率和延迟承认指数两个指标，也许可以较快识别出文献集合中的睡美人文献。

②唤醒睡美人文献的王子文献也许不止一篇，可能包括"王子"和"王子的扈从"。

本案例表明，睡美人文献的 [Hell（1994）] 王子文献包括 Hell 本人的两篇文献。Hell 一直坚信自己所提出的理论概念的价值，坚持不懈努力，终于得以成功实现。还有庄小威及诺贝尔奖得主 Betzig 的文献，这两篇文献代表着该领域研究的"繁荣时代"，尽管未直接引用睡美人文献，但引用了睡美人文献作者其他的、持同一观点的相关文献。这种间接式的引用也会诱发睡美人文献的被引突增，从其同被引次数的引文轨迹与睡美人文献的"亲密结合"可得以印证。Hell 与 Betzig、庄小威之间并没有合作关系，是通过知识关系诱发了睡美人文献的被引突增。

③进一步验证和发展了 Braun、Glänzel 和 Schubert 对王子文献特征的归纳：a. 王子文献本身也是高被引文献；b. 发表于高影响力期刊，如睡美人文献所在期刊是 *Optics Letters*，而王子文献的期刊多为 *Science*、*Nature* 系列和 *PNAS*，它们比 *Optics Letters* 更显赫；c. 与睡美人文献同被引次数的年度分布应与睡美人文献有相似的引文轨迹（特别是在睡美人文献被引突增的附近年份），以显示睡美人文献与其王子文献的"亲密结合"；d. 在年度被引次数曲线上，王子文献对睡美人文献的"牵引或拉动"作用应非常显著，即至少在睡美人文献被引突增的附近年份，王子文献的年度被引次数应高于睡美人文献。

（2）应用价值

本研究所提出的引文速率相关指标适于从大量文献中识别出睡美人文献，但属于"事后追认"，尚无预测功能。要预测零被引或低被引论文在未来获得高被引的潜力是非常困难的。但本节对诺贝尔奖案例的上述分析，为睡美人文献的早期预测提供了重要启示和线索。根据科学史家托马斯·库恩（Thomas Kuhn）提出的科学范式概念，可以将创新性研究分为两种类型，即常规科学中的创新性研究和导致科学革命的创新性研究。前者是在现有研究范式下对已有研究的补充和发展，推动科学的累积式渐进；后者通常是对原有研究范式的颠覆，属于具有革命性的科学突破，促成科学革命的发生。从 Hell（1994）案例来看，预测睡美人文献，要特别关注变革性研究（Transformative Research），特别是那些提出可以打破某一领域经典范式的新方法或新观点的文献。对于这类文献的作者，我们要注意追踪、检索其后续发表的文献，如果发现他/她仍然在坚持该领域的研究，而且一段时间之后能够有成功的表现（例如，提出的理论方法在实际应用中获得成功，且研究成果发表于高影响力期刊），我们就可以大胆预测，作者提出初始思路的那篇文章有可能就是睡美人文献。

以上结论是基于对一篇睡美人文献及其唤醒过程的详尽分析，所得结论是否能推广到其他睡美人文献？是否能推广到化学、物理学以外的学科？还有待更多的实证分析。

7.3　高被引论文与睡美人论文引用曲线及影响因素研究

7.3.1　研究对象

（1）研究数据和方法

本节选择了天文学和天体物理学领域，以高被引论文和睡美人论文这两种类型的论文为例，对该领域 10 年期间（1994—2003 年）所发表论文在发表后 10～20 年的引用表现进行分组，提炼共性特征。

数据来源于 WoS 平台的子数据库 SCIE，检索年为 1994—2003 年，选定 WoS 的分类主题 "Astronomy and Astrophysics"，检索式为 WC=（Astronomy and Astrophysics），并进行文献类型精炼，选择 Article、Proceeding Paper、Review 类型，共返回有效检索结果 133 520 篇，构成本项研究的论文数据库。引文数据同样来自 WoS 平台，针对前期检索获得的论文数据，利用平台的引文报告功能，获取领域单篇论文自发表年起至 2013 年止的历年被引频次及总被引频次，构成本项研究的引用数据库。1994 年发表的论文，截至 2013 年可获得 20 年的历年引用数据，对于 2003 年发表的论文，也可获得 10 年的历年引用数据。论文数据库与引文数据库通过论文的唯一标示号（UT 号）进行关联。

选择天文学和天体物理学这一领域是因为，该领域相对来说规模较小（数据检索与分析的工作量是我们能承受的），且处于成熟发展阶段（不用考虑新兴领域的特殊情形——零被引较多，不是由于延迟承认，而是由于新兴领域尚未被认可）。从天文学和天体物理学领域，1994—2003 年发表论文的情况来看，各年度论文发表量基本保持在 11 000～15 000 篇，变化幅度有限，说明该研究领域处于成熟稳定的发展阶段。

科睿唯安定义的高被引论文，指在统计时间窗口内其总被引频次为学科前 1% 的论文。据此，在 WoS 天文学和天体物理学领域，提取 1994—2003 年发表的本领域论文，按照其总被引频次为学科前 1% 的筛选标准，获得 876 篇论文及其引用数据。

发表多年后才获得承认的，并对本领域的研究有较重要影响的延迟承认论文被称为睡美人论文。这里识别睡美人论文的具体计量标准为：论文发表前 3 年无被引，而在此后几年引用频次激增，且在统计时间窗口该论文的总被引频次居当年发表论文总被引频次的前 30%。在 WoS 天文学和天体物理学领域，提取 1994—2003 年发表的本领域论文，按照其总被引频次居当年发表论文被引频次前 30% 的筛选标准，获得 49 篇论文及其引用数据。

（2）研究目标

①对该领域 10 年期间发表论文在发表后 10～20 年的引用分布进行分析，可以识别出在整个实验数据分布时段上引文轨迹的典型模式。每种模式展现了该类论文的引用峰值出现时间，及曲线随着时间的推移所呈现的波动和稳定程度。

②从不同角度进行描述，如单一领域不同年度、单一年度不同引用频次的论文的不同表现。

③识别某些特殊的引文轨迹，如高被引论文和睡美人论文的引用曲线，细化两类文献的引用曲线模式，对比两类文献引用曲线的异同。

④分析引用曲线出现不同模式的影响因素。

7.3.2 高被引论文引用曲线

对于 1994—2003 年发表的天文学和天体物理学领域的 876 篇高被引论文，按照其发表后 10 或 20 年的被引频次分布绘制引用曲线。依据引文轨迹的表现形态，可划分为两种典型的引用曲线——持续增长型（50%）、显峰型（33%），其余则表现为双峰型、振荡波型。

（1）持续增长型分布

图7-8展现了高被引论文发表后的典型引用曲线之一——持续增长型分布，论文在发表当年即获得引用，且被引频次随时间推移呈持续单调增长。该种引文轨迹可用指数函数或风险函数描述。具有持续增长特点的高被引论文发表后的认可程度高，随着领域发展，其提出的理论与方法获得更为广泛的认可和应用。

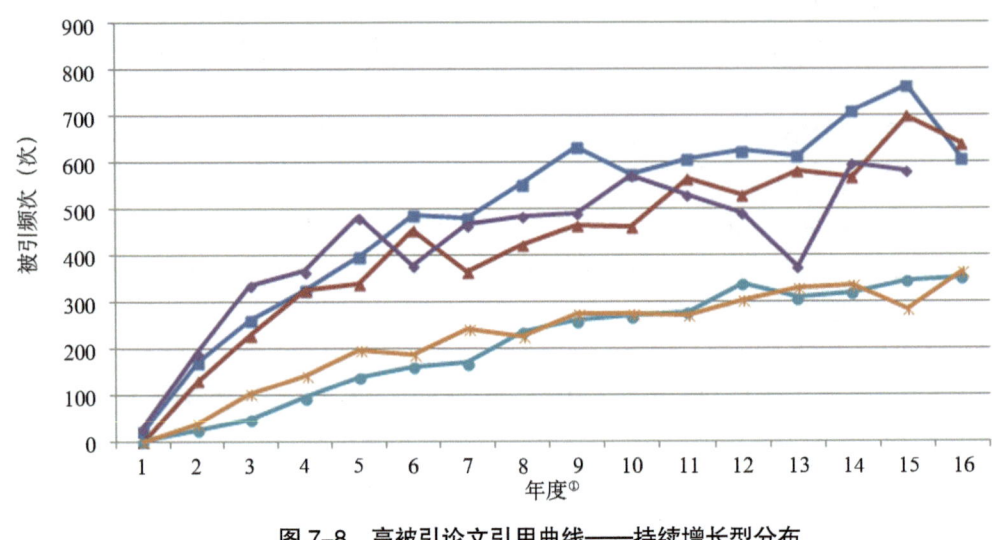

图7-8　高被引论文引用曲线——持续增长型分布

以单调增长形态持续被引，说明这类高被引论文具有持久的学术影响力。在10年的高被引论文中，被引频次居前5位的高被引论文中就有4篇具有这种表现。其中，1998年发表于 The Astrophysical Journal 的论文（Article 类型）"Maps of dust infrared emission for use in estimation of reddening and cosmic microwave background radiation foregrounds"，提出了一种更高精度和准确度的"a full-sky 100μm map"。论文发表当年即获得24次被引，此后17年被引频次保持着持续走高的趋势，且获得了高达7914次的总被引频次。由此带来一个问题，就是这篇论文的施引文献的表现如何呢？本节统计了直接引用该篇论文的7914篇期刊论文后发现，98.87%的施引文献与该高被引论文同属一个领域（天文学与天体物理学），其余分布在物理粒子场、交叉物理学等研究领域。施引文献本身也有较多的高被引论文，其中，9.41%的论文的多年被引频次达到了100次以上，篇均引用次数为47.28次。

（2）显峰型分布

图7-9展现了高被引论文发表后的典型引用曲线之一——显峰（具有一个明显的引用高峰）型分布，该种类型表现了论文被引用的基本常态。论文在发表当年即获得引用，并在其后2～3年或更久的时间达到引用高峰，此后缓慢下降并趋于稳定或迅速下降至零被引。显

---

① "1"代表第1年，以此类推。后文同。

峰型引用曲线有多种变化，但主要表现为正态和偏态形式，可用对数正态函数描述。

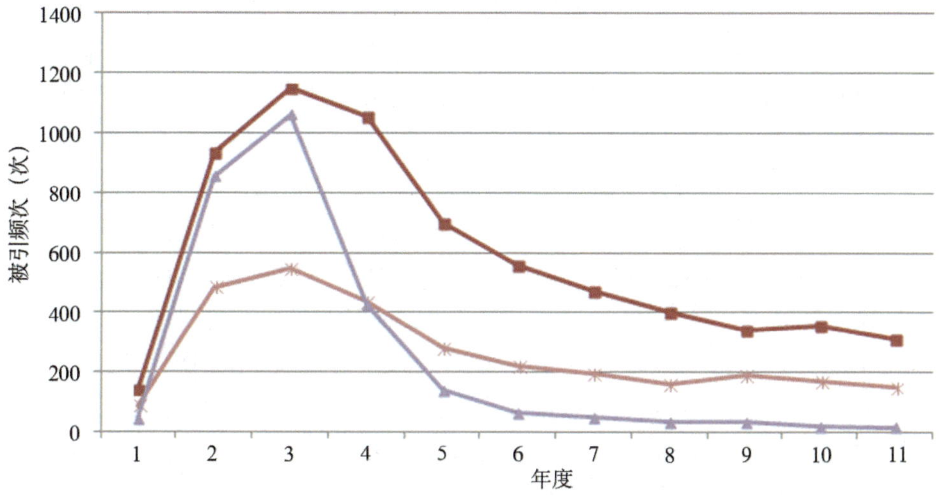

图 7-9　高被引论文引用曲线——显峰型分布

这类高被引论文发表后即被认可，但是随着该领域自身发展需求的变化和进步，它们逐渐被不断涌现的新的理论与方法取代。这也符合论文发表后成长—成熟—衰退的生命周期演化趋势。

7.3.3　睡美人论文引用曲线

根据既定标准获得的睡美人论文（延迟承认论文）的引用曲线主要表现为图 7-10 所示的持续增长型（38.7%）和显峰型（38.7%），其余则表现为双峰型、振荡波型、稳定型等。

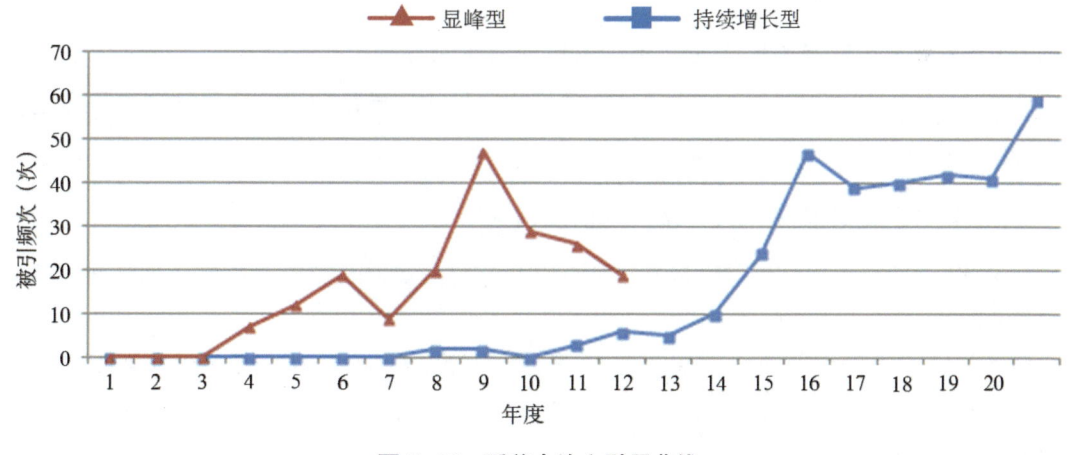

图 7-10　睡美人论文引用曲线

（1）持续增长型分布

睡美人论文中的持续增长型论文，主要是指这类论文一旦获得首次引用，其后续被引频次会不断增加，并最终获得相对较高的总被引频次。具有这类引用表现的论文称之为延迟的持续增长型论文。

例如，1994 年发表于 *Physical Review D* 的论文 "Gauge singlet scalars as cold dark-matter"，在沉睡 7 年后获得了首次被引。在经历两次振荡后，于发表后第 13 年开始保持着持续走高并趋于稳定的趋势。本节统计了直接引用该篇论文的 338 篇期刊论文后发现，99.11% 的施引文献分布于物理学领域，另有 64.80% 属于天文学与天体物理学领域（在 WoS 平台，一篇论文可归属于多个领域），其余极少量的文献主题分布在计算机科学与机械等研究领域。物理学、天文学与天体物理学两个领域交叉明显，但该篇睡美人论文与其较大比例的施引文献不属于同一个主题领域；施引文献中 3.85% 的论文多年被引频次达到了 100 次以上，篇均引用次数为 24.94 次。2001 年，发表在 *Nuclear Physics B* 期刊的一篇论文 "The minimal model of nonbaryonic dark matter: a singlet scalar"，截止统计时间共获得了 380 次引用，是首次引用前述 1994 年那篇睡美人论文的施引文献。该篇论文引用睡美人论文后，其被引频次保持着持续增长的趋势，且年被引频次均高于睡美人论文。观察曲线可知，两篇论文的发展趋势相似，该篇论文在睡美人论文影响力提升方面体现了一定的拉动作用。

（2）显峰型分布

显峰型的睡美人论文表现出与多数论文被引用状况一致的基本常态。从发表后第 4 年开始有引用，并在其后几年迅速达到引用高峰，此后或缓或急趋于稳定和下降。该显峰型引用曲线有多种状况，主要有正态和偏态形式。

例如，2002 年发表于会议 B21-PSD1 Symposium of COSPAR Scientific Commission B held at the 33rd COSPAR Scientific Assembly 的论文 "Theinternational laser ranging service"，在发表后第 4 年获得了首次被引，第 9 年达到引用高峰，其后被引频次逐渐回落。

7.3.4 高被引论文与睡美人论文引用曲线

（1）高被引论文与睡美人论文不同引用曲线比例分析

高被引论文的引用曲线主要表现为持续增长型，其次是显峰型；而睡美人论文的引用曲线中持续增长型与显峰型的数量不分伯仲。

（2）高被引论文及睡美人论文引用曲线指标对比

本节将高被引论文及睡美人论文不同增长趋势的论文被引频次取均值描绘了两类论文的 4 种曲线类型。

对于持续增长型引用曲线，如图 7-11 所示，对高被引论文和睡美人论文数据进行了标准化处理和坐标原点平移处理，高被引论文与睡美人论文的持续增长型曲线表现出了近乎一致的增长速率。

对于显峰型引用曲线，如图 7-12 所示，高被引论文在发表后第 2 年达到引用高峰；如不考虑"沉睡"期，睡美人论文在被"唤醒"后的第 6 年达到引用高峰；高被引论文仍比睡美人论文更早达到引用高峰。可以认为，与高被引论文涉及主题相比，睡美人论文所涉及的主题或方法在被认可程度上存在着滞后。由本节的分析来看，这一延迟期为 4 年。这种现象

第七章 特殊的零被引文献——睡美人文献研究

与两类论文的科学发现和成果被当时的科学共同体认可而得以传播的"时间"有关联。睡美人文献获得首次被引用至完全唤醒（达到引用高峰）所需时间与其主题的发展密切相关。

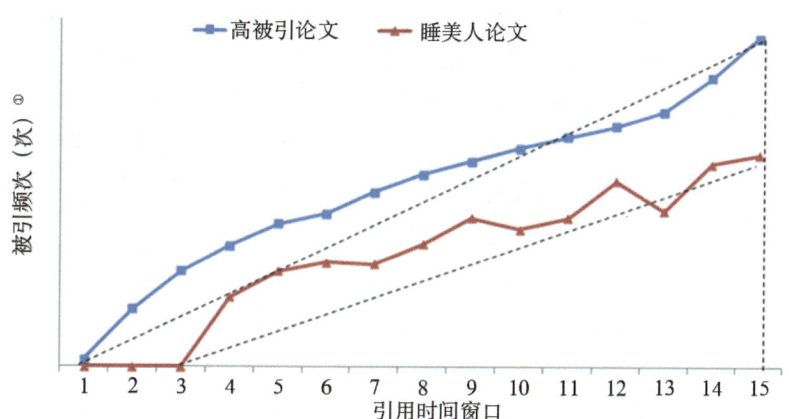

图 7-11　高被引论文和睡美人论文持续增长型引用曲线的增长速率比较

注：根据平均被引频次绘制，并进行了数据标准化处理和坐标原点平移处理。

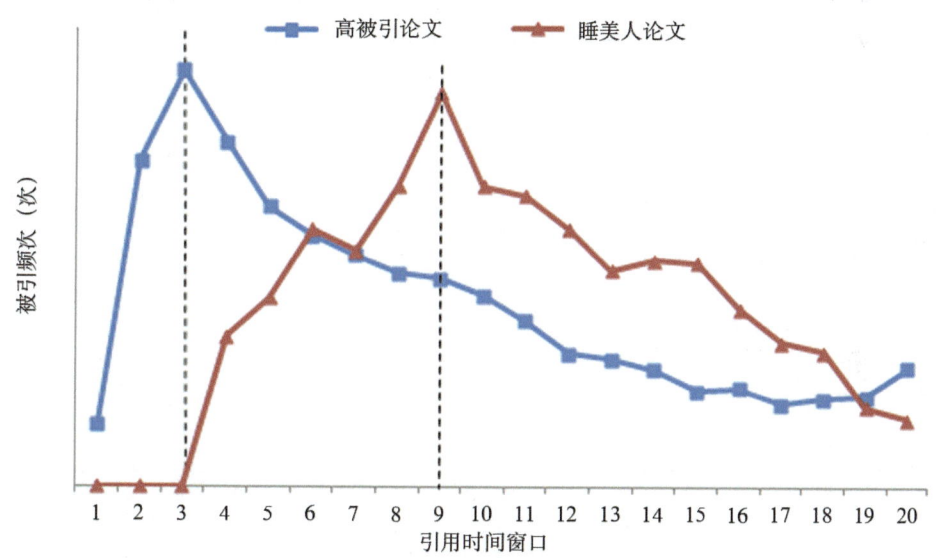

图 7-12　高被引论文和睡美人论文显峰型引用曲线峰值出现时间比较

注：根据平均被引频次绘制，并进行了数据标准化处理和坐标原点平移处理。

（3）同年发表论文引用曲线的一致性对比

按照不同年度绘制引用曲线可以发现，同年发表的高被引论文的引用曲线有较大比例表现出了一致性趋势。以 1996 年、2002 年发表的高被引论文的引用曲线为例，两个年度的引用曲线分别呈现持续增长型分布、显峰型分布；而同年发表的睡美人论文的引用曲线则更突

---

① 本图做了标准化处理，纵坐标无具体数值。图 7-12 同。

出了论文被延迟承认的个性特征。

（4）领域发展趋势与睡美人论文引用曲线的趋势是一致的

如前所述，1994年发表并获得265次总被引频次的一篇论文"Gauge singlet scalars as self-interacting dark matter"，在发表后第7年获得首次被引，发表后第16年达到引用高峰。本节从该篇论文的标题、摘要、关键词提取标志其研究方向的关键词primordial nucleosynthesis、energetic neutrinos、galactic halos，构建检索式，在WoS平台检索获得相关主题论文共计13 292篇。如图7-13所示，1990年后该研究主题论文数量出现增长趋势，在后续20年内，论文数量持续增长，说明了该研究主题逐渐得到重视。在1990年、2001年、2007年、2011年都出现了一个较明显的波动。本节关注的1994年（图7-13中的①）发表的睡美人论文，在发表后的第7年（②—③阶段），即2001年获得了首次引用，此时该领域正处于快速上升阶段；发表后第13年即2007年开始，至2010年（③—④阶段），该睡美人论文被引频次快速攀升至高峰，此时该研究主题论文数在拐点③之后出现了再次提升；在④—⑤阶段及之后出现了衰减，睡美人论文的被引频次也进入下降阶段。由此看出，睡美人论文的沉睡、唤醒、高峰、衰退都与其研究主题的兴衰有着重要的关联，从一个侧面也表现出该篇睡美人论文的研究理论与方法超前而不被同时代的学者认同，或者其研究内容并不符合当时的社会、经济、科学发展的需求，但在几年后，该研究在社会发展与科技进步的推动下而被认可。

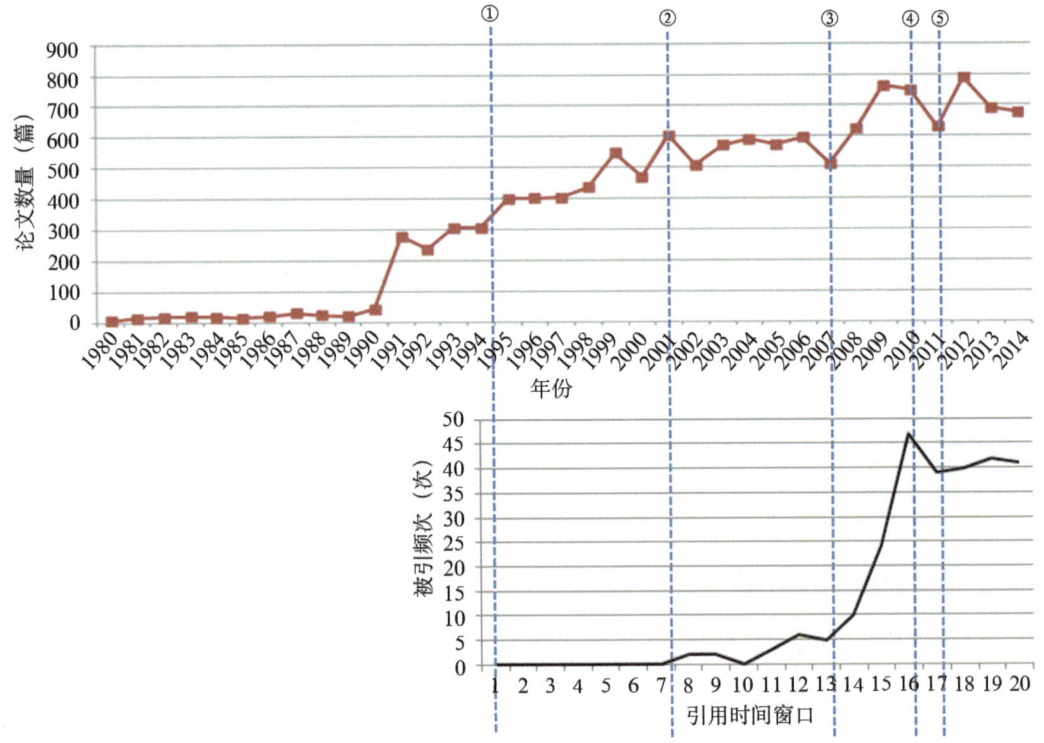

图7-13　睡美人论文引用曲线与研究主题演化的关联

7.3.5 本节小结

本节以天文学和天体物理学领域为例,对该领域10年(1994—2003年)论文的引用曲线(时间跨度为10～20年)进行分析,比较了高被引论文和睡美人论文引用曲线模式的异同。对于各模式引用曲线,本节在施引文献、研究主题演化等方面探讨了引用曲线形成的相关因素。

通过对比高被引论文和睡美人论文两类引用曲线后发现,高被引论文与睡美人论文的持续增长型引用曲线表现出了近乎一致的增长速率和增长模式,高被引论文平均早于睡美人论文4年达到引用高峰。这有助于我们预测睡美人论文及其增长趋势。

领域发展趋势与睡美人论文引用曲线的走势是一致的。在领域发展过程中的增长与衰减的关键拐点,睡美人论文引用的表现都出现了相应的波动。基于此种表现,我们可以在目前研究中识别研究前沿,利用前沿主题与睡美人论文研究主题的呼应关系,识别未来可能具有高影响力但目前是零被引或低被引的潜在有价值的论文,及早推荐,争取将其早点唤醒。

我们可以进一步探索:沉寂多年的零被引论文获得首次被引后若持续被引,是否可以通过其达到引用高峰(本节分析发现,睡美人论文达到引用高峰的时间平均为首次被引后第6年)之前的引用曲线波型、增长速率、研究主题发展趋势等指标或角度,综合预判该论文未来成为睡美人论文的可能性。

早期识别、有针对性地推荐、提前唤醒睡美人论文,使得其超前提出的理论与方法提早发挥对领域发展的提升和推动作用,这是进行高被引论文和睡美人论文引用曲线分析的主要目的和研究方向。

本节进行的高被引论文和睡美人论文引用曲线的细化分类,未来还可用于对同一组论文的不同影响力进行分层研究,如针对高被引论文中持续增长型论文或显峰型论文反映的不同主题和热点,制定不同的发展支持策略。不同引用曲线模式可否用于新颖性评价?通过分析睡美人论文的引用曲线模式,是否有助于对睡美人论文的预测和推荐?也是本研究需要回答的后续问题。

7.4 睡美人论文与领域主题演变关系研究

随着对睡美人论文价值的承认,对于睡美人论文领域的研究正在升温。一些学者就睡美人论文延迟获得承认的因素进行了分析。Garfield总结得出,早熟发现和阻滞发现都是延迟承认的子集。也就是,睡美人论文所发布的早熟科学发现与当时的科学理论和科学范式不一致,因此不被同时代科学家和科学共同体理解和认可,有时还会受到抵制。梁立明等人在对一篇1986年发表的关于超弦理论论文进行分析后认为,该篇睡美人论文沉睡的原因主要是所发布的科学发现走在了时代前面,同时代科学家看不到其重要意义。

7.4.1 研究对象

事实上,在睡美人论文主题上是否具有上述的表现?睡美人论文主题与领域主题的发展有何关系？睡美人论文提出的理论与方法与领域主题的出现时间的先后关系如何？基于对这些问题的思考，本节通过对一个特定研究领域（信息安全技术领域）在 10 年期间（1995—2004 年）所发表论文的主题进行分析，期待能验证对睡美人论文主题及其提出时间的问题。本节拟在下述方面对睡美人论文的主题进行研究：

①在时间维度上，睡美人论文主题出现时间点与领域主题/高被引主题的出现时间点的关系。

事实上，对于少数被研究者津津乐道的睡美人论文，它们的研究主题确实早于同类主题被提出的时间。通常一篇论文发表之后，随着科学和社会需求环境的发展，其提出的理论与方法得到越来越广泛的传播和利用，但是也可能因为其他新理论与方法更符合当时的科学发展和社会需求，原有理论与方法逐渐被替代。另外也可能出现一种特殊情况，即该论文提出的理论与方法在发表初期并不被当时的科学共同体认可，在沉寂多年后才得以传播和利用。表现在引用指标上，在发表后的 n 年间一直处于零被引状态下，该论文的被引频次从发表后 $n+1$ 年开始增长并有一个激增，此后受到科学发展的推动而被广泛认可。通常这种引用表现被称为"睡美人"现象。一般认为，出现这种现象的原因是其提出的理论与方法在时间维度上要超前于该理论与方法形成热点或引用高峰阶段之前。

②在理论或方法的先进性上，睡美人论文所提出的理论或方法与该研究主题通行的其他理论与方法相较在先进性上的区别。

7.4.2 研究数据和方法

本节选择了信息安全技术领域，识别出该领域的高被引论文、睡美人论文和零被引论文，对该领域 10 年期间（1995—2004 年）所发表论文在发表后 10～20 年的引用表现进行分组，提炼其主题特征。

数据来源于 WoS 平台的子数据库 SCIE，检索年为 1995—2004 年，选定信息安全技术领域，以信息安全技术 13 类领域技术为依据提炼核心关键词并构造检索式，选择 Article、Proceeding Paper、Review 3 种文献类型，共返回有效检索结果 14 265 篇，构成本项研究的论文数据库。引文数据同样来自 WoS 平台。本节获取了该领域单篇论文自发表年起至 2014 年止的历年被引频次及总被引频次，构成本项研究的引用数据库。1995 年发表的论文，截至 2014 年可获得 20 年的历年引用数据，对于 2004 年发表的论文，也可获得 10 年的历年引用数据。论文数据库与引文数据库通过论文的唯一标示号（UT 号）进行关联。

选择信息安全技术这一领域是因为，该领域相对来说规模较小（数据检索与分析的工作量是我们能承受的），且处于迅速发展的上升阶段（信息安全技术更迭速度较成熟学科快）。从信息安全技术领域 1995—2004 年发表论文的情况来看，年度论文发表量逐年提高，变化幅度较大，说明该研究领域确实处于快速成长的发展阶段。

科睿唯安定义的高被引论文，指在统计时间窗口内其总被引频次为学科前 1% 的论文。据此，在 WoS 平台，检索获取 1995—2004 年发表的信息安全技术领域论文，按照其总被引频次为学科前 1% 的筛选标准，获得 260 篇高被引论文及其引用数据。

一般来说，一篇论文发表后，会在2～6年达到引用高峰。不同领域论文的引用高峰期是不同的，一般认为医学领域论文在发表后5～6年达到引用高峰。Levitt J等学者对不同领域的引用高峰和引用预测进行了研究。我们基于10年数据对信息安全技术领域非零被引论文进行了统计分析，发现信息安全技术领域每年发表的论文一般3～4年后达到引用高峰。考虑到领域的差别，本节识别睡美人论文的具体计量标准设定为：论文发表后3年内无被引，而在此后几年引用频次增长较快，且在统计时间窗口内该论文的总被引频次居同一年发表论文总被引频次的前30%。在WoS信息安全技术领域，获得1995—2004年发表的本领域论文，按照其总被引频次居同一年发表论文总被引频次前30%的筛选标准，获得41篇睡美人论文及其引用数据。

7.4.3　3类文献主题演化可视化分析

这里，我们就睡美人论文、高被引论文、零被引论文及全领域论文的高频主题的出现时间进行讨论。本部分对各类文献分别采用关键词共现的方法，对1995—2004年信息安全技术领域的全部论文、睡美人论文、高被引论文、零被引论文进行主题聚类和时区图分析。研究采用陈超美等开发的CiteSpace Ⅱ软件制作叠加图，并结合时区视图展示睡美人论文、高被引论文、零被引论文的历时变化，进而展现3类文献的研究主题分布及其变迁情况。

（1）零被引论文主题演化可视化分析

以1995—2004年发表的信息安全技术领域的论文作为数据源，抽取论文中来自标题、摘要和作者关键词中的关键词，进行共词分析，了解全领域主题的时区分布情况。信息安全技术领域中关键词表征的研究主题之间的共现关系发生的时间阶段按年计算。同样，以1995—2004年信息安全技术领域零被引论文作为数据源，抽取论文中的关键词，进行了共词分析。然后制作了信息安全技术领域零被引论文相对本领域论文的叠加图。以信息安全技术领域1995—2004年发表的所有论文作为样本，每年作为一个阶段，将其划分为10个时间阶段。抽取论文中的关键词，进行共词分析，以生成的共词网络图谱作为基础图。以信息安全技术领域1995—2004年零被引论文为样本，每年作为一个阶段，将其划分为10个时间阶段，进行共词分析，以生成的零被引论文共词网络图谱作为被叠加图，之后将被叠加图覆盖到基础图上，则可以分析零被引论文的研究主题在信息安全技术领域研究主题中的分布及其结构。

采用CiteSpace Ⅱ软件制作叠加图，并结合时区视图展示零被引论文的历时变化，进而展现该类文献的研究主题分布及其变迁情况。

在图7-14中，信息安全技术领域中关键词表征的研究主题由黑色节点表示，它们之间的共现关系发生的时间阶段是按年计算的。共现关系由蓝色、浅蓝、绿色、浅绿、黄色、橙色等10种不同的颜色表示，分别表示共现关系发生的时间阶段，即1995—2004年的每一年。其中，出现次数较多的关键词有neural networks（776次）、system identification（179次）、watermaking（244次）、instrusion detection（122次）、access control（119次）等。共现频次TOP 10的相关研究最早发表时间半数分布于1995年，其他分布于1998年、1999年、2000年、2002年等不同年度。

信息安全技术领域零被引论文中关键词表征的研究主题由红色节点表示，它们之间的共现关系发生的时间阶段是按年计算的。同样，共现关系也由 10 种不同的颜色表示，分别表示共现关系发生的时间阶段是 1995—2004 年的哪一年。其中，出现次数较多的关键词有 neural networks（687 次）、system identification（143 次）、watermaking（166 次）、access control（81 次）、instrusion detection（77 次）等。共现频次较高的相关研究最早发表时间分布于不同年度。

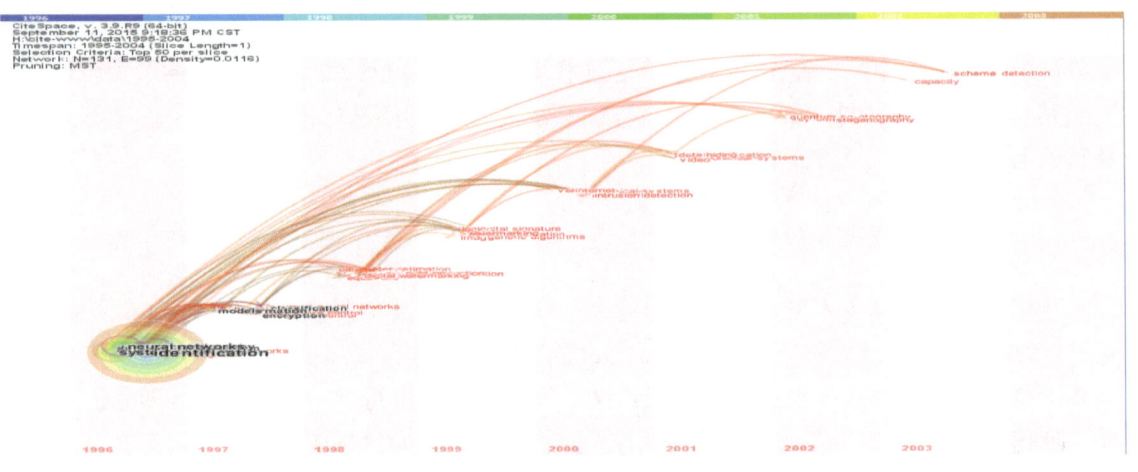

图 7-14　信息安全技术领域零被引论文的主题叠加图

在零被引论文和全领域论文的主题分布叠加分析中发现，共现频次较高的关键词的重叠率很高。在零被引论文中，关于 neural networks、system identification、watermaking、access control 等关键词出现频次较多，并且几乎也是全领域论文的高频关键词。主要原因是这些主题已经是信息安全技术领域中比较成熟的研究方向。

（2）高被引论文主题演化可视化分析

以 1995—2004 年信息安全技术领域高被引论文（被引频次＞260 次）作为数据源，抽取论文中的关键词，进行共词分析。同样进行信息安全技术领域高被引论文与全领域论文的叠加图制作与分析。以信息安全技术领域的所有论文作为基础，抽取论文中的关键词，进行共词分析，以生成的共词网络图谱作为基础图。以信息安全技术领域高被引论文为样本，进行共词分析，以生成的高被引论文共词网络图谱作为被叠加图，之后将被叠加图覆盖到基础图上，则可以分析高被引论文的研究主题在信息安全技术领域研究主题中的分布及其结构。

信息安全技术领域高被引论文的研究主题主要集中在 saccharomyces cerevisiae、neural networks、escherichia coli、digital watermarking、copyright protection 等。上述主题的研究首次发表时间分布于 1995—2003 年。高被引论文共现频次较多的主题与全领域论文主题存在着明显的差异。

（3）睡美人论文主题演化可视化分析

以 1995—2004 年信息安全技术领域睡美人论文作为数据源，抽取论文中的关键词，进行词频分析。同样对信息安全技术领域睡美人论文的主题进行叠加图制作与分析。

在图 7-15 中，睡美人论文的研究主题主要集中在 user authentication、network security、password authentication、xlms algorithm、gigantocellular tegmental field 等。其中，关于认证技术的研究最多，该方面的研究多发表于 1996—2000 年。

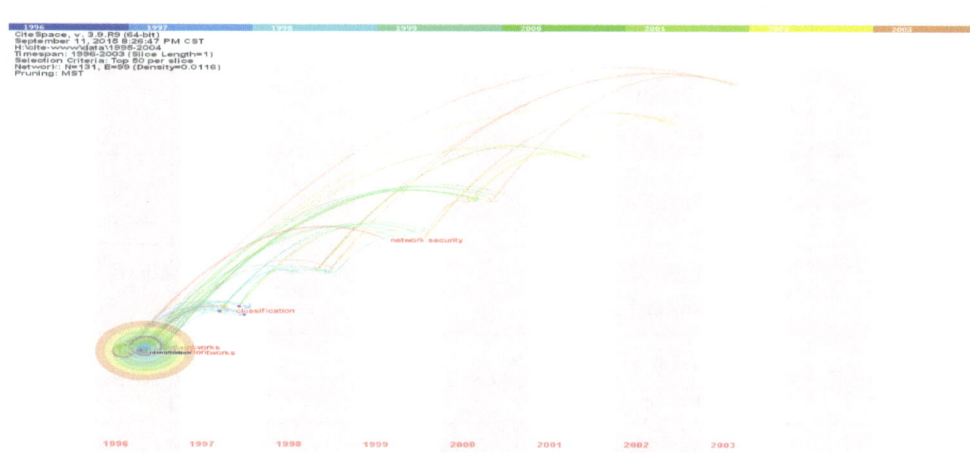

图 7-15　信息安全技术领域睡美人论文的主题

表 7-10 将信息安全技术全领域论文与睡美人论文、零被引论文、高被引论文共现频次较多的前 8 位主题词及其最早出现时间进行了对比。其中，零被引论文的主题词与全领域论文的主题词重合度最高，且排序也近似一致；高被引论文共现频次前 8 位的主题词中仅有 3 个与全领域论文或零被引论文的主题词重合，与这两组论文表现出了明显的研究差异。睡美人论文共现频次前 8 位的主题词中仅有 1 个与全领域论文的主题词一致，且与高被引主题词无交叉，研究区分度更高。睡美人论文共现频次较高的 8 个主题词的最早出现时间早于领域其他论文。睡美人论文中出现了 user authentication、password authentication 等认证技术的研究，该类研究初期依赖于口令认证。基于文本口令的认证技术已有多年历史，但是由于文本口令的普遍使用及近年多次口令泄露事件的发生，最近仍有不少相关研究成果。与此同时，各种新型的认证技术方案，如单点登录、图形口令、基于生物特征和行为的认证、社交认证等，也不断出现，成为热点研究主题。

表 7-10　信息安全技术领域论文、睡美人论文、零被引论文、高被引论文主题词比较

序号	领域论文		睡美人论文		零被引论文		高被引论文	
	主题词	最早出现时间	主题词	最早出现时间	主题词	最早出现时间	主题词	最早出现时间
1	neural network（s）	1995 年	user authentication	1996 年	neural network（s）	1996 年	saccharomyces cerevisiae	2000 年
2	system identification	1995 年	network security	2000 年	system identification	1996 年	neural network（s）	1995 年

续表

序号	领域论文		睡美人论文		零被引论文		高被引论文	
	主题词	最早出现时间	主题词	最早出现时间	主题词	最早出现时间	主题词	最早出现时间
3	watermarking	1999 年	password authentication	1996 年	watermaking	1999 年	escherichia coli	2002 年
4	instrusion detection	2000 年	x lms algorithm	1998 年	access control	1996 年	digital watermarking	1998 年
5	access control	1995 年	gigantocellular tegmental field	1995 年	instrusion detection	2000 年	copyright protection	1998 年
6	network security	1999 年	overlap-add analysis	1999 年	network security	1999 年	face recognition	2003 年
7	secure communication	1998 年	telecommunication network	2000 年	quantum cryptography	2002 年	wireless sensor network	2002 年
8	quantum cryptography	2002 年	particle-size distribution	2000 年	secure communication	1998 年	access control	1997 年

7.4.4 睡美人论文所提出的理论或方法较该研究主题的同类理论与方法更具先进性

以信息安全技术领域中"智能卡"的发展作为案例进行分析。本节对睡美人论文之一，篇名为"An efficient remote use authentication scheme using smart cards"的论文提出的技术进行了分析。该论文于 2000 年发表于 *IEEE Transactions on Consumer Electronics* 期刊，主要讨论了基于智能卡的远程认证方案。其研究技术归属于用户身份认证技术，也是睡美人论文中关键词共现频次居前的主题之一。该篇论文总被引频次为 243 次（更新数据至 2017 年 7 月），其引用曲线为显峰型分布（图 7-16）。本节主要讨论该论文主题的先进性程度。

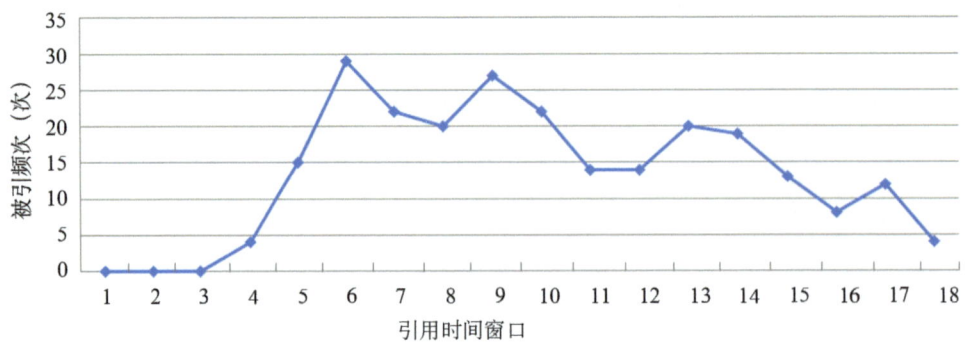

图 7-16　睡美人论文引用曲线

（1）基于智能卡的身份认证方式的发展

智能卡又称集成电路卡，即 IC 卡（Integrated Circuit Card），它是将一个专用的集成电路芯片嵌入在某种材质中，再封装成卡片的形式。

在计算机网络中，身份认证技术是通信双方需要确认彼此身份而产生的解决办法，最终的目的就是确保通信者是被授权的合法访问者，用户通过身份认证后，才能得到访问服务器的权限。目前，常用的用户身份认证技术主要有基于口令的身份认证、基于智能卡的身份认证和基于生物特征的身份认证等。

智能卡是用于网络安全通信身份认证的方式之一。智能卡应用在身份认证系统中可以克服传统口令认证方式的诸多弊端，提高认证系统的安全性。最初智能卡主要应用于数据的安全存储，如今智能卡已经成为信息交互的重要工具。早期身份认证系统通常在服务器端存放一个包含用户信息的验证表，实现系统对用户身份的验证。由于验证表是静态的，容易被泄露，这是其安全缺陷。随着智能卡在身份认证系统中的应用越来越广泛，研发人员不再使用验证表来静态地存储用户信息，而是将用户的私密信息安全地存放在智能卡里。另外，智能卡自身具备的计算能力可以在向服务器发送用户信息前首先对用户身份进行验证，避免了分布式 DoS 攻击（拒绝服务器攻击），实现相互身份验证。这种双因素的认证系统在很大程度上提高了系统的安全性。

智能卡以其安全性能高、计算能力强大、功耗低和方便携带等诸多优点被人们慢慢认可和接受，逐步取代了传统磁卡的地位。智能卡的产生与发展是信息技术的快速发展和社会信息化的产物。

国内外关于身份认证的技术方案的研究实现了不断的提升。1981 年，Lamport 提出一种基于密码的远程认证方案，该方案需要存储验证表并通过不安全的信道验证远程用户的合法性。除此之外，在 Lamport 的方案中用户的密码被存放在远程服务器的数据库中。如果用户的验证表被攻击者截获或者窃取，那么验证系统将会无法正常或者停止工作。为了减少因验证表带来的风险，1990 年，Hwang、Chen 和 Laih 等人提出基于智能卡的密码认证方案。在他们的方案中用户信息被存放在智能卡中，而远程服务器不需要再存放含有用户私密信息的密码表。

1993 年，Chang W 介绍了一种基于智能卡的公钥密码认证方案，该方案不仅需要公钥目录，还拥有很大的计算量。后来，许多研究者相继提出了许多基于智能卡的无公钥密码认证方案。然而，以上几种方案通常都是将秘密参数直接存在智能卡中，一旦参数泄露，用户很容易遭受离线字典猜测攻击。

2004 年，Das 等人提出一种基于智能卡的动态远程用户身份认证方案。2009 年，Wang 等人提出一种新的方案，并声称该方案相比 Das 等人的方案具有更高的安全性和更低的计算量。

（2）睡美人论文研究技术在技术路线中的位置分析

依据文献调研及专家咨询，绘制了基于智能卡的用户认证技术发展图（图 7-17）。该研究方向的最初概念早在 1972 年就被提了出来，早期的研究主要集中在智能卡方面。后期的研究开始向身份认证技术和方案发展,从口令远程认证方案到基于智能卡的口令认证、公钥密码认证、动态远程用户身份认证、无公钥密码等。

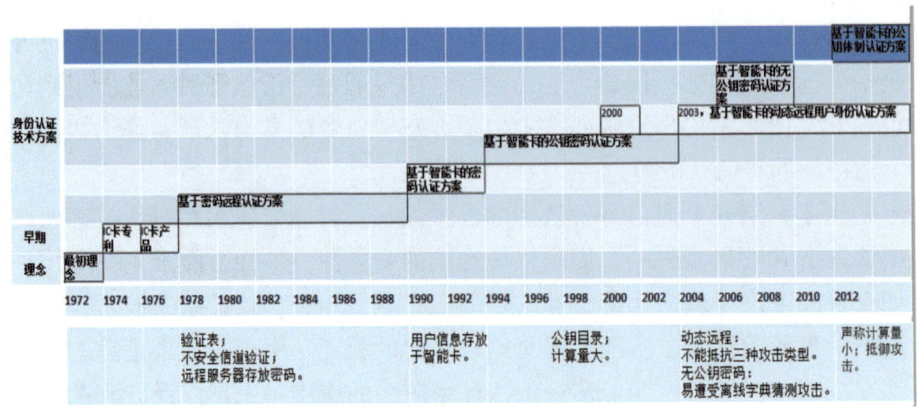

图 7-17 智能卡技术发展示意

在该篇睡美人论文提出基于智能卡的动态远程用户身份认证方案之前,相关的几种方案通常都是将秘密参数直接存在智能卡中,一旦参数泄露,用户很容易遭受离线字典猜测攻击。为了抵御攻击者的多种恶意攻击,并满足计算量低等目标,各种身份认证技术不断提高性能和水平。本节所获得的关于智能卡技术研究的睡美人论文,在图 7-17 中表示为横轴上为 2000 年、纵轴上为"身份认证技术方案"的交汇点。该论文于 2000 年首先提出了一种相较于基于智能卡的公钥密码认证方案更为先进的基于智能卡的动态远程用户身份认证方案,而该类方案被广泛关注已经是 4 年之后。

7.4.5 结论

本节就睡美人论文主题与高被引论文主题、零被引论文主题及全领域论文主题关系的时间维度进行了讨论。本部分采用关键词共现的方法,对 1995—2004 年信息安全技术领域的全领域论文、睡美人论文、高被引论文、零被引论文进行主题聚类和时区图分析。研究采用陈超美等开发的 CiteSpace Ⅱ 软件制作叠加图,并结合时区视图展示睡美人论文、高被引论文、零被引论文的历时变化,进而展现 3 类文献的研究主题分布及其变迁情况。

相对于零被引论文、高被引论文,睡美人论文与这两类论文的主题词无交叉,具有较高的研究区分度。睡美人论文共现频次较高主题词的最早出现时间也早于其他论文。

研究发现,睡美人论文主题在时间维度上超前于全领域论文主题、高被引论文主题的出现。其中,password authentication 为睡美人论文共现频次较高的关键词之一,最早出现于 1996 年,而睡美人论文中的这一关键词并未出现在其他论文的共现频次在 66 次以上的关键词中,且未出现在 1996 年、1997 年、1998 年 3 年的关键词列表中。高被引论文也表现出了上述特点。这说明,此主题论文在当时不属于全领域论文和高被引论文的研究热点。

研究还发现,零被引论文中共现频次 TOP 8 的主题中出现了 quantum cryptography(量子密码）。量子密码起源于美国人 Wiesner 于 1969 年提出的量子货币的概念，他首次提出用量子态来代表信息的思路。在本节的统计窗口 1995—2004 年，量子密码的研究并非热点。但在近些年，量子密码的内涵和外延得到了很大的拓展，成为研究热点。

本节将信息安全技术领域睡美人论文、高被引论文、零被引论文、全领域论文进行对比，更为直接地展示了各类文献热点主题及主题出现时间的先后关系。另外，绘制了某一主题的技术发展图，将一篇睡美人论文的主题映照在技术发展图中，与同类主题的发展进行对比，展示其研究的先进性。本节的方法对其他领域的相关分析具有推广意义。同时也看到，相对于高被引论文、零被引论文和全领域论文而言，睡美人论文的关键词共现频次较低，但是，考虑到"睡美人"论文较少，即使共现频次较低，也是能说明问题的。在后续研究中，可以尝试采用高频关键词进行分析。利用技术发展图定位睡美人论文主题是一个有效的方法，但我们也注意到，总结、梳理技术的发展脉络需要更多的专业知识储备和专家参与，这是耗时耗力的。在后续其他领域研究中，可以借鉴领域中成熟的、公认的技术发展图，从而提高对比分析的效率，更便于本节提出方法的推广。

第八章 零被引论文的评价应用研究

从零被引论文视角，构建评价指标，从期刊、学科和高校3个维度，开展评价实证研究。

首先，对中国科技论文与引文数据库（CSTPCD）收录的期刊进行评价研究。对近年来中国科技核心期刊论文的零被引情况作一个较为全面的分析，以掌握中文科技期刊论文中零被引论文大致所占的比例；之后对该库中的统计源期刊的零被引特征，如期刊分类、影响因子等进行计量分析。

其次，学科间的差异在"零被引"问题上有着较明显的表现，这与学科的特征及文献引用特征有一定的关系。统计较长时间跨度下的不同学科论文被引情况，并从学科的篇均被引、首次被引及停止被引时间、学科平均响应时间和达到峰值的速率等几个角度来评价零被引论文学科特征和各学科之间的差异。

最后，从零被引视角，对高校科研竞争力进行了评价，并对中国"C9高校"和美国"常青藤高校"进行了对比分析。当然，科技论文的零被引只是和高校科研竞争力整个指标体系中某些项有一定关系，并不能从整体上展示高校科研竞争力的强与弱，只能从一个侧面体现高校科研竞争力。

8.1 期刊评价视角：以中国科技核心期刊零被引论文为例

要了解我国论文的零被引情况，首先应该以中文论文为统计和分析的对象进行研究，可是目前鲜有使用中文论文作为数据基础的。期刊论文作为学术发展与交流的重要载体，是文献的重要形式，也是科学计量的重点研究对象，而科技期刊又是期刊的重要组成部分。因此，从科技期刊论文的角度去观察中文论文的零被引现象是可行和具有实际意义的。本章主要利用CSTPCD中的数据，以质量较为优秀的中文科技期刊论文作为统计对象。一般而言，自然科学期刊论文的零被引比例要比社会科学期刊论文低一些，因此以自然科学期刊作为对象，不会出现过于极端的情况。

本章对CSTPCD收录的论文进行统计分析，先对近年来中国科技核心期刊论文的零被引情况作一个较为全面的描述，以掌握中文科技期刊论文中零被引论文大致所占的比例；之后对该库中的统计源期刊的零被引特征，如期刊分类、影响因子等进行计量分析。

8.1.1 数据来源

本章数据来源为中国科学技术信息研究所建设的"中国科技论文与引文数据库"（Chinese Science and Technology Paper Citation Database，CSTPCD）。中国科学技术信息研究所从1987年开始承担中国科技论文的统计分析工作，并建设CSTPCD。2011年该数据库收录了我国各学科 1998 种中国科技论文统计源期刊（中国科技核心期刊）。这些期刊是各个学科领域最具学术质量和学术影响力的期刊，其发表的论文基本覆盖了我国科技工作者在自然科学领域各个方面取得的最重要的学术研究发现与技术创新成果。CSTPCD 广泛应用于国家科技政策决策、科研成果管理、科技期刊评价和文献计量学的研究，为各级科技管理部门、科研机构、期刊编辑人员和广大科研人员提供服务。通过对该数据库中的数据进行提取清理和再加工，能够了解目前中国科技期刊论文的整体情况。

该数据库中的信息包括每年统计源期刊发表的论文题录信息和从当年的统计源期刊论文的参考文献中提取的引文信息，并对引用了统计源期刊论文的相关信息如学科、机构名称、机构类型等进行了标引。然而，这些数据都是相互独立的，并没有对之进行相互链接。因此，单从数据库中查询，不能看出某一篇论文从发表年至今的总被引频次，要查询该论文每年的被引频次，也需要从发表年开始逐一查询各年引文库才能得知。如果以这样的方式对中国科技核心期刊收录的论文进行零被引分析，是不可能完成的。因此，本章首先将时间上限定为近 5 年，并对 CSTPCD 近 5 年的论文和引文库进行了连接和信息匹配，形成零被引数据集，并对数据集中收录的 282 万多篇论文的期刊代码和学科分类进行了标引，对机构信息进行了核查，这是中国科学技术信息研究所科技论文统计组所没有做的。这些数据清洗处理工作量还是非常大的。

CSTPCD 中显示的被引情况和相应的指标都是以核心期刊产生的数据为基础的，没有将扩刊版或其他数据库的引文计算在内，在所有被引频次的计数中均不排除自引。该数据集中的主要字段见表 8-1。

表 8-1 数据集主要字段及内容

字段名	内容
Km	被引刊名
Code	论文编号
N	论文发表年
Jf	机构类型
Fl	学科分析
Cdw	论文归属机构
Orgid	机构代码
yw07–yw11	2007—2011 年被引频次，共 5 个字段

8.1.2 中国科技核心期刊零被引论文总体情况

（1）总体情况

随着我国科技事业的发展，科技论文的发表数量也逐年增加。CSTPCD 从 1994 年起建立了完整的论文、引文电子记录，该年发表了 107 492 篇科技论文；到 2011 年，发表论文数增加到530 087篇，中国科技论文的数量已经有了很大的飞跃。而自建立CSTPCD以来，中国科技论文的引用与被引用情况也有了较好的积累。2012年12月发布的《2012年版中国科技期刊引证报告（核心版）》的数据显示，在核心期刊上发表的论文的引文数达到13.97条/篇。因此，CSTPCD累积下来的20余年的论文与引文信息数量非常庞大，能帮助人们很好地研究中国科技期刊论文的引用情况。

根据CSTPCD数据库的记录，2007—2011年，中国大陆发表的，刊登在中国科技核心期刊上的论文总数达到了2 524 147篇。这2 524 147篇论文所产生的对各类文献可匹配的引文信息数量为7 012 399条。对这些论文的被引用情况进行了逐年统计，近5年发表的中国科技期刊论文，截至2011年未被引用过的有1 627 925篇，占这5年发表论文总数的64.49%（表8-2）。

表8-2　2007—2011年CSTPCD中未被引论文比例

年份	未被引用的论文数（篇）	发表的论文数（篇）	未被引论文比例
2007	199 207	463 122	43.01%
2008	225 121	475 474	47.35%
2009	302 749	524 829	57.69%
2010	393 579	530 635	74.17%
2011	507 267	530 087	95.70%
总计	1 627 925	2 524 147	64.49%

CSTPCD 2011的数据显示，2011年引用的期刊论文49.9%是近5年发表的论文，而5年前甚至更久远之前发表的论文被引用量超过了50%，见图8-1。对两三年前发表的论文引用较多，而对当年发表论文的引用不会太多，也即一篇论文发表后2年左右是其被引的高峰期。

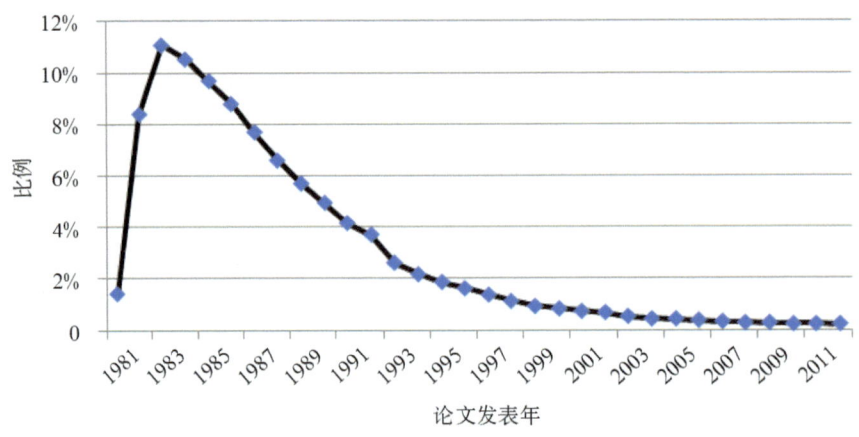

图8-1　CSTPCD 2011年引用的期刊论文年度分布

表8-3体现的是CSTPCD中的零被引论文比例,但若要计算各年发表的零被引论文比例并进行比较,则时间窗口必须一致,否则无法进行。如上所述,一般而言,论文发表后2年左右是被引高峰期,于是我们又考察了2007—2009年发表的中国科技期刊论文在发表后2年没有被引用论文的数量,即"2年零被引"论文的数量。这一数据可以较好地体现零被引论文所占的比例,因为过了高峰期之后,被引次数一般是逐年减少的,被引的机会也是下降的。这样来看,发表后短期之内未被引用的论文或是在某种限定条件下的零被引论文是很多的。

表8-3 "2年零被引"论文比例

年份	"2年零被引"论文数(篇)	发表的论文数(篇)	"2年零被引"论文比例
2007	276 248	463 122	59.65%
2008	272 825	475 474	57.38%
2009	302 749	524 829	57.69%
总计	851 822	1 463 425	58.21%

如表8-3所示,在时间窗口一致的条件下,2007—2009年发表的论文在发表后2年没有被引的比例在58%左右。其中,2007年和2008年发表的"2年零被引"论文在之后又被引用的篇数是131 396篇,占这2年的"2年零被引"论文的23.93%。也即一般而言,在被引高峰期没有被引用过的文章,之后想要再被引用的可能性并不算高,并且在发表后的许多年才可能会陆续获得一些引用。而要在短暂的高峰期中获得引用,也并非易事。上文提到引用集中度下降,中国科技期刊论文的被引情况也体现了这一点。

仅从情报学这一学科来看,期刊论文参考文献50%以上来自非中文期刊,也即很多人认为外文文献的学术质量较高,偏向于引用这些论文。这恐怕也是中文期刊论文零被引率较高的一个原因。根据孔朝霞等人的研究,有一些零被引论文的下载量并不低,说明这些零被引论文还是被人们所使用了,并不是毫无价值。

(2)中国科技核心期刊零被引论文学科分布

各个学科论文的零被引比例是不同的,有些学科甚至相差甚远。根据CSTPCD的39种学科的学科分类法,对2007—2009年发表的"2年零被引"论文进行了学科分布的考察。表8-4按照零被引论文所占百分比降序排列(除了"其他"学科)。可以看到,数学、核科学技术的"2年零被引"论文比例在70%以上。而安全科学技术、林学、水产学、环境学、地学学科的"2年零被引"论文比例则在50%以下。在CSTPCD的学科分类法中,"其他学科"包含了大多数的社会科学学科。单从零被引论文的比例来看,社会科学论文要比自然科学论文高很多,但因为CSTPCD收录的社会科学的期刊比较少,被引情况并不全面。

表 8-4　2007—2009 年 "2 年零被引" 论文的学科分布

学科	"2 年零被引" 论文数（篇）	发表的论文数（篇）	"2 年零被引" 论文比例
数学	18 943	25 530	74.20%
核科学技术	1642	2322	70.71%
机械、仪表	20 184	29 419	68.61%
土木建筑	24 779	36 951	67.06%
天文学	926	1401	66.10%
物理学	18 071	27 748	65.13%
工程与技术基础学科	3524	5443	64.74%
计算技术	55 991	87 910	63.69%
管理学	2804	4417	63.48%
冶金、金属学	18 917	30 454	62.12%
电子、通信与自动控制	54 882	88 633	61.92%
航空航天	7422	12 077	61.46%
矿山工程技术	6575	10 706	61.41%
交通运输	17 011	27 716	61.38%
材料科学	12 246	20 370	60.12%
力学	4024	6705	60.01%
军事医学与特种医学	3865	6444	59.98%
临床医学	233 129	391 553	59.54%
轻工、纺织	7632	12 911	59.11%
信息、系统科学	2962	5040	58.77%
水利	5344	9213	58.00%
化工	23 490	40 807	57.56%
畜牧、兽医	9567	16 671	57.39%
药学	28 938	51 274	56.44%
中医学	28 785	51 529	55.86%
预防医学与卫生学	26 777	48 628	55.06%
动力与电气	8975	16 303	55.05%
基础医学	32 771	60 028	54.59%

续表

学科	"2年零被引"论文数（篇）	发表的论文数（篇）	"2年零被引"论文比例
农学	57 872	106 270	54.46%
测绘科学技术	3082	5800	53.14%
食品	5844	11 204	52.16%
能源科学技术	10 164	19 868	51.16%
化学	20 394	40 068	50.90%
生物学	24 054	47 486	50.65%
安全科学技术	680	1362	49.93%
林学	4924	9941	49.53%
水产学	1757	3985	44.09%
环境科学	13 967	31 843	43.86%
地学	15 276	37 800	40.41%
其他	13 632	19 595	69.57%
总计	851 822	1 463 425	58.21%

（3）中国科技核心期刊零被引论文机构类型分布

对引文涉及的机构信息进行清洗和整理，按照不同的机构类型进行统计，见表8-5。高校的科技期刊发文量无疑是机构中最多的，其"2年零被引"论文比例稍低于平均值。而科研院所发表的"2年零被引"论文比例较其他机构都要低一些；医疗机构"2年零被引"论文的比例较之高校和科研院所则稍高。这也大致表明了目前学术研究的机构分布情况，高校是最主要的研究主体；科研院所发表的论文一般专业性较强、学术价值较高；医疗机构在理论和实践及临床等方面各有所长。总之，这三者是最重要的学术研究主体。相对这3种类型的机构，包含了公司企业、政府部门、其他非营利机构等在内的"其他"类型机构的"2年零被引"论文比例较高。

表8-5　2007—2009年发表的"2年零被引"论文的机构类型分布

机构类型	"2年零被引"论文数（篇）	发表的论文数（篇）	"2年零被引"论文比例
高校	552 206	968 475	57.02%
科研院所	80 427	153 367	52.44%
医疗机构	145 760	234 562	62.14%
其他	73 429	107 021	68.61%
总计	851 822	1 463 425	58.21%

8.1.3 中国科技核心期刊的零被引特征

期刊与零被引论文的关系是零被引研究中的重要主题。陈留院对师范大学学报（自然科学版）类期刊的零被引论文作者信息如职称、学位和单位区域等进行了一些统计，同时也对这些论文的主题进行了分析。这是从期刊维度、论文内部层面对零被引论文的研究。由于其样本为师范大学学报类期刊，且统计的信息又是与师范大学学报相符的一些内容，没有涉及不同期刊的学科分类或者指标特征，相对比较局限。因此，本节以中国科技核心期刊这个更大、更全面的样本为基础，着重分析在这些期刊上发表的零被引论文与期刊本身的一些特征。

本节数据集是以最新发布的 CSTPCD 2011 为基准来核对 2007—2011 年的数据。近年来，中国科技核心期刊的名单目录每年都在变化，期刊可能因为指标下降、行为不规范或者停刊而被停止收录。特别是一些指标数据在学科中较为靠后的边缘期刊，会不断进出核心期刊名单。对于这些"进进出出"的期刊，有些年份有其指标数据，有些年份则没有。其中有一些期刊被 CSTPCD 2007—2010 收录，但由于各种原因未被 CSTPCD 2011 收录。由于要分析 2011 年度的期刊影响因子，所以必须是在该年度被收录的期刊，并且符合在 2007—2010 年度至少要有一年被收录的条件。以这样的标准进行整理加工，最终有 1882 种期刊的数据可以进行匹配，本节的统计分析便是基于这 1882 种期刊数据进行的。

（1）零被引论文与期刊学科分类特征

期刊的学科分类和论文的学科分类是不完全相同的，某一分类的期刊完全有可能刊载属于其他学科但与本刊办刊方向和内容相关的论文（如物理学期刊可以发表分析物理学期刊数据的情报学论文），尤其是现在多学科、跨学科的研究越来越多。因此，既要看论文的学科分类，又要看期刊的学科分类情况。2012 年以前，中国科学技术信息研究所每年发布的中国科技期刊引证报告（核心版）将中国科技核心期刊分为 61 个学科分类，从 2013 年开始增加为 113 个学科分类。由于本节使用的是 2012 年以前的数据，因此还是按照 61 个期刊学科的分类方式进行统计。

对数据集中 1882 种期刊于 2007—2009 年发表的论文在发表 2 年后没有获得引用的比例加以计算，其"2 年零被引"论文比例平均值为 65.6%，共有 603 种期刊的"2 年零被引"论文比例超过均值。25 种期刊该比例超过 90%，111 种期刊在 80%～90%，128 种期刊在 75%～80%。

从单一期刊的数据来看，"2 年零被引"论文比例特别高的期刊大致集中在数学、物理学和管理学上。由于 CSTPCD 主要收录的是自然科学与工程技术的论文，而管理学被引主要发生于 CSSSI 收录期刊，因此，这里反映出的管理学期刊被引肯定很不完整。不过数学和物理学两个学科的期刊论文零被引率高则是显而易见的。在所有种类的期刊中，有 10 种"2 年零被引"论文比例高于 95%（表 8-6）；该比例高于 90% 的 25 种期刊中有 17 种是英文版期刊，或多或少可以看出中国出版、尚未进入 SCI 的英文版期刊的困境。平均来看，每个学科都有 64% 的期刊的"2 年零被引"论文比例超过 75%。其中，数学、核科学技术及天文学学科中这种表现的期刊比例达 100%；农业相关学科、环境科学、地理相关学科的情况则相对较好。

表 8-6 "2 年零被引"论文比例超过 95% 的期刊及其所属学科

期刊名	"2 年零被引"论文比例	期刊分类
Journal of Partial Differential Equations	100.00%	数学类
Acta Mathematicae Applicatae Sinica	98.41%	数学类
Chinese Journal of Chemical Physics	97.90%	物理学类
Communications in Mathematical Research	96.89%	数学类
Communications in Theoretical Physics	96.77%	物理学类
Acta Mathematica Sinica English Series	95.62%	数学类
上海管理科学	95.44%	管理学类
Chinese Physics Letters	95.39%	物理学类
南京大学学报：数学半年刊	95.05%	数学类
Chinese Quarterly Journal of Mathematics	95.04%	数学类

从期刊所属学科来看，如表 8-7 所示，有 10 种学科的期刊平均"2 年零被引"论文比例超过了 65.6% 这一均值，也即发表在以下学科类别期刊上的论文零被引率较高。

表 8-7 超过零被引均值期刊的学科类别

期刊学科分类	"2 年零被引"论文数（篇）	发表的论文数（篇）	"2 年零被引"论文比例
天文学类	426	523	81.45%
数学类	8414	10 746	78.30%
工程与技术科学综合类	6019	8201	73.39%
综合类	5606	8218	68.22%
兵工技术类	4931	7253	67.99%
核科学技术类	2522	3718	67.83%
综合大学学报类	17 098	25 650	66.66%
师范大学学报类	7790	11 734	66.39%
管理学类	7402	11 180	66.21%
交通运输工程类	13 589	20 701	65.64%

一般而言，天文学、核科学技术等学科的期刊零被引论文比例高是意料之中的，因为这

些学科的规模较小。而兵工技术类期刊由于其研究内容的特殊性及封闭的学科特性，不容易获得其他学科期刊的引用，因此零被引论文比例也较高。另外，尽管CSTPCD收录的综合大学学报类和师范大学学报类的期刊大部分都是自然科学版的，其被引情况应该好于社会科学版的大学学报。不过，目前有相当一批大学学报的质量不算太高，并且很多学报主要发表本校教师的论文，那么，这些学报论文的被引情况不如其他类型期刊就不足为怪了。根据陈留院的统计，师范大学学报类期刊中零被引论文大多数都是本校发表的；同时，他也特别提出了数学学科的特殊性，即师范大学学报类期刊中的数学学科稿件来源很多，但是定位不明确，没有选择到合适的稿件，这可能也是零被引论文多的原因之一；因此，要刊登质量高、有应用前景的理论成果，注重审稿和稿件筛选。实际上，无论什么期刊，如果要想获得较高的引用次数，都应该对学科研究方向有准确的把握，对论文质量严格掌控，并多发表创新性强的论文。

同时，注意到这10个学科中，天文学类、工程与技术科学综合类、综合类、兵工技术类、核科学技术类的期刊数都不超过15种，尤其是天文学类只有3种期刊。学科规模较小或期刊数量较少学科的论文要被同行引用，自然相对困难些。

因此，无论是从论文的学科分类还是从期刊的学科分类角度来看，不同类别的论文有着各自不同的特征，不能一概而论，需要分门别类进行讨论和研究。而且可以发现，从论文的学科分类角度和期刊学科分类角度入手统计和分析零被引论文时，结论并不完全相同。

（2）零被引与期刊影响因子特征

零被引论文所占比例和期刊影响因子的关系始终是零被引问题研究的焦点之一。尽管目前对影响因子是否能恰如其分地体现期刊的质量，有许多不同的意见，并且影响因子也不能体现单篇论文的影响，但它目前仍是衡量期刊影响力的最重要的一项指标。期刊影响因子实际上是体现期刊前两年发表的论文在当年的被引情况，因此至少需要3年的数据。样本期刊中有1871种期刊是在CSTPCD 2009—2011中有可匹配的数据的。计算了这1871种期刊发表于2009年和2010年，并至2011年仍没有被引用过论文的比例。对这些期刊2011年的影响因子进行了学科排名统计和影响因子分区。这些期刊的平均影响因子是0.461，高于该年收录的所有1998种期刊的影响因子均值0.454。分区方法采用了CSTPCD的分区比例，即学科前5%的处于第一区，前5%～20%的是第二区，20%～50%的是第三区，50%之后的是第四区。

从整体来看，某一期刊2009年和2010年发表，至2011年仍没有被引的论文占两年发表的所有文章的比例和2011年该刊影响因子自然对数的关系如图8-2所示。从该经验曲线来讲，虽不完全与Egghe推导的零被引论文比例和影响因子的关系公式吻合，但曲线的形态还是相似的，即无论是外文期刊论文还是中文期刊论文，其零被引论文比例和影响因子都大致遵循这样的分布形态。

从具体分区来看，影响因子非常靠前期刊的零被引论文比例也不一定低。表8-8显示了各分区中"2年零被引"论文比例超过均值的期刊数和所占比例。显然，影响因子分区靠后的期刊，零被引论文比例相对较高。

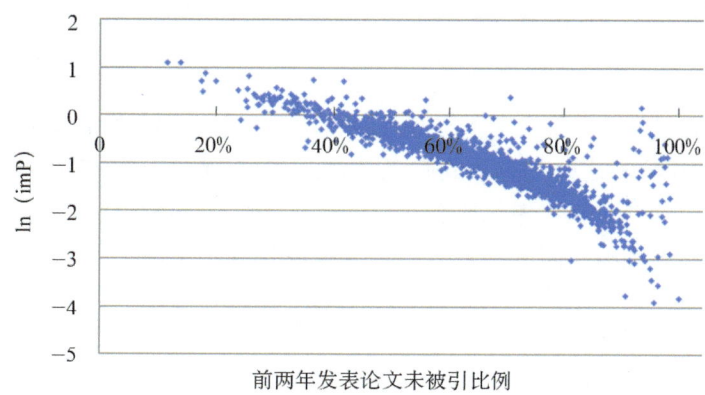

图 8-2 前两年发表论文未被引比例和影响因子对数散点图

表 8-8 不同分区 "2 年零被引" 论文超出均值的期刊数及其比例

分区	"2 年零被引" 论文比例	超出均值的期刊数（种）	该区期刊数（种）	比例
1	42.8%	5	90	5.56%
2	51.15%	24	280	8.57%
3	61.47%	194	575	33.74%
4	74.77%	791	926	85.42%

从影响因子的绝对值来看，亦是影响因子绝对值越高，零被引论文比例越低。将 1871 种期刊的 2009—2010 年发表的零被引论文比例和影响因子做相关分析，结果是二者的相关系数为 -0.919，即呈现一种强的负相关关系。如表 8-9 所示，影响因子较低的期刊中，84.00% 的零被引论文比例超出均值，而影响因子高于 1 的期刊则表现相对较好。2011 年度收录的 1998 种核心期刊中影响因子的最高值是 3.058。影响因子高于 1 的期刊实际上已经是在所有核心期刊中影响因子排名前 10% 的了。然而，这个值和世界上优秀的期刊比起来相去甚远，如 JCR2011 收录期刊的平均影响因子都达到了 2.038。我们的期刊，引用次数总体上就不够多，零被引论文多也就不足为奇了。

表 8-9 不同影响因子分段超出零被引论文比例均值的期刊数

影响因子分段	超出均值的期刊数	分区期刊数	比例
$1 \leqslant IF$	3	105	2.86%
$0.5 \leqslant IF < 1$	30	531	5.65%
$0.461 < IF < 0.5$	10	79	12.66%
$IF \leqslant 0.461$	971	1156	84.00%

8.2 学科评价视角：以中国零被引 SCI 论文为例

学科间的差异在"零被引"问题上有着较明显的表现，这与学科的特征及文献引用特征有一定的关系。而各个学科之间的差异到底有多大，相差在哪些方面，都需要从实例中去发现。

本节统计较长时间跨度下的不同学科论文被引情况，并从学科的篇均被引、首次被引及停止被引时间、学科平均响应时间和达到峰值的速率等几个角度来观察零被引论文学科特征和各学科之间的差异。

8.2.1 数据来源和计算方法

（1）数据来源

本节的数据来源是 SCI，其特性比较符合本节研究中对数据的要求。该数据库所具备的特点、计数范围、字段结构等更有利于研究零被引论文的学科分布，因此，采用该数据库进行零被引论文学科特征的研究。

（2）学科分类方法

截至 2013 年 3 月，从 WoS 中检索到 1991 年发表的地址为 "Peoples R CHINA"、文献类型为 Article、被 SCI 收录的论文 7291 篇。对这 7291 篇论文从发表年 1991 年开始到 2011 年的被引用情况作了核对和匹配，加上相关的论文信息，形成了零被引论文学科特征研究数据集。其中，所有的被引情况都不排除自引。数据集的主要字段如表 8-10 所示，可以看出，除了最基本的信息和每年的被引次数外，其他的字段包括 CSTPCD 学科分类、首次被引时间、停止被引时间、被引峰值及峰值年、每年的累计被引频次等内容在采集的样本信息中都是没有的，是通过处理加工或计算得到的。

表 8-10 数据集字段及其内容

字段名	内容
ut	WoS 入藏号
ti	标题
sc	学科领域
au	作者
so	刊名
j	期
q	卷
fl	CSTPCD 学科分类
tc	总被引频次
avrtc	平均被引频次

续表

字段名	内容
First_cite	首次被引时间
Stop_time	停止被引时间
Peak	被引峰值
peakn	达到被引峰值年
yw91–yw11	1991—2011 年的被引频次，共 21 个字段
q0–q20	发表后第 t 年的累计被引频次，共 21 个字段

WoS 对收录的论文进行了学科分类，但是其分类较细，不便于与 CSTPCD 的统计结果进行对比。因此，将 7291 篇论文重新进行了学科分类。具体方法参考 WoS 对这些论文的分类，并结合论文的标题和刊载的期刊来判断该论文的学科归属，将它们归并到 CSTPCD 的 39 种学科中去。下载的这些论文的题录信息中包含了 "SC" 和 "WC" 两种可以代表学科领域的字段。"SC" 包含了 100 多种学科分类，而 "WC" 则更多，因为它还包含了社会科学方面的学科分类。"SC" 和 "WC" 并没有冲突，只是后者分类更细，且能够包含在前者当中。考虑到 CSTPCD 的分类主要是针对自然科学的，因此，主要参考的字段是 "SC"。根据以上方法，对 7291 篇论文所属学科进行了重新分类，在此基础上进行了零被引论文学科分布情况的统计和研究。

（3）限定范围

统计已经被引用过论文的首次被引时间（图 8-3），可以看出，前 3 年有 41.76% 的论文都被引用过，即发表后 2 年是被引的最高峰，与普遍的认知相吻合。58.74% 的论文在发表后前 6 年都被引了，同时说明有 41.26% 以上的论文是在过了被引高峰期之后才被引用的。本节假设规定，发表后 5 年未被引用过的论文为 "零被引" 论文。

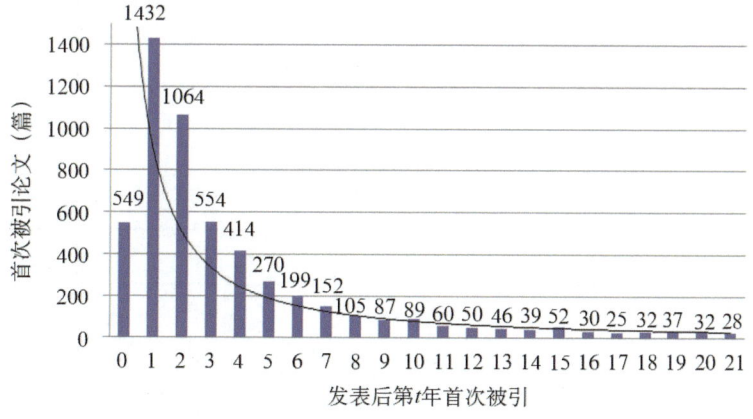

图 8-3　1991 年发表的中国 SCI 论文首次被引年分布

（4）计算方法

数据集中有两个字段可以表示论文的未被引情况：一是 WoS 提供的"TC"字段，即总被引频次，它可以体现从发表年开始到下载数据的时间为止，论文在 WoS 中被引用的次数；二是通过计算得出的累计被引频次字段，通过"Qt"字段来表示，若"Qt=0"，则说明这篇论文发表后 t 年仍没有获得过一次引用。

首次被引时间是观察"Qt"首次不为零的年份 t 来得到的；停止被引时间是在数据库限定的时间段之内，"Qt"与"TC"相等的年份 t 即是停止被引用的年份；而在"yw"字段中找到最大值，该值所对应的年份即是论文达到被引峰值的年份。

8.2.2 总体学科分布情况

由于本节是研究这些论文发表后 20 年的未被引情况的学科分布，因此 t 的最大值是 20。字段"Q20"若为 0，则表示该论文发表后 20 年没有被引用过，却在第 21 年或第 22 年被引用了。以该条件计算得出，7291 篇论文中有 1973 篇论文符合条件，大约占了 27.06%；其中，1944 篇论文是名副其实的未被引，29 篇论文是 20 年"零被引"，之后又被引用了 1~2 次的，即不是未被引论文，而是"20 年零被引"论文。如果按照"Q5=0"或者"Q10=0"的条件去计算"零被引"论文数的话，分别为 3008 篇和 2736 篇，所占比例为 41.26% 和 32.58%。具体的"20 年零被引"论文学科分布如表 8-11 所示，有些学科没有零被引论文，就没有列出。

表 8-11　1991 年发表的中国 SCI 论文"20 年零被引"论文比例学科分布

学科	"20年零被引"论文数（篇）	发表的论文数（篇）	"20年零被引"论文比例
物理学	537	1632	32.90%
化学	391	1492	26.21%
材料科学	146	719	20.31%
数学	178	579	30.74%
临床医学	89	478	18.62%
生物学	39	397	9.82%
工程与技术基础学科	82	350	23.43%
地学	31	166	18.67%
环境科学	23	139	16.55%
计算技术	31	125	24.80%
天文学	34	111	30.63%
核科学技术	24	111	21.62%

续表

学科	"20年零被引"论文数（篇）	发表的论文数（篇）	"20年零被引"论文比例
农学	12	92	13.04%
力学	12	83	14.46%
电子、通信与自动控制	27	65	41.54%
药物学	4	43	9.30%
基础医学	1	33	3.03%
土木建筑	7	29	24.14%
预防医学与卫生学	4	26	15.38%
能源科学技术	4	26	15.38%
机械、仪表	2	26	7.69%
冶金、金属学	8	25	32.00%
化工	1	12	8.33%
林学	2	10	20.00%
军事医学与特种医学	1	10	10.00%
测绘科学技术	3	9	33.33%
信息、系统科学	5	8	62.50%
食品	3	6	50.00%
其他自然科学	272	453	60.04%
总计	1973	7255	27.20%

表8-11中，信息、系统科学，食品，电子通信与自动控制，测绘科学技术等学科的"20年零被引"论文比例比较高，原因是这些学科的论文数量偏少，每出现一篇零被引论文都会使该比例上升很多。物理学、数学、化学的"20年零被引"论文比例也很高，但其发文量并不小。这3门学科是传统的基础科学学科，学科历史久远，学科体系比较庞杂，是其他很多学科的基础，但是，它们毕竟没有一些新兴学科那样热门，其零被引论文比例偏高也是可以理解的。材料科学的论文数量比较适中，"20年零被引"论文比例也低于均值，表现比较均衡。生物学的论文数量不是特别高，而"20年零被引"论文比例相对较低，与其学科活跃程度、生物学论文参考文献清单较长等特质是有关系的。

相对于"20年零被引"论文的特殊情况，"5年零被引"论文在20年的时间里有更多的变化，可以从中看出不少问题。统计"5年零被引"论文的学科分布时发现，其学科分布和"20年零被引"论文实际上是类似的，即"20年零被引"论文比例高的学科"5年零被引"论文比例还是居高不下，而比例低的学科在两种计算条件下水平也差不多；也即在学科分布上，尽管时间窗口不同，但各学科表现大致是保持一致的。而在这些"5年零被引"论文中有34.4%的文章虽然一开始是"零被引"的，但在给予足够时间之后也获得了引用。表8-12显示了各个学科"5年零被引"论文在之后被引用的比例的学科分布。

表8-12 "5年零被引"论文之后被引的比例的学科分布

学科	被引用的"5年零被引"论文数（篇）	"5年零被引"论文数（篇）	比例
物理学	131	668	19.61%
化学	198	589	33.62%
数学	118	296	39.86%
材料科学	114	260	43.85%
临床医学	100	189	52.91%
工程与技术基础学科	64	146	43.84%
生物学	42	81	51.85%
地学	23	54	42.59%
计算技术	23	54	42.59%
环境科学	20	43	46.51%
天文学	9	43	20.93%
核科学技术	14	38	36.84%
电子、通信与自动控制	11	38	28.95%
农学	17	29	58.62%
力学	13	25	52.00%
土木建筑	6	13	46.15%
能源科学技术	8	12	66.67%
药物学	7	11	63.64%
冶金、金属学	3	11	27.27%
预防医学与卫生学	6	10	60.00%
机械、仪表	7	9	77.78%
基础医学	5	6	83.33%
军事医学与特种医学	4	5	80.00%

续表

学科	被引用的"5年零被引"论文数（篇）	"5年零被引"论文数（篇）	比例
信息、系统科学	0	5	0
化工	3	4	75.00%
林学	2	4	50.00%
测绘科学技术	1	4	25.00%
食品	1	4	25.00%
中医学	3	3	100.00%
畜牧兽医	2	2	100.00%
矿业	1	1	100.00%
其他自然科学	79	351	22.51%
总计	1035	3008	34.41%

从表 8-11 和表 8-12 可以看出，就发表 20 年后仍然未被引用的论文数量而言，数学、物理学、化学、天文学等学科是较多的。材料科学、工程与技术基础学科、核科学技术及计算技术也不低，所占比例都超过了 20%，甚至 30%。数学、材料科学、工程与技术基础学科拥有大批的"零被引"论文，但这些论文的后续被引比例比较高。临床医学和生物学的被引情况一直较好，不仅"零被引"论文少，并且前期"零被引"论文后续引用也很多。

综合考虑各种因素，挑选了论文总数不低，也较有代表性的 4 个学科——数学、材料科学、生物学和临床医学作为样本学科，研究它们的相似点，寻找它们之间的差异。

8.2.3 样本学科零被引特征分析

（1）篇均被引分析

ESI2013 数据统计了从 2003 年 1 月至 2013 年 7 月中国发表的所有论文的情况，中国所有学科论文的篇均被引次数是 6.79 次。从表 8-13 中提取的 4 个样本学科的基本数据来看，数学学科的篇均被引明显低于其他 3 个学科。但这并不只是中国的现象，美国的所有学科论文篇均被引次数是 15.72 次，而数学学科论文的篇均被引次数是 4.95 次。甚至相对来说，中国的数学学科表现得还更好一些。学科的篇均被引次数与其活跃程度及开放程度有比较大的关系。篇均被引次数所体现的较为刚性的学科特性，有时候也决定了论文是否容易被引用。数学是很多学科的基础，学者广泛使用这门科学，但未必会引用（也未必有能力引用）这个学科的论文。

表 8-13 样本学科 ESI2013 篇均被引次数

学科	论文总数（篇）	总被引次数（次）	篇均被引次数（次）
数学	43 479	141 045	3.24
材料科学	119 041	739 298	6.21
生物学	162 520	880 343	5.42
临床医学	105 858	811 564	7.67

值得注意的是，对样本学科的发文量和被引总次数加以统计之后发现（表 8-14），虽然数学学科的篇均被引较之其他 3 个学科偏少，但对比表 8-13 中的数据，竟是其 2 倍多。而生物学的篇均被引次数是表 8-13 中数据的 3 倍多。虽然发表年不同、时间窗口不同，但大致可以看出，在时间跨度足够长的条件下会产生不少的被引次数，样本中的零被引论文比例会下降。

表 8-14 样本学科数据集中的篇均被引次数

学科	论文总数（篇）	总被引次数（次）	篇均被引次数（次）
数学	579	4090	7.06
材料科学	719	6086	8.46
生物学	397	7568	19.06
临床医学	478	7710	16.12

同时，也要看一看这些零被引论文到底在实现"零的突破"之后，能被引多少次，因为被引一两次与十几次，是有较大区别的。在所有的"5 年零被引"论文中，后来被引用过的论文的平均被引次数为 3.44 次；这些论文中，总被引频次大于学科篇均被引频次的，数学学科论文有 17 篇，材料科学有 10 篇，临床医学只有 1 篇，生物学为 0 篇。也即样本中只有 0.93% 的"5 年零被引"论文能有较好的表现。在数学领域中，发表后 10 年未被引而后来被引次数超过其学科篇均被引频次的论文有 2 篇。前文提到的 29 篇被引用的"20 年零被引"论文中，材料科学有 5 篇，数学和生物学各 3 篇，临床医学有 1 篇。但这些论文在整个样本中所占的比例比较小，100 篇论文中可能只有 1~2 篇能表现得不同于前 5 年的沉默。

所以，给零被引论文足够的时间，它们一般是能够获得一些引用的，但普遍被引次数不高；它们能证明自己不是完全没有价值，但也没有太多的零被引论文日后能有很好的表现。

（2）首次被引与停止被引时间分析

这里要引入两个与零被引相关的特征，一个是首次被引时间，另一个是停止被引时间。前者代表的是一篇文献第一次被引用的时刻；后者代表的是在一定时间范围之内，最后一次被引用的时刻。

考察样本学科的首次被引时间分布，发现不同学科的情况也有差别，如图 8-4 所示，生物学论文发表后被引速度较快，数学论文被引速度则相对较慢。

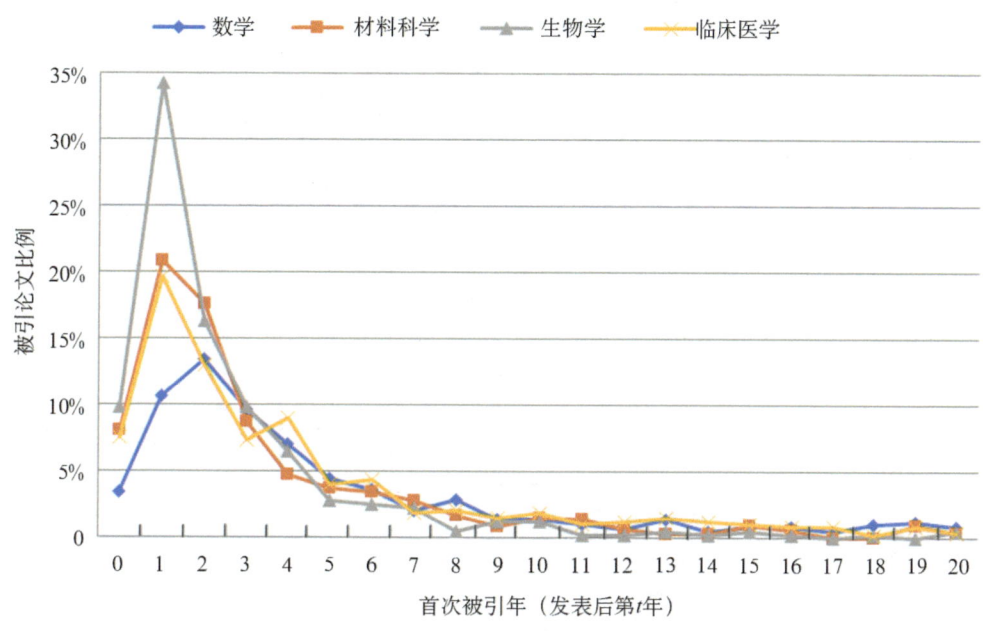

图 8-4　样本学科首次被引时间分布

数学和临床医学学科论文在发表后 4 年，就过了被引高峰期；其中，数学 44.38% 的论文在这段时间内被引，剩余 55.62% 的论文没有被引用；临床医学 56.49% 的论文被引，剩余的未被引。材料科学和生物学则是以发表后 2 年这段时间为被引高峰，分别有 46.59% 和 60.45% 的论文在这段时间被引用。从上述情况来看，一半左右的论文是过了其学科的被引高峰期而未被引用的。数学学科论文被引用的情况较为平稳，临床医学的被引高峰期时间间隔较长，并且较多的论文都在此被引高峰期间被引用。材料科学的被引高峰期时间间隔较短，虽然生物学也类似，但明显在被引高峰期内，生物学论文比材料科学论文的被引要多（表 8-15）。

表 8-15　样本学科论文首次被引时间及其所占比例

首次被引年距发表年的时间（年）	数学		材料科学		生物学		临床医学	
	文章数（篇）	所占比例	文章数（篇）	所占比例	文章数（篇）	所占比例	文章数（篇）	所占比例
0（即当年）	20	3.45%	58	8.07%	39	9.82%	36	7.53%
1	62	10.71%	150	20.86%	136	34.26%	94	19.67%
2	78	13.47%	127	17.66%	65	16.37%	62	12.97%
3	56	9.67%	63	8.76%	39	9.82%	35	7.32%

续表

首次被引年距发表年的时间（年）	数学		材料科学		生物学		临床医学	
	文章数（篇）	所占比例	文章数（篇）	所占比例	文章数（篇）	所占比例	文章数（篇）	所占比例
4	41	7.08%	34	4.73%	26	6.55%	43	9.00%
5	26	4.49%	27	3.76%	11	2.77%	19	3.97%
6	21	3.63%	25	3.48%	10	2.52%	21	4.39%
7	12	2.07%	20	2.78%	9	2.27%	9	1.88%
8	17	2.94%	12	1.67%	2	0.50%	10	2.09%
9	8	1.38%	6	0.83%	5	1.26%	7	1.46%
10	8	1.38%	11	1.53%	5	1.26%	9	1.88%
11	6	1.04%	10	1.39%	1	0.25%	5	1.05%
12	4	0.69%	5	0.70%	1	0.25%	6	1.26%
13	8	1.38%	2	0.28%	2	0.50%	7	1.46%
14	3	0.52%	2	0.28%	1	0.25%	6	1.26%
15	5	0.86%	7	0.97%	2	0.50%	5	1.05%
16	5	0.86%	4	0.56%	1	0.25%	4	0.84%
17	3	0.52%	0	0	0	0	4	0.84%
18	6	1.04%	0	0	1	0.25%	1	0.21%
19	7	1.21%	7	0.97%	0	0	4	0.84%
20	5	0.86%	3	0.42%	2	0.50%	2	0.42%
总计	579	100%	719	100%	397	100%	478	100%

从首次被引到停止被引之间的时间间隔，可以看出某一篇论文活跃的年限。通过统计发现，大部分论文只能活跃一二年。而4个样本学科的所有论文的平均活跃年限，数学是7.15年，材料科学是9.40年，生物学是13.70年，临床医学是10.32年。结合"零被引"论文比例等情况，可以说生物学和临床医学学科论文的被引还是比较活跃的，数学和材料科学则没有那么活跃。而这4个学科的"5年零被引"论文的平均活跃年限分别是2.15年、2.34年、4.28年和3.21年，不到学科平均的1/3。而实际上，在这个样本的"零被引"论文中有2/3是未获得过一次引用的。如果除去总被引频次为零的这部分论文，则"零被引"论文的活跃年限可以达到非零被引论文的一半以上，数学学科可达到70%以上。也就是说，总有一部分论文的价值要多年之后才能逐渐体现。

（3）平均响应时间分析

首次被引时间概念是平均响应时间（Mean Response Time）概念的继承。在平均响应时间的计算中，除了强调从发表到开始被引用这一时间间隔的概念之外，还注重了"平均"。而"平均"的理念不仅体现在篇均上，也体现在不同的首次被引时间间隔的计算差异上。从经验来看，发表 5 年后仍未被引的论文将很难再被引，因此，Schubert A 和 Glänzel W 于 1986 年给出的公式计算了 5 个年度：

$$MRT = -\ln(f_0 + f_1 e^{-1} + f_2 e^{-2} + f_2 e^{-3} + f_4 e^{-4})$$

其中，f_t 表示发表后第 t 年被引的论文数的倒数。如果 MRT 的值较大，则说明被引速度较慢，反之则说明被引较快。

可以用这种方法计算样本学科"5 年零被引"论文的平均响应时间，以反映样本学科原"零被引"论文后来被引是快还是慢。表 8-16 为 4 个样本学科论文从发表后第 6 年开始被引的论文的情况，发表后第 6 年记为"首次被引年'1'"。

根据表 8-16 的数据，计算出数学学科的"零被引"论文平均响应时间是 3.38 年，材料科学是 3.53 年，生物学是 2.50 年，临床医学是 3.20 年。也就是说，这些学科的"零被引"论文普遍经过其学科的平均响应时间之后就有可能被引用。也可以看出，生物学比其他学科的被引速度要快一些。

表 8-16　样本学科"5 年零被引"论文被引

单位：篇

首次被引年	数学	材料科学	生物学	临床医学	总计
1	21	25	10	21	77
2	12	20	9	9	50
3	17	12	2	10	41
4	8	6	5	7	26
5	8	11	5	9	33
6	6	10	1	5	22
7	4	5	1	6	16
8	8	2	2	7	19
9	3	2	1	6	12
10	5	7	2	5	19
11	5	4	1	4	14
12	3	0	0	4	7

续表

首次被引年	数学	材料科学	生物学	临床医学	总计
13	6	0	1	1	8
14	7	7	0	4	18
15	5	3	2	2	12
16	2	5	3	1	11
17	1	0	0	0	1
总计	121	119	45	101	386

（4）达到峰值的速率

观察论文从首次被引到被引峰值年所需要的时间，能判断论文是否很快地被识别出价值，也可以看出这篇论文的价值什么时候能发挥到最大，从而大致看出其生命力维持的时间，因为过了被引峰值年后被引频次就开始下降了。

样本中所有学科被引用过的论文从首次被引到被引高峰平均为 2.78 年，4 个样本学科达到峰值年平均需要 3.03 年，比所有学科的平均值高出一些，说明这几个学科论文的被引速度相对较慢，同时也表现出了更持久的生命力，尤其是生物学科。所有学科"5 年零被引"论文平均要花 1.025 年攀升至峰值年，样本学科"5 年零被引"论文平均要花 0.984 年。也就是说，"5 年零被引"论文普遍比发表后 5 年内就被引用的论文表现得更为"昙花一现"，且从表 8–17 中可以看出，材料科学和临床医学的表现更为明显。

表 8–17 样本学科达到被引峰值年需要的时间

单位：年

学科	5 年零被引论文	所有论文
数学	1.250	2.948
材料科学	0.697	2.837
生物	1.420	3.633
临床医学	0.812	2.828

当然，被引峰值这个概念是基于所采集的数据而言的，在时间窗口之后完全有可能出现新的峰值。不过，20 年的时间跨度已经足够长，能够说明大多数论文所表现出的规律了。

8.3 高校评价视角：以高校零被引论文为例

8.3.1 对国内高校零被引论文的研究情况

目前衡量高校学科建设和学术水平时，发文量是一个重要指标，如SCI论文的发表数量，或者中文核心期刊论文的发表数量等；被引用量也是一个重要指标，如总被引频次、高被引论文等。从零被引这个角度去评价高校的尚未见过。对包含"零被引"和"高校"2个主题的文献进行检索，检索到一些论文统计了高校的发表论文和被引用的情况。例如，浙江大学的刘涛曾利用SCIE 1997年至2006年的数据对国内15所高校进行发文量、被引频次和零被引比例的研究。根据他的研究，各高校SCIE论文的零被引比例在15%～45%，并且都存在发文量增加而被引却没有变得更好的情况。

另外，还有一些是基于高校图书馆馆藏期刊的研究。例如，哈尔滨工程大学的李海霞，对该校图书馆"零引用率"期刊论文的调查等；这类论文所用的"零引用率"这样的指标或提法，尽管名称上和"零被引"或"零被引率"相似，实际上与文献计量中的零被引情况的含义是不同的。从国内发表的论文来看，目前并没有用高校发表的期刊论文零被引率来对高校进行评价的先例，而且对高校的中文科技期刊论文在零被引方面的表现也几乎没有提及。

本节从上述这些没有被具体研究过的点入手，统计样本高校的零被引论文比例，观察该比例与高校评价的一些相关因素之间的关系，做出一些有意义的尝试和论证。

8.3.2 样本高校的选择和数据来源

本节除了采用CSTPCD的论文引文数据之外，还采用了武汉大学中国科学评价研究中心发布、邱均平教授主编的《中国大学及学科专业评价报告》中的高校排行数据。该报告自2004年开始按年度连续发布，考察了高校的科学研究、办学资源、社会声誉的因素，指标体系较为完善，其可靠性和连续性较好，对国内高校的评价和考察也是比较完整的。在几种高校排名中，其指标体系中的科学研究所占比例是最重的，并且有利用CSTPCD数据库做的三级指标，包括了发文量和引用次数等。因此，用来做论文的相关研究也是较为合适的。另外，虽然该报告中也包含了科技创新竞争力这一排行榜，但每年只排前100名，并非所有的样本高校每年都上榜，因此还是使用了竞争力总分进行分析。

根据邱均平等人的方法，将高校分为重点和一般2种，根据高校类型的不同，又分为综合、理工、医药、文法、师范这几种。对每所高校进行竞争力的总分及排名和在重点或一般高校所属类型中的排名。考虑到高校类型差异，在挑选样本时从重点高校中选取5所综合类、5所理工类高校；从一般高校中选取5所综合类、5所理工类、5所医药类高校作为样本。选取的方法是按照不同类型的排名，每种类型按该类型的高校数量平均分为5个档次，每个档次选取第1名（如果第1名情况过于特殊就取第2名。例如，重点综合类选择了第2名的浙江大学而非第1名的北京大学，是因为北京大学历年竞争力分值全是100分，不具有典型性）作为样本。这样能尽量保证样本中能包含各种档次和水平的高校。由于CSTPCD包含的是自然科学类的论文信息，所以不挑选文法、师范类高校作为样本。另外，医药类高校在重点高校中只有 2 所，所以只在一般高校中挑选了医药类高校。

在重点高校的综合类高校中选择了浙江大学、四川大学、郑州大学、云南大学和福州大学；理工类高校选择了清华大学、天津大学、北京理工大学、南京航空航天大学和北京工业大学。在一般高校的综合类高校中选择了扬州大学、深圳大学、宁波大学、华侨大学和济南大学；在理工类高校中选择了南京工业大学、山东科技大学、河南理工大学、南京邮电大学和中国计量学院；医药类高校挑选的是中国医科大学、南京医科大学、重庆医科大学、黑龙江中医药大学和大连医科大学。其中，重点高校和一般高校的竞争力总分和排名都不是放在同一个标准下进行的，因此，在观察竞争力总分和零被引论文比例关系时，这两种高校必须分开。但如果是探究发表论文数量、被引次数与零被引论文比例的关系时，是可以将两种高校放在一起讨论的。

8.3.3 样本高校中国核心科技期刊零被引论文比例

零被引论文的情况至少要看 2～3 年的变化状态，才能说明问题，为了使零被引现象可以显现，同时也考虑了时间序列的变化及样本数据采集等各方面因素，本节主要统计了 2007—2009 年样本高校发表的 CSTPCD 收录的论文中 2 年零被引论文所占比例。按照 CSTPCD 对机构发表论文数的计算规则，高校的附属医院及其他的直属附属机构所发表的论文也归到该高校的总数中去，这里也采用了同样的操作方式。从表 8-18 可以看出，各个高校的零被引论文比例基本保持稳定，并且就 2 年零被引论文比例而言，重点高校普遍要低于一般高校，重点综合类高校和理工类高校差不多，而一般高校则是综合类高校低于理工类高校。医药类高校的情况则比较特殊，应分开讨论。

表 8-18 样本高校"2 年零被引"论文比例

高校名称	2007 年			2008 年			2009 年		
	"2 年零被引"论文数（篇）	论文总数（篇）	"2 年零被引"论文比例	"2 年零被引"论文数（篇）	论文总数（篇）	"2 年零被引"论文比例	"2 年零被引"论文数（篇）	论文总数（篇）	"2 年零被引"论文比例
浙江大学	2834	5349	52.98%	2740	5016	54.63%	2476	4530	54.66%
四川大学	2824	4963	56.90%	2740	5019	54.59%	2882	5121	56.28%
郑州大学	1431	2444	58.55%	1737	2893	60.04%	1681	2722	61.76%
云南大学	176	314	56.05%	153	293	52.22%	140	279	50.18%
福州大学	414	706	58.64%	441	759	58.10%	438	726	60.33%
清华大学	2158	3976	54.28%	1668	3488	47.82%	1763	3433	51.35%
天津大学	2093	3352	62.44%	1283	2262	56.72%	1129	1940	58.20%

续表

高校名称	2007年			2008年			2009年		
	"2年零被引"论文数（篇）	论文总数（篇）	"2年零被引"论文比例	"2年零被引"论文数（篇）	论文总数（篇）	"2年零被引"论文比例	"2年零被引"论文数（篇）	论文总数（篇）	"2年零被引"论文比例
北京理工大学	871	1460	59.66%	817	1441	56.70%	734	1315	55.82%
南京航空航天大学	831	1488	55.85%	968	1810	53.48%	1061	1978	53.64%
北京工业大学	733	1246	58.83%	689	1276	54.00%	799	1343	59.49%
扬州大学	636	1211	52.52%	484	1059	45.70%	484	914	52.95%
深圳大学	211	355	59.44%	168	298	56.38%	227	376	60.37%
宁波大学	207	433	47.81%	240	503	47.71%	256	451	56.76%
华侨大学	265	426	62.21%	279	491	56.82%	307	523	58.70%
济南大学	158	275	57.45%	157	277	56.68%	165	281	58.72%
南京工业大学	571	998	57.21%	604	1062	56.87%	652	1161	56.16%
山东科技大学	244	394	61.93%	198	316	62.66%	217	360	60.28%
河南理工大学	231	359	64.35%	220	369	59.62%	368	598	61.54%
南京邮电大学	233	323	72.14%	214	329	65.05%	240	377	63.66%
中国计量学院	108	195	55.38%	132	226	58.41%	166	260	63.85%
中国医科大学	1426	2556	55.79%	1401	2516	55.68%	1407	2556	55.05%
南京医科大学	1869	3086	60.56%	1230	2922	42.09%	1476	3515	41.99%
重庆医科大学	1137	2128	53.43%	1154	2337	49.38%	1288	2570	50.12%
黑龙江中医药大学	141	248	56.85%	237	454	52.20%	279	568	49.12%
大连医科大学	462	726	63.64%	374	659	56.75%	495	859	57.63%
平均值	890.56	1560.44	57.07%	813.12	1523	54.81%	845.2	1550.24	56.34%

8.3.4 零被引论文比例与高校竞争力及其他因素的相关分析

对重点综合类高校、重点理工类高校、一般综合类高校、一般理工类高校、医药类高校这5组高校进行组合，形成了7个小分组，分别为重点高校（包括综合和理工）、重点综合类、重点理工类、一般理工类、一般综合类、医药类高校1（医药学科论文样本）、医药类高校2（所有学科论文样本）。对这7个分组分别采集2007—2010年的CSTPCD中国科技期刊论文发表数量、被引次数、零被引论文数、高校竞争力分值和排名等数据，并将计算出的"零被引"论文比例与其他几个因素做了相关分析，分别进行观察。

（1）总体情况

对25所高校的零被引论文比例与其高校竞争力分值的相关性（表8-19），用SPSS软件进行Spearman相关检验。从整体上讲，二者之间呈弱负相关关系。一般高校的情况较重点高校的表现更明显一些。它们的零被引论文比例与高校竞争力分值处在一个低度负相关水平，能够通过双位检验。这里尝试用发表当年的竞争力分值、论文发表后1年及论文发表后2年的竞争力分值这3种情况去做相关检验。结果发现，无论是重点高校还是一般高校，零被引论文比例与论文发表后1年的竞争力分值相关系数绝对值较大，可以认为，若说零被引论文比例较高会影响到高校的竞争力，则这样的影响是滞后的。其中，一般高校的3种情况的相关系数分别是 –0.416、–0.504 和 –0.322，都通过双尾检验，即一般高校的零被引论文比例与竞争力分值负相关性较为明显。

表8-19　样本高校的竞争力分值及分类排名

高校名称	高校类型	2007年		2008年		2009年		2010年	
		排名	分值	排名	分值	排名	分值	排名	分值
浙江大学	重点综合	2	88.75	2	86.62	2	84.82	2	87.36
四川大学	重点综合	9	69.57	8	67.85	8	70.26	9	66.29
郑州大学	重点综合	12	56.66	12	49.13	12	56.04	12	40.84
云南大学	重点综合	13	49.47	13	44.28	17	47.45	15	38.83
福州大学	重点综合	15	48.68	14	43.99	14	48.61	13	31.97
清华大学	重点理工	1	99.33	1	98.04	1	95.78	1	92.53
天津大学	重点理工	7	64.27	7	60.96	11	62.29	9	58.26
北京理工大学	重点理工	14	55.8	16	49.97	15	55.30	17	47.37
南京航空航天大学	重点理工	19	51.78	20	46.96	23	49.44	21	39.53
北京工业大学	重点理工	23	50.43	21	46.51	27	48.32	29	40.53
扬州大学	一般综合	2	86.07	2	85.16	2	88.01	2	81.41
深圳大学	一般综合	6	75.46	6	72.46	6	79.24	7	66.15
宁波大学	一般综合	13	68.04	13	62.38	11	74.73	9	61.25
华侨大学	一般综合	14	61.97	14	56.5	15	66.79	12	51.49
济南大学	一般综合	24	57.64	24	51.73	21	64.18	16	45.86
南京工业大学	一般理工	3	81.17	3	75.48	3	84.92	2	74.55
山东科技大学	一般理工	11	68.88	11	62.97	10	74.51	8	60.52
河南理工大学	一般理工	26	63.27	26	56.94	25	69.48	13	55.94
南京邮电大学	一般理工	16	65.86	16	58.76	20	69.51	19	53.69

续表

高校名称	高校类型	2007年		2008年		2009年		2010年	
		排名	分值	排名	分值	排名	分值	排名	分值
中国计量学院	一般理工	41	57.34	41	50.91	37	60.57	40	40.77
中国医科大学	一般医药	3	90.74	3	92.53	3	89.46	5	72.62
南京医科大学	一般医药	4	81.47	4	77.86	5	84.75	6	72.58
重庆医科大学	一般医药	10	73.94	10	68.97	10	84.45	3	76.02
黑龙江中医药大学	一般医药	8	75.93	8	72.11	9	73.65	12	55.32
大连医科大学	一般医药	19	62.53	19	56.85	17	67.83	17	50.22

数据来源：http://www.nseac.com。

再对发文量、被引次数2个因素与零被引论文比例之间的关系进行考察。所有样本高校的零被引论文比例与发文量呈负相关，相关系数为–0.314，一般高校该系数为–0.509，均通过双尾检验，重点高校未显示有显著的相关关系。因此，我们可以大致判断：一般高校的发文量越大，零被引论文比例就越低。而重点高校发表的论文被引情况相对比较好，零被引论文比例就和发文量关系不大。对被引用次数这一因素，考虑了两种情况：一是发表后第3年的被引次数与零被引论文比例的关系；二是发表后第1年和第2年的总被引次数与零被引论文比例的关系。这两种情况的相关检验结果是，第一种和第二种情况的相关系数分别为–0.435和–0.440，通过双尾检验。样本高校零被引论文比例与被引次数基本上呈现中度或低度的相关关系，被引次数越多，也意味着零被引论文比例越低，符合第二章的数据统计结果和人们的一般认识，并且发表后第2年的被引次数与零被引论文比例的关系似乎稍密切一些。

上述分析基本都是从横向的角度出发的，下面再做一些纵向角度的分析，即从某一高校或一组高校的角度出发，研究该高校或该组的零被引论文比例随时间变化的情况。一般而言，各高校的零被引论文比例都比较稳定，同样地，排名和竞争力分值也相对稳定，都在较小的范围内浮动。并且可以发现，竞争力分值总体处于下降的状态，尤其是2010年的分值，平均减少了11分之多。其中，郑州大学、宁波大学和中国计量学院的零被引论文比例是一直在上升，它们的排名非但没有下降，后2所学校的排名甚至还上升了。而零被引论文比例下降的一些高校，如云南大学、天津大学、南京航空航天大学、南京医科大学等，排名和分值反而都一起下降了。

从竞争力分值下降的趋势来看，按照相关分析的结果，零被引论文比例应该上升才对。可是从变化较大的几所高校情况来看，其排名上升者，零被引论文比例上升；排名和分值下降者，零被引论文比例下降。从样本高校的发文量来看，虽然没有大的增幅，却也没有大幅减少，被引用次数也是逐年递增的，即应该是其他的指标造成了分值的降低。虽然从横向的角度而言，零被引论文比例与竞争力分值、发文量和被引次数呈现负相关的关系，但它与指标体系中的其他项目可能存在一种正相关的关系。

（2）表现不俗论文与零被引论文比例

所谓表现不俗论文，即是在每个学科领域，按统计年度的论文被引次数世界均值画一条线，高于这条均线的论文。这一概念由中国科学技术信息研究所第一次提出，并在 2009 年第一次公布了通过这一指标的统计结果。同时，考察表现不俗论文和零被引论文的指标，应能对高校做出更准确的评价。

不过，中国科学技术信息研究所统计的是发表在 SCIE 上的论文，论文的数据样本则来自 CSTPCD，因此就借用这个"表现不俗"的概念，对样本高校的 CSTPCD 表现不俗论文进行统计。本节的零被引论文实际是"2 年零被引"，也即跨了 3 个统计年度，因此相应地应计算"3 年表现不俗"论文。用从发表年开始 3 年内各学科平均被引次数作为基准，高于它的就是 3 年表现不俗论文。另外，也想了解是否有一些论文虽然是"2 年零被引"，但是在第 4 或第 5 年度获得了引用，而且"表现不俗"，因此又计算了 5 年表现不俗论文。

从 CSTPCD 2007 收录的 463 122 篇论文情况来看，2 年零被引论文是 276 248 篇，3 年表现不俗论文是 165 919 篇，5 年表现不俗论文是 149 256 篇。而既是 2 年零被引又是 5 年表现不俗的论文有 23 050 篇，分别占当年发表的所有论文的 4.98%，占 2 年零被引论文的 8.34%，占 5 年表现不俗论文的 15.44%。也就是说，每百篇论文中有 4~5 篇虽错过引用高峰，但表现还是可以的。表 8-20 显示了样本高校的表现不俗论文和零被引论文比例情况，可以看出，样本高校的 2 年零被引论文后续表现还是不错的。

表 8-20 样本高校表现不俗论文与零被引论文比例关系

高校名称	3 年表现不俗论文占所有论文的比例	3 年表现不俗论文数与 2 年零被引论文数的比值	5 年表现不俗论文数（篇）	5 年表现不俗论文占所有论文的比例	2 年零被引论文中 5 年表现不俗论文的比例
浙江大学	40.64%	0.77	337	6.30%	11.89%
四川大学	40.22%	0.71	287	5.78%	10.16%
郑州大学	38.34%	0.65	116	4.75%	8.11%
云南大学	29.94%	0.53	16	5.10%	9.09%
福州大学	36.26%	0.62	38	5.38%	9.18%
清华大学	41.88%	0.77	264	6.64%	12.23%
天津大学	33.59%	0.54	184	5.49%	8.79%
北京理工大学	37.88%	0.63	92	6.30%	10.56%
南京航空航天大学	43.28%	0.77	123	8.27%	14.80%
北京工业大学	38.04%	0.65	85	6.82%	11.60%
扬州大学	35.51%	0.68	57	4.71%	8.96%
深圳大学	37.75%	0.64	22	6.20%	10.43%
宁波大学	25.64%	0.54	24	5.54%	11.59%
华侨大学	31.69%	0.51	20	4.69%	7.55%

续表

高校名称	3年表现不俗论文占所有论文的比例	3年表现不俗论文数与2年零被引论文数的比值	5年表现不俗论文数（篇）	5年表现不俗论文占所有论文的比例	2年零被引论文中5年表现不俗论文的比例
济南大学	37.82%	0.66	15	5.45%	9.49%
南京工业大学	36.47%	0.64	69	6.91%	12.08%
山东科技大学	32.74%	0.53	15	3.81%	6.15%
河南理工大学	30.64%	0.48	23	6.41%	9.96%
南京邮电大学	27.86%	0.39	22	6.81%	9.44%
中国计量学院	38.97%	0.70	6	3.08%	5.56%
中国医科大学	42.72%	0.77	128	5.01%	8.98%
南京医科大学	40.02%	0.66	190	6.16%	10.17%
重庆医科大学	45.72%	0.86	124	5.83%	10.91%
黑龙江中医药大学	42.34%	0.74	15	6.05%	10.64%
大连医科大学	35.81%	0.56	45	6.20%	9.74%
平均值	36.87%	0.64	92.68	5.74%	9.92%

将3年表现不俗论文数与2年零被引论文数的比值与样本高校竞争力分值进行相关分析，二者呈现中度正相关关系；与零被引论文比例相关分析结果类似的是，这一比值也与后一年的竞争力分值关系更密切。并且一般高校比重点高校的相关系数绝对值更高，前者是0.656，后者是0.399。总的看来，表现不俗论文越多，高校的竞争力分值越高，排名也越靠前；零被引论文比例作为分母，其数值越低，高校竞争力分值就会越高。

（3）医药类高校情况分析

医药类高校的情况比较特殊。综合类高校和理工类高校的论文一般是分布在很多的学科上的，而医药类高校的论文基本只是医学相关学科的，如临床医学、预防医学、特种医学、药学等学科，非医药类学科论文所占比例并不大，并且由于CSTPCD的分类方法，很多医学的小学科是被分在临床医学的，因此可以说，医药类高校的零被引论文特征和临床医学的零被引论文特征有很大的关系。从样本高校的情况来看，临床医学学科的论文占所有学科论文的百分比都至少在50%以上。像这样一个学科论文占这么大比例的情形，在其他种类的高校中几乎不可能存在。因此，有必要将医药类高校分开进行讨论，而且要对临床医学论文的情况单独做一些观察。

从样本高校临床医学学科零被引论文比例来看，整体要比所有学科零被引论文比例稍高些，而且上升下降的趋势和所有学科不太相同（表8-21）。

表 8-21 医药类高校临床医学学科零被引论文比例

高校名称	2007 年		2008 年		2009 年	
	临床医学零被引论文比例	所有学科零被引论文比例	临床医学零被引论文比例	所有学科零被引论文比例	临床医学零被引论文比例	所有学科零被引论文比例
中国医科大学	56.65%	55.79%	56.81%	55.68%	55.85%	55.05%
南京医科大学	61.79%	60.56%	53.83%	42.09%	56.08%	41.99%
重庆医科大学	56.23%	53.43%	50.74%	49.38%	50.61%	50.12%
黑龙江中医药大学	56.76%	56.85%	50.00%	52.20%	50.00%	49.12%
大连医科大学	67.35%	63.64%	61.19%	56.75%	57.00%	57.63%

从相关分析的结果来看，临床医学零被引论文比例与该高校的竞争力分值的负相关系数没有所有学科论文的明显，不过数值非常接近。竞争力分值是涵盖所有学科的，自然是所有学科的关系更密切一些。另外，所有学科的零被引论文比例与论文发表当年的竞争力分值负相关关系最为明显，而临床医学学科论文则是与论文发表后一年的竞争力分值负相关关系更为明显一些。临床医学学科论文在这一点上的表现与所有样本高校的情况更接近一些。另外，临床医学学科零被引论文比例还与当年该学科的发文量表现出微弱的正相关关系。

8.4　国内外高校比较视角：以中国 C9 高校和美国常青藤高校的零被引学术论文为例

8.4.1　研究设计

（1）研究问题

在前人研究的基础上，结合研究目标，本节将聚焦于解决以下 4 个方面的研究问题：

①中美知名高校学术论文零被引率的时序演化规律如何？其论文零被引率的差距在扩大还是缩小？

②中美知名高校零被引学术论文的学科结构分布如何？其零被引论文在侧重学科领域分布的情况差异如何？

③中美知名高校零被引学术论文发表的期刊质量如何？其顶级学术期刊论文的零被引率差异如何？

④中美知名高校零被引学术论文的科研合作态势如何？其主导的国内外合作研究论文的零被引率差异如何？

（2）数据来源

本节将从发表到统计日为止未获得任何引用的论文作为零被引论文的统计标准。为了给论文至少 5 年的引用窗口期，故以 2003—2012 年 10 年间中国 C9 高校和美国常青藤高校发表的 SCI/SSCI 期刊论文为检索对象。文献类型为 Article，检索时间为 2017 年 9 月 1 日，检索结果见表 8-22。

表 8-22　2003—2012 年中美知名高校的学术论文发表情况

单位：篇

高校名称	论文总数	零被引论文数	高校名称	论文总数	零被引论文数
中国 C9 高校	246 844	19 722	美国常青藤高校	350 440	8337
浙江大学	41 186	3025	哈佛大学	136 233	2614
清华大学	38 178	3629	宾夕法尼亚大学	53 439	1278
北京大学	35 667	2384	哥伦比亚大学	48 687	1326
上海交通大学	35 106	2791	康奈尔大学	44 879	1170
复旦大学	25 494	1543	耶鲁大学	40 343	873
南京大学	23 940	1759	普林斯顿大学	22 711	640
中国科学技术大学	22 682	1606	布朗大学	18 223	453
哈尔滨工业大学	18 312	1981	达特茅斯学院	11 310	289
西安交通大学	15 769	1592			

注：对联盟内各高校之间的合作论文进行了去重。

（3）分析方法

1）学科结构

本节借鉴了 Yang 等提出的计算方法，选取相对比例指标 RI_{ij} 作为高校侧重学科的遴选标准，具体指标定义如下：

首先，计算高校某一学科的论文数量占本校总论文数量的比例 X_{ij}：

$$X_{ij} = P_{ij} / P_i \quad (8-1)$$

其中，P 表示论文数量，i 表示高校，j 表示学科。

然后，计算世界范围某一学科的论文数量占世界总论文数量的比例 Y_{wj}：

$$Y_{wj} = P_{wj} / P_w \quad (8-2)$$

其中，P 表示论文数量，w 表示世界，j 表示学科。

最后，计算每个学科的相对比例指标 RI_{ij}：

$$RI_{ij} = X_{ij} / Y_{wj} \quad (8-3)$$

若 $RI_{ij} > 1$，表明学校 i 发表的学科 j 论文数量占本校论文的份额大于世界这一学科份额，学校 i 在学科布局中较为侧重这一学科；若 $RI_{ij} < 1$，表明学校 i 发表的学科 j 论文数量占本

校论文的份额小于世界这一学科份额，学校 i 对于这一学科的布局较轻。

此外，为了更加直观地展示零被引论文在各学科领域的分布情况，本节采用了科学层叠地图（Science Overlay Map），该方法主要基于 WoS 学科分类体系中 252 个 SCI 和 SSCI 的学科类别，通过不同学科期刊引用关系聚类，绘制成由 19 个大学科门类组成的科学知识图谱，见图 8-5。

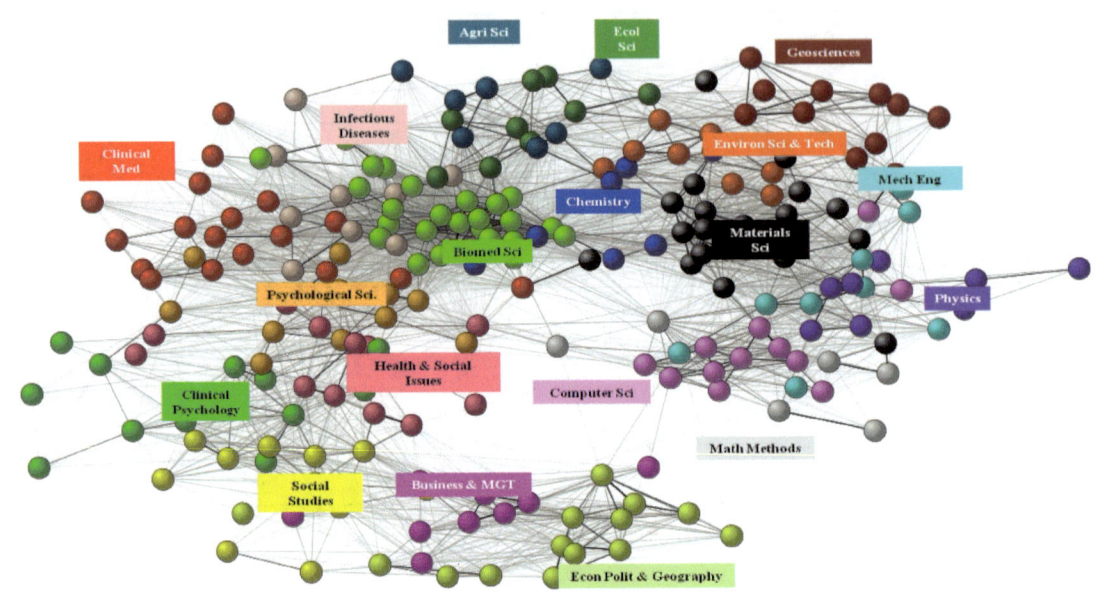

图 8-5　科学层叠地图

2）期刊质量

本节将 2017 年《期刊引证报告》（Journal Citation Reports，JCR）中的影响因子作为表征零被引论文发表期刊质量的评价指标。对报告中未收录期刊的影响因子默认为缺失值。另外，以 Nature 指数的 68 种来源期刊（https://www.natureindex.com）作为顶级期刊遴选标准，探究零被引论文在顶尖学术期刊上的分布情况。

3）科研合作

本节选择国内合作范围（DCR）、国际合作范围（ICR）、合作主导指数（CLI）和论文合作率（PCR）4 个指标对中美知名高校零被引论文的科研合作情况进行测度。

国内合作范围（Domestic Collaboration Range, DCR）指高校零被引论文的篇均国内合作机构数量。

国际合作范围（International Collaboration Range, ICR）指高校零被引论文的篇均合作国家数量。

合作主导指数（Collaborative Leadership Index, CLI）指高校作为通讯作者单位发表的科研合作论文数量占其发表科研合作论文总数量的比例。

论文合作率（Paper Collaboration Ratio, PCR）指高校的科研合作论文数量占其发表论文总数量的比例。

8.4.2 研究发现

(1) 时序演化

表 8-23 显示了 2003—2012 年中国 C9 高校和美国常青藤高校论文零被引率的时序演化情况。可以发现，中国 C9 高校的论文零被引率呈现逐年下降的趋势，也表明其整体的学术影响力在不断提升。美国常青藤高校的论文零被引率时序演化较为平缓，相对稳定在 2.38% 的低位水平，也体现了其世界一流大学的科研实力。从比较视角来看，中国 C9 高校整体的论文零被引率是美国常青藤高校的 3.36 倍，但它们之间的差距在逐年缩小。从高校个体角度来观察，中国 C9 高校联盟内部的论文零被引率差异较为明显。其中，西安交通大学和哈尔滨工业大学的论文零被引率总体超过 10%。相比而言，美国常青藤高校联盟内部的论文零被引率差异较小，但布朗大学的论文零被引率呈现较为明显的逐年递增趋势。

表 8-23 中美知名高校学术论文零被引率的时序演化

高校名称	2003年	2004年	2005年	2006年	2007年	2008年	2009年	2010年	2011年	2012年	总体
中国C9高校	10.91%	11.14%	11.78%	9.69%	7.29%	6.69%	6.74%	6.56%	6.89%	7.05%	7.99%
复旦大学	9.52%	10.03%	8.27%	6.45%	5.52%	5.19%	5.08%	4.89%	5.08%	5.89%	6.05%
北京大学	8.65%	8.86%	8.63%	8.10%	6.24%	6.12%	6.65%	5.66%	5.73%	5.69%	6.68%
中国科学技术大学	8.22%	7.83%	8.29%	8.55%	7.08%	6.14%	6.29%	6.76%	6.56%	6.90%	7.08%
浙江大学	8.57%	10.42%	10.37%	8.92%	6.36%	6.31%	6.50%	5.85%	6.52%	7.43%	7.34%
南京大学	10.49%	8.28%	10.53%	9.13%	8.22%	7.15%	5.60%	6.24%	6.30%	5.75%	7.35%
上海交通大学	11.25%	16.16%	11.66%	10.14%	6.51%	6.54%	6.44%	6.44%	6.92%	6.68%	7.95%
清华大学	14.16%	12.73%	15.45%	11.77%	8.25%	7.53%	7.66%	7.18%	8.07%	6.90%	9.51%
西安交通大学	10.51%	12.47%	17.19%	12.37%	8.79%	7.99%	8.74%	9.30%	9.26%	9.65%	10.10%
哈尔滨工业大学	18.22%	13.77%	19.09%	14.61%	11.22%	8.03%	9.57%	8.99%	8.66%	9.79%	10.82%
美国常青藤高校	2.37%	2.13%	2.08%	1.94%	2.10%	2.09%	2.28%	2.47%	2.73%	3.21%	2.38%
哈佛大学	1.81%	1.51%	1.65%	1.61%	1.71%	1.71%	2.00%	2.03%	2.36%	2.59%	1.92%
耶鲁大学	2.25%	2.64%	1.79%	2.04%	2.36%	1.97%	1.73%	2.00%	2.24%	2.79%	2.16%
宾夕法尼亚大学	2.37%	2.12%	2.39%	2.02%	1.60%	2.31%	2.73%	2.47%	2.32%	3.54%	2.39%
布朗大学	1.70%	2.09%	2.34%	1.70%	2.12%	2.13%	1.85%	3.39%	3.11%	3.87%	2.49%
达特茅斯学院	2.59%	2.05%	1.95%	1.93%	2.97%	1.81%	3.36%	2.65%	3.71%	2.41%	2.56%
康奈尔大学	2.94%	2.06%	1.99%	2.35%	2.25%	2.47%	2.15%	2.76%	3.35%	3.59%	2.61%

续表

高校名称	2003年	2004年	2005年	2006年	2007年	2008年	2009年	2010年	2011年	2012年	总体
哥伦比亚大学	2.99%	2.76%	2.31%	1.90%	2.48%	2.64%	2.45%	2.79%	2.98%	3.82%	2.72%
普林斯顿大学	3.34%	2.90%	3.08%	2.48%	2.47%	2.08%	2.24%	2.79%	3.53%	3.41%	2.82%
中美对比*	4.60	5.23	5.66	4.99	3.47	3.20	2.96	2.66	2.52	2.20	3.36

* 中国C9高校论文零被引率与美国常青藤高校论文零被引率的比值。

（2）学科结构

从中美知名高校零被引论文在科学层叠地图上的频次分布来看（图8-6a和图8-6b），中国C9高校在材料科学、物理学、计算机科学和数学4个学科门类集中了数量相对较多的零被引论文，而美国常青藤高校在各学科领域的零被引论文数量分布较为均衡。杨奕虹等以中国博士论文高被引和零被引百分比绘制象限分布图来反映机构培养博士的整体实力，本研究借鉴此方法，按侧重学科指标RI和论文零被引率进行四象限划分（图8-6c和图8-6d）。中国C9高校有71个侧重学科领域，其中，23个学科的论文零被引率大于10%，占比32.4%。美国常青藤高校有104个侧重学科领域，有13个学科的论文零被引率大于10%，占比12.5%。

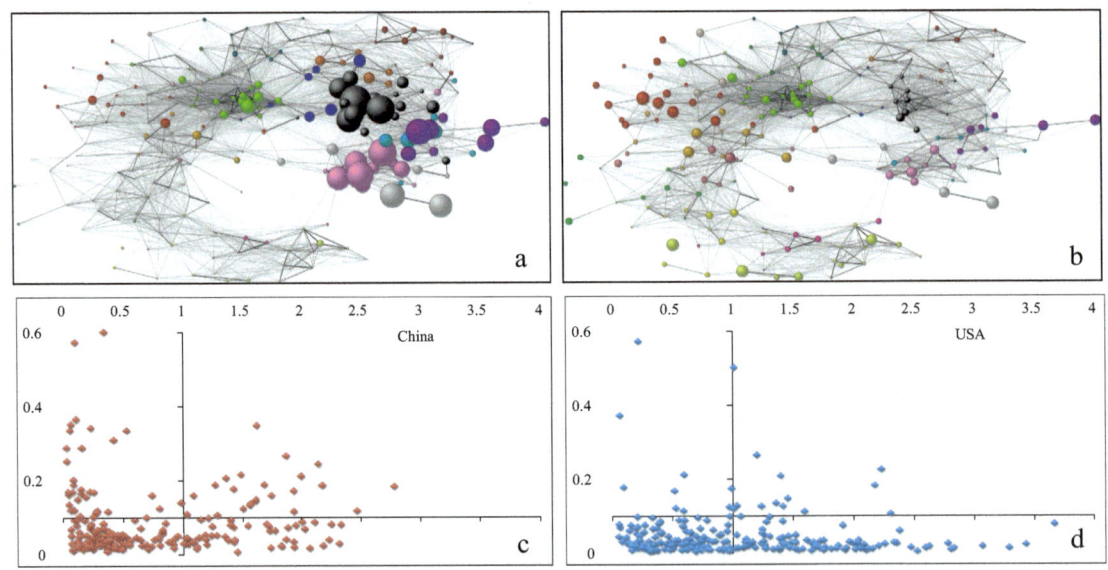

图8-6 中美知名高校零被引学术论文的学科结构分布

注：a和b分别为中美知名高校零被引论文在科学层叠地图上的分布情况；c和d的横坐标为侧重学科指标RI、纵坐标为论文零被引率。

从发文量排名前50位的侧重学科领域来看（表8-24）：中国C9高校中的大多数高校计算机科学领域的论文零被引率较高，此外，北京大学和南京大学的数学分支学科、清华大学和哈尔滨工业大学的材料科学分支学科、西安交通大学的电信科学领域都出现了高零被引率；

第八章 零被引论文的评价应用研究

在美国常青藤高校联盟中,多数高校在医学的相关学科领域出现了较高的零被引率,同时,各高校人文社会科学的部分学科零被引率较高,如哈佛大学和布朗大学的政治学、耶鲁大学和康奈尔大学的法学、康奈尔大学的经济学、哥伦比亚大学的教育与教育研究、普林斯顿大学的国际关系。

表 8-24 中美知名高校侧重学科领域学术论文的零被引率(零被引率 TOP 3)

高校名称	侧重学科领域（论文占比；零被引率）	高校名称	侧重学科领域（论文占比；零被引率）
中国 C9 高校	计算机科学理论与方法（1.62%;34.71%） 计算机科学,信息系统（1.87%;26.34%） 计算机科学,人工智能（2.00%;20.92%）	美国常青藤	统计与概率（1.46%；4.39%） 粒子与场物理（1.41%；4.07%） 小儿科学（2.04%；3.36%）
复旦大学	计算机科学理论与方法（1.18%;37.01%） 计算机科学,信息系统（1.45%;31.40%） 计算机科学,人工智能（1.27%;24.26%）	哈佛大学	小儿科学（2.27%；3.00%） 生物医学工程（1.48%；2.75%） 内科医学（2.14%；2.61%）
北京大学	计算机科学,信息系统（1.36%;24.12%） 计算机科学,人工智能（1.07%;20.30%） 数学（1.56%;19.14%）	耶鲁大学	政治学（2.29%；10.45%） 法学（3.73%；7.48%） 核物理（2.26%；5.11%）
中国科学技术大学	计算机科学理论与方法（1.10%;30.82%） 计算机科学,信息系统（1.25%;19.39%） 计算机科学,人工智能（1.51%;16.20%）	宾夕法尼亚大学	护理学（3.42%；5.94%） 皮肤科（1.98%；5.75%） 矫形技术（2.07%；5.40%）
浙江大学	计算机科学理论与方法（1.49%;36.16%） 计算机科学,信息系统（1.58%;26.99%） 计算机科学,人工智能（1.59%;22.43%）	布朗大学	数学（1.10%；7.43%） 应用数学（1.23%；6.39%） 妇产科学（3.86%；5.03%）
南京大学	数学物理学（1.57%;23.58%） 数学（1.54%;20.49%） 结晶学（5.13%;17.69%）	达特茅斯学院	政治学（2.00%；8.74%） 行为科学（2.08%；4.90%） 泌尿学与肾脏学（1.15%；4.63%）
上海交通大学	计算机科学理论与方法（2.13%;34.77%） 计算机科学,信息系统（2.51%;28.45%） 计算机科学,人工智能（2.53%;21.81%）	康奈尔大学	粒子与场物理（1.72%；5.49%） 经济学（2.00%；5.00%） 传染病学（1.33%；4.40%）
清华大学	计算机科学理论与方法（2.60%;35.50%） 冶金与冶金工程（3.99%;26.08%） 计算机科学,信息系统（3.00%;25.05%）	哥伦比亚大学	法学（2.99%；12.40%） 教育与教育研究（1.76%；6.63%） 统计与概率（1.66%；4.67%）
西安交通大学	材料科学,复合材料（3.02%;36.09%） 计算机科学理论与方法（2.28%;33.92%） 电信科学（1.81%;31.01%）	普林斯顿大学	计算机科学理论与方法（1.14%；11.11%） 国际关系（3.54%；10.33%） 原子核科学与技术（2.40%；9.63%）
哈尔滨工业大学	计算机科学理论与方法（1.71%;34.38%） 计算机科学,信息系统（2.18%;29.03%） 材料科学,表征与试验（4.63%;25.97%）		

(3) 期刊质量

已有研究发现，期刊影响因子与期刊论文零被引率之间存在下降的函数关系。本节统计发现，中国 C9 高校的论文零被引率与期刊影响因子的皮尔逊相关系数为 -0.33 ($P < 0.01$)；美国常青藤高校的论文零被引率与期刊影响因子的皮尔逊相关系数为 -0.26 ($P < 0.01$)，表明与美国常青藤高校相比，中国 C9 高校的论文零被引率受期刊质量因素的影响更大一点。

从顶级期刊的零被引论文发表情况来看（表 8-25），中国 C9 高校的论文零被引率是美国常青藤高校的 2.8 倍，其中，西安交通大学和中国科学技术大学在顶级期刊上发表论文的零被引率较高。在相同期刊质量的条件下，中国 C9 高校的论文零被引率仍高于美国常青藤高校，也表明除期刊质量外，中国 C9 高校论文零被引率的其他影响因素（如论文内容主题等）的作用也较为明显。

表 8-25 中美知名高校顶级期刊零被引学术论文情况

高校名称	论文数（篇）*	零被引率	高校名称	论文数（篇）*	零被引率
中国 C9 高校	141	0.98%	美国常青藤高校	144	0.35%
复旦大学	9	0.55%	哈佛大学	52	0.31%
北京大学	32	0.97%	耶鲁大学	25	0.42%
中国科学技术大学	34	1.22%	宾夕法尼亚大学	15	0.27%
浙江大学	8	0.55%	布朗大学	8	0.46%
南京大学	25	1.12%	达特茅斯学院	3	0.37%
上海交通大学	9	0.87%	康奈尔大学	34	0.66%
清华大学	27	1.02%	哥伦比亚大学	14	0.26%
西安交通大学	8	2.08%	普林斯顿大学	28	0.57%
哈尔滨工业大学	2	0.72%			

*统计范围：Nature 指数 68 种顶级期刊中零被引学术论文的数量。

(4) 科研合作

从零被引论文的科研合作情况来看（表 8-26），美国常青藤高校的国内外合作范围略大于中国 C9 高校，而中国 C9 高校国内外合作研究的主导指数上明显高于美国常青藤高校，半数以上的零被引合作研究论文是由中国 C9 高校为通讯作者机构，而美国常青藤高校在零被引合作研究论文中多是作为参与机构。美国常青藤高校的国内外合作率均高于中国 C9 高校，尤其是国外合作论文比例较高，也说明中国 C9 高校独立完成的零被引论文比例要高于美国常青藤高校。此外，两个高校联盟都显示出国际合作论文的零被引率明显低于国内合作论文的特征。

表 8-26 中美知名高校零被引学术论文的科研合作情况

高校名称	国内合作				国际合作			
	国内合作范围（个）	主导指数	合作率	零被引率	国际合作范围（个）	主导指数	合作率	零被引率
中国 C9 高校	2.32	51.29%	35.83%	8.67%	2.18	53.08%	12.42%	4.11%
复旦大学	2.42	50.43%	37.85%	6.38%	2.14	51.89%	17.02%	3.67%
北京大学	2.49	47.33%	42.33%	7.67%	2.37	48.29%	14.64%	3.08%
中国科学技术大学	2.35	44.76%	43.13%	8.53%	2.60	52.38%	11.55%	3.20%
浙江大学	2.30	57.14%	38.20%	8.22%	2.12	61.02%	12.23%	3.99%
南京大学	2.37	42.98%	53.50%	8.50%	2.28	43.26%	12.15%	4.23%
上海交通大学	2.35	55.99%	38.25%	8.17%	2.21	56.81%	10.78%	3.81%
清华大学	2.33	28.46%	35.63%	9.78%	2.09	35.76%	12.80%	5.26%
西安交通大学	2.31	49.58%	44.18%	11.99%	2.07	62.78%	11.26%	5.01%
哈尔滨工业大学	2.25	56.15%	37.63%	11.15%	2.05	61.17%	9.67%	5.68%
美国常青藤高校	2.77	27.33%	37.40%	2.25%	2.49	22.63%	22.26%	1.59%
哈佛大学	2.87	18.46%	42.19%	1.75%	2.48	17.00%	24.91%	1.30%
耶鲁大学	2.90	35.29%	32.80%	1.72%	2.89	23.35%	25.77%	1.65%
宾夕法尼亚大学	2.92	28.14%	40.59%	2.05%	2.76	22.75%	17.98%	1.61%
布朗大学	3.01	31.31%	42.67%	2.10%	3.32	24.39%	17.67%	1.59%
达特茅斯学院	2.72	26.56%	43.99%	2.15%	2.12	17.65%	17.53%	1.73%
康奈尔大学	2.77	29.17%	34.81%	2.24%	2.46	29.37%	24.40%	1.97%
哥伦比亚大学	3.00	30.20%	38.09%	2.29%	2.76	22.64%	19.79%	1.65%
普林斯顿大学	2.69	40.98%	32.28%	2.67%	3.62	23.39%	26.93%	1.91%

从高校个体来看，在中国 C9 高校联盟中，浙江大学主导的零被引国内外合作研究论文均呈现较大比例。在零被引国际合作研究论文方面，哈尔滨工业大学和西安交通大学主导指数较大，且零被引率也较高。在美国常青藤高校联盟中，普林斯顿大学和康奈尔大学分别是联盟中国内和国际合作主导指数最高的 2 所高校，且零被引率也明显高于联盟的整体水平。

8.4.3 结论与讨论

本节采用反向评价的视角，通过文献计量方法从时序演化、学科结构、期刊质量和科研合作 4 个维度对中美知名高校的零被引论文进行了研究。研究结果发现：①中国 C9 高校整体的论文零被引率是美国常青藤高校的 3.36 倍，但差距在逐年缩小；②中国 C9 高校的零被引率侧重学科明显多于美国常青藤高校，其中，中国 C9 高校的计算机科学成为高零被引率学科，而美国常青藤高校的医学相关学科和部分人文社会科学学科出现较高的零被引率；③中国 C9 高校的零被引率受期刊质量因素的影响相对更大，在相同期刊质量条件下，中国 C9 高校的零被引率仍高于美国常青藤高校，说明中国 C9 高校论文零被引率的其他影响因素（如论文内容主题等）的作用也较为明显；④美国常青藤高校零被引论文的国内外合作范围略大于中国 C9 高校，但其在零被引论文研究中多是作为参与机构，而中国 C9 高校更多的是作为主导机构。

期刊零被引论文是科学界存在的普遍现象，论文零被引率的影响因素较为复杂，学界较多地关注了期刊影响因子与零被引率之间的关系。本节对中国 C9 高校和美国常青藤高校零被引论文特征的比较研究表明，除期刊质量外，高校的科研实力和科研合作质量也会对论文零被引率产生重要影响。换言之，零被引率在一定程度上可以作为评价高校科研实力与影响力的一个补充指标，进而更为清晰地发现高校在学科建设过程中的不足与差距。

本节的研究结果揭示了中国高校与世界一流大学之间还存在一定的实力差距，但这种差距在逐年缩小，让我们看到了中国高等教育发展的希望与前景，也启示我们的科研人员要保证论文选题新颖和质量过硬，将科学论文发表在高质量的学术期刊上。同时，在学科建设中积极培育高质量的国内外科研合作关系，夯实优势学科领域的发展基础，有效降低论文的零被引率，不断扩大优秀论文的传播渠道和学术影响力。

本节也存在一些研究不足之处，一方面是缺少对高校在不同引用时间窗口下论文零被引率的比较分析，未能探究不同零被引率统计方法对高校科研评价所产生的影响；另一方面是缺少对高校的零被引论文与高被引论文的对比分析，未能更加全面地反映中美知名高校之间的科研特征差异与实力差距。未来，本研究将在以上方面进行改进。

8.5 本章小结

零被引是一种非常普遍的现象，这一点不仅是人们直观的印象，也是本章实证所体现的结果。很多科学计量学者在对该现象的研究中做出了不懈的努力。除了早期提出零被引问题引起人们重视的 Garfield 等人之外，Wolfgang、Egghe 等人也是 20 年来不曾间断地在数学模型、首次被引拟合等方面做了各种尝试和改进。零被引现象真正被人们较为广泛开展研究的时间并不长，所要做的探索和尝试还有很多。

本章从 4 个主要角度展开零被引的评价应用研究，即从期刊评价视角、学科评价视角、高校评价视角和国内外高校比较视角入手，对零被引问题进行了现象描述、统计分析和一些应用层面的探讨。总的来说，本章以大量累积的数据作为基石，通过统计分析来观察中国发表的论文的零被引现象，较为全面地对中国零被引论文现象进行了描述，以此为基础开展了进一步探索。就零被引论文与相关因素的关系之间的大致猜想，如零被引率与影响因子、与学科分类、与发文量、与被引次数、与高校排名等的关系，我们进行了独立的实证研究，并

第八章 零被引论文的评价应用研究

做了相应的判断。

从本章的实证可以看出，我国零被引论文的数量非常多，所占比例也很高，并且基本维持在一个稳定的水平。也即零被引现象的存在是不可回避、不容忽视的。

本章首先从中国科技核心期刊的论文情况入手，来了解中文零被引论文的大致情况。统计了2007—2011年这5年的情况，约有64.49%的中国科技核心期刊论文未被引；2007—2009年发表的2年零被引论文约占58.21%。按照CSTPCD的学科分类方法来看，数学学科的论文和期刊零被引论文比例都比较高。生物学、安全科学技术和环境科学的零被引论文比例较低，后两者的期刊零被引比例也较低。一般而言，影响因子较高的期刊零被引论文比例会比较低。

然后，采用了1991年中国发表的SCI论文的数据，着重分析了不同学科论文零被引现象上的差异。选取了数学、材料科学、生物学和临床医学4个学科作为样本。同中文论文的结果相仿，数学学科的零被引论文比例是最高的，但在过了被引高峰期之后仍能获得较多的引用。生物学和临床医学的论文则表现相对活跃，能够快速获得引用，零被引论文比例较之其他2个学科来得低。从数学学科的篇均被引频次比其他学科低得多这一点来看，该学科的开放程度、活跃程度等对该学科零被引论文比例有较大的影响。一些古老且稳定学科的被引情况不及年轻的新兴热点学科，但是其论文的被引持续时间更长。总之，各个学科的情况必须分开讨论，在衡量不同学科的情况时，不能一刀切，要用同一个指标数值去判断优劣。从本章的分析也可以看出，如果给予足够长的时间，论文的价值还是会被发现的，只是零被引论文在一开始没有被引用的情况下，要获得较多的被引次数并不容易。一般来说，它们能够得到一些引用，但并不很多。

最后，对零被引论文比例是否影响高校竞争力分值进行分析。各组高校的零被引论文比例都比较稳定，与此同时，高校竞争力分值却在逐年下降。另外，样本高校的2年零被引论文中也有一些可以称得上表现不俗的论文。从相关分析的结果来看，零被引论文比例和高校竞争力分值、CSTPCD发文量、CSTPCD被引次数都呈现负相关的关系。比较有趣的是，零被引论文比例与论文发表后一年的竞争力分值所呈现的负相关关系比其他因素都要明显一些，这可能是影响有所滞后的体现。而高校竞争力是一个复合的评价指标，很难说零被引论文比例是不是和其中的某一项分指标关系密切。

此外，从零被引视角，对比中国C9高校和美国常青藤高校，发现除期刊质量外，高校的科研实力和科研合作质量也会对零被引率产生重要影响。这样，零被引率在一定程度上可以作为评价高校科研实力与影响力的一个补充指标，用于发现高校在学科建设过程中的不足与差距。

必须要提出的是，由于数据库本身存在一些局限性，在很大程度上会影响零被引论文的研究。例如，计算被引次数时是否能纳入其他数据库的信息（中国知网可以统计来自期刊论文和学位论文的引用），是否能有足够强的回溯性，将新产生的数据信息与很久之前的信息进行良好的匹配等，都会影响分析结果。这种局限性使得"零被引"不是绝对的，而是一定限定条件之下的。实际上，本章对"零被引"不做过多的假设和条件框定，未做统一的定义，也是出于这样的考虑。只要能在一定的范畴之内更准确地描述零被引论文的一些现象，甚至去发现一些"规律"，总是有意义的。

第九章 零被引主题的拓展研究

零被引论文亦即论文的被引次数为零。还有一部分其他的原因,可能造成论文的被引次数为零,如引文失范、引文错误、统计源的差异等。

为此,本章分别从高影响力科技论文预测研究、"零被引"专利分析、错误参考文献传播网络反映出来的科学家引文失范行为,以及中文期刊与中文引文数据库的错误引文识别方法研究与成因解析等角度,拓展了零被引相关研究,从另一个角度解析造成零被引论文的可能原因。

9.1 基于科学研究问题成熟度的未来高影响力科技论文预测研究

本节主要进行未来高影响力科技论文的识别方法研究,在此给出了高影响力科技论文的概念界定:高影响力科技论文指那些提出的研究成果、思想、观点、方法等对本学科的发展及在科学共同体的交流中产生了重大影响的科技论文。

本节将尝试采用论文所研究的科学问题在不断转化为技术研发过程中,也就是从论文与专利的增长关系进行论文未来影响力的趋势判断——科技论文科学研究问题成熟度的判断方法。

9.1.1 科技论文科学研究问题成熟度判断方法

科技论文是科研活动的重要组成部分,也是表征科研活动发展的一个重要的产出指标。Braun T 将某研究领域的发展过程用图 9-1 所示的 S 形曲线呈现出来。该图横坐标为发表论文的时间,纵坐标为某时间段论文发表的数量。研究者将表征领域发展过程的 S 形曲线划分为 5 个时段,分别为潜伏期、早期、扩张期、成熟期及衰退期。在潜伏期,该领域的知识量很小,甚至可能为零,它表现出来的科研活动及其产物——科技论文的数量为零,或者很少;在早期的发展创新阶段,论文数量开始增加,但增加的速度较为缓慢;在扩张期,论文数量继续扩增,增长速度明显加快;在成熟期,论文数量达到了高峰,增长率降低,直至趋于较低水平,此阶段研究活动持续进行,论文的数量保持相对稳定;在进入衰退期后,该领域的论文数量出现了负增长,科研人员逐步退出这一成熟领域,而转向其他的新领域,该领域的研究活动逐渐终止。

第九章 零被引主题的拓展研究

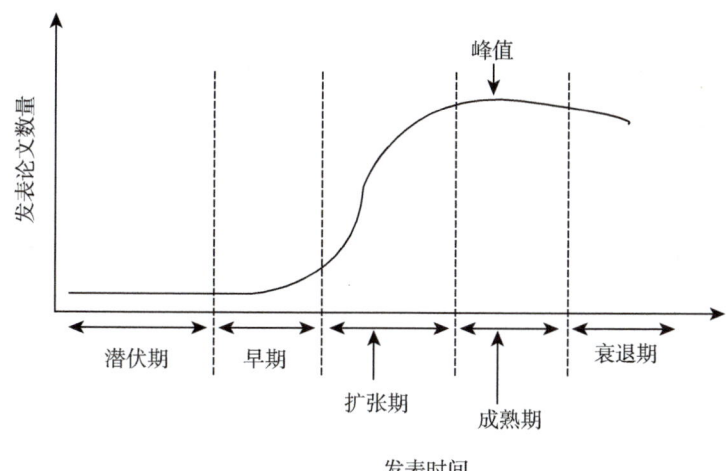

图 9-1 某研究领域发展趋势

论文科学研究问题的成熟度，是指一项研究可能处于研究生命周期的不同阶段。选取科技论文增长率和专利增长率 2 个指标来表征科技论文所研究科学问题的发展阶段，正是基于科研生命周期的概念。这体现了科学研究与技术的互动关系——科学研究转化为技术，技术的发展又促进了科学研究。

基础研究的发展可以通过科技论文的增长率来反映，技术的发展可以通过专利的增长率来表示。科技论文的增长率呈现正态分布，专利的增长率同样也具有正态分布的特点。由于科技论文与专利的产出时间不一致，所以在加入时间维度后，相对科技论文的正态分布曲线，专利增长率正态分布曲线滞后一个时间段 $t[0 \sim n]$。这个时间段 t 的长短取决于该领域科技论文所体现的科学研究问题转化为专利的速度。

因此，本研究选择科技论文增长率和专利增长率这 2 个指标构建研究生命周期坐标图。针对某一具体的科技论文，可根据该论文的这 2 个指标（论文增长率和专利增长率）投射到坐标图的位置来判断该论文科学研究问题所处的科研生命周期的阶段。

通常情况下，当处于萌芽状态到基础研究快速增长阶段时，科技论文的数量从缓慢增加直至快速增长。科学研究问题的相关基础研究论文皆产生于该阶段。此时，研究活动主要分布于少数科研群体之中，其集中度相对较高。再者，当科学研究问题有了突破性的进展或引起了更广泛的关注，相关的科技论文数量便会迅速增长，论文增长率快速上升。因此，该科学研究问题的基础研究论文和突破性进展的相关论文皆集中在本阶段，涵盖了该研究的基础理论和方法、突破性发展或重要转折点的理论和方法，足见其重要性。

当处于技术发展成熟阶段时，重要的基础发明诞生。随着越来越多的研发企业进入该领域，基础研究趋于完善，并不断有突破性的技术出现。此时，重要的基础专利技术和突破性的技术都集中在该阶段，而且这些技术势必成为可供后续发展技术借鉴的技术原型。技术的发展促进了科学问题的研究，由技术映射的科技论文体现了重要的技术发展，可预见随着科学研究问题的深入研究和技术的不断发展，其影响力不断提高。

在衰退阶段时，论文数量缓慢回落至极小数量，论文增长率快速下降，并趋于零。同时由于缺乏基础研究的持续支持和突破，技术的发展进入下降期。每年专利申请量呈现负增长，且负增长率绝对值持续上升至高点。此时，论文的增长率及专利的增长率皆为负增长状态，表明该科学研究问题进入衰退阶段。

进入基础研究复兴阶段后，代表科研基础问题的论文出现突破，相应的论文数量缓慢上升，开始进入新一轮周期的萌芽期。此时，专利增长率负增长回落，还未显现出突破性进展对专利转化的影响。论文增长率出现正向的缓慢提升，表明此阶段基础研究进入复苏阶段。

因此，基于上述分析我们认为，可通过科技论文增长率和专利增长率2个指标来表征科技论文所研究的科学研究问题的发展阶段，且如果处于萌芽状态到基础研究快速增长阶段、技术发展成熟阶段，则认为该科技论文未来具有高影响力的概率较大。

9.1.2 科技论文科学研究问题成熟度发展假设

根据科技论文增长率与专利增长率在同一研究时间段中所表现出的发展特点，结合实际科技论文所代表的科学问题的技术原型转化为专利的发展趋势，将一个领域的发展过程划分为4个阶段，分别为基础研究快速增长阶段、技术发展成熟阶段、衰退阶段、基础研究复兴阶段。

依据上述分析，设计科技论文科学研究问题成熟度判断的坐标图（图9-2、图9-3和图9-4）。其中，图9-2模拟了论文年度数量增长、专利年度数量增长过程，图9-3模拟了论文增长率、专利增长率变化过程，图9-4以论文增长率—专利增长率来表现科技论文科学研究问题成熟度坐标图。

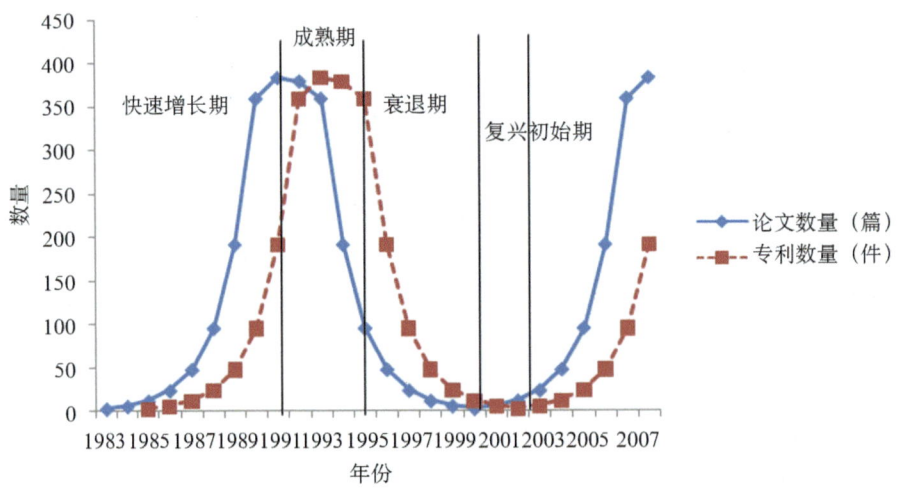

图9-2 论文年度数量增长、专利年度数量增长过程示意

第九章 零被引主题的拓展研究

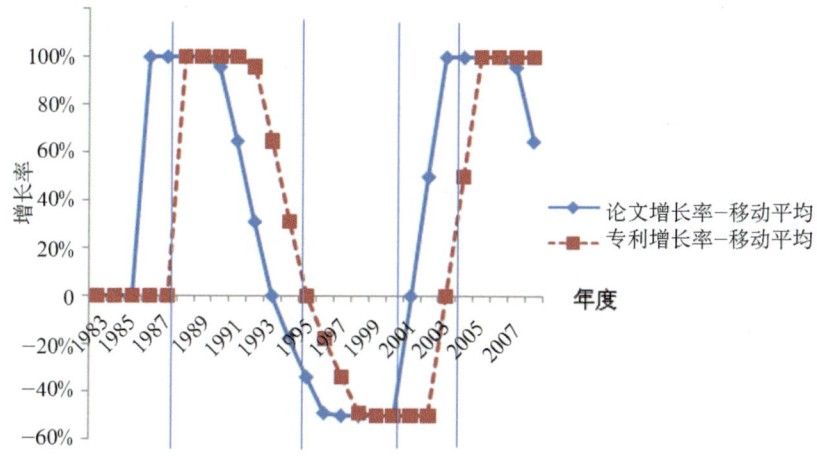

图 9-3 论文增长率、专利增长率过程示意

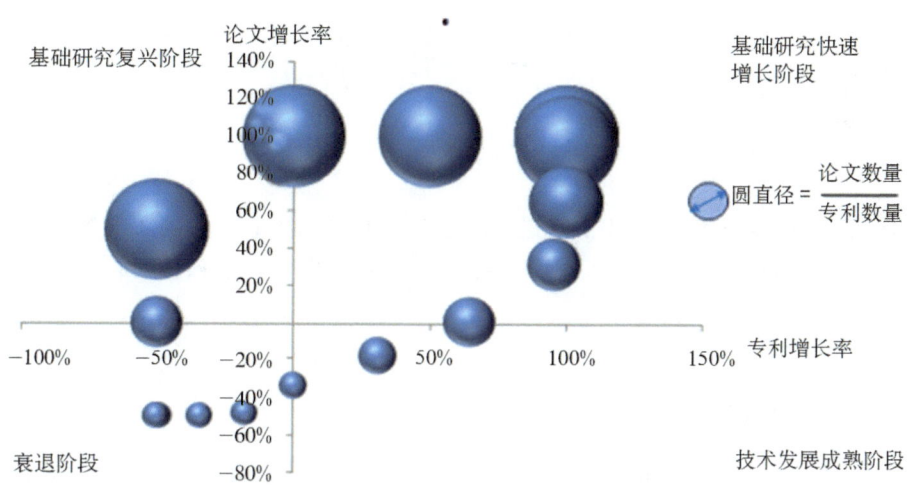

图 9-4 科技论文科学研究问题成熟度坐标图

本研究通过数据模拟了论文与专利增长至衰退的发展过程，构建论文增长率与专利增长率的发展关系模型图（图 9-4）。在图 9-4 中，X 轴代表专利增长率，表示某一时间段专利数量的增长率；Y 轴代表论文增长率，表示某一时间段论文数量的增长率。圆直径大小由该时间点的论文数与专利数的比值决定，可通过该比值初步判断各时间节点论文数量与专利数量的相。

图 9-4 中涉及的各种指标解释如下。

论文增长率指本时间段发表论文数和上时间段发表论文数相比较的变化幅度，也称增长率。

$$\Delta A_i = \frac{A_i - A_{i-1}}{A_{i-1}} \times 100\%$$

$$= \left(\frac{A_i}{A_{i-1}} - 1\right) \times 100\%$$

其中，A_i 为当期论文发表数量，$i=n$（$n=1,2,\cdots,n$）。

专利增长率指本时间段专利数和上时间段专利数相比较的变化幅度，也称增长率。

$$\Delta P_j = \frac{P_j - P_{j-1}}{P_{j-1}} \times 100\%$$

$$= \left(\frac{P_j}{P_{j-1}} - 1\right) \times 100\%$$

其中，P_j 为当期专利数量，$j=m$（$m=1,2,\cdots,m$）。

圆面积：

$$S = \frac{1}{2}\Pi\left(\frac{A_{i=n}}{P_{j=m}}\right)^2$$

$$R = \frac{A_i = n}{P_{j-m}}$$

其中，S 代表图中投射到坐标图中的圆的大小，用面积来代替；R 代表图中投射到坐标图中的圆的直径；A_i 为当期论文发表数量，$i=n$（$n=1,2,\cdots,n$）；P_j 为当期专利数量，$j=m$（$m=1,2,\cdots,m$）。

9.1.3　实验与结果分析

（1）分析主题领域及数据来源

近年来，针对碳纳米管纤维的研究，无论在制备还是在力学、电学、热学性能等方面都取得了不少实质性的进展，其产品也在高性能材料领域中显示了极广阔的应用前景。因此，本节选择碳纳米管纤维领域的科技文献作为统计分析的素材。

本节采用时序验证法，选取以 2008 年 1 月为时间节点，构建了时间节点后（2008 年 1—6 月）发表的科技论文预测数据集和时间节点前高影响力科技论文数据集。

领域数据来源于 WoS 平台中的数据库，包括 SCIE、SSCI、CPCI-S、CCR-Expanded、IC.，检索式为 {（TI=（"carbon nanotube*"）OR TI=（"carbon-nanotube*"）OR TI=（"CNT*"）OR TI=（"SWNT*"）OR TI=（"MWNT*"）OR TI=（"DWNT*"）OR TI=（"SWCNT*"）OR TI=（"MWCNT*"）OR TI=（"DWCNT*"））AND（TI=（fiber* OR TI=（fibre*）OR TI=（yarn*）OR TI=（forest*）OR TI=（sheet*）OR TI=（spun*）OR TI=（spin*））)}，检索时间跨度为 2008 年 1 月 1 日—2008 年 6 月 30 日，并限定文献类型为 Article、Proceedings Paper、Review、Letter，共获得有效检索结果 91 篇，构成本节实验研究中所需进行未来影响力预测的新近发表科技论文数据集。

此外，本节构建了最早出现该领域论文的 1900 年，一直到 2007 年这一时间段的具有高影响力的科技论文数据集。作者在前期研究中提出了高影响力论文测度的理论模型，本节依据该模型，采用引文主路径、多重引文网络、研究前沿、高被引、研究热点5种标准和方法，构建了高影响力科技论文数据集，此处不再赘述具体构建过程。本节检索了碳纳米管纤维领域的文献共计441篇，依据5种方法筛选、合并、去重，共获得高影响力科技论文95篇。

（2）主题引用强度分析方法

如果某一数据集B中的单篇论文引用了另一不重叠数据集A中的一篇论文，则认为这2篇论文在主题上存在某种联系（图9-5）。

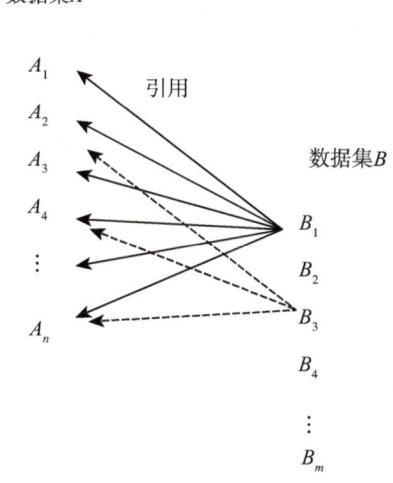

图9-5　数据集B与数据集A的引用关系

为了进一步从数量的角度来研究数据集B中每一篇论文与数据集A中论文的引用关系，本节引入了主题引用强度的概念，即，如果数据集B中一篇论文B_1引用了数据集A中的一篇论文A_1，则B_1和A_1之间的主题引用强度定义为1；当B_1同时还引用了数据集A中的另一论文A_2，则主题引用强度为2，以此类推（即主题引用强度有加和性）。主题引用强度越大，就意味着数据集B中的该篇论文与数据集A中论文在主题上联系越紧密。因此，可根据数据集B中科技论文在主题上与数据集A中论文的不同主题引用强度划分为不同等级。如果给主题引用强度设定某一合理阈值，那么数据集B中处于该阈值内的论文则可进入未来具有高影响力科技论文的筛选集合。

（3）主题引用强度数据处理

本部分旨在分析新近发表论文数据集中单篇论文引用高影响力科技论文数据集中所有论文的主题引用强度。主题引用强度越大，就意味着新近发表论文数据集中的该篇论文与高影响力科技论文数据集中的论文在主题上联系越紧密。因此，利用主题引用强度这一指标的不同数值表现，可以划分出在主题上新近发表科技论文的不同主题引用强度等级。

本步骤统计新近发表论文数据集中单篇论文引用高影响力科技论文数据集中论文的篇

数。以新近发表论文数据集中单篇论文引用高影响力科技数据集中论文的频次≥2为标准，从新近发表论文数据集中筛选保留了20篇（表9-1）。

表9-1 以主题引用强度指标筛选保留的论文

序号	论文标题	主题引用强度
1	Reactive spinning of cyanate aligned amino-functionalized ester fibers reinforced with single wall carbon nanotubes	7
2	Controlled growth of super-aligned carbon nanotube arrays for spinning continuous unidirectional sheets with tunable physical properties	6
3	Coupling of spin and orbital motion of electrons in carbon nanotubes	6
4	Mode-locked 1.93 mu m thulium fiber laser with a carbon nanotube absorber	4
5	Carbon nanotube yarns: Sensors, actuators and current carriers	4
6	Direct Synthesis of CNT Yarns and Sheets	4
7	Vertically aligned pearl-like carbon nanotube arrays for fiber spinning	4
8	A rigid-fiber-based boundary element model for strength simulation of carbon nanotube reinforced composites	4
9	In situ preparation and continuous fiber spinning of poly（p-phenylene benzobisoxazole）composites with oligo-hydroxyamide-functionalized multi-walled carbon nanotubes	4
10	Substrate characteristics beneath self-aligned carbon-nanotube forests	4
11	Preparation and characterization of electrospun fibers of poly（methyl methacrylate）- single walled carbon nanotube nanocomposites	3
12	Sign change of Poisson's ratio for carbon nanotube sheets	3
13	Critical carbon nanotube length in fibers	3
14	Barium-functionalized multiwalled carbon nanotube yarns as low-work-function thermionic cathodes	3
15	CVD synthesis of hierarchical 3D MWCNT/carbon-fiber	3
16	A facile and patternable method for the surface modification of carbon nanotube forests using perfluoroarylazides	2
17	Growth of carbon nanotubes on carbon fibre substrates to produce hybrid/phenolic composites with improved mechanical properties	2
18	Spin-orbit interaction and anomalous spin relaxation in carbon nanotube quantum dots	2
19	A miniature glucose/O-2 biofuel cell with single-walled carbon nanotubes-modified carbon fiber microelectrodes as the substrate	2
20	Growth of carbon nanotubes on the surface of carbon fibers	2

9.1.4 科技论文科学研究问题成熟度判断

根据本研究设计的方法，对上一步骤中筛选保留的 20 篇科技论文进行科学研究问题成熟度的判断。

（1）单篇论文分析思路

单篇论文分析的思路为，首先确定单篇论文的研究主题，检索获得相应年度的同主题科技论文数量、专利数量；然后计算年度论文增长率和专利增长率；最后绘制论文和专利年度数量增长过程模拟图、论文增长率—专利增长率过程模拟图、科技论文科学研究问题成熟度坐标图。

（2）单篇论文分析过程

科技论文检索方案。先从单篇论文的标题、摘要、关键词及正文提取可代表该论文研究主题的关键词，构建检索式。之后在 WoS 平台，根据构建的检索式检索相关科技论文，进行数量统计，时间限定为 1900—2007 年。

专利检索方案。首先，对整个碳纳米管纤维领域的相关专利进行查全检索。共设计 3 个检索式，最终检索结果为检索式 1 至检索式 3 的检索结果合并去重，形成碳纳米管纤维领域的专利集。此步骤的专利检索数据库为 DII 数据库，时间限定为 1900—2007 年。共计检索 3837 条专利，合并同族专利后为 2787 条。进行专利地图分析（图 9-6），获取领域专利集中的主要专利子主题。

图 9-6 碳纳米管纤维领域（1900—2007 年）专利地图

检索式1：

主　题 =（（"carbon nanotube*" OR "carbon-nanotube*" OR "carbon nano-tube*" OR "CNT" OR "CNTs" OR "SWNT" … OR 主题 =（"carbon nanotube filament*" OR "carbon nanotube strand*" OR…carbon nanotube whisker*"）

检索式2：

主　题 =（（"carbon nanotube*" OR "carbon-nanotube*" OR "carbon nano-tube*" OR "CNT" OR "CNTs" OR "SWNT" …）SAME woven）

检索式3：

主　题 =（"carbon nanotube*" OR "carbon-nanotube*" OR "carbon nano-tube*" OR "CNT" OR "CNTs" OR "SWNT" …）AND 德温特分类代码 =（A32 OR F01 OR F04）

然后，根据单篇论文所确定的检索式在碳纳米管纤维领域的专利集中进行二次检索，与专利子主题匹配，以获得更为准确的单篇论文研究主题的相关专利。

最后，对单篇论文研究主题对应的相关专利进行时间切片分析，确定以优先权年为时间单位的专利文献数量。

本部分接下来对筛选后的20篇论文分别进行上述分析，下文仅详细说明其中1篇论文的分析过程及结论。

论文1，篇名为"Controlled growth of super-aligned carbon nanotube arrays for spinning continuous unidirectional sheets with tunable physical properties"，发表于 *Nano Letters* 期刊。

依照上述检索方案共获得相应子主题的论文514篇、专利135条。此处确定论文的研究主题，可通过该论文提取关键词与该领域主题词，通过关键词共现、共被引等方法进行匹配，因为本节的数据样本较少，因此采用人工判读及专家咨询方法确定了研究主题。依照该主题的论文集专利数据，绘制论文年度数量增长、专利年度数量增长变化（图9-7）、论文增长率—专利增长率变化（图9-8）、科技论文科学研究问题成熟度坐标（图9-9）。

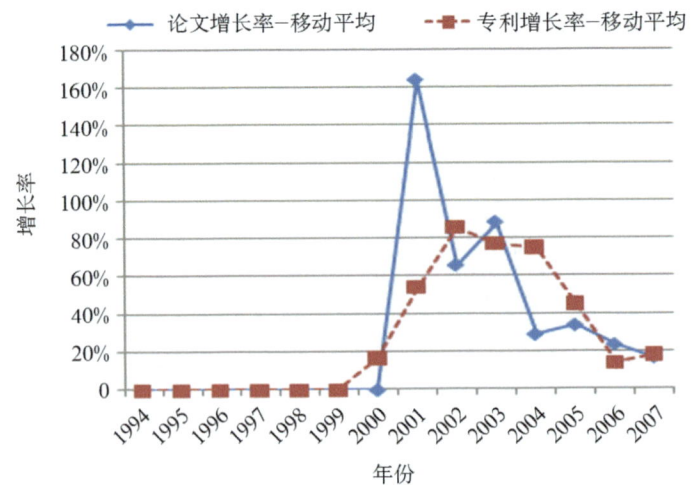

图9-7　论文年度数量、专利年度数量增长变化

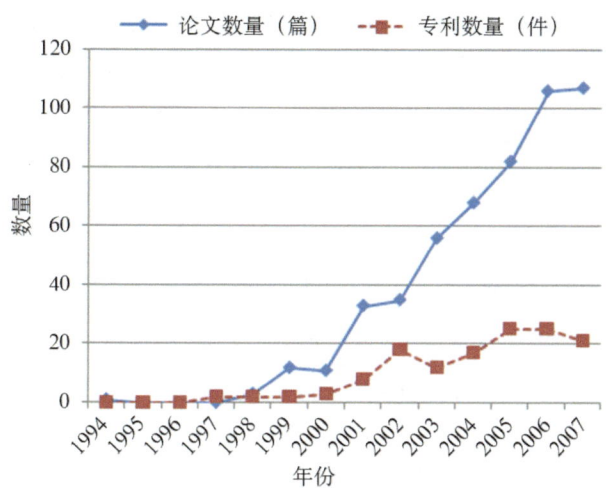

图 9-8　论文增长率—专利增长率年度变化

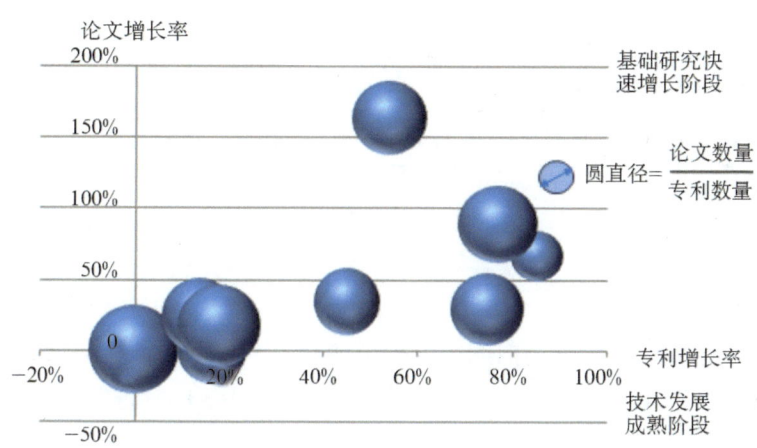

图 9-9　科技论文科学研究问题成熟度坐标图（论文增长率—专利增长率）

由图 9-9 可知，该主题的研究论文增长率及专利增长率皆在第一象限，即基础研究快速增长阶段。数据点较紧密地分布在两个区，一是第一象限的左下角，二是第一象限的右部。一区的论文数量相对高于专利数量，基础研究活动较多；二区专利增长率上升，专利转化活动增多，该论文的主要研究也是面向生产而进行的技术问题研究。分析表明，该论文所归属的科学研究问题处于潜在发展能力较高的区域。

（3）单篇论文分析后遴选标准

经由单篇论文分析后获得科学研究问题成熟度筛选后的论文集，共计 10 篇（表 9-2）。具体的筛选标准为：单篇论文所代表的研究主题的论文增长率和专利增长率分布在第一、第二象限，即基础研究快速增长阶段和技术发展成熟阶段；且单篇论文所代表的研究主题的论文年度数量和专利年度数量的数据有一定的积累，具有统计意义；结合领域专家的意见。

表 9-2 经由科学研究问题成熟度筛选后获得的论文集

序号	论文标题
1	Reactive spinning of cyanate aligned amino-functionalized ester fibers reinforced with single wall carbon nanotubes
2	Controlled growth of super-aligned carbon nanotube arrays for spinning continuous unidirectional sheets with tunable physical properties
3	Coupling of spin and orbital motion of electrons in carbon nanotubes
4	Mode-locked 1.93 mu m thulium fiber laser with a carbon nanotube absorber
5	Vertically aligned pearl-like carbon nanotube arrays for fiber spinning
6	In situ preparation and continuous fiber spinning of poly（p-phenylene benzobisoxazole）composites with oligo-hydroxyamide-functionalized multi-walled carbon nanotubes
7	Sign change of Poisson's ratio for carbon nanotube sheets
8	Growth of carbon nanotubes on carbon fibre substrates to produce hybrid/phenolic composites with improved mechanical properties
9	Spin-orbit interaction and anomalous spin relaxation in carbon nanotube quantum dots
10	Growth of carbon nanotubes on the surface of carbon fibers

9.1.5 比较与讨论

（1）验证方法

本部分采用时序验证法。采用前期研究提出的高影响力科技论文的计量标准和方法，获得截至 2012 年 12 月 31 日的高影响力科技论文 10 篇（表 9-3）。

表 9-3 碳纳米管纤维领域高影响力科技论文列表

序号	论文标题	被引频次
1	Coupling of spin and orbital motion of electrons in carbon nanotubes	208
2	Controlled growth of super-aligned carbon nanotube arrays for spinning continuous unidirectional sheets with tunable physical properties	79
3	A facile and patternable method for the surface modification of carbon nanotube forests using perfluoroarylazides	67
4	Joining prepreg composite interfaces with aligned carbon nanotubes	65
5	Growth of carbon nanotubes on carbon fibre substrates to produce hybrid/phenolic composites with improved mechanical properties	60

续表

序号	论文标题	被引频次
6	A miniature glucose/O–2 biofuel cell with single-walled carbon nanotubes-modified carbon fiber microelectrodes as the substrate	50
7	In situ preparation and continuous fiber spinning of poly（p-phenylene benzobisoxazole）composites with oligo-hydroxyamide-functionalized multi-walled carbon nanotubes	34
8	Reactive spinning of cyanate aligned amino-functionalized ester fibers reinforced with single wall carbon nanotubes	9
9	Mode-locked 1.93 mu m thulium fiber laser with a carbon nanotube absorber	109
10	Sign change of Poisson's ratio for carbon nanotube sheets	75

（2）识别结果对比

利用本节提出的主题引用强度方法、科技论文科学研究问题成熟度方法等组合方法识别了 2008 年 1 月 1 日—2008 年 6 月 30 日的潜在的未来高影响力科技论文集；利用建立了截至 2012 年 12 月 31 日的高影响力科技论文集。本节主要是对两个结果论文集进行对比，验证本节提出的识别未来高影响力科技论文方法的预测效果，并对结果进行分析。

对比两组论文集发现，利用本节提出的方法对未来高影响力科技论文进行识别，识别的 10 篇中有 7 篇与实际结果相符。

通过上述实证研究可以看出，本节提出的较系统的识别方法不需要专家的深度参与，因此成本较低、效率较高。

（3）结果分析及解决方案

在结果对比中发现，其中 3 篇论文未能识别出来。本节通过对此 3 篇论文进行逐一分析获知，其中一篇论文是因为数据库标引的问题出现漏检，导致最终识别结果的成功率有所降低；另外两篇未识别的原因主要是相关主题的论文及专利的数量过少，时间跨度小，统计意义不足，因此未做进一步分析。

针对第一种情况，即数据库标引的问题造成漏检，可在后续的实验中人工筛选出标引不明确的论文。

具有高影响力的科技论文通常会有两种表现：其一是提出了突破性的理论或新的科研问题，其二是针对突破性理论进行了实验验证或提出了解决方案。因此，对于第二种情况，应对此类论文的研究内容进行深入分析，判断其研究内容是否在解决方案上有大的提升，或者是否提出了突破性的理论，必要时引入专家咨询进行判定。

9.1.6 结论与讨论

通过对相关研究进展的分析可以看出，目前的未来高影响力科技论文的识别工作还存在一些不足之处，识别角度或方法过于单一。本节运用一种新的测度方法——科学研究问题成熟度来展现新近发表论文的未来影响力，并以碳纳米管纤维领域为例，提取论文及专利产出，构建科学研究问题成熟度方法，结合主题引用强度分析方法和时序分析方法来分析和验证该领域未来高影响力的科技论文。研究表明，科学研究问题成熟度方法可以反映论文的未来高影响力程度，并与其他指标方法互相补充，成为预测论文未来高影响力的有效方法。同时也看到，本研究以领域主题的发展来验证单篇论文的发展，面向的是宏观和中观的层面，可尝试用于研究机构的学科规划、国家科技规划的定量数据支撑。但是该方法并不能直接用于微观层次的评价，如对个人科研绩效的评价。

9.2 "零被引"专利就没有价值吗？

当前对零被引论文的定义，是在分析的数据库中，一个国家、机构、期刊或个人某个时期出版的论文集合中，在出版后某个引用时间窗口中未被引用过的论文。这里分析的对象是零被引专利，故而可以界定为：在分析的数据库中，一个国家、机构或个人某个时期申请的专利集合中，在公开后某个引用时间窗口中未被引用过的专利。

上面提到的数据库，一般都是同类文献的数据库，即零被引论文的分析数据库是论文数据库，体现的是论文被论文引用的次数为零；而对应的零被引专利的分析数据库是专利数据库，体现的是专利被专利引用的次数为零。在科学计量学中，论文的被引次数可直观体现论文的价值和质量，同样在专利计量学中，专利的被引次数亦部分地体现了专利的价值和水平。

结合前人的研究成果，可以初步做出一个推断，即同类型数据库中的文献若被引次数为零的话，则表明其价值或质量较差，或者意义不大。但是，这一类型数据库中的零被引，在另一类型的数据库中也是零被引吗？

9.2.1 研究思路

论文的被引次数，指的是一篇论文在发表后的一段时间内被后续其他论文引用次数的总和。其中，引用次数指的也就是论文在后续其他论文的参考文献中出现的次数。根据《文后参考文献著录格式》GB 7714—2015 的标注，参考文献可以有普通图书、会议论文、报告、学位论文、专利文献、标准文献、电子资源等多种类型。同时，在统计 CSTPCD 2009—2012 时，我们发现论文引用的参考文献中，除了期刊论文外，还引用了大量的书籍、专利等，其中，专利引文总量的比例约占引文总量的 0.33%。

专利在论文的参考文献中出现，亦即专利被论文引用了，那么是否存在这样的情形：专利是被论文引用了，而它在专利数据库中的被引次数为零呢？如果存在这样的情况，那么是否说明这样的专利价值或质量较差，或者意义不大呢？

9.2.2 研究数据

在分析 CSTPCD 2009—2012 时，我们发现有大量的被引次数（专利被论文引用的次数）

较高的专利,甚至年均被引次数高于 5 次。例如,发明人 Hough 的 US3069654、Thomas 的 GB92/02203、Zabeau 的 EP92402629、高明智的 CN1453298A,以及 Formhals 的 US1975504 等。

同时,还有一部分专利的"被引次数为零"(即专利在专利数据库(DII)中的被引次数为零),但是其在 CSTPCD 中的被引次数却较高。

在表 9-4 中,第一项专利"滤波减速器"在 CSTPCD 和 DII 中都有较高的被引次数,体现的是王家序等人申请的专利对于科学研究和技术发展都有较高的参考价值。

除了第一项专利以外,其他 5 项专利在 DII 中的被引次数较低(专利 2 和专利 3),或者为零(专利 4、专利 5 和专利 6)。按照前人的一般看法,专利零被引意味着价值或质量较差。真的如此吗?

表 9-4 部分专利在 CSTPCD 和 DII 中的引用次数

序号	题目	CSTPCD 引用次数(次)	发明人	专利申请号	DII 引用次数(次)	申请日期
1	滤波减速器	11	王家序,肖科,李俊阳,周广武	CN201010104359.5	10	2010-02-01
2	网络化制造系统中的多功能交互式信息终端	11	刘飞,鄢萍,贺德强	CN02113585.1	2	2002-04-06
3	自适应冲击能量吸收装置	10	雷正保,颜海棋	CN200710034933.2	1	2007-05-17
4	一种非接触式大间隙磁力驱动方法	11	谭建平,许焰,廖平,刘云龙,周俊峰,李谭喜	CN200810030545.1	0	2008-01-25
5	辐射型体内张拉成形空间网格结构	11	张毅刚,王成	CN200620113271.9	0	2006-04-29
6	一种加氢催化剂的预硫化方法	10	于守智,高晓冬,陈若雷	CN01134280.3	0	2001-10-30

注:DII 中的被引次数检索时间为 2015-12-31。

下面以专利 6"一种加氢催化剂的预硫化方法"在 CSTPCD 中的引用为例,探讨"零被引专利"在论文数据库中体现出的价值。

9.2.3 "零被引专利"的价值分析——以"一种加氢催化剂的预硫化方法"在 CSTPCD 中 10 篇施引文献为例

(1)"零被引专利"的技术内容解读

该项专利是由中国石油化工股份有限公司和中国石油化工股份有限公司石油化工科学研

究院的于守智、高晓冬和陈若雷在 2001 年 10 月 30 日联合申请的中国专利。

该项发明专利提出了一种加氢催化剂的预硫化方法，包括用一种含硫化烯烃的溶液浸渍一种加氢催化剂，然后在惰性气氛下加热该催化剂，所述含硫化烯烃的溶液是温度为室温至 220 ℃，溶解有元素硫的含硫化烯烃的溶液。采用该方法对加氢催化剂进行预硫化，相对于之前的技术发明成果，如于守智、高晓冬和陈若雷在 2000 年申请的同类成果 CN00100400.X，可大大降低催化剂的破碎率，并且可提高硫的保留度。

（2）"零被引专利"在 CSTPCD 中 10 篇施引文献分析

"零被引专利" CN01134280.3 在 2009—2012 年的 4 年中被中国科技期刊论文引用了 10 次，分别是在 2005 年、2007 年、2008 年、2009 年、2010 年、2011 年和 2012 年引用的，其中在 2009 年影响最甚，为 4 次（表 9-5）。

表 9-5 "零被引专利" CN01134280.3 的 10 篇施引文献信息

序号	施引第一作者	施引文献题目	施引期刊名称	施引单位	施引年份
1	丁伯强	加氢催化剂预硫化技术进展	石化技术与应用	大庆石油学院	2005
2	汲永钢	2-丁烯合成有机硫化剂的研究	化学与黏合	大庆石油学院	2007
3	葛晖	硫代硫酸铵预硫化的 MoO_3/Al_2O_3 催化剂的活化和加氢脱硫活性	催化学报	中国科学院山西煤炭化学研究所	2008
4	任志鹏	非贵金属加氢催化剂的预硫化技术进展	北京石油化工学院学报	北京化工大学	2009
5	葛晖	硫代硫酸铵预硫化的 Mo/Al_2O_3 催化剂加氢脱硫反应性能研究	燃料化学学报	中国科学院山西煤炭化学研究所	2009
6	谢传欣	硫化油生产过程的活性反应危害识别与评估	中国安全生产科学技术	青岛安全工程研究院	2009
7	陈寻成	RS-1000 催化剂在柴油加氢装置上的应用及柴油产品升级探讨	石油炼制与化工	海南炼油化工有限责任公司	2009
8	张健伟	加氢催化剂预硫化宏观动力学	化学反应工程与工艺	大庆石油学院	2010
9	鄂强	DN200 与 DN3551 加氢催化剂的硫化过程及工业应用	石化技术与应用	中国石油锦西石化公司	2011
10	尚玉光	硫粉改性 Mo 基耐硫甲烷化催化剂	石油化工	天津大学	2012

该项技术发明主要影响到了大庆石油学院、中国科学院山西煤炭化学研究所、北京化工大学、青岛安全工程研究院、海南炼油化工有限责任公司、中国石油锦西石化公司、天津大学等大学和研究所的研究人员丁伯强、汲永钢、葛晖、任志鹏等人。

从施引期刊的角度来看，技术发明"一种加氢催化剂的预硫化方法"影响到了《石化技术与应用》《化学与黏合》《催化学报》《北京石油化工学院学报》《燃料化学学报》《中国安全生产科学技术》《石油炼制与化工》《化学反应工程与工艺》《石化技术与应用》《石油化工》等科技期刊。

结合施引期刊所属的学科分类（在CSTPCD中，1份期刊可以属于多个学科分类），该项技术发明主要影响到了石油天然气工程、精细化学工程、应用化学工程、能源科学综合、安全科学技术等领域，其中，对石油天然气工程影响最大，引用次数为5次，其次是精细化学工程，为3次。

（3）"零被引专利"的学术影响分析——基于10篇文献的内容分析

根据表9-5的信息，笔者进一步在CSTPCD中检索这10篇施引文献，并下载这些文献的标题、摘要和关键词。从施引文献内容的角度出发，探讨该项技术发明的技术影响主题。

1）分析流程

从图9-10可见，接下来的分析有5个步骤，包括数据采集、数据清洗、中文自然语言处理、内容分析和数据可视化。

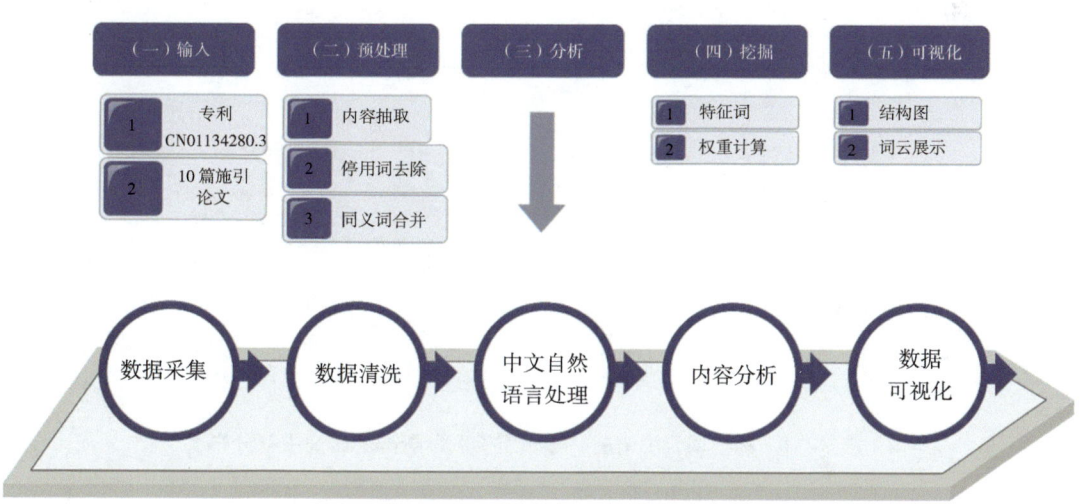

图9-10 基于内容分析的"零被引专利"CN01134280.3的影响计量

在数据采集阶段，主要是输入"零被引专利"CN01134280.3和10篇施引文献的信息；之后对提取的数据进行数据清洗，主要是抽取"零被引专利"CN01134280.3的题目、摘要、主权项等表征技术发明思想的著录项。同时抽取10篇施引文献的标题、摘要、关键词等表达期刊论文主题的著录项。进而对前面提取到的专利和施引文献的内容进行停用词去除、同义词合并等预处理。

在中文自然语言处理阶段，对前面抽取的内容进行分词处理，挖掘表征主题内容的特征词，并采用TF-IDF算法计算不同特征词的权重，识别与出现次数成正比，但与出现的论文频率成反比的重要的研究主题。

之后，采用词云图谱的方式，对这些施引文献的研究主题进行可视化展示与分析。这里的词云图谱，类似于标签云图（Tag Cloud）。其中，图谱中的标签体现的是"（四）挖掘"出的重要的研究主题词，而标签的重要性（权重）通过主题词的大小、颜色、位置等来体现。这种词云图谱可以通过主题的颜色、主题词的大小、主题在图谱中所处的位置等，直观展示受"零被引专利"CN01134280.3影响的主要研究主题及不同研究主题受影响的程度等。

2）"零被引专利"影响的研究主题分析

如图9-11所示，"零被引专利"影响到的研究主题，包括硫化、催化剂、加氢、脱硫、柴油、硫代硫酸铵、硫化剂、甲烷、丁烯、硫含量、氧化钼、噻吩、硫化氢等。

图9-11 基于词云图谱的"零被引专利"影响的研究主题分布

在原料油的深度加工中，加氢的催化剂可以提高轻质油的收率，并脱除油品中的硫、氮、氧及金属杂质，改善石油产品质量，减少对大气的污染。同时，在加氢的催化剂中含镍、钴、钼、钨等常用的元素，此外还可能有氟、磷、硼等助催化剂成分。

在使用前，加氢催化剂中的活性金属成分将以氧化物形式分散在载体上。同时，前人研究表明：负载型金属氧化物催化剂活性较低、稳定性较差，只有经过预硫化处理，将金属氧化物转化为金属硫化物，才能使催化剂的活性和稳定性提高。原料油中的硫化物虽可在加氢过程中将催化剂的氧化态活性组分转变为硫化态，但原料油的硫化物浓度较低，不能使催化剂完全硫化，致使部分金属氧化物被还原而失去催化活性，故要对加氢催化剂进行预硫化处理，提升催化剂的性能。

3)"零被引专利"成果的工业化应用

该项发明成果生产出来的预硫化剂 RS，不仅对科学研究有影响，而且已经得到了工业化应用。首次工业生产的预硫化剂 RS-1（S）于 2003 年 6 月在长炼 500 kt/a 低压组合床重整装置的预加氢部分应用。结果表明，在原料较差、操作条件相对缓和的条件下（反应温度为 280 ℃，比使用 RS-1 催化剂时低 10 ℃），使用 RS-1（S）催化剂可生产出符合重整进料要求的精制石脑油。

2004 年 4 月，预硫化剂 RN-10B（S）在石家庄炼油厂 1 Mt/a 柴油加氢装置应用成功，催化剂活化过程 12 小时。结果表明，RN-10B（S）催化剂对生产低硫柴油，甚至超低硫柴油有很好的灵活性，各方面的性能均优于装置设计值，完全能满足生产及产品的市场要求。

2004 年 5 月，预硫化剂 RSS-1A（S）和 RGO-1（S）在中国石油化工股份有限公司北京燕山分公司 800 kt/a 航煤加氢工业装置上应用成功，整个活化时间为 14 小时左右。产品各项指标均达到 3# 航煤标准，且开车一次成功。

9.2.4 本节小结

针对前人对零被引的研究成果，我们发现，以往"零被引"的定义可能存在一定的局限，即只考察同类数据库中的引用情况。若将基于某类数据库的零被引文献看成价值较低的文献，就像根据一个人某方面的不佳表现就否定这个人的整体表现一样不合理。

本节分析的"零被引专利"在专利数据库中的被引次数为零，而在科技论文数据库中被引次数较高，因此可以认为是"放错地方的资源"。结合 2009—2012 年 CSTPCD 中的科技论文及其引文数据，本节发现了一些高被引专利。此外，本节详细分析了"零被引专利"CN01134280.3 的技术内容，并抽取了它的 10 篇施引文献，从研究内容的角度采用词云图谱的方式，展示了此"零被引专利"的学术影响，体现在硫化、催化剂、加氢、脱硫等研究主题。

结合文献调研，我们还发现"零被引专利"CN01134280.3 涉及的技术成果，不单有科学影响，同时已经实现了工业化，并在石家庄炼油厂、中国石油化工股份有限公司北京燕山分公司等创造了经济效益。

在钱学森的技术科学理论和科学技术体系学的思想中，"基础科学—技术科学—工程科学"是重要的组成部分，其抽象性、普遍性渐次减弱，而实践性、应用性逐渐增强，且前者是后者的理论基础，后者则是前者的具体应用。另外，在科学计量学中，论文表征着基础科学，专利体现着工程科学，那么该如何寻找"技术科学"的表征呢（图 9-12）？

通过分析，我们暂且认为"零被引专利"表征的工程科学价值或质量较差，但是有着较高科技论文引用次数的专利却可能体现了它的技术科学价值。推而广之，今后不妨用这样被论文频繁引用的专利来表征技术科学。

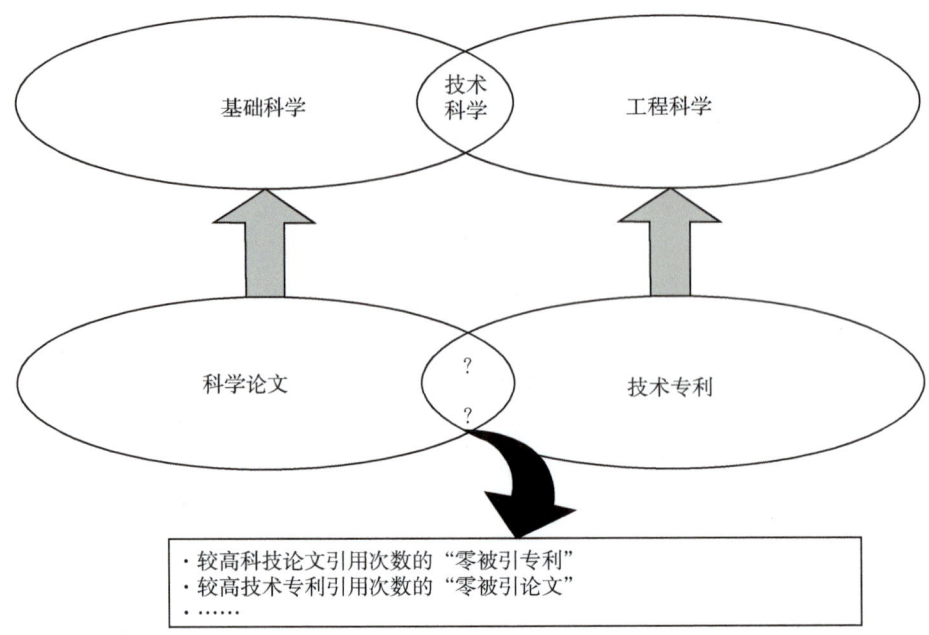

图 9-12　"基础科学—技术科学—工程科学"及其可能的表征

9.3　错误参考文献传播网络反映出来的科学家引文失范行为

9.3.1　研究背景

在本项研究之前，已有多位学者讨论过究竟什么是引文失范行为。引文失范行为受到关注的一个重要原因是因为错误引文会对包括科学家、期刊、机构乃至国家或地区在内的各层面的研究评价产生影响。防止错误引文产生的第一道防火墙在于作者本身，但期刊编辑人员与作者的团队成员也有责任。早在 20 世纪 90 年代，期刊 *Canadian Journal of Anaesthesia* 的编辑人员就意识到，该期刊稿件文末的参考文献中包含了相当数量的错误引文信息。为了降低错误引文的数量和由此可能带来的严重影响，从 1993 年起，该期刊编辑要求被录用论文的投稿人提供每一篇参考文献首页的影印件。这个措施极大地降低了错误引文出现的概率，尽管不能完全根除。当然，这个措施是电子数据库普遍存在之前不得已而为之，但即使是在当下，这个措施对于编辑来说也是个不错的主意。那些编辑自己无法检索到的会议论文集论文、著作的章节及未被主要数据库覆盖的期刊论文，不妨让作者扫描论文的首页附上。学者 Evans 在更早的一项研究中对 3 种期刊随机抽取 50 条参考文献进行核对，发现其中存在 13 个重大错误和 41 个小错误。据此认为，作者和审稿人并没有核对参考文献，而作者可能根本没有阅读过原始文献（这个观点是 Simkin 等人在 2003 年提出来的）。实际上，伴随着电子数据库的普及，核查论文中引文信息的准确性已经不是什么难题。O'Connor 等人在 2013 年通过小样本的抽样调查发现，和 10 年前相比，引文错误已经很少了。此外，至少在他们的样本中，检索所有被抽样的参考文献是完全可能的。他们认为，这种进步归功于电子数据库与专用文献编辑软件的使用。

Simkin 等人使用齐普夫模型，其后又在随机过程的基础上推演成一个更普适的统计学模型，估算出大约只有 20% 的施引作者阅读过引文的原始文献，而 70%～90% 的引文条目则来自对其他论文参考文献的复制。虽然我们倾向于赞同 Todd 和 Ladle 的评价，认为 Simkin 等人的结论可能过高估计了引文复制的比例，但却无论如何不能否认引文复制现象的存在。Wetterer 等人在其论文中甚至报告了"马德拉蚂蚁灭绝"这个并不存在的事实是如何通过错误引用和引文复制成为一个大多数人认同的结论。Harzing 指向的是关于移民失败率的错误引文，称这种例子为自我固化的神话。面对如此严重的情况，学者们应当努力去揭露和谴责各种引文失范行为，并节制自身，千万不要在自己不加阅读理解的情况下去复制参考文献。

本项研究是我们对原有研究工作的拓展和改进，通过构建错误参考文献传播网络（简称错引网络）揭示科学家的引文失范行为。

9.3.2 数据与方法

本节的论文和引文数据主要来自 WoS，采集时段为 2012 年 12 月 16—20 日。理论上，论文的被引频次越高，其被错误著录引用的概率也越高。因此，我们检索 WoS 中最高频被引的几篇论文，旨在发现规模较大且类型丰富的错引案例，构建错误参考文献传播的网络，分析传播的途径。最终，我们选择了一篇总被引超过 224 000 次，被引频次在 WoS 排名第 2 位，错引频次超过 10 000 次，错引类型超过 500 种的论文。该文作者为 Laemmli U K，论文发表在 1970 年的 *Nature* 上。WoS 被引频次排名第 1 位的是 Lowry O H 发表在 1956 年 *Journal of Biological Chemistry* 的论文。Laemmli 的论文如此高的被引与错引频次，如此丰富的错引类型，加上 *Nature* 在各个学术领域巨大的影响力，使得它成为我们最终选定的研究错误引文的最佳样本。此外，Laemmli 的论文并非 Simkin 等人 2005 年研究错引论文的样本，这次是首次被研究。

（1）错误参考文献的检索方法

借助 WoS 的基本检索（Basic Search）功能，基于以下检索式，我们可以得到 Laemmli 在 1970 年的 *Nature* 上发表的论文（简称为 Laemmli-Nature-1970），及其在 WoS 中的被引用记录：

Publication Name=（Nature）AND Author=（Laemmli UK） AND Year Published=（1970） Timespan=All years. Databases=SCI-EXPANDED.

检索结果如下：

Title: Cleavage of structural proteins during assembly of head of bacteriophage-t4

Author（s）: LAEMMLI, UK

Source: Nature Volume: 227 Issue: 5259 Pages: 680–& DOI: 10.1038/227680a0 Published: 1970

Times Cited: 207,775 （from Web of Science）

从以上基本检索结果可以看到，Laemmli 在 1970 年的 *Nature* 上仅仅发表了 1 篇论文，论文的卷码为 227，首页页码为 680。共计有 207 775 篇 WoS 收录文献引用过该论文，且这些施引文献对应的引文记录在数据库中均显示为卷码 227、首页页码 680。同时我们也发现，WoS 提供的标题信息与 *Nature* 上的原始文献也存在一些微小偏差，因而直接将 WoS 著录信息作为参考文献也是错误参考文献产生和传播的原因之一。此外，还有其他错引，如发文年错误或作者姓名拼写错误等。对于研究错引现象来说，我们的卷码-首页页码错引样本已经足够大了，因此，其他这些错误参考文献类型就不考察了。

然而，当我们在施行基本检索的同时，使用 WoS 的被引参考文献检索（Cited Reference Search）功能去检索 Laemmli-Nature-1970 时，却得到了不同的检索结果。我们采用的"被引用检索式"包含的信息与前述基本检索包含的信息完全一样：

Cited Author=（Laemmli, UK）AND Cited Work=（Nature）AND Cited Year=（1970）Timespan=All Years，Databases=SCI-EXPANDED

检索结果得到 224 397 条引文记录，比基本检索得到的 207 775 条多出了 16 622 条。这 16 622 条引文记录都是不正确的，或者卷码错误（如 277 卷、224 卷），或者首页页码错误（如 180 页、248 页），或者卷码和首页页码均错误（如 256 卷 495 页、283 卷 249 页）。表 9-6 列出卷码和首页页码错引的不同类型及其频次。

表 9-6 卷码和首页页码错引的不同类型及其频次

错引类型	数量（个）	错引频次（次）
卷码对，首页页码错	49	8764
卷码错，首页页码对	285	7395
卷码-首页页码双错	225	463
合计	559	16 622

如表 9-6 所示，在 Laemmli 的 16 622 篇错引文献中，我们共计发现 225 个卷码-首页页码双错引类型，错引频次 463 次，涉及 463 篇施引文献。表 9-7 给出了双错引类型中出现频次最高的 42 种类型，每种类型出现频次均不少于 3 次。

表 9-7 高频卷码-首页页码双错引类型（错引频次≥3次）

卷码	首页码	频次（次）	卷码	首页码	频次（次）	卷码	首页码	频次（次）
256	495	18	48	617	5	277	260	3
283	249	15	318	78	4	277	315	3
97	620	13	314	472	4	277	1738	3
348	699	12	309	116	4	268	580	3
226	112	12	307	478	4	264	377	3
201	1130	11	277	174	4	224	1253	3
27	580	10	277	608	4	213	1133	3
263	789	7	277	689	4	178	313	3

续表

卷码	首页码	频次（次）	卷码	首页码	频次（次）	卷码	首页码	频次（次）
235	383	7	277	6010	4	136	180	3
251	614	7	270	57	4	94	201	3
277	580	6	680	685	4	83	90	3
224	149	6	342	648	3	72	248	3
69	646	6	333	330	3	71	452	3
302	76	5	301	621	3	277	685	3

我们选择高频次的卷码-首页页码双错引类型作为研究科学家引文失范行为的样本，因为，毫无疑问，高频次双错引的发生，只能是一次次地从其他论文文末含有双错引的参考文献中复制粘贴的结果。论文 Laemmli-Nature-1970 的正确卷码和首页页码是 6 个数字的组合：227-680。卷码错误意味着 2、2、7 中至少有 1 个数字是错误的，页码错误意味着 6、8、0 中至少有 1 个数字是错误的。可以计算出，卷码和首页页码同时错误的概率是十分小的，而两篇论文卷码和首页页码错得完全一样的概率就更是微乎其微了。以 256-495 这个错误的卷码-码页码组合为例，卷码错了 2 位，首页页码错了 3 位。如此小概率的错引记录，竟然先后出现在 18 篇 WoS 论文中。除了引文复制，很难有别的合理解释。

高频次双错引类型为我们提供了构建错误参考文献传播网络非常好的素材。这些网络可以说明错引传播的轨迹，分析为什么同样的错误会一次次地出现，并指出哪篇论文复制了别的论文的参考文献，即使这篇论文并没有将所复制的论文列入自己的参考文献。

（2）错误参考文献传播网络的绘制

我们选取了表 9-7 中 13 个错引频次不少于 6 次的双错引类型及一个标注卷码 227、首页页码 4668 的页码单错引类型，构建了 14 个错误参考文献传播网络（简称错引网络）。选择卷码-首页页码为 227-4668（正确页码为 680）的单错引类型是由于错误的形式较为奇特，首页页码编码达到了 4 位数之多，且错引频次高达 14 次。

构建错引网络具体步骤如下：首先，将犯有相同错误的错引文献按照发表时间的先后纵向排列，同年份的论文列于同一水平线上。没有错引文献发表的年份被省略。然后，查验任意两篇犯有同样错误的论文之间是否存在引用与被引关系（如果存在，谁引用谁）。将具有引用-被引关系的论文通过有向箭头连接，箭头指向被引文献。最后，使用虚线将至少有一名相同作者的所有论文在图中框出或连接起来。构建错引网络时，时间轴、论文的排列及引文关系的展示借助于可视化分析软件——HistCite，有相同作者的论文是人工筛选的。

（3）错误参考文献传播网络展示

13 个卷码-首页页码双错引传播网络如图 9-13 至图 9-25 所示，1 个首页页码单错引案例（227-4668），如图 9-26 所示。图名用"V+卷码-P+首页页码"的形式进行标注，并在旁边括号中注明该错引类型的频次。

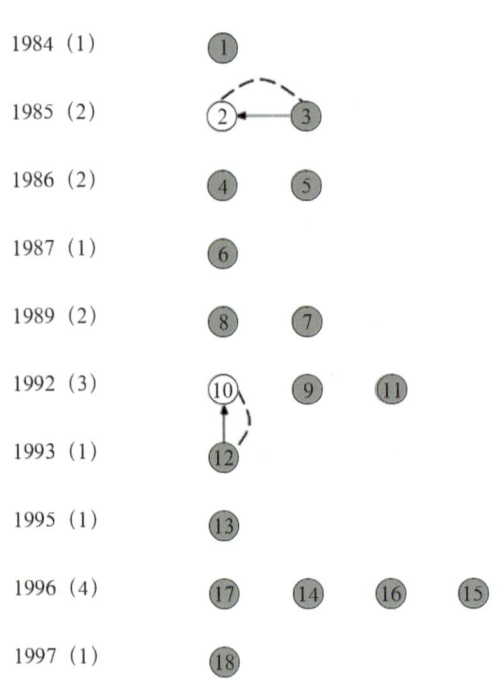

图 9-13　V256-P495 错引网络（18 篇）

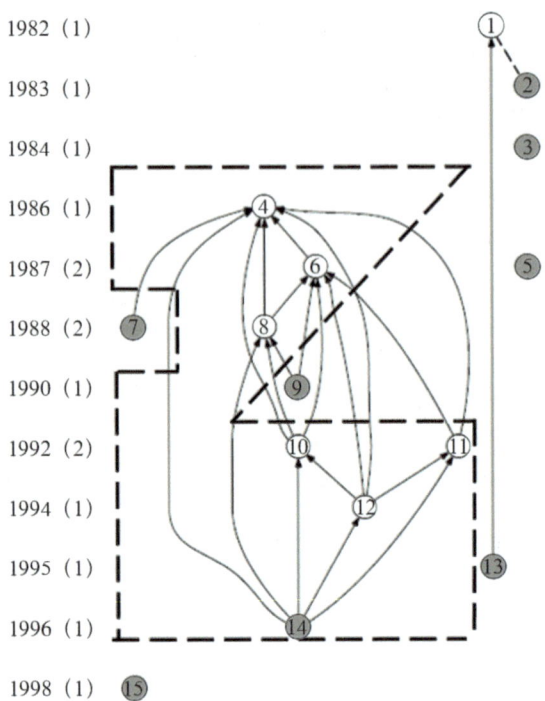

图 9-14　V283-P249 错引网络（15 篇）

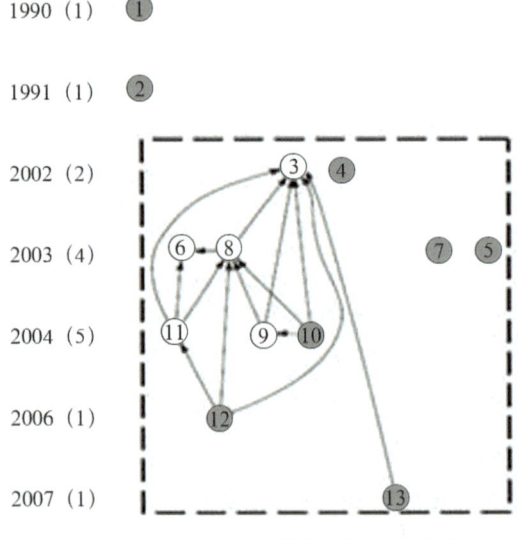

图 9-15　V97-P620 错引网络（13 篇）

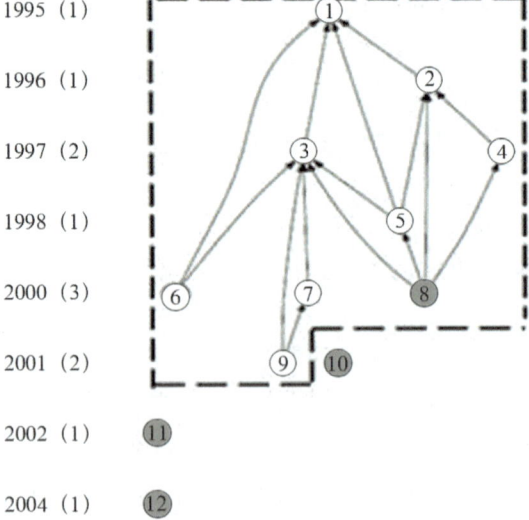

图 9-16　V348-P699 错引网络（12 篇）

第九章　零被引主题的拓展研究

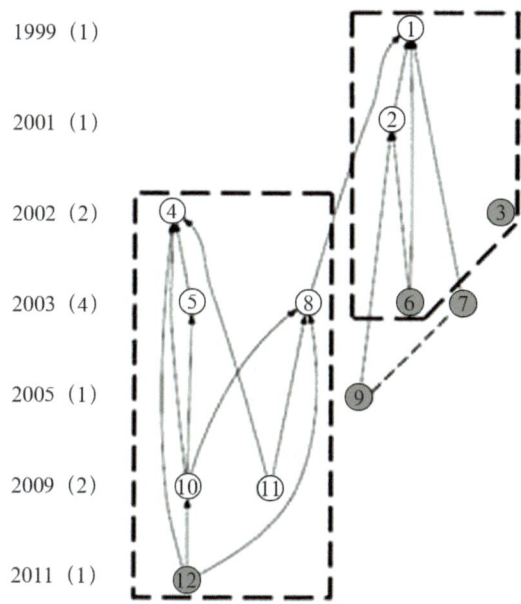

图 9-17　V226-P112 错引网络（12 篇）

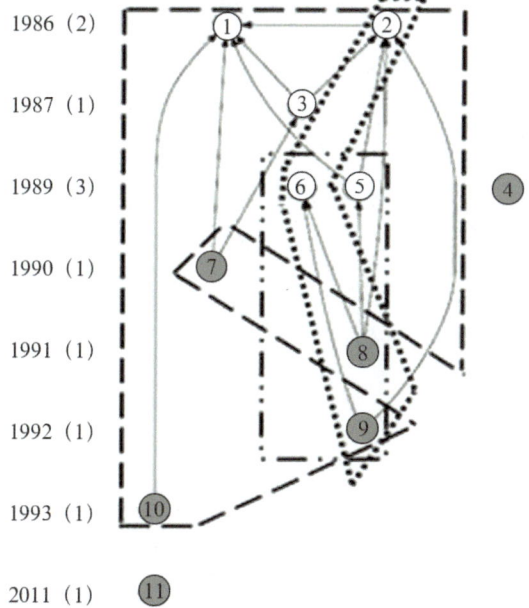

图 9-18　V201-P1130 错引网络（11 篇）

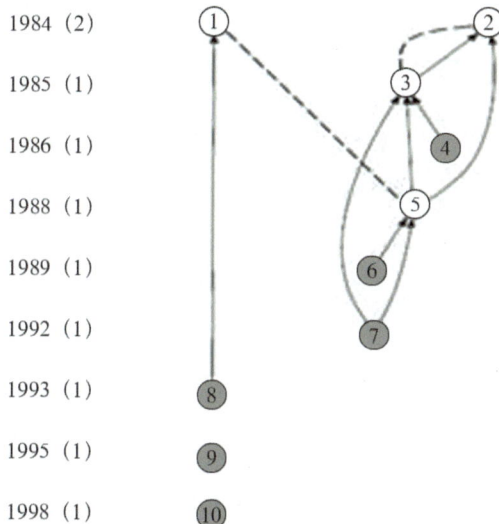

图 9-19　V27-P580 错引网络（10 篇）

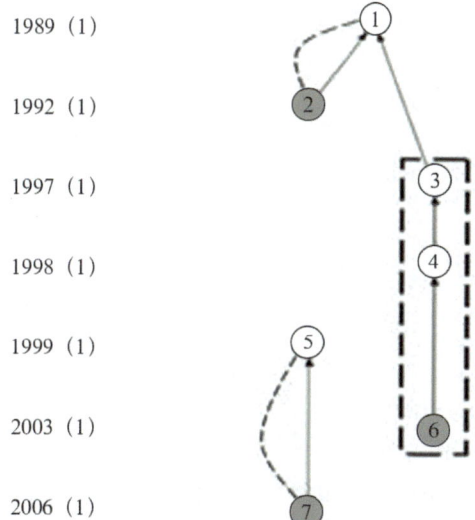

图 9-20　V263-P789 错引网络（7 篇）

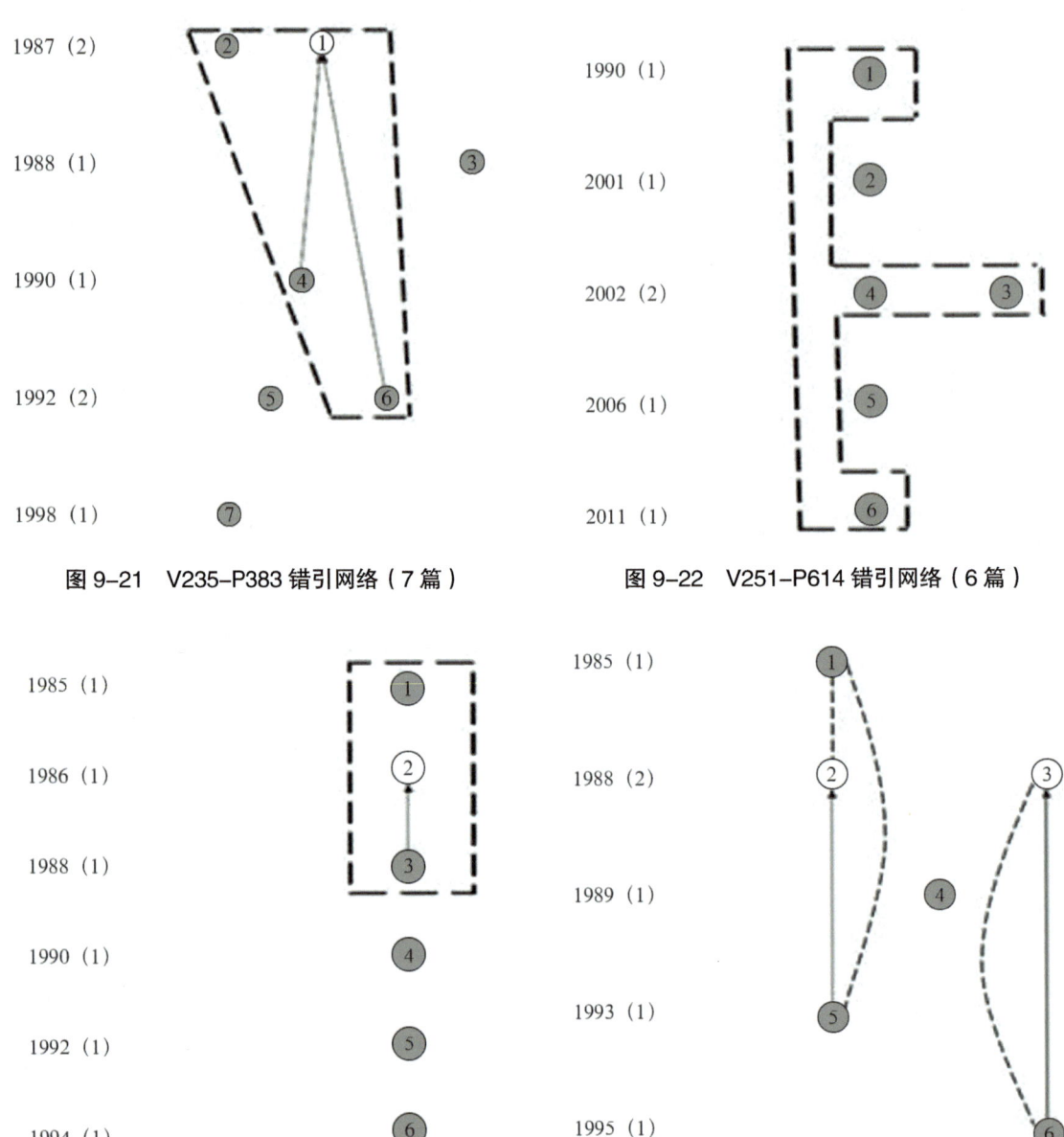

图 9-21　V235-P383 错引网络（7 篇）

图 9-22　V251-P614 错引网络（6 篇）

图 9-23　V277-P580 错引网络（6 篇）

图 9-24　V224-P149 错引网络图（6 篇）

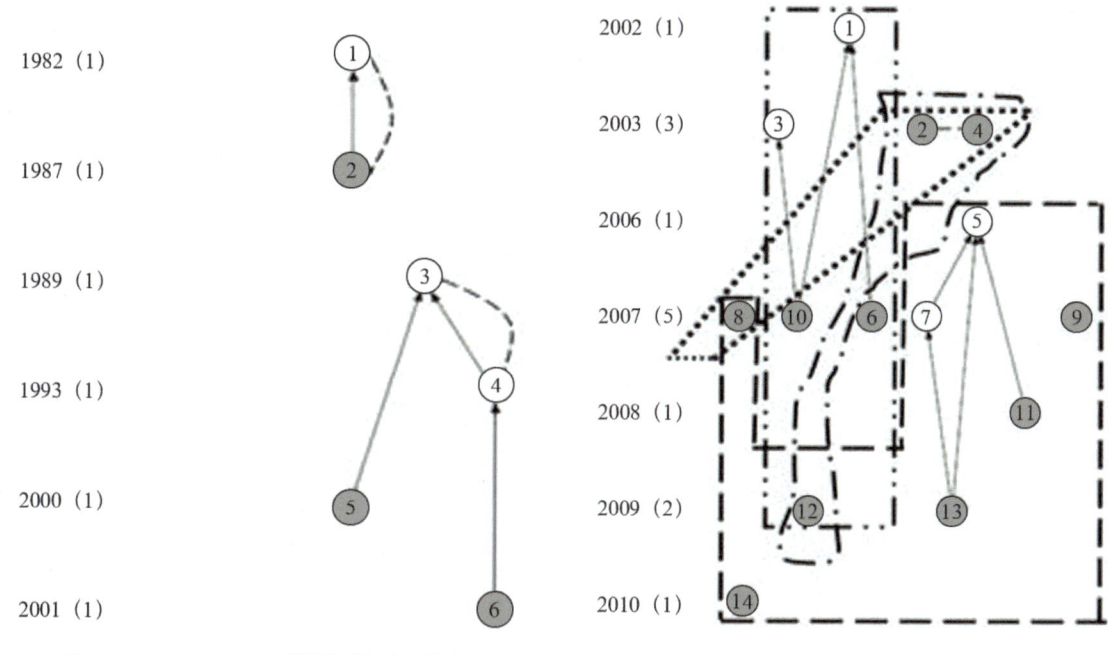

图 9-25　V69-P646 错引网络（6 篇）　　图 9-26　V227-P4668 错引网络（14 篇）

在错引网络图中，每个节点代表 1 篇携带错误参考文献的论文，按照发表时间的早晚自上而下排列。发表年份后面的括号中标注的是该年份该类型论文的数量。如果节点为白色，表明该论文在这个网络中至少被 1 篇其他论文引用，因而曾经传播过错误的参考文献；节点为灰色则说明该论文从未被该网络中其他论文引用。

9.3.3　分析与结果

我们以图 9-14 中双错引 283-249 的传播为例，来说明如何解读错引网络图。错引 283-249 最早出现在 1982 年的论文 1 中。为了弄明白论文 1 为什么会犯这样一个奇怪的错误，我们寻找并最终发现了一个可能的解释。

首先检索 Nature 在 283 卷 249 页的论文，具体信息如下：

Lazarides E（1980）. Intermediate filaments as mechanical integrators of cellular space. Nature, 283: 249–256.

随后发现，Lazarides 这篇论文和 Laemmli 的论文在 WoS 中被 397 篇施引文献共引过。巧的是，在按照作者姓氏排序的参考文献列表中，这两篇论文经常排在前后相邻的位置：

Laemmli U K（1970）. Cleavage of structural proteins during assembly of head of bacteriophage-T4. Nature, 227: 680–685.

Lazarides E（1980）. Intermediate filaments as mechanical integrators of cellular space. Nature, 283: 249–256.

我们终于明白了，为什么论文 1 会制造出一个如此离奇的卷码–首页页码组合 283-249：作者想选择 Laemmli 的论文作为参考文献，但是在复制完该文献的第一行之后，接着错误地复制了紧邻的 Lazarides 论文的第二行"Nature 283: 249–256"！

自 1982 年这个错得离谱的卷码 - 首页页码组合 283–249 被无意制造出来后，在 1982—1998 年的 17 年间，有 15 篇论文犯了同样的卷码 - 首页页码错误。17 年中，这一错误是如何在 15 篇论文间传播的？分析错引网络图可以发现 3 条路径。

路径 1——复制并引用：引用一篇论文并复制其错误的参考文献。

路径 2——复制不引用：复制了一篇论文文末的错误参考文献，但并未引用该论文。

路径 3——自我复制：和一篇携带错误参考文献信息的论文拥有至少一位共同作者，亦即从自己早先发表的论文中复制错误参考文献。路径 3 与路径 1 或路径 2 并存。

具体来说，图 9-14 中论文 13 引用了论文 1，属于错引信息传播方式的"路径 1"。论文 4 发表于 1986 年，比论文 1、论文 2、论文 3 都晚，其错误参考文献应该复制于论文 1 或论文 2 或论文 3。然而，论文 4 与论文 1、论文 2、论文 3 之间都没有引用线连接，因此，论文 4 是路径 2"复制不引用"的例证。论文 3、论文 5 和论文 15 也是路径 2 的例证。论文 4 和论文 6、论文 7、论文 8、论文 10、论文 11、论文 12 和论文 14 之间有引用线连接，说明论文 4 是这些论文中 283–249 错误的来源。这也是路径 1 的例证。论文 2 与论文 1 虚线相连，说明二者至少有 1 位共同作者。实际上，两篇论文有 3 位共同作者：Jackson P、Kynoch P A M 和 Thompson R J。这些共同作者从论文 1 中复制了错误的参考文献放入了论文 2，这是路径 3 的例证。网络图中论文 4、论文 6、论文 8、论文 10、论文 11、论文 12 和论文 14 位于同一框架内，它们拥有 1 位共同作者 Nagata K，这是路径 3"自我复制"的例证。

此外，论文 1、论文 4、论文 6、论文 8、论文 10、论文 11 和论文 12 被设置为白色节点，代表这些论文曾被图 9-14 中其他论文引用，在客观上起到传播 283–249 错误信息的作用。图中灰色节点论文未被其他论文引用，表面看来并未扩散错误参考文献。但是，由于错引信息传播方式路径 2 的存在，使得它们也有可能在错误参考文献的传播过程中承担中介者的角色。

总体来看，14 个错引网络图各具特点，对于错误参考文献传播路径的展示各有侧重。例如，图 9-13 中 18 个节点中有 14 个是孤立节点，说明 256–495 错误参考文献的传播中存在大量"复制不引用"的现象。在图 9-19 的错引网络中，大多数节点都有引用关系链接，"复制并引用"的现象十分普遍。

图 9-16、图 9-17 和图 9-18 主要展现的是"复制并引用"与"自我复制"相互交叉的情景。尽管是首页页码单错引案例，但是图 9-26 对错误参考文献的 3 种传播路径都给予了较好的诠释。我们注意到，13 个高频双错引案例时间跨度也较长，图 9-16 与图 9-23 中错引案例时间跨度最短，但也有 10 年的时间，而图 9-18 中 11 篇错引文献的时间跨度竟然达到了 26 年之久。

图 9-13 至图 9-25 所示的 13 个双错引案例共涉及 129 篇论文，每个错引网络的论文 1 都是该类型错误的始作俑者。除去 13 篇始作俑者论文外，其他 116 篇论文依据错引传播路径可以分为 4 类，界定如下。相关统计结果见表 9-8。

①路径 1 AND 路径 3：引用了至少 1 篇携带同样错误参考文献的论文，且与其他携带同样错误参考文献的论文至少有 1 位共同作者。

②路径 2 AND 路径 3：从未引用任何携带同样错误参考文献的论文，但与其他携带同样错误参考文献的论文至少有 1 位共同作者。

③路径 1 NOT 路径 3：引用了至少 1 篇携带同样错误参考文献的论文，但与其他携带同样错误参考文献的任何论文都没有共同作者。

④路径 2 NOT 路径 3：从未引用任何携带同样错误参考文献的论文，且与其他携带同样错误参考文献的任何论文都没有共同作者。

表 9-8　116 篇论文错误参考文献传播路径分类

		引用了至少 1 篇携带同样错误参考文献的论文		
		是（路径 1）	否（路径 2）	合计
与其他携带同样错误参考文献的论文至少有 1 位共同作者	是（路径 3）	51（44.0%）	23（19.8%）	74（63.8%）
	否	9（7.8%）	33（28.4%）	42（36.2%）
	合计（比例）	60（51.7%）	56（48.3%）	116（100%）

9.3.4　结论与讨论

错误参考文献传播网络明确回答了以下几个问题，同时揭示出科学家在参考文献引用过程中的失范行为。

①谁是错误参考文献的始作俑者？（假定最初的错误参考文献是 WoS 收录论文）
②谁复制了谁的错误参考文献？
③错误参考文献是如何随着时间的推移传播的？
④错误参考文献在一个引文网络中是怎样传播的？
⑤论文 A 复制了论文 B 的参考文献，但却没有将论文 B 收入论文 A 的参考文献中，这样的引文失范行为是否存在？
⑥拥有共同作者是否为错误参考文献传播的主要路径？

从其他论文复制参考文献，尤其是复制同行论文中的参考文献却未引用同行论文，肯定是一种引文失范行为，应该予以谴责。实际上，如果认为某篇文献特别重要但又无法获得原始文献，大可不必从别的论文文末复制参考文献，而可采用间接的引用方式。例如，"According to Colluzzi and Pappagallo（2005）as cited by Holding et al.（2008）most patients given opiates do not become addicted to such drugs"。这个例子取自伦敦帝国理工学院关于"哈佛格式"（Harvard Style）的解释。

错引网络中错引信息通过论文作者耦合关系进行大面积传播的现象也提醒我们，在"转帖"自己以前发表论文中的参考文献时，最好再次与原始文献的著录信息进行核对。使用 Endnote、BibTeX 或 Zotero 等文献管理软件，有助于降低参考文献自引复制过程中出错的概率。如果能确保首次输入的信息是正确的（必要条件！），这些软件可以保证其后的引用也是正确的。使用这些文献管理软件的原因在于，现存参考文献的格式很多，如 APA、MLA、The Chicago manual of style、ACS、ASA、Harvard referencing 与 Vancouver system，对于研究者来说，使用手工转换并非易事且容易出错。特别是，有些期刊，如许多物理学期刊，对引文的标题并不做要求，这就增大了核对与补充正确参考文献的难度。

本项研究也提醒作者、审稿人和编辑，认真对待参考文献的引用与核查，避免成为新的错误参考文献的制造与传播者。

9.4 中文学术期刊与中文引文数据库的错误引文识别方法研究与成因解析

9.4.1 研究背景

自然科学学引文数据库建立以来，引文分析已成为科学评价研究的一种重要方法。然而，如果出现种种错误引文，无论是偶尔失误、有意失范，还是文献数据库的标引失误，最终都会进入引文数据库与科学共同体内部，对科技信息检索、引文分析与科研评价造成或多或少的伤害，影响到引文分析方法的准确性与可信性。本节在文献调研的基础上，借助中国科学引文数据库（CSCD），以 2005 年《中华妇产科杂志》及其 CSCD 错（施）引文献为样本，解析中文学术期刊与中文引文数据库中错误引文的特征、成因与影响，希望能引起中文学术期刊编辑部门与数据库编制机构对错引现象的重视，并为相关学者进一步研究提供方法论上的借鉴。

受研究方法所限，本节所研究的错误引文主要是指"形式上著录或标引错误"的引文记录，而不深入讨论引用内容是否正确。为便于表述，我们将出现错误引文信息的施引方称为"错引 ××"，错引记录指向的被引方称为"错被引 ××"。

9.4.2 CSCD 引文数据库错误引文信息的识别方法

通过引文数据库提供的"被引参考文献检索"（Cited Reference Search，以下简称引文检索）功能发现异常引文记录并加以判别，是识别错引信息的重要路径。本研究对错误引文的识别方法主要基于 CSCD 引文数据库（WoS 平台版本）展开，并以《中华妇产科杂志》2005 年为案例加以验证。CSCD 由中科院文献情报中心编制，具有建库历史最为悠久、专业性强、数据准确规范、检索方式多样、完整、方便等特点，自提供使用以来，深受用户好评，被誉为"中国的 SCI"。

（1）基于异常引文信息的错误引文采集方法

与 WoS 类似，CSCD 为每篇收录论文的文末参考文献建立了独立的引文记录，并可通过引文检索功能进行检索。图 9-27 展示了引文检索的中间结果页面：每行对应一条独立的引文记录，右起第一列提供被引文献"题录页面"指向链接；右起第二列为该"引文"的"CSCD 施引文献"数量，可通过勾选标记进行检索。

选择	被引作者	被引著作	出版年	卷	期	页	标识符	施引文献**	查看记录
☑	朱兰 + [显示所有作者]	中华妇产科杂志	2005	40		787-9		1	
☑	朱兰 + [显示所有作者]	中华妇产科杂志	2005			859		1	
☐	Zhu Lan 朱兰 + [显示所有作者]	Chinese Journal of Obstetrics and Gynecology 中华妇产科杂志	2005	40	3	151	0529-567X(2005)40:3<151:JYDHLX>2.0.TX;2-E	5	查看记录 在中国科学引文数据库中
☐	朱兰 + [显示所有作者]	Chinese Journal of Obstetrics and Gynecology 中华妇产科杂志	2005	40	12	859	0529-567X(2005)40:12<859:YDHBQS>2.0.TX;2-G	8	查看记录 在中国科学引文数据库中
☐	朱亮 + [显示所有作者]	Chinese Journal of Obstetrics and Gynecology 中华妇产科杂志	2005	40	4	275	0529-567X(2005)40:4<275:FCTYRL>2.0.TX;2-Z	2	查看记录 在中国科学引文数据库中
☐	朱敏 + [显示所有作者]	Chinese Journal of Obstetrics and Gynecology 中华妇产科杂志	2005	40	2	137	0529-567X(2005)40:2<137:WCQBZL>2.0.TX;2-L	8	查看记录 在中国科学引文数据库中
☐	朱勤 + [显示所有作者]	Chinese Journal of Obstetrics and Gynecology 中华妇产科杂志	2005	40	9	636	0529-567X(2005)40:9<636:ZGNMAS>2.0.TX;2-6	2	查看记录 在中国科学引文数据库中

图 9-27　2005 年《中华妇产科杂志》被引参考文献检索中间结果

一般来说，当被引文献为非收录内容时，如各类图书、报告、非收录期刊或收录期刊的非收录内容等，指向链接为空。但是，当引文记录与收录（被引）文献的匹配出现问题时，也会造成指向链接缺失，并同时导致施引与被引文献在数据库中无法建立引文关系。WoS 平台将出现上述情况的引文记录称为“引文变体”（Cited Reference Variants），是引文数据库中错引现象较为显著的特征之一。因此，通过引文检索发现引文变体，是识别错引记录与采集错引文献相对高效的方法。以图 9-27 为例，第一条引文变体缘于施引作者的姓名错著（第一作者“王巍”错著为第二作者“朱兰”），第二条引文变体则是由于施引作者将卷码遗漏所致。

（2）错误引文数据的分类筛选方法

依据文献调研和我们前期预研的结果，引文数据库中错引记录主要分为作者错著与数据库错标两种情况（图 9-28）：作者错著可分为一般性错著与失范性错著（如引文复制、引文杜撰等）；依据发生位置，数据库错标则可分为施引文献的引文信息错标（以下简称引文错标）与被引文献的题录信息错标（以下简称论文错标）两种情况。

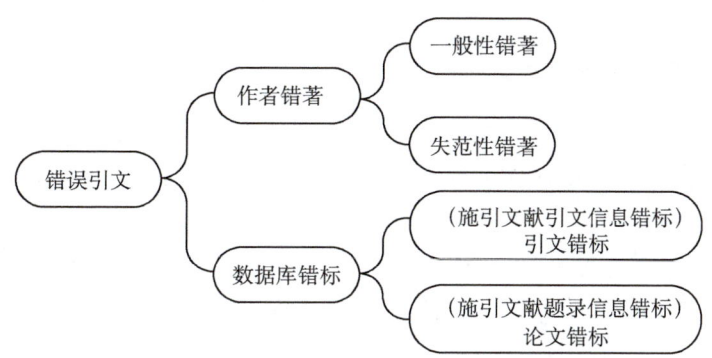

图 9-28　引文数据库错误引文信息的成因分类

为区分作者错著与数据库错标两种类型,国际上一般采用跨数据库引文信息核对的方法进行分类筛选。对于同一条错引信息,如2个或2个以上的引文数据库表征相同,则视为错著,反之则说明一个数据库出现了错标的情况。借鉴该思路,本节采用了较为原始的三方比对方式,即比较CSCD数据库错误引文信息、"原始施引文献"的引文信息与"原始被引文献"的题录信息(注:原始文献信息来自中国知网与维普等全文数据库),完成错误引文分类筛选,具体技术路线见图9-29。需要说明的是,除CSCD和CSSCI外(两者的重叠性较低),国内鲜有中文引文数据库同时具备引文检索与大批量引文信息"套录下载"功能,这使得本节难以直接应用多个引文数据库完成引文信息核对。

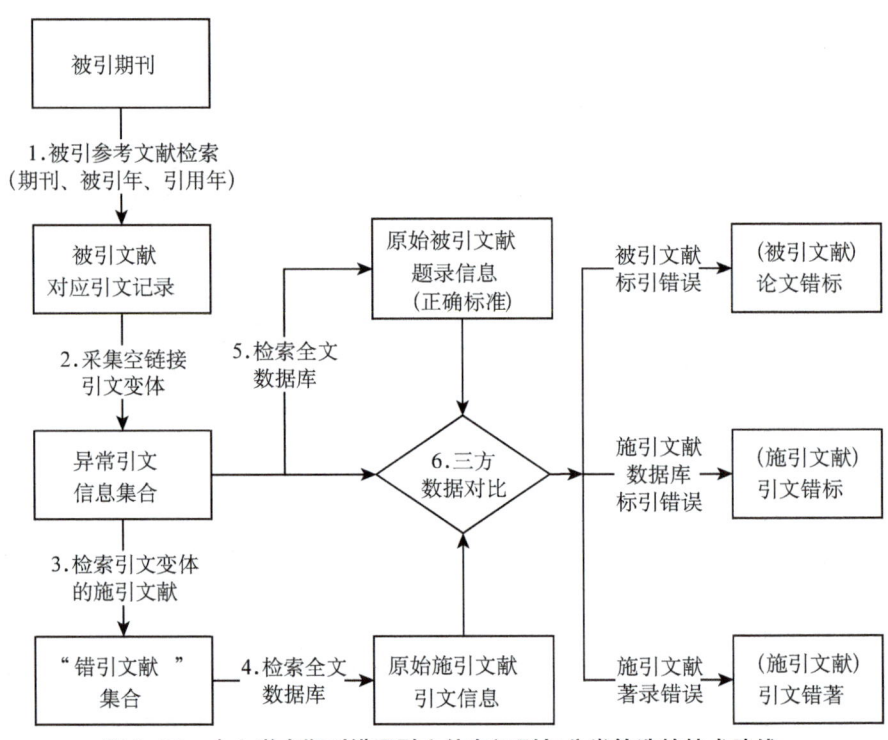

图9-29 中文学术期刊错误引文信息识别与分类筛选的技术路线

9.4.3 2005年《中华妇产科杂志》错引文献及其错引记录的成因解析

(1)被引期刊与错引文献样本概况

本研究选择2005年《中华妇产科杂志》作为错被引目标期刊。该刊创刊于1953年,现任主编为郎景和院士,影响因子在《中国科学计量指标:期刊引证报告(2005年卷)》中的妇产与生殖领域排序第一,代表了我国妇产科学理论研究的较高水平。在CSCD中,该刊2005年的论文共计收录287篇,均为研究型(Article)或综述型(Review)论文,数量略少于中国知网(收录315篇)与万方数据库(收录302篇)的检索结果。依据通常所采用的一般检索与统计方法,该刊2005年论文在2005—2014年被"正常引用"了725次,H指数为10。

错引样本的引文检索式为"被引著作:(中华妇产科杂志)AND 被引年份:(2005)时间跨度:2005—2014,索引:CSCD"。引用时间窗口截至2014年,一方面,希望能降低近两年新收录期刊数据回溯对统计结果重复性的影响;另一方面,10年期较长的引用时间窗口也易于观察错误引文的变化趋势。

依据该检索式,我们共提取到错引案例86例:涉及错被引论文60篇;包括44篇错著引用、5篇错标引用、8篇既被错标又被错著(错著与错标分属不同错引案例,但均指向同一篇被引论文);涉及错(施)引文献103篇中的106条错(施)引记录,其中有3篇错引文献(编号分别为CSCD:2947217、CSCD:3479515和CSCD:3526221)出现了2条错引记录。部分论文存在多种错被引形式,导致错引案例数与记录数显著高于错被引论文篇数。以本案例错被引频度最高的两篇论文为例(编号为CSCD:1907415和CSCD:1987200),错被引的频次均为4,一个涉及2个2频度错引案例,另一个则涉及4个1频度错引案例。

(2)错引记录的分布特征

本研究依据错引字段差异将错著案例分为卷码错、页码错、(被引作者)姓名错3种单一错著类型及卷页双错、(姓)名卷双错2种复合错著类型。除此之外,经标题核对,另有10条错著记录指向的被引文献来自其他年份(年份错著),或者是名称相近的其他期刊(期刊名称错著),统一归类为期刊错著(简称期刊错)而不再细分。由于标引错误引文的样本较小,本节只依据引用方向将错标案例分为引文错标与论文错标2组。

引用时间窗口:2005—2014年

从表9-9提供的错引案例与错引记录总体分布,我们观察到错引样本具有以下3个特征:第一,总体错引率略大于10%,"正常"与错引记录的比例接近7∶1(725∶106),略高

表9-9 2005年《中华妇产科杂志》CSCD施引文献的CSCD错引记录分布

单位:个

	错引类型	案例数(比例)		记录数(比例)	
作者错著	卷码错	22(25.6%)	71(82.6%)	24(22.6%)	79(74.5%)
	页码错	26(30.2%)		31(29.2%)	
	姓名错	7(8.1%)		7(6.6%)	
	卷页双错	5(5.8%)		5(4.7%)	
	名卷双错	2(2.3%)		2(1.9%)	
	期刊错*	9(10.5%)		10(9.4%)	
数据库错标	引文错标	12(14.0%)	15(17.4%)	18(17.0%)	27(25.5%)
	论文错标	3(3.5%)		9(8.5%)	
	合计	86(100.0%)		106(100.0%)	

于国外相关研究的统计结果，这可能是统计中将错著与错标统一归类为错引结果所致；第二，作者错著是引文数据库错引记录形成的主要原因，所有错标型错引加起来也只占错引总体的25%上下，而其中论文错标的比例更是不到10%，反映了CSCD数据库较高的数据准确性；第三，从错著字段的统计结果来看，页码最易发生错误，其次为卷码，作者姓名书写错误的情况较为少见，显示长串数字具有更高的出错概率。此外，在本次案例研究中，我们未发现页（码）（姓）名双错及卷码、页码和作者姓名三错的复合错著类型。

（3）作者错著的成因解析

《中华妇产科杂志》于2000年之前，就开始在正文页较为显著位置标注卷、期、页信息。2005年，该刊共计出版1卷12期，卷码为40，均可通过国内主要全文数据库获取全文信息，具有较高的可检索性与可访问性。但统计结果显示，该刊2005年的论文竟有52篇在引用时被错误著录，错被引总频次高达79次。显然不是简单一句"作者笔误"所能解释的。通过对比相关数据，我们认为样本中的引文错著可能是由以下5个方面因素中的1个或多个所致。

1）陌生情境引用

虽然同属医学学科，但不同专业之间的研究范式有时会存在一定差异，而这种差异有可能会反映到期刊文献著录与编辑规则之中，并导致在引文著录或编辑时出现一定偏差。对比2005年《中华妇产科杂志》的主要正确与错著施引期刊表9-10，我们可以看到，期刊自引的错著比例（正确与错著比为98:2）明显高于其他主要施引期刊（《中国实用妇科与产科杂志》引用该刊的正确与错著比为60:9）。另外，正确与错著施引期刊的名称与排序差异较为明显，显示两组期刊的作者在引文采纳习惯上存在不同，"学术圈子"的交集相对较小。

表9-10　2005年《中华妇产科杂志》的主要正确与错著施引期刊

编号	正确引用		错著引用	
	施引期刊名称	频次（次）	施引期刊名称	频次（次）
1	中华妇产科杂志	98	中国实用妇科与产科杂志	9
2	中国实用妇科与产科杂志	60	现代妇产科进展	5
3	实用妇产科杂志	48	第四军医大学学报	4
4	生殖与避孕	25	生殖与避孕	4
5	广东医学	25	实用妇产科杂志	3
6	江苏医药	20	中华医学杂志	3
7	中国现代医学杂志	18	毒理学杂志	2
8	现代妇产科进展	15	中国微创外科杂志	2
9	中国全科医学	13	中国医科大学学报	2
10	中国内镜杂志	12	中华妇产科杂志	2

2）编码相近导致的输入错误

编码或拼音编码相近所导致的文字输入型错误错引样本中包含了 9 个涉及"姓名错"的错著案例（表 9-11），许多为近音或近形字错误（表 9-11 的案例 7），这很有可能与作者或编辑的文字编码输入方法有关。在表 9-11 中，案例 3 将"李巍"输入成"李魏"，属于典型的拼音编码相近（近音字）输入错误；案例 5 将"永"输入成"水"，则是比较显著的五笔编码相近（近形字）输入错误。值得注意的是，表 9-11 中的案例 8 和案例 9 的错著均是作者将第二作者作为第一作者进行著录而产生。

表 9-11　2005 年《中华妇产科杂志》施引期刊的作者著录错误

编号	错误	正确	序号	错误	正确	序号	错误	正确
1	工沂峰	王沂峰	4	马厌良	马庆良	7	黄乐	黄铄
2	王忻峰	王沂峰	5	马永清	马水清	8	杨孜	李蓉*
3	李魏	李巍	6	袁文光	袁光文	9	朱兰	王巍*

＊第一作者遗漏，从第二作者开始著录。

3）著录规则理解性偏差导致的卷码信息著录错误

卷期不分是本次案例研究中引文错著的重要表现形式，具体分为卷期错位（卷码与页码位置对调）与以期代卷（使用期码作为卷码）两种形式。在 20 多个与"卷码"有关的引文错著记录中，一半以上都可归因于上述情况，包括以期代卷 14 例与卷期错位 4 例。如此之高的卷码错引占比，实际上缘于作者对著录规则的理解性偏差，不了解卷码的含义，以及忽视卷码对于引文记录数据库定位的重要性。

4）引文复制

样本中共计出现了 7 例重复出现的引文错著案例，但错引频度较低，均为 2 次。此外，7 个案例皆为卷码（V）或页码（P）单一错引类型，包括 2 个卷码错与 5 个页码错案例表 9-12。

表 9-12　2005 年《中华妇产科杂志》重复错引案例

编号	错误引言信息	正确引言信息	错误类型	序号	错误引言信息	正确引言信息	错误类型
1	V4,P145	V40,P145	卷码错	5	V40,P1	V40,P295	页码错
2	V40,P6	V40,P3	页码错	6	V40,P841	V40,840	页码错
3	V40,P12	V40,P3	页码错	7	V40,P821	V40,P818	页码错
4	V10,P666	V40,P666	卷码错				

通过核对错引文献的作者与引文信息，我们发现案例 3、案例 5、案例 7 属于作者自引错著并自引复制而产生。此外，本研究通过核对错引与被错引作者后，可以确认样本中没有其他自引错著现象。对于表 9-12 中的其他重复错引案例，由于 CSCD 数据库收录期刊相对有

限，且错引频次相对较低，我们难以肯定是否有引文复制行为的存在。

特别要指出的是，引文复制并非只发生在重复错引案例中。表9-11中的姓名错著案例8中，实际涉及了2篇有前后引用关系的错引文献（编号分别为CSCD:3041480和CSCD:3479463），并存在显著的引文复制痕迹。2篇错引文献都将第二作者杨孜当作第一作者著录，但后发表论文在引用先发表论文的同时，还将杨孜发文的页码也著录错误，使得2篇错引文献分属不同错引案例。

5）二手引用导致的"不完全"转引错误

期刊错引（表9-13）可划分为来源性错误（案例1至案例5）与年份性错误（案例6至案例9）两个类别，前者来自《中华妇产科杂志》之外的其他期刊，后者则来自该刊其他年份（非2005年）。案例9较为特殊，为预引用案例。被引文献2005年应当是录用，但2006年才正式刊出，因此作者在"自引"时著录的实际是录用年份，并且未著录其他字段。仔细观察表9-13可以看到，除期刊名称外，案例1、案例2、案例5的错著字段数量都在2个以上，显然超过了一般笔误的范畴。可能的解释是，施引文献作者从其他文献获取了部分引文信息（即二手文献），但条目信息有缺失。在不经过检索确认的情况下，为保证参考文献格式的完整性，作者在转引的基础上"补充"了其他字段的内容。

表9-13 2005年《中华妇产科杂志》CSCD施引文献中的期刊错引案例

编号	错引记录					被引文献正确题录信息					CSCD被引频次（次）	错误信息
	第一作者	年份	卷码	页码	错引频次（次）	期刊名称	年份	卷码	期码	页码		
1	胡颜霞	2005	7	235	1	中国妇幼保健	2006	21	7	146	3	期刊、卷、页
2	张建平	2005	22	72	1	中国实用妇产科杂志	2005	21	2	72	0	期刊
3	夏恩兰	2005	85	173	1	中华医学杂志	2005	85	3	173	3	期刊
4	张建平	2005	85	1551	1	中华医学杂志	2005	85	22	1551	6	期刊
5	李宁	2005	27	45	1	中华肿瘤杂志	2005	27	4	245	3	年份、页
6	冷金花	2005	39	147	2	中华妇产科杂志	2001	36	3	146	14	年份、卷、页
7	魏玉梅	2005	43	647	1	中华妇产科杂志	2008	43	9	647	11	年份
8	叶蓉华	2005	35	232	1	中华妇产科杂志	2000	35	4	232	0	年份
9	黄煜	2005	—	—	1	中华妇产科杂志	2006	41	6	399	6	年份（预引用）

注：《中国妇幼保健》非CSCD收录期刊，论文的被引频次为"引文检索"结果统计而得。

（4）数据库错标的成因解析

错标型错引与错著型错引在数据库中的表现形式类似，但成因却大相径庭。

1）引文错标的成因解析

研究样本中包含了 18 条引文错标记录，涉及 10 篇被引文献（表 9-14）。通过分析错标字段的特征，我们发现样本中的引文错标成因主要来自以下三个方面：

第一，匹配失效。引文记录未出现显著的著录错误，但却无法与被引文献建立正常的链接关系。表 9-14 中的案例 1 为典型代表，引文记录实际被引频次较高（合计 7 次），但论文的数据库被引频次却显示为 0，说明问题并非作者错著，而是数据库的匹配算法出现了某种误差。

第二，卷码缺失。表 9-14 中案例 4 至案例 8 的其他字段均正确，但因缺少卷码难以定位而成为错引记录。通过文献调研发现，我国不少学者在著录引文时都不太重视卷码信息，甚至部分期刊也不提供编码信息，而导致"无卷可著"，这使得卷码遗漏在中文期刊论文中成为多发现象，同时也不被视为"错著"。但在 CSCD 数据库中，卷码是引文记录的主要定位字段，一旦出现缺失，会直接影响引文链接的产生，导致错引记录产生。

第三，输入错误。重要索引字段信息输入错误，导致错引记录产生，表 9-14 中的案例 9 和案例 10 即属于该类型。从两个案例的错标形式来看，字形十分接近，应是文字识别（OCR）技术不完善或录入人员疏忽所致。

表 9-14　2005 年《中华妇产科杂志》引文错标案例

编号	被引作者	卷码	页码	错标频次（次）	CSCD 被引频次（次）	错著频次（次）	错标字段	正确数据
1	单锦露	40	223	6	0	1	不匹配（5）	
		—					卷缺失（1）	卷码：40
2	吕雅洁	40	306	3	0	0	不匹配	
3	高敏	40	756	1	0	0	不匹配	
4	陈子江	—	295	1	8	3	卷缺失	卷码：40
5	金镇	—	260	1	3	1	卷缺失	卷码：40
6	刘艳波	—	197	1	1	1	卷缺失	卷码：40
7	杨孜	—	302	1	40	2	卷缺失	卷码：40
8	郎景和	40	34	1	45	4	页错标（1）	全页码：3-4
			3				卷缺失（1）	卷码：40
9	李琰	40	472 475	1	0	0	页错录	全页码：472-475
10	张沽	40	659		3	1	姓名错录	张洁

值得注意的是，在本次研究的样本中，引文错标与引文错著往往相伴出现，在涉及引文错标的 10 篇被引文献中，其中 7 篇在被引用时也发生过错著的情况，说明引文错标与引文错

著在成因方面具有一定的耦合性。

2）论文错标的成因解析

论文错标往往都只是 1～2 个字符的错误，但由于发生在关键索引字段，导致"失之毫厘，谬以千里"的错配结果。在 CSCD 中，2005 年《中国妇产科杂志》共计有 3 篇论文（被引文献）出现了标引错误（表 9-15），包括 1 篇页码错标和 2 篇作者姓名错标，并由此产生了 11 条数据库错引记录。从错误形式来看，应是文字识别技术的不完善所导致的近形字替代。

表 9-15　2005 年《中华妇产科杂志》论文错标信息

编号	论文检索号	错录类型	错误信息	正确信息	CSCD 被引频次（次）	CSCD 施引文献篇数（次）	备注
1	CSCD：2003073	页码错录	257	256	0	1	
2	CSCD：2118774	作者错录	染志清	梁志清	0	8	含错引 1 次
3	CSCD：2003034	作者错录	吴小云	吴小华	1	2	匹配 1 次

从表 9-15 提供的信息可以看到，由于页码和作者信息错标，案例 1 和案例 2 成为 CSCD 中的零被引论文，而实际上至少分别被引用 1 次和 8 次（还可能存在其他错引形式）。比较有趣的是案例 3，虽然 CSCD 将其作者"吴小华"错标为"吴小云"，但该篇论文在数据库中仍显示被引用 1 次，且施引记录标注的是"吴小华"。与引文错著和引文错标相比，论文错标具有较为显著的负面影响，但总体发生概率极低，如果能辅以更为有效的纠错机制，应能有效避免。

（5）错误引文的影响评估

围绕案例样本，我们对于错误引用现象的初步评估结果如下。

1）引文错著的影响评估

引文错著现象是较为普遍的，但在期刊层面的影响相对有限。一方面，共有 52 篇 2005 年《中华妇产科杂志》论文在 CSCD 中出现了被错引著录的情况，接近该刊论文总数的 1/5；另一方面，引文错著的总频次只有 69 次，错著率并未超过 10%［（69/（69+725）≈ 8.7%（＜10%）］。换言之，引文错著虽会导致该刊影响因子的降低，但作用区间不大。此外，错著引用与正常引用曲线的变化趋势较为相近，各年的错著率相对接近，显示错引概率与被引频次有着一定的正相关（图 9-30）。

在论文层面，我们以 H 核为标准（被引频次不小于该刊 2005 年的 H 指数）定义高被引论文，统计了错被引论文在高被引论文与零被引论文两个分组的（表 9-16）。对比两个分组可以看到错被引论文的两个特征：

第一，高被引论文错被引的概率高于其他论文，且错被引频次相对较高。该刊 H 核论文共计 10 篇，其中 50%（5 篇）被错引过，且涵盖了错被引频次最高（4 次）的 2 篇论文。

第二，作者错著可能是引文数据库零被引论文产生的原因之一，但较低的错被引频次则显示低被引零被引论文的产生还有其他因素的作用。样本中共有 9 篇零被引论文被错引过，但错引频次仅有1次。换言之，即使没有错引，9篇论文在数据库中也仍是低被引论文。

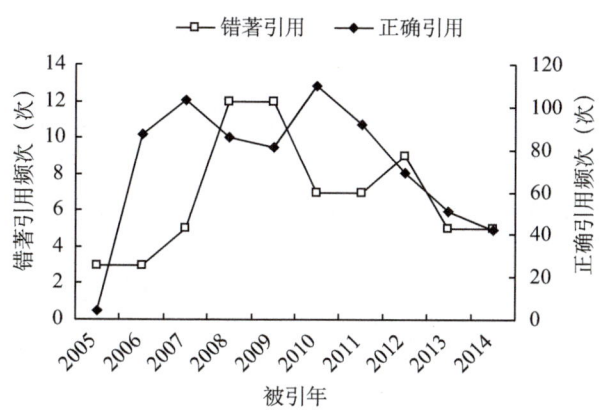

图 9-30　2005 年《中华妇产科杂志》2005—2014 年被引曲线

表 9-16　2005 年《中华妇产科杂志》错被引论文的分布

错被引频次（次）	错被引篇数（篇）	高被引篇数（篇）	零被引篇数（篇）
4	2	2	0
3	3	0	0
2	5	1	0
1	42	2	9
合计	52	5	9

2）数据库错标的影响评估

数据库错标所导致错误引文记录在引文数据库中属于小概率事件，波及范围小，对期刊评价结果几乎不产生影响。但在单篇论文层面，一旦出现论文错标（表 9-15 中的 3 个案例），以及类似匹配算法问题导致的引文错标（表 9-14 中的案例 1 至案例 3），则会直接导致"低被引、零被引论文"的产生，应引起作者、读者、期刊编辑部门及数据库提供商重视。

9.4.4　结论与讨论

（1）结论

本节通过文献调研，以 2005 年《中华妇产科杂志》的错引文献为实证案例，讨论了中文学术期刊与中文引文数据库中错误引文的识别方法，并基于案例分析结果对错引现象的成因及影响进行了初步解析，主要结论如下：

第一，通过引文检索功能检索引文变体记录，是发现和识别中文学术期刊与中文引文数据库错引记录的一条有效路径。

第二，引文数据库中错误引文主要由两类构成，即作者错著与数据库错标。作者错著可分为一般性错著与失范性错著（包括引文复制、引而不注等）两种类型；数据库错标所导致的错引记录可以分为（施引文献）引文错标与（被引文献）论文错标两种情况。

第三，陌生情境引用、五笔或拼音编码相近、著录规则理解性偏差是作者错著的主要原因，而同类型多频度的错著引用及涉及期刊名称在内的多字段错著引用都揭示出，可能存在复制或"不完全二手引文信息的补充引用"等不够规范的行为。虽然作者错著现象的波及范围较为广泛，但对期刊评价结果的影响相对有限，也并非低被引、零被引论文产生的决定性因素。

第四，匹配算法的某些缺陷、施引文献作者的引文卷码著录遗漏及数据库信息输入方法的不完善是数据库错标型错引记录产生的主要原因。虽然数据库错标的发生概率较小，但其对单篇论文评价有可能产生颠覆性影响，甚至会导致不应有的低被引、零被引论文出现。

（2）建议与讨论

错误引文在阻碍科学信息正常交流的同时，也损害了引文的"科学承认"机制，并导致引文分析与文献计量研究的准确性与可信性受到影响，因而需要采取一定措施对这类现象进行有效抑控。

第一，一方面在宏观层面要呼吁学会、科研机构、期刊等部门联合起来，端正学风，倡导科学引用，抵制引文失范现象；另一方面，作者自身也要提高对参考文献引用准确性与规范性的认知程度。在本次研究中我们发现，部分错误引文来自二手文献转引，甚至有些是自引发生错误，都是作者不重视引文价值与规范所致。令人欣慰的是，包括《中国科技期刊研究》在内的很多期刊投稿系统已经引入引文检测机制，对错误引文进行预警检测，有效降低了错引现象的发生。

第二，完善引文数据库的信息输入方式与引文信息纠错算法。文字识别技术的大规模引入在提高引文数据库信息输入效率的同时，也可能加大信息错标的概率，因而相关部门应不定期地测试和完善现有的信息输入方法和技术，降低错标的风险。另外，通过改进纠错算法，修正相对微小的错著信息，也是提高数据库信息准确性的一个重要途径。在进行中国知网的全文检索时，我们发现一些原本被错著的引文在建立引文关系链接时，由数据库进行了纠正，指向了正确的被引文献。

第三，建立涵盖所有利益相关主体在内的错误引文报告机制。由于错误引文的形式较为多样，成因较为复杂，有效的错引抑控机制需要作者（被引方）、读者兼作者（施引方）、期刊编辑部门、数据库提供机构及科学共同体中其他利益相关者的共同参与。一种可能的方式是建立包括申报、监测、警告、惩戒或奖励等措施在内的错误引文报告平台，实现对错误引文乃至失范引文的有效抑控。

（3）进一步的研究设想

本研究部分结论主要基于CSCD引文数据库医学类相对较小的一个样本集合，年份也相对较早，研究结论的局限性较为显著。在后续的研究中，我们计划将研究扩展到其他学科与引文数据库，并选择近期的研究样本，对错引现象的识别方法与产生原因进行全方位、多学科的深度研究解析。

参考文献

[1] Abt H A. Long-term citation histories of astronomical papers[J]. Publications of the Astronomical Society of the Pacific, 1981, 93(552): 207.

[2] Adams J. Early citation counts correlate with accumulated impact[J]. Scientometrics, 2005, 63(3): 567–581.

[3] Aitchison J. On the distribution of a positive random variable having a discrete probability mass at the origin[J]. Journal of the American Statistical Association, 1955, 50(271): 901–908.

[4] Albarrán P, Ortuño I, Ruizcastillo J. Average-based versus high-and low-impact indicators for the evaluation of scientific distributions[J]. Cepr Discussion Papers, 2010, 20(4): 325–339.

[5] Alexander J E. The uncitedness index[J]. Surgical Neurology, 1992, 37(1):69.

[6] Alonso R N. A simple index for the high-citation tail of citation distribution to quantify research performance in countries and institutions[J]. PLoS ONE, 2011, 6(5): e20510.

[7] Amez L. Citation measures at the micro level: influence of publication age, field, and uncitedness[J]. Journal of the American Society for Information Science & Technology, 2012, 63(7): 1459–1465.

[8] Anderson C. The long tail: why the future of business is selling less of more[M]. USA:Hyperion, 2008.

[9] Arunachalam S, Gunasekaran S. Diabetes research in India and China today: from literature-based mapping to health-care policy[J]. Currentence, 2002, 82(9): 1086–1097.

[10] Asano M, Mikawa K, Nishina K, et al. Improvement of the accuracy of references in the Canadian Journal of Anaesthesia[J]. Canadian Journal of Anaesthesia, 1995, 42(1): 370–372.

[11] Barabási A L. The origin of bursts and heavy tails in human dynamics[J]. Nature, 2005, 435(7039): 207.

[12] Barber B. Resistance by scientists to scientific discovery[J]. Science, 1961, 134(3479): 596.

[13] Bartol T. Non-agricultural databases and thesauri: retrieval of subject headings and non-controlled terms in relation to agriculture[J]. Program, 2012, 46(2): 258–276.

[14] Basu A, Kumar B S V. International collaboration in Indian scientific papers[J]. Scientometrics, 2000, 48(3): 381–402.

[15] Baumgartner S E, Leydesdorff L. Group-based trajectory modeling(GBTM) of citations in scholarly literature: dynamic qualities of "transient" and "sticky knowledge claims"[J]. Journal of the Association for Information Science & Technology, 2014, 65(4): 797–811.

[16] Bencetic Klaić Z, Klaić B. Scientometric analysis of anthropology in the Republic of Croatia for the period of 1980–1996[J]. Coll Antropol, 1997, 21(1): 301–318.

[17] Bevan D R, Purkis J M. Citation errors can be reduced[J]. Canadian Journal of Anaesthesia, 1995, 42(5): 367–369.

[18] Bornmann L, Daniel H D. The citation speed index: a useful bibliometric indicator to add to the index[J]. Journal of Informetrics, 2010, 4(3): 444–446.

[19] Braun T, Schubert A P, Kostoff R N. Growth and trends of fullerene research as reflected in its journal literature[J]. Chemical Reviews, 2000, 31(13): 23–38.

[20] Braun T, Glänzel W, Schubert A. On sleeping beauties, princes and other tales of citation distributions[J]. Research Evaluation, 2012, 19(3): 195–202.

[21] Burrel Q L. Stochastic modelling of the first-citation distribution[J]. Scientometrics, 2001, 52(1): 3–12.

[22] Burrell Q L. Are "sleeping beauties" to be expected?[J]. Scientometrics, 2005, 65(3): 381–389.

[23] Burrell Q L. Alternative thoughts on uncitedness[J]. Journal of the Association for Information Science & Technology,

2012, 63(7): 1466–1470.

[24] Burrell Q L. The nth-citation distribution and obsolescence[J]. Scientometrics, 2002, 53(3): 309–323.

[25] Burrell Q L. A third note on ageing in a library circulation model: applications to future use and relegation[J]. Journal of Documentation, 1987, 43(1): 24–45.

[26] Burrell Q L. A second note on ageing in a library circulation model: the correlation structure[J]. Journal of Documentation, 1985, 42(2): 114–128.

[27] Burrell Q L. A note on ageing in a library circulation model[J]. Journal of Documentation, 1985, 41(2): 100–115.

[28] Burrell Q L. Using the Gamma-Poisson model to predict library circulations[J]. Journal of the American Society for Information Science, 1990, 41(3): 164–170.

[29] Calster B V. It takes time: a remarkable example of delayed recognition[J]. Journal of the Association for Information Science & Technology, 2012, 63(11): 2341–2344.

[30] Chang C C, Wu T C. Remote password authentication with smart cards[J]. IEE Proceedings E – Computers and Digital Techniques, 2005, 138(3): 165–168.

[31] Chen C. CiteSpace II: detecting and visualizing emerging trends and transient patterns in scientific literature[J]. Journal of the American Society for information Science and Technology, 2006, 57(3): 359–377.

[32] Chen C, Ibekwe Sanjuan F, Hou J. The structure and dynamics of cocitation clusters: a multiple-perspective cocitation analysis[J]. Journal of the American Society for Information Science and Technology, 2010,61(7):1386–1409.

[33] Chen C, Leydesdorff L. Patterns of connections and movements in dual-map overlays: a new method of publication portfolio analysis[J]. Journal of the Association for Information Science and Technology, 2014, 65(2): 334–351.

[34] Chen D Z, Huang M H, Ye F Y. A probe into dynamic measures for h-core and h-tail[J]. Journal of Informetrics, 2013,7(1):129–137.

[35] Chi K R. Super-resolution microscopy: breaking the limits[J]. Nature Methods, 2009, 6(1): 15–18.

[36] Clauset A, Shalizi C R, Newman M E J. Power-law distributions in empirical data[J]. Siam Review, 2007, 51(4): 661–703.

[37] Cole S. Professional standing and the reception of scientific discoveries[J]. American Journal of Sociology, 1970, 76(2): 286–306.

[38] Dalen H P V, Henkens K. Demographers and their journals: who remains uncited after ten years?[J]. Population & Development Review, 2004, 30(3): 489–506.

[39] Das M L, Saxena A, Gulati V P. A dynamic ID-based remote user authentication scheme[J]. Consumer Electronics IEEE Transactions on, 2004, 50(2): 629–631.

[40] Davis P M. Open access, readership, citations: a randomized controlled trial of scientific journal publishing[J]. Faseb Journal Official Publication of the Federation of American Societies for Experimental Biology, 2011, 25(7): 2129–2134.

[41] Eck N J V, Waltman L. CitNetExplorer: a new software tool for analyzing and visualizing citation networks[J]. Journal of Informetrics, 2014, 8(4): 802–823.

[42] Egghe Aff N L, Guns R. Thoughts on uncitedness: nobel laureates and fields medalists as case studies[M]. New York: John Wiley & Sons, Inc., 2011.

[43] Egghe L. The distribution of the uncitedness factor and its functional relation with the impact factor[J]. Scientometrics, 2010,83(3):689–695.

[44] Egghe L, Bornmann L, Guns R. A proposal for a first-citation-speed-index[J]. Journal of Informetrics, 2011, 5(1): 181–186.

[45] Egghe L. The mathematical relation between the impact factor and the uncitedness factor[J]. Scientometrics, 2008, 76(1): 117–123.

[46] Egghe L. A heuristic study of the first-citation distribution[J]. Scientometrics, 2001, 50(2): 363.

[47] Egghe L, Rousseau R. Theory and practice of the shifted Lotka function[J]. Scientometrics, 2012, 91(1): 295–301.

[48] Evans J A, Reimer J. Open access and global participation in science[J]. Science, 2009, 323(5917): 1025.

[49] Evans J T, Nadjari H I, Burchell S A. Quotational and reference accuracy in surgical journals: a continuing peer review problem[J]. Jama, 1990, 263(10): 1353.

[50] Garfield E. Delayed recognition in scientific discovery: citation frequency analysis aids the search for case histories[J]. Current Contents, 1989(23): 3–9.

[51] Garfield E. I had a Dream ... about uncitedness[J]. Scientist, 1998,12(14):10.

[52] Garfield E. To be an uncited scientist is no cause for shame[J]. Scientist, 1991, 5(6): 12.

[53] Garfield E. How to use citation analysis for faculty evaluations, and when is it relevant?[J]. Current Contents, 1983(45): 5–14.

[54] Garfield E. Premature discovery or delayed recognition: why?[J]. Current Comments, 1980(4): 488–493.

[55] Garfield E. Uncitedness Ⅲ: importance of not being cited[J]. Current Contents, 1973(8): 5–6.

[56] Garfield E. Uncitedness and the identification of dissertation topics[J]. Current Contents, 1972(3): 14.

[57] Garfield E. Citation indexes for science[J]. Science, 1956, 123(3185): 61–62.

[58] Garfield E, Pudovkin A I, Istomin V S. Algorithmic citation-linked historiography: mapping the literature of science[J]. Proceedings of the Association for Information Science & Technology, 2002,39(1):14–24.

[59] Garg K C. Scientometrics of laser research in India and China[J]. Scientometrics, 2002, 55(1): 71–85.

[60] Ghosh J S.Uncitedness of articles in Nature: a multidisciplinary scientific journal[J]. Information Processing & Management, 1975, 11(5):165–169.

[61] Ghosh J S, Neufeld M L. Uncitedness of articles in the Journal of the American Chemical Society[J]. Information Storage & Retrieval, 1974, 10(11–12): 365–369.

[62] Glänzel W, Garfield E. The myth of delayed recognition[J]. Scientist, 2004, 18(11): 8.

[63] Glänzel W, Rousseau R, Zhang L. A visual representation of relative first-citation times[J]. Journal of the American Society for Information Science & Technology, 2012, 63(7): 1420–1425.

[64] Glänzel W, Schlemmer B, Thijs B. Better late than never? On the chance to become highly cited only beyond the standard bibliometric time horizon[J]. Scientometrics, 2003, 58(3): 571–586.

[65] Grandjean P, Eriksen M, Ellegaard O, et al. The Matthew effect in environmental science publication: a bibliometric analysis of chemical substances in journal articles[J]. Environmental Health, 2011, 10(1): 1.

[66] Hamilton D P. Research papers: who's uncited now?[J]. Science, 1991, 251(4989): 25.

[67] Hamilton D P. Publishing by-and for?-the numbers[J]. Science, 1990, 250(4986): 1331.

[68] Harsanyi M A. Multiple authors, multiple problems-bibliometrics and the study of scholarly collaboration: a literature review[J]. Library & Information Science Research, 1993, 15(4): 325–354.

[69] Harzing A X, Wil. Are our referencing errors undermining our scholarship and credibility? The case of expatriate failure rates[J]. Journal of Organizational Behavior, 2002, 23(1): 127–148.

[70] Hsiang H C, Shih W K. Weaknesses and improvements of the Yoon-Ryu-Yoo remote user authentication scheme using smart cards[J]. Computer Communications, 2009, 32(4): 649–652.

[71] Hsu J W, Huang D W. A scaling between impact factor and uncitedness[J]. Physical A Statistical Mechanics & Its Applications, 2012, 391(5): 2129–2134.

[72] Hu Z, Wu Y. Regularity in the time-dependent distribution of the percentage of never-cited papers: an empirical pilot study based on the six journals[J]. Journal of Informetrics, 2014, 8(1): 136–146.

[73] Ii M J B, Katz D M. A mathematical approach to the study of the United States Code[J]. Physical A Statistical Mechanics & Its Applications, 2010, 389(19): 4195–4200.

[74] Kim S K, Min G C. More secure remote user authentication scheme[J]. Computer Communications, 2009, 32(6): 1018–1021.

[75] Kleinberg J. Bursty and hierarchical structure in streams[J]. Data Mining and Knowledge Discovery, 2003, 7(4): 373–397.

[76] Koenig M E D. Bibliometric indicators versus expert opinion in assessing research performance[J]. Journal of the American Society for Information Science, 1983, 34(2): 136–145.

[77] Kozak M. Current Science has its 'Sleeping Beauties'[J]. Current Science, 2013, 104(9):1129–1130.

[78] Kuch T. Predicting the citedness of scientific papers: objective correlates of tiredness in the American Journal of Physiology[D]. Washington: American University, 1977.

[79] Laemmli U K. Cleavage of structural proteins during the assembly of the head of bacteriophage T4[J]. Nature, 1970, 227(5259): 680–685.

[80] Laherrère J, Sornette D. Stretched exponential distributions in Nature and Economy: "fat tails" with characteristic scales[J]. The European Physical Journal B – Condensed Matter and Complex Systems, 1998,2(4):525–539.

[81] Lamport L. Password authentication with insecure communication[J]. Communications of the ACM, 1981,24(24):770–772.

[82] Larivière V, Gingras Y, Archambault É. The decline in the concentration of citations, 1900–2007[J]. Journal of the Association for Information Science & Technology, 2009, 60(4): 858–862.

[83] Lawani S M. Quality, collaboration and citations in cancer research: a bibliometric study[D]. Tallahassee: The Florida State University, 1980.

[84] Lee C K. A scientometric study of the research performance of the Institute of Molecular and Cell Biology in Singapore[J]. Scientometrics, 2003, 56(1): 95–110.

[85] Leeuwen T N V, Moed H F. Characteristics of journal impact factors: the effects of uncitedness and citation distribution on the understanding of journal impact factors[J]. Scientometrics, 2005, 63(2): 357–371.

[86] Lehmann S, Lautrup B, Jackson A D. Citation networks in high energy physics[J]. Physical Review E Statistical Nonlinear & Soft Matter Physics, 2002, 68(2 Pt 2): 026113.

[87] Levitt J M, Thelwall M. Patterns of annual citation of highly cited articles and the prediction of their citation ranking: a comparison across subjects[J]. Scientometrics, 2008, 77(1): 41–60.

[88] Leydesdorff L, Carley S, Rafols I. Global maps of science based on the new Web-of-Science categories[J]. Scientometrics, 2013, 94(2): 589.

[89] Li H, Xu L. A new remote user authentication scheme using smart cards[J]. IEEE Transactions on Consumer Electronics, 2008, 46(1): 28–30.

[90] Li J, Ye F Y. A probe into the citation patterns of high-quality and high-impact publications[J]. Malaysian Journal of Library & Information Science, 2017, 19(2): 17–33.

[91] Li J. Citation curves of "all-elements-sleeping-beauties": "flash in the pan" first and then "delayed recognition"[J]. Scientometrics, 2014, 100(2): 595–601.

[92] Li J, Qiao L, Li W, et al. Chinese-language articles are not biased in citations: evidences from Chinese-English bilingual journals in Scopus and Web of Science[J]. Journal of Informetrics, 2014, 8(4): 912–916.

[93] Li J, Shi D, Zhao S X, et al. A study of the "heartbeat spectra" for "sleeping beauties"[J]. Journal of Informetrics, 2014, 8(3): 493–502.

[94] Li J, Ye F Y. The phenomenon of all elements-sleeping-beauties in scientific literature[J]. Scientometrics, 2012, 92(3): 795–799.

[95] Liang L, Zhong Z, Rousseau R. Scientists' referencing(mis) behavior revealed by the dissemination network of referencing errors[J]. Scientometrics, 2014, 101(3): 1973–1986.

[96] Listed N. Science, citation, and funding[J]. Science, 1991, 251(5000): 1408–1410.

[97] Liu J Q, Rousseau R, Wang M S, et al. Ratios of h-cores, h-tails and uncited sources in sets of scientific papers and technical patents[J]. Journal of Informetrics, 2013, 7(1): 190–197.

[98] Lowry O H, Rosebrough N J. Protein measurement with the Folin phenol reagent[J]. Journal of Biological Chemistry, 1951, 193(1): 265.

[99] Mart, Nez M A, Herrera M, et al. H-classics: characterizing the concept of citation classics through H-index[J]. Scientometrics, 2014, 98(3): 1971–1983.

[100] Munilla J, Peinado A. Security flaw of Hölbl et al.'s protocol[J]. Computer Communications, 2009, 32(4): 736–739.

[101] O'Connor A E, Lukin W, Eriksson L, et al. Improvement in the accuracy of references in the Journal Emergency Medicine Australasia[J]. Emergency Medicine Australasia, 2013, 25(1): 64–67.

[102] Ohba N. Sleeping beauties in ophthalmology[J]. Scientometrics, 2012, 93(2): 253–264.

[103] Oldham A. Uncited patents as anticipations[J]. Journal of the Patent Office Society, 1933, 15(7): 534–538.

[104] Perc M. Zipf's law and log-normal distributions in measures of scientific output across fields and institutions: 40 years of Slovenia's research as an example[J]. Journal of Informetrics, 2010, 4(3): 358–364.

[105] Peritz B C. A note on "scholarliness" and "impact" [J]. Journal of the American Society for Information Science & Technology, 2010, 34(5): 360–362.

[106] Price D J. Networks of scientific papers[J]. Science, 1965, 149(3683): 510–515.

[107] Racki G. Rank-normalized journal impact factor as a predictive tool[J]. Archivum immunologiae et therapiae experimentalis, 2009, 57(1): 39–43.

[108] Radicchi F, Fortunato S, Castellano C. Universality of citation distributions: toward an objective measure of scientific impact[J]. Proc Natl Acad Sci USA, 2008, 105(45): 17 268–17 272.

[109] Rafols I, Porter A L, Leydesdorff L. Science overlay maps: a new tool for research policy and library management[J]. Journal of the American Society for Information Science and Technology, 2010, 61(9): 1871–1887.

[110] Redner S. How popular is your paper? An empirical study of the citation distribution[J]. The European Physical Journal B – Condensed Matter and Complex Systems, 1998, 4(2): 131–134.

[111] Rousseau R. Double exponential models for first-citation processes[J]. Scientometrics, 1994, 30(1): 213–227.

[112] Rousseau R. Why am I not cited or, why are multi-authored papers more cited than others?[J]. Journal of Documentation, 1992, 48(1): 79–80.

[113] Russell J M. The increasing role of international cooperation in science and technology research in Mexico[J]. Scientometrics, 1995, 34(1): 45–61.

[114] Schubert A, Glänzel W. Mean response time: a new indicator of journal citation speed with application to physics journals[J]. Czechoslovak Journal of Physics B, 1986, 36(1): 121–125.

[115] Schwartz C A. The rise and fall of uncitedness[J]. College & Research Libraries, 1997, 58(1): 19–29.

[116] Seglen P O. The skewness of science[J]. Journal of the American Society for Information Science, 1992, 43(9): 628–638.

[117] Seglen P O. Why the impact factor of journals should not be used for evaluating research[J]. BMJ, 1997, 314(7079):497.

[118] Sengupta I N, Henzler R G. Citedness and uncitedness of cancer articles[J]. Scientometrics, 1991, 22(2): 283–296.

[119] Shim K A. Security flaws of remote user access over insecure networks[J]. Computer Communications, 2006, 30(1): 117–121.

[120] Simkin M V, Roychowdhury V P. Read before you cite![J]. Complex Syst, 2002, 348(9021): 144.

[121] Simkin M V, Roychowdhury V P. Stochastic modeling of citation slips[J]. Scientometrics, 2005, 62(3): 367–384.

[122] Simkin, Mikhail V, Roychowdhury, et al. A mathematical theory of citing[J]. Journal of the Association for Information

Science & Technology, 2007, 58(11): 1661–1673.

[123] Stent G S. Prematurity and uniqueness in scientific discovery[J]. Scientific American, 1972,227(6):84–93.

[124] Stern, Elliot R. Uncitedness in the biomedical literature: an exploration of bibliographic correlates[D]. New Jersey: Rutgers University, 1987.

[125] Stringer M J, Sales-Pardo M, Nunes Amaral L A. Effectiveness of journal ranking schemes as a tool for locating information[J]. PloS ONE, 2008, 3(2): e1683.

[126] Stringer M J, Sales-Pardo M, Amaral L A N. Statistical validation of a global model for the distribution of the ultimate number of citations accrued by papers published in a scientific journal[J]. Journal of the American Society for Information Science & Technology, 2010, 61(7): 1377–1385.

[127] Todd P A, Ladle R J. Hidden dangers of a citation culture[J]. Ethics in Science & Environmental Politics, 2008, 8(1): 13–16.

[128] Van Raan A F J. Sleeping Beauties in science[J]. Scientometrics, 2004, 59(3): 467–472.

[129] Vazquez A. Statistics of citation networks[J]. Physics, 2001.

[130] Wang J. Citation time window choice for research impact evaluation[J]. Scientometrics, 2013, 94(3): 851–872.

[131] Wang J, Ma F, Chen M, et al. Why and how can "sleeping beauties" be awakened?[J]. Electronic Library, 2012, 30(1): 5–18.

[132] Wang Y Y, Liu J Y, Xiao F X, et al. A more efficient and secure dynamic ID-based remote user authentication scheme[J]. Computer Communications, 2009, 32(4): 583–585.

[133] Wetterer J K. Quotation error, citation copying, and ant extinctions in Madeira[J]. Scientometrics, 2006, 67(3): 351–372.

[134] Yang L Y, Yue T, Ding J L, et al. A comparison of disciplinary structure in science between the G7 and the BRIC countries by bibliometric methods[J]. Scientometrics, 2012, 93(2): 497–516.

[135] Yang S, Ma F, Song Y, et al. A longitudinal analysis of citation distribution breadth for Chinese scholars[J]. Scientometrics, 2010, 85(3): 755–765.

[136] Yeh H Y, Sung Y S, Yang H W, et al. The bibliographic coupling approach to filter the cited and uncited patent citations: a case of electric vehicle technology[J]. Scientometrics, 2013, 94(1): 75–93.

[137] 常雁，再帕尔·阿不力孜，王慕邹. 串联质谱新技术及其在药物代谢研究中的应用进展[J]. 药学学报，2000,35(1):73–78.

[138] 陈超美. Mapping scientific frontiers: the quest for knowledge visualization[M]. 陈悦，王贤文，胡志刚，等译. 北京：科学出版社，2014.

[139] 陈超美，陈悦，侯剑华，等. CiteSpace Ⅱ：科学文献中新趋势与新动态的识别与可视化[J]. 情报学报，2009, 28(3): 401–421.

[140] 陈和生，孙振亚，邵景昌. 八种不同来源二氧化硅的红外光谱特征研究[J]. 硅酸盐通报，2011, 30(4): 934–937.

[141] 陈留院. 师范大学学报（自然科学版）零被引频次论文特征分析[J]. 中国科技期刊研究，2013,24(2): 299–303.

[142] 陈卫，孙世刚. 纳米材料科学中的谱学研究[J]. 光谱学与光谱分析，2002, 22(3): 504–510.

[143] 邓琴英. 波谱分析教程[M]. 北京：科学出版社，2003.

[144] 董建军. 中国知网收录的国家自然科学基金论文的被引情况分析[J]. 中国科技期刊研究，2012, 23(5): 776–778.

[145] 杜建，武夷山. 睡美人与王子文献的识别方法研究[J]. 图书情报工作，2015, 59(19): 84–92.

[146] 方爱丽，高齐圣，张嗣瀛. 引文网络的幂律分布检验研究[J]. 统计与决策，2007(14): 22–24.

[147] 付晓霞，游苏宁，李贵存. 2000—2009年中国SCI论文的零被引数据分析[J]. 科学通报，

2012, 57(18): 1703-1710.

[148] 高继平, 丁堃. 专利研究文献的可视化分析 [J]. 情报杂志, 2009, 28(7): 12-16.

[149] 龚旭. 科学基金与创新性研究: 美国国家科学基金会支持变革性研究的相关政策分析 [J]. 中国科学基金, 2011(2): 105-110.

[150] 郭兰萍, 黄璐琦. 近红外光谱技术及其在中药道地性研究中的应用 [J]. 中国中药杂志, 2009, 34(14): 1751-1757.

[151] 郭萍, 袁亚莉, 熊平. 中草药绞股蓝的傅里叶变换红外和拉曼光谱分析 [J]. 光谱学与光谱分析, 2004, 24(10): 1210-1212.

[152] 郭永正. 中印比较: 国际科学合作的文献计量学研究 [M]. 合肥: 合肥工业大学出版社, 2012.

[153] 何诚, 冯仲科, 韩旭, 等. 基于多光谱数据的永定河流域植被生物量反演 [J]. 光谱学与光谱分析, 2012, 32(12): 3353-3357.

[154] 侯佳伟, 黄四林, 刘宸. 学术论文的"马太效应": 基于2009年度CSSCI人口学期刊的分析 [J]. 人口与发展, 2011, 17(5): 96-100.

[155] 胡泽文. 论文零被引率的演变规律及其影响因素研究 [D]. 南京: 南京大学, 2014.

[156] 胡泽文, 武夷山. 零被引研究文献综述 [J]. 情报学报, 2015, 34(2): 213-224.

[157] 胡泽文, 武夷山. 科技产出影响因素分析与预测研究: 基于多元回归和BP神经网络的途径 [J]. 科学学研究, 2012, 30(7): 992-1004.

[158] 黄木辉. 微波消解-石墨炉原子吸收光谱法测定纳米二氧化钛中痕量砷 [J]. 中国无机分析化学, 2013, 3(4): 41-44.

[159] 黄卫宁, 张君慧. FT-Raman光谱与谷物化学研究的最新进展 [J]. 食品科学, 2005, 25(11): 411-415.

[160] 姜春林, 张立伟, 刘学. 牛顿抑或奥尔特加?——一项来自高被引文献和获奖者视角的实证研究 [J]. 自然辩证法研究, 2014, 30(11): 79-85.

[161] 孔朝霞, 陈璐. 应当慎重对待零被引论文 [J]. 中国科技期刊研究, 2013, 24(3): 467-471.

[162] 蓝建慧, 卢贵武, 王增梅, 等. $Ca_3NbGa_3Si_2O_{14}$(CNGS)晶体的拉曼光谱分析 [J]. 光谱学与光谱分析, 2006, 26(5): 861-864.

[163] 李海霞. 馆藏零引用期刊调查研究: 以哈尔滨工程大学图书馆为例 [J]. 图书馆论坛, 2012, 32(2): 132-134.

[164] 李江. 科学中的"睡美人"与"昙花一现"现象评述 [J]. 大学图书馆学报, 2016, 34(3): 38-43.

[165] 李江, 姜明利, 李玥婷. 引文曲线的分析框架研究: 以诺贝尔奖得主的引文曲线为例 [J]. 中国图书馆学报, 2014, 40(2): 41-49.

[166] 李乐军, 陈树德, 乔登江. 脉冲电场与牛血清白蛋白相互作用的同步荧光光谱和拉曼光谱比较研究 [J]. 光谱学与光谱分析, 2006, 26(1): 81-85.

[167] 李楠楠, 周涛, 张宁. 人类动力学基本概念与实证分析 [J]. 复杂系统与复杂性科学, 2008, 5(2): 15-24.

[168] 梁花侠, 白君礼. 西北农林科技大学SCIE论文统计分析 [J]. 西北农林科技大学学报: 社会科学版, 2010, 10(5): 145-150.

[169] 梁立明, 林晓锦, 钟镇, 等. 迟滞承认: 科学中的睡美人现象: 以一篇被迟滞承认的超弦理论论文为例 [J]. 自然辩证法通讯, 2009, 31(1): 39-45.

[170] 梁立明, 钟镇. 错引现象折射出的科学家群体引文失范行为: 以Nature上一篇19万次高频引用论文的错引记录为例 [J]. 自然辩证法研究, 2007, 23(6): 62-65.

[171] 梁前进, 王鹏程, 白燕荣. 蛋白质磷酸化修饰研究进展 [J]. 科技导报, 2012, 30(31): 73-79.

[172] 林晓锦. 科学中的睡美人现象: 以一篇被迟滞承认的超弦理论论文为例 [D]. 新乡: 河南师范大学, 2008.

[173] 刘涛. 基于SCI-E国内15所大学1997—2006年科研能力发展态势分析 [J]. 现代情报, 2008, 28(4): 25-29.

[174] 刘雪立, 方红玲, 周志新, 等. 科技期刊反向评价指标: 零被引论文率及其与其他文献计量学指标的关系 [J]. 中国科技期刊研究, 2011, 22(4): 525-528.

[175] 刘宇，丁敬达，叶继元. 期刊学术地位影响因素模型构建及实证研究 [J]. 情报学报, 2012, 31(10): 1062-1070.

[176] 马冬红，王锡昌，刘利平，等. 近红外光谱技术在食品产地溯源中的研究进展 [J]. 光谱学与光谱分析, 2011, 31(4): 877-881.

[177] 马凤，武夷山. 关于论文引用动机的问卷调查研究：以中国期刊研究界和情报学界为例 [J]. 情报杂志, 2009, 28(6): 9-14.

[178] 马新宏. 煤炭行业优秀博士学位论文影响因素研究 [J]. 中国煤炭, 2008, 34(9): 50-52.

[179] 马峥，王娜，周国臻，等. 中国科技核心期刊分类互引网络模式研究 [J]. 科学学研究, 2012,30(7):983-991.

[180] 毛国敏，蒋知瑞，任蕾，等. 期刊论文被引频次的幂律分布研究 [J]. 中国科技期刊研究, 2014, 25(2): 293-298.

[181] 潘云涛，武夷山. 自引、他引：说不尽的故事 [J]. 科技导报, 2007, 25(24): 85.

[182] 秦昆明，石芸，谈献和，等. 现代仪器分析技术在中药炮制机理研究中的应用 [J]. 中国科学：化学, 2010, 40(6): 668-678.

[183] 邱均平. 2012—2013 中国大学及学科专业评价报告 [M]. 北京：科学出版社, 2012.

[184] 邱均平，赵月华. 历年全国优秀博士学位论文评选结果分析与启示 [J]. 科技进步与对策, 2014, 31(2): 16-20.

[185] 沈君，王续琨，高继平，等. 基于文献计量指标的关键技术的探寻：以第三代移动通信技术为例 [J]. 情报杂志, 2011, 30(9): 34-39.

[186] 谭文华. 科技政策与科技管理研究 [M]. 北京：人民出版社, 2011.

[187] 田冰，贾彩丽，夏若虹，等. 50 Hz 脉冲电场作用下胰岛素构象变化的拉曼光谱分析 [J]. 光谱学与光谱分析, 2005, 24(11): 1331-1333.

[188] 王海燕，马峥，潘云涛，等. 高被引论文与"睡美人"论文引用曲线及影响因素研究 [J]. 图书情报工作, 2015, 34(16): 83-89.

[189] 王丽娜. 信息安全导论 [M]. 武汉：武汉大学出版社, 2009.

[190] 吴根洲. 全国优秀博士学位论文分布存在马太效应吗？[J]. 研究生教育研究, 2012(3): 73-78.

[191] 吴根洲. 全国优秀博士学位论文分布特征研究 [J]. 研究生教育研究, 2011(5): 59-60.

[192] 吴雨华. 普莱斯科学论文引用关联关系验证：以图书情报学 17 种核心期刊为例 [J]. 情报科学, 2009, 34(11): 1675-1678.

[193] 武夷山. 千万不能忽视文献"睡美人"现象 [EB/OL]. [2014-10-25]. http://old.jfdaily.com/gb/jfxww/xinwen/node1222/node6140/userobject1ai1455092.html.

[194] 席鹏. 有感于超分辨获得 2014 诺贝尔化学奖 [EB/OL]. [2014-10-08]. http://blog.sciencenet.cn/blog-499502-834005.html.

[195] 徐广通，袁洪福，陆婉珍. 现代近红外光谱技术及应用进展 [J]. 光谱学与光谱分析, 2000, 20(2): 134-142.

[196] 徐振鲁，李艳，张玉安，等. 国内大学评价指标体系的比较 [J]. 河南社会科学, 2009, 17(2): 187-189.

[197] 许海云，刘春江，雷炳旭，等. 学科交叉的测度、可视化研究及应用：一个情报学文献计量研究案例 [J]. 图书情报工作, 2014, 58(12): 95-101.

[198] 薛春香，侯汉清. 叙词表词汇控制机制变革的探讨 [J]. 图书馆杂志, 2013, 32(11): 38-44.

[199] 闫国庆，朱冯喆. 金纳米复合薄膜的吸收光谱测试技术研究 [J]. 光电子技术, 2013(1): 24-26.

[200] 杨利军，万小渝. 引用习惯对我国期刊论文被引频次的影响分析：以情报学为例 [J]. 情报科学, 2012, 30(7): 139-142.

[201] 杨奕虹，甘大广，林霄剑，等. 我国博士学位论文被引状况计量分析 [J]. 情报杂志, 2015, 34(1): 100-104.

[202] 杨奕虹，李宁，武夷山. 从 1999—2011 年全国优秀博士学位论文看学科获优能力 [J]. 学位与研究生教育, 2012(8): 44-49.

[203] 杨奕虹, 万小影, 武夷山. 2012 年中国百篇优秀博士论文致谢内容分析 [J]. 情报杂志, 2014, 33(1): 62–66.
[204] 杨奕虹, 杨贺, 万小影, 等. 利用高被引与零被引数据剖析中国博士学位论文学术影响力 [J]. 情报杂志, 2015, 34(7): 22–28.
[205] 于燕波, 藏鹏, 付元华, 等. 近红外光谱法快速测定植物油中脂肪酸含量 [J]. 光谱学与光谱分析, 2008, 28(7): 1554–1558.
[206] 钟镇, 梁立明. 固定引文窗口的 h 类指数序列: 以中、印、日物理学为例 [J]. 科学学研究, 2011, 29(8): 1147–1154.
[207] 朱梦皎, 武夷山. 零被引现象: 文献综述 [J]. 情报理论与实践, 2013, 36(8): 111–116.